Excel+Python
科研绘图

童大谦　李伟坚　著

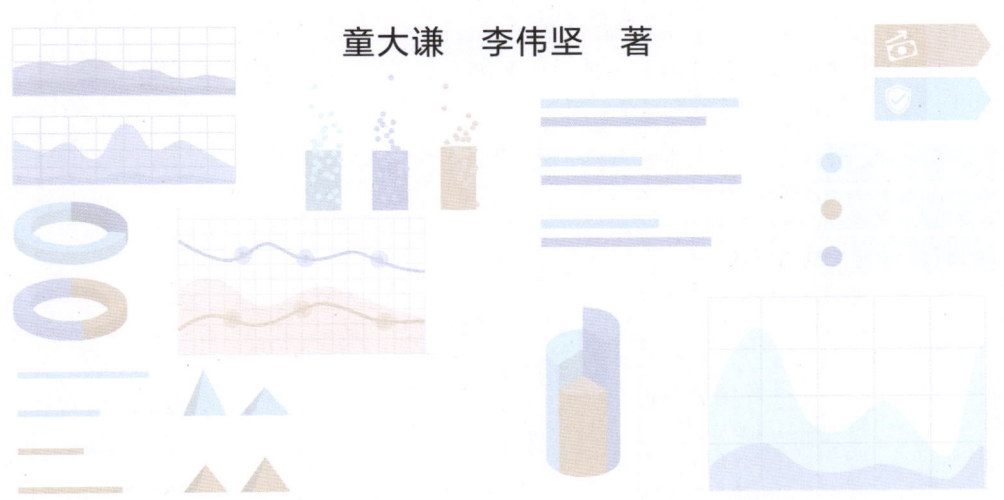

电子工业出版社·
Publishing House of Electronics Industry
北京·BEIJING

内 容 简 介

Excel 在科研绘图领域具有独特的魅力，尽管它在某些方面存在一些局限性，如许多科研图表类型在其原有功能中并未涵盖。但值得一提的是，Excel 将数十种基本图表类型做到了极致，用户能够轻松地实现其他软件难以达成的绘图效果。为了弥补 Excel 在科研图表类型上的不足，本书独辟蹊径，采用图形学的方法，成功扩展并创建了数十种全新的科研图表类型，极大地丰富了 Excel 的科研绘图功能。

本书提供 3 套相关视频课程，并赠送"Excel++"插件。读者使用该插件可以绘制专业的 Excel 图表。该插件还提供了基于 AI 知识库的自动生成 Excel 公式、Excel VBA 代码和 pandas+xlwings 代码的编程助手，非常实用。

本书内容翔实，适用人群广泛，无论是大学生、研究生、科研人员、数据分析人员、工程师、程序员，还是对科研绘图怀有浓厚兴趣的人，都能从中汲取宝贵的知识和技能。相信读者在阅读本书后，定会收获满满的惊喜。

图书在版编目（CIP）数据

Excel+Python 科研绘图 ／ 童大谦，李伟坚著.
北京 ： 电子工业出版社，2025. 7. -- ISBN 978-7-121
-50349-8

Ⅰ．G31-39

中国国家版本馆 CIP 数据核字第 2025LG7172 号

责任编辑：王 静　　　　　特约编辑：田学清
印　　刷：天津千鹤文化传播有限公司
装　　订：天津千鹤文化传播有限公司
出版发行：电子工业出版社
　　　　　北京市海淀区万寿路 173 信箱　　　邮编：100036
开　　本：720×1000　　1/16　　印张：25.5　　字数：531 千字
版　　次：2025 年 7 月第 1 版
印　　次：2025 年 7 月第 1 次印刷
定　　价：109.00 元

凡所购买电子工业出版社图书有缺损问题，请向购买书店调换。若书店售缺，请与本社发行部联系，联系及邮购电话：（010）88254888，88258888。
质量投诉请发邮件至 zlts@phei.com.cn，盗版侵权举报请发邮件至 dbqq@phei.com.cn。
本书咨询联系方式：faq@phei.com.cn。

前　言

本书的出发点

"一图胜千言"，数据可视化是科学计算和数据分析的一部分。作为微软比较成功的产品之一，Excel 不仅提供了强大的数据处理能力，还提供了强大的图形引擎。用 Excel 可以实现各种常见的科研图表的绘制。

本书结合若干示例，用 Excel 和 Python xlwings 对照的方式，试图手把手地教会读者如何用 Excel 绘图。通过阅读本书，读者不仅可以学会用 Excel 绘图，还可以学会各种渲染方法，对已有图表进行美化，以及用不同的方式创建 Excel 中没有的科研图表。

本书还同步提供了 VBA 代码。因此，本书介绍了如何使用 Excel（不用懂编程）、VBA 和 Python 这 3 种方式绘制科研图表。

相信通过阅读本书，读者不仅能获得"鱼"，还能掌握"渔"的方法和技巧，真正学到知识。

本书的内容

Excel 经常被用于科研绘图。其缺点是缺少多种类型的科研图表，需要用户自行创建；优点是在数十种基本图表类型上做到了极致，对于用 Python 和 MATLAB 等工具难以实现的效果，用 Excel 可以轻松实现。

本书对 Excel 的科研绘图功能进行了系统的介绍。

其中，第 2 章和第 3 章介绍用 Excel 和 Python xlwings 绘图所需的语言、数据和图表的基础知识。

第 4 章介绍用 Excel 和 Python xlwings 美化 Excel 图表的方法。因为默认绘制的图表的样式偏向商业图表和工作型图表，所以在绘图时需要改变图表样式和重新配色。在 Excel 中，可以对绘制的图表进行整体渲染，也可以通过对象索引获取图表局部的点、线、面或文本等后修改它们的属性。

第 5 章介绍创建新图表的方法。在 Excel 中，可以用点、线、面和文本等创建新图表，也可以在已有图表的基础上修改或替换部分图形元素创建新图表，还可以通过组合多种已有图表来创建新图表。本章给出了若干示例。

第 6 章、第 7 章介绍绘制分类型图表和数值型图表的方法。分类型图表的坐标轴中至少有一个是分类轴，常见的分类型图表包括点图、线形图、柱状图、条形图、面积图、饼图和环状图等。数值型图表的所有坐标轴都是数值轴，常见的数值型图表包括直方图、核密度估计图、散点图、气泡图、热力图和曲面图等。

第 8 章介绍绘制统计图表的方法。统计图表在学术期刊上经常可以看到。本章不仅介绍了绘制统计图表的方法，还梳理了相关的统计与分析知识。本书中的大部分数值型图表和几乎所有统计图表都是笔者自行创建的。

第 9 章介绍用 VBA 和 C#绘制 Excel 图表的方法。本质上，Python xlwings 和 VBA 调用的 Excel 对象模型是同一个，它们甚至使用相同的语法进行编程。

本书的特点

• Excel 高级绘图

本书在 Excel 中引入了 MATLAB 和 Python 中常见的颜色查找表。通过反复测试，整理出了用 Excel 图形引擎、基于计算机图形学的一整套绘图方法。掌握此法，可以极大地扩展 Excel 的高级绘图功能。

• 在 Python 中用 Excel 图形引擎绘图

本书详细介绍了基于 Python xlwings 用 Excel 图形引擎绘图的方法，也介绍了用 VBA 和 C#绘图的方法。

• 对照学习

本书用 Excel 和 Python xlwings 对照的方式，详细介绍了 Excel 的绘图功能，并开发了与绘图相关的多种图表，极大地扩展了 Excel 的科研绘图功能。

• 内容真诚

本书不仅"授之以鱼"，还"授之以渔"。不仅向读者展示了大量的成品图表和代码，还结合示例向读者介绍了美化 Excel 图表和创建新图表的方法。本书有专门的读者群，作者在群里提供答疑服务。

• 内容新颖

本书包含很多创造性的内容，即便是熟悉 Excel 绘图的读者，也能在其中发现诸多惊喜。本书提供 3 套相关视频课程，并赠送"Excel++"插件。读者使用该插件可以绘制专业的 Excel 图表。该插件还提供了基于 AI 知识库的自动生成 Excel 公式、Excel VBA 代码和 pandas+xlwings 代码的编程助手，非常实用。

- 内容专业

编写本书之前，笔者参考了数千个科研图表，系统分析了科研图表的特点，并在写作中以此为要求。此外，笔者也有较大型图形系统开发的经验。

- 内容精练

本书原稿有 700 多页，为了使内容更精练，书中省略了大量重复的代码，包括几乎所有 VBA 代码。

本书的适用对象

本书适合大学生、研究生、科研人员、数据分析人员、工程师、程序员，以及所有对科研绘图感兴趣的人使用。

联系笔者

本书经过反复修改。尽管如此，因为笔者水平有限，书中难免存在不足之处，恳请广大读者批评指正（电子邮箱：3852964661@qq.com；bilibili 账号：HiData）。本书 9.2 节由李伟坚编写，其余内容由童大谦编写。为了方便读者学习，本书中的示例数据和代码均可下载，读者可关注微信公众号"Excel Coder"，回复"50349"查看下载链接。

笔　者

目 录

第 3 章　图表基础 / 20

第 4 章　美化 Excel 图表 / 65

第5章　创建新图表 / 115

第6章　分类型图表 / 178

第 8 章　统计图表 / 312

第 1 章
概　　述

用 Excel GUI 和对象模型可以绘制各种常见的科研图表。用 Excel 提供的渲染工具，还可以对科研图表进行美化，或以不同方式创建新图表。

1.1 科研绘图概述

在使用 Excel 和 Matplotlib 图形引擎进行科研绘图之前, 我们有必要先了解一下科研绘图的相关概念、常见要求, 以及常见的科研绘图软件等。

1.1.1 科研绘图的相关概念

科研绘图又称科研数据可视化, 即用图表表现科研数据、说明科学概念、演示研究过程和结论等。"一图胜千言", 使用科研图表可以形象、直观地显示数据的分布特征, 使受众更轻松地了解科研数据、科学计算或数据分析的结果。

常见的科研图表及其主要作用如下。

- 点图、线形图、柱状图、条形图、面积图和饼图: 用于表现分类数据的分布特征和比例关系;
- 线形图、面积图: 用于表现时间系列型数据的分布特征;
- 二维散点图: 用于探查数值变量之间的相关关系, 用指定模型进行拟合;
- 热力图: 用于表现向量和矩阵数据的相关关系;
- 直方图或核密度估计曲线图: 用于表现科研数据的分布特征和形状;
- 箱形图、QQ 图、PP 图、误差柱状图、抖动散点图、规则散点图、散点柱状图、散点箱形图: 用于对统计数据进行探查和分析。

1.1.2 科研绘图的常见要求

科研绘图与商业绘图、工作型绘图不同, 其中很重要的一点是要保证科研图表中的数据正确, 这是由科学研究的严谨性决定的。在审美上, 科研图表要低调、沉稳、有内涵。在配色上, 科研图表应采用低饱和度的配色。在样式和布局上, 科研图表不能太夸张。

科研图表主要用于科研报告、论文、期刊、图书等正式出版物中。正式出版物对图表往往有明确的要求, 包括图表大小、分辨率、图片格式、标注的字数、字体、字号等。图表大小根据排版有不同的要求。灰度图片的分辨率一般为 100 ~ 200dpi, 彩色图片的分辨率一般不小于 300dpi。图片格式包括位图格式和矢量格式, 位图格式有 JPG、PNG、TIFF 等, 矢量格式有 PDF、EPS、SVG 等。一般要求科研图表中的文字使用相同的字体, 如英文期刊中使用的字体为 Arial 或 Times New Roman。在图表大小固定的条件下，应按照要求设置文字大小，包括图表标题、坐标轴标题、刻度标签等。

1.1.3　常见的科研绘图软件

常见的科学绘图软件可以分为两类，一类是科研绘图应用软件，另一类是科研绘图编程软件。

常用的科研绘图应用软件有 Origin 和 GraphPad Prism 等。它们的特点是绘图功能已经被封装好，用户不需要编程，直接用鼠标和键盘就可以绘图。这类软件适合不懂编程的人使用。美中不足的是，这类软件的很多功能因已经被固定，故灵活性不足。

常用的科研绘图编程软件有 Excel、Python、MATLAB 和 R 等。这类软件的特点是，不仅封装了很多绘图函数，还提供了编程语言和各种图表中的基本图形元素。绘图函数就相当于科研绘图应用软件中的预设功能，只需简单的调用就可以轻松实现绘图。对于没有封装的图表，使用编程语言和图表中的基本图形元素可以自行搭建。相对来说，科研绘图编程软件的功能更加强大，使用起来更加灵活。

本书主要详细介绍如何基于 Excel 中提供的基本图形元素搭建新图表。这里讲的基本图形元素指的是点、线、面和文本等。再复杂的图表也是由这些基本图形元素组成的。

1.2　用 Excel 图形引擎绘图

本节会简单介绍用 Excel 图形引擎绘图的相关知识，包括用 Excel 图形引擎绘图的优点和缺点，用 Excel GUI 绘图，以编程方式创建和编辑科研图表，以及用 Excel 创建新图表。

1.2.1　用 Excel 图形引擎绘图的优点和缺点

用 Excel 图形引擎绘图的缺点是，很多类型的图表都需要自行创建；优点是常见的图表被运用到了极致，使用方便，且有多种用 MATLAB、Python 等不容易实现的图表在 Excel 中轻易就能实现。Excel 支持的图表如图 1-1 所示。

在用 Excel 图形引擎绘图时，默认绘制的图表的样式偏向商业图表和工作型图表，而非科研图表的样式。因此，用 Excel 图形引擎绘图后有必要为图表重新配色和定义风格，以符合科研图表的要求。

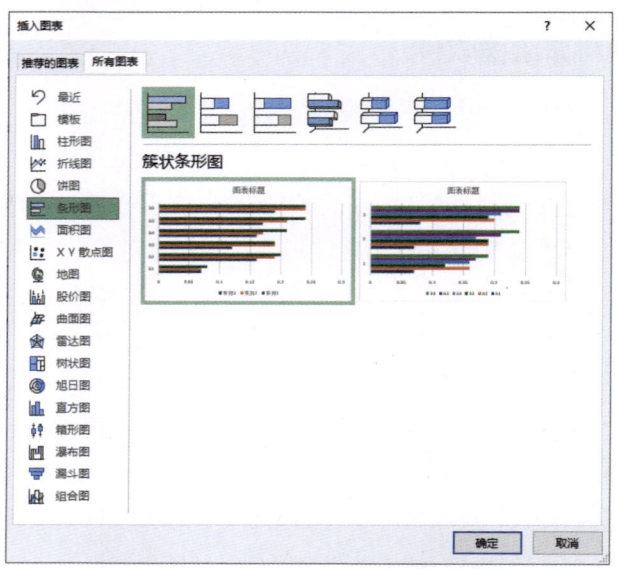

图 1-1　Excel 支持的图表

1.2.2　用 Excel GUI 绘图

Excel 提供了强大的图形引擎（Excel GUI），用于绘制各种二维和三维科研图表。相较于 Python 的 Matplotlib 包，用 Excel GUI 绘图的优势明显。

用 Excel GUI 可以直接绘制近百种科研图表。此外，用 Excel GUI 绘图的操作非常方便，在工作表中选择绘图数据后，在"插入"功能区的"图表"区中单击相应的图表类型图标就可以插入图表。插入图表后，编辑起来也很方便。双击要编辑的图表元素，利用弹出的编辑面板进行设置即可。

1.2.3　以编程方式创建和编辑科研图表

Excel 对象模型提供的大量对象及其成员，能够让用户以编程方式创建和编辑科研图表。用户可以用 VBA、C#、Python Win32COM 和 Python xlwings 等进行编程。本书主要介绍用 Python xlwings 进行编程。

Excel 的绘图功能非常强大，但是用 Excel 的绘图功能在默认条件下绘制的科研图表不一定能满足用户的要求，这时可以对科研图表进行美化：既可以对科研图表进行整体渲染，又可以通过对图表对象进行索引，获取科研图表中需要修改的图形元素，进行局部渲染。第 4 章将详细介绍如何美化 Excel 图表。

1.2.4　用 Excel 创建新图表

如果使用图 1-1 中所示的 Excel 支持的图表不能满足用户的要求，那么用户可以自行创建图表。要创建新图表，可以用点、线、面和文本等直接搭建，也可以在已有图表的基础上进行修改，还可以利用已有图表进行组合。第 5 章将详细介绍如何在 Excel 中创建新图表，后文也会给出很多新图表示例。在某种程度上，本书重新定义了多种图表，极大地丰富了 Excel 的科研绘图功能。

1.3　本书使用说明

本节将简要介绍几点在使用本书时读者需要注意的问题，包括代码使用说明、学习资源使用说明，以及软件版本使用说明。

1.3.1　代码使用说明

本书中的示例代码有近 300 个，所有代码都可下载。需要说明的是，为了节省篇幅，使内容更精练，本书中只罗列了核心代码并对其进行注释，完整代码以下载内容为准。

1.3.2　学习资源使用说明

本书主要结合 Python xlwings 介绍如何在 Python 中用 Excel 图形引擎绘图。若需深入学习 Python xlwings 则建议读者参考《代替 VBA！用 Python 轻松实现 Excel 编程》和《对比 VBA 学 Python 高效实现数据处理自动化》这两本书。

1.3.3　软件版本使用说明

本书在编写过程中使用了多种软件，有 Microsoft 365 个人版，Python 3.10、xlwings 0.27.0、Visual Studio 2022 等。

第 2 章

语言和数据基础

　　要对数据进行可视化，应先了解数据，包括数据维度、数据类型等，以及探查数据是否满足要求，如是否包含缺失值、异常值等，以及怎么处理。本书介绍的在 Python 中用 Excel 图形引擎绘图是通过 Python xlwings 实现的，这就需要读者对 Python 有所了解。

2.1　在 Python 中用 Excel 图形引擎绘图

基于 Python xlwings，我们可以在 Python 中用 Excel 图形引擎绘图。与 Python 的 Matplotlib 图形引擎相比，Excel 图形引擎有很多优点，如可以三维绘图等。本节主要介绍 Python xlwings 的安装、编程方式，以及使用 Python xlwings 的一般过程。

2.1.1　Python xlwings 的安装

传统上，用户可以使用 Excel 内置的 VBA 并结合 Excel 对象模型，通过编程实现对 Excel 的自动化控制。对于 Python Win32COM 和 Python xlwings 也可以实现相同的效果。二者在本质上都是对 Excel 对象模型的封装。因 Python xlwings 是在 Python Win32COM 的基础上进行封装的，并提供了更多的便利，故本书也对 Python xlwings 进行介绍。

使用 Python xlwings 之前，需要先安装 Python 和 Python xlwings。可以按照以下步骤安装 Python。

使用浏览器访问 Python 官网，在主页中选择"Downloads"→"Windows"命令，打开 Windows 版本的软件下载界面。在软件下载界面中有最新版本和历史版本的软件下载链接。读者可以根据自己所用的计算机的操作系统（是 32 位的还是 64 位的）下载对应的安装包。双击下载的安装包图标，在打开的安装界面中，勾选"Add Python 3.10 to PATH"复选框，单击"Install Now"按钮，按照提示一步步安装即可。

要安装 Python xlwings，可以在计算机联网的情况下，在 Power Shell 窗口中输入如下命令。

```
pip install xlwings
```

如果需要离线安装，那么可以在 Python 官网中搜索"xlwings"，并下载与计算机操作系统对应的安装包，双击该安装包图标，即可进行安装。

2.1.2　Python xlwings 的两种编程方式

Python xlwings 对 Python Win32COM 中与 Excel 有关的一些常用的功能进行了二次封装，并使用新的语法进行编程。Python Win32COM 中更多的功能可以使用 API 方式进行调用。实际上，使用 API 方式几乎可以完成所有的编程。因此，Python xlwings 提供了两种编程方式，一种是 xlwings 方式，即用封装后的新语法进行编程，还有一种是 API 方式。

例如，要选择工作表 sht 中的 A1 单元格，可以使用上述两种方式进行编程。

【xlwings 方式】

```
>>> import xlwings as xw          #导入 Python xlwings
```

```
>>> bk=xw.Book()                    #新建工作簿
>>> sht=bk.sheets(1)                #获取第 1 个工作表
>>> sht.range("A1").select()        #获取 A1 单元格中的数据
```
【API 方式】
```
>>> import xlwings as xw
>>> bk=xw.Book()
>>> sht=bk.sheets(1)
>>> sht.api.Range("A1").Select()    #获取 A1 单元格中的数据
```

注意，在 Python 中，变量、属性和方法的名称是有大小写之分的。在使用 xlwings 方式时，range 属性和 select 方法都使用小写，这是重新封装后的写法。在使用 API 方式时，在 sht 后面引用 api，返回的是一个 COM 对象，后面就可以使用 VBA 中的引用方式：Range 属性和 Select 方法的首字母都使用大写。因此，在使用 API 方式时，可以使用大多数 VBA 的编程代码，懂 VBA 编程的人很快就能上手。当然，使用 xlwings 方式在编码、效率方面会有一些好处，可以使用一些扩展功能。

如果需要详细了解 Python xlwings，那么建议读者参考《代替 VBA！用 Python 轻松实现 Excel 编程》和《对比 VBA 学 Python 高效实现数据处理自动化》两本书。

2.1.3   使用 Python xlwings 的一般过程

要使用 Python xlwings 操作 Excel 文件，需要先导入数据或从工作表中获取数据，然后对数据进行处理，最后保存文件并退出。

在导入数据时，按照 Excel 对象模型的层次关系，需要先创建 Excel 应用，然后打开数据文件并返回工作簿对象，获取指定工作表和工作表的单元格区域中的数据。导入数据后，使用数据进行计算或绘图。当数据处理完后，保存工作簿，退出 Excel 应用。注意，在使用 Quit 方法退出 Excel 应用时并不能退出该应用的进程，建议使用 kill 方法退出。

下面导入绘图数据，用指定单元格区域中的数据绘制复合线形图。完整代码见"Samples\ch02 数据基础\py.py"文件。

```
import xlwings as xw        #导入 Python xlwings
import os                   #导入 os 包

root=os.getcwd()            #获取当前工作路径
app=xw.App(visible=True,add_book=False)    #创建 Excel 应用
#打开数据文件并返回工作簿对象
wb=app.books.open(root+r'/data.xlsx',read_only=False)
sht=wb.sheets('Sheet1')    #获取指定工作表
```

```
sht.api.Range('A2:D7').Select()                    #获取数据
shp=sht.api.Shapes.AddChart2(-1,xw.constants.ChartType.xlLine,20,20,320,
200,True)
cht=shp.Chart                                       #获取图表

set_style(cht)                                      #设置样式，省略函数代码

cht.Export(root+'/cht.jpg')                         #将图表导出到 JPG 文件中
cht.Export(root+'/cht.svg')                         #将图表导出到 SVG 文件中
cht.ExportAsFixedFormat(0,root+'/cht.pdf')

wb.save()                                           #保存工作簿
app.kill()                                          #退出 Excel 应用
```

运行上述代码，生成如图 2-1 所示的图表。

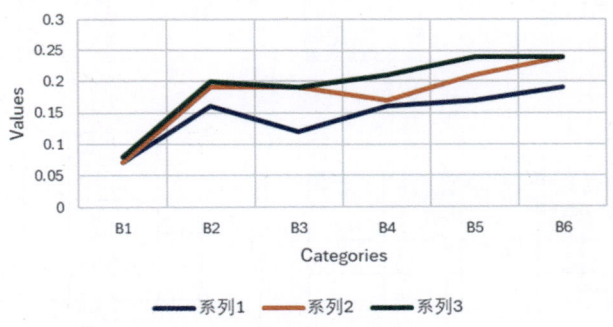

图 2-1　使用 Python xlwings 创建图表

2.2　数据分类

　　按照数据维度的不同，数据通常被分为标量、向量和矩阵等；按照数据类型的不同，数据通常被分为数值型数据、分类型数据和时间系列型数据等。

2.2.1　标量、向量和矩阵

　　首先需要厘清一个概念，绘图数据是标量、向量、矩阵或数组，那么什么是标量、向量、矩阵、数组呢？

　　实际上，标量、向量和矩阵是数学术语，数组是计算机术语。标量对应单个数据，

向量对应 1×*n* 或 *m*×1 的一维数组,至少有一个维度为 1,矩阵对应 *m*×*n* 的二维数组,其中 *m* 和 *n* 均为大于 1 的整数,分别表示矩阵的行数和列数。

图 2-2 演示了标量、向量和矩阵及其对应的图形。其中,第 1 行左图表示 4 个标量,它们对应的图形是孤立的点,如第 1 行右图所示。标量只有大小,没有方向。第 2 行左图取第 1 行数据为行向量,取第 1 列数据为列向量,得到两条相同的线段,对应的图形如第 2 行右图所示,可见向量的图形是有起点和终点的有向线段,图中两条线段重合了。第 3 行左图取所有行数据和列数据,得到一个矩阵,对应的图形如第 3 行右图所示。可见矩阵对应的图形是复合图形,矩阵的各列数据构成复合图形的一个系列,各行数据构成复合图形的一个分组。

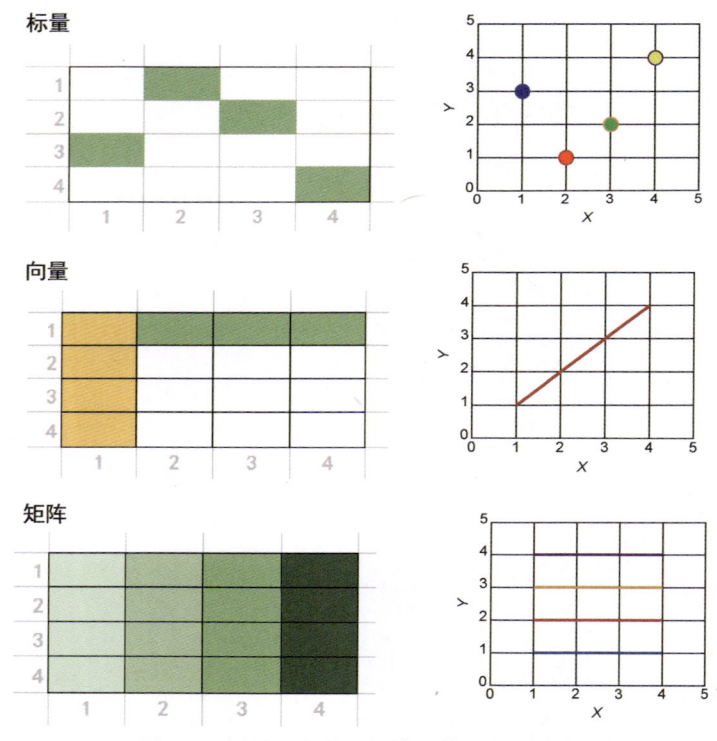

图 2-2　标量、向量和矩阵及其对应的图形

2.2.2　数值型数据

数值型数据是在一个范围内连续取值获得的,如学生的成绩、身高、体重,员工的工资、年龄等。当图表坐标系的坐标轴对应的数据为数值型数据时,则这个坐标轴为数值轴,对应的图表为数值型图表。默认 Excel 中散点图的两个坐标轴都是数值轴,

线形图、柱状图、面积图等的纵轴为数值轴。典型的数值轴如图 2-3 所示。

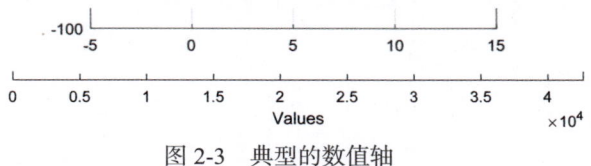

图 2-3　典型的数值轴

2.2.3　分类型数据

分类型数据多是名义数据，如描述年龄大致范围的数据（儿童、少年、青年、中年和老年等），描述成绩的数据（优秀、良好、中等、及格和不及格等）。分类型数据往往是由字符串组成的数组。

当图表坐标系的坐标轴对应的数据为分类型数据时，这个坐标轴为分类轴，对应的图表为分类型图表。默认 Excel 中线形图、柱状图、面积图等的横轴为分类轴。典型的分类轴如图 2-4 所示。

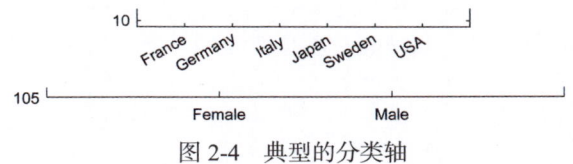

图 2-4　典型的分类轴

2.2.4　时间系列型数据

时间系列型数据的索引列由日期和时间类型的数据组成。当图表坐标系的坐标轴对应的数据为时间系列型数据时，这个坐标轴为时间轴，对应的图表为时间系列型图表。典型的时间轴如图 2-5 所示。

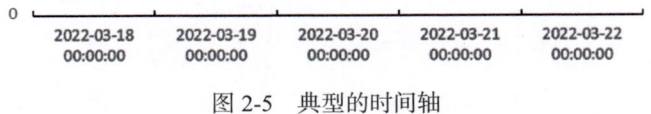

图 2-5　典型的时间轴

2.3　数据导入和导出

在使用 Excel 绘图时，可以用 Excel 导入数据，或在工作表中直接输入数据，然后选择"文件"→"保存"或"另存为"命令保存 Excel 文件。

在使用 Python xlwings 绘图时，可以用 books 对象的 open 方法打开指定路径下的

Excel 文件，然后用 book 对象的 save 方法保存文件，详见 2.1.3 节。

2.4 数据整理

有时，导入的数据不一定能满足数据分析的要求，因此要先对数据进行整理。常见的数据整理包括获取数据子集、整理数据格式、数据排序、数据筛选、数据合并、数据拆分等。本节主要介绍在绘图时可能用到的方法，包括列数据的获取和列数据的筛选。

2.4.1 列数据的获取

在使用 Excel 获取数据时，用鼠标直接选择数据对应的单元格区域即可。

在使用 Python xlwings 获取数据时，采用新语法可以获取以 0 为索引的一维或二维列表。对列表进行索引，可以获取列表中的值或整行/列的值。

打开“Samples\ch02 数据基础\data2.xlsx”文件，如图 2-6 所示。

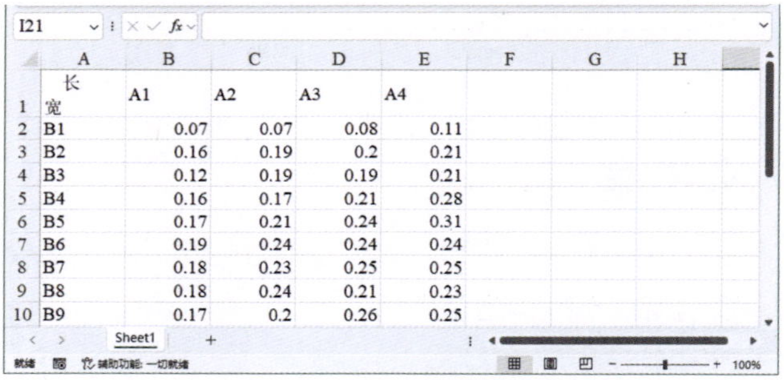

	A	B	C	D	E
1	长 宽	A1	A2	A3	A4
2	B1	0.07	0.07	0.08	0.11
3	B2	0.16	0.19	0.2	0.21
4	B3	0.12	0.19	0.19	0.21
5	B4	0.16	0.17	0.21	0.28
6	B5	0.17	0.21	0.24	0.31
7	B6	0.19	0.24	0.24	0.24
8	B7	0.18	0.23	0.25	0.25
9	B8	0.18	0.24	0.21	0.23
10	B9	0.17	0.2	0.26	0.25

图 2-6 待处理的数据

在如图 2-6 所示的工作表中有 5 列数据，这里需要使用第 2～5 列数据绘制柱状图，各柱面的高度表示对应列数据的均值。下面需要获取各列数据。完整代码见“Samples\ch02 数据基础\py2.py”文件。

```
import xlwings as xw                          #导入 Python xlwings
import numpy as np                            #导入 NumPy 包
import os                                     #导入 os 包

root=os.getcwd()                              #获取当前工作路径
app=xw.App(visible=True,add_book=False)       #创建 Excel 应用
#打开数据文件并返回工作簿对象
wb=app.books.open(root+r'/data2.xlsx',read_only=False)
```

```
sht=wb.sheets('Sheet1')                                #获取指定工作表

data=sht.range('B2:E21').value                         #获取数据
dt1=[0 for _ in range(20)]                             #创建并初始化数组
dt2=[0 for _ in range(20)]
dt3=[0 for _ in range(20)]
dt4=[0 for _ in range(20)]
for i in range(20):                                    #将数据写入不同的数组
    dt1[i]=data[i][0]
    dt2[i]=data[i][1]
    dt3[i]=data[i][2]
    dt4[i]=data[i][3]
mean1=app.api.WorksheetFunction.Average(dt1)           #求各列数据的均值
mean2=app.api.WorksheetFunction.Average(dt2)
mean3=app.api.WorksheetFunction.Average(dt3)
mean4=app.api.WorksheetFunction.Average(dt4)

print(mean1,mean2,mean3,mean4)                         #输出各列数据的均值
```

运行上述代码，在 **IDLE Shell** 窗口中输出各列数据的均值。

```
>>> == RESTART: Samples\ch02 数据基础\py2.py
0.181 0.21000000000000002 0.21999999999999997 0.22749999999999998
```

上述代码用一个 for 循环遍历数据以获取数据，下面使用更简单的方法来实现，先转置数据再获取数据。完整代码见"Samples\ch02 数据基础\py3.py"文件。

```
# 省略部分代码

dt=sht.range('B2:E21').value                           #获取原始数据
data=np.transpose(dt)                                  #转置数据
dt1=data[0]                                            #获取数据
dt2=data[1]
dt3=data[2]
dt4=data[3]
mean1=app.api.WorksheetFunction.Average(dt1)           #求均值
mean2=app.api.WorksheetFunction.Average(dt2)
mean3=app.api.WorksheetFunction.Average(dt3)
mean4=app.api.WorksheetFunction.Average(dt4)

print(mean1,mean2,mean3,mean4)       #输出均值
```

运行上述代码，输出与前面相同的结果。

2.4.2 列数据的筛选

打开“Samples\ch02 数据基础\data4.xlsx”文件，如图 2-7 所示。

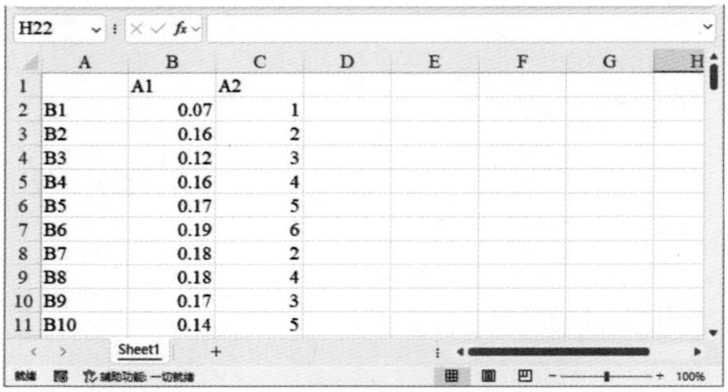

	A	B	C
1		A1	A2
2	B1	0.07	1
3	B2	0.16	2
4	B3	0.12	3
5	B4	0.16	4
6	B5	0.17	5
7	B6	0.19	6
8	B7	0.18	2
9	B8	0.18	4
10	B9	0.17	3
11	B10	0.14	5

图 2-7　待处理的数据

现在需要根据第 3 列数据中的唯一值对第 2 列数据进行分组，或者说，进行筛选。在实际工作中得到的数据常常是这种形式的数据，需要进行分组，并根据分组数据计算和绘图。

下面为数据分组，并计算各组中的数据个数。完整代码见“Samples\ch02 数据基础\py4.py”文件。

```
import xlwings as xw                             #导入 Python xlwings
import os                                        #导入 os 包

root=os.getcwd()                                 #获取当前工作路径
app=xw.App(visible=True,add_book=False)          #创建 Excel 应用
#打开数据文件并返回工作簿对象
wb=app.books.open(root+r'/data4.xlsx',read_only=False)
sht=wb.sheets('Sheet1')                          #获取指定工作表
data=sht.range('B2:C101').value                  #获取数据

count1=count2=count3=count4=count5=count6=0      #初始化变量
d1=[];d2=[];d3=[];d4=[];d5=[];d6=[]              #初始化列表
#根据第 2 列数据将第 1 列数据写入对应列表
for i in range(100):
   if data[i][1]==1:                             #如果第 2 列数据为 1
      count1+=1                                  #将列表中的数据个数加 1
      d1.append(data[i][0])                      #将第 1 列数据写入列表 d1
   elif data[i][1]==2:
      count2+=1
      d2.append(data[i][0])
   elif data[i][1]==3:
```

```
            count3+=1
            d3.append(data[i][0])
        elif data[i][1]==4:
            count4+=1
            d4.append(data[i][0])
        elif data[i][1]==5:
            count5+=1
            d5.append(data[i][0])
        elif data[i][1]==6:
            count6+=1
            d6.append(data[i][0])

print(count1,count2,count3,count4,count5,count6)      #输出各组中的数据个数
```

运行上述代码，在 IDLE Shell 窗口中输出各组中的数据个数。

```
>>> === RESTART: \Samples\ch02 数据基础\py4.py
18 20 20 22 10 10
```

2.5　数据预处理

采集样本以后，不能将其立即用于数据分析和绘图，因为样本中可能存在重复值、缺失值或异常值，或样本可能不符合要求，不具有代表性等，这些情况会直接影响结果的准确性和正确性。因此，进行数据分析和绘图之前，需要对数据进行一些预处理。

2.5.1　重复值的处理

打开“Samples\ch02 数据基础\data5.xlsx”文件，如图 2-8 所示。

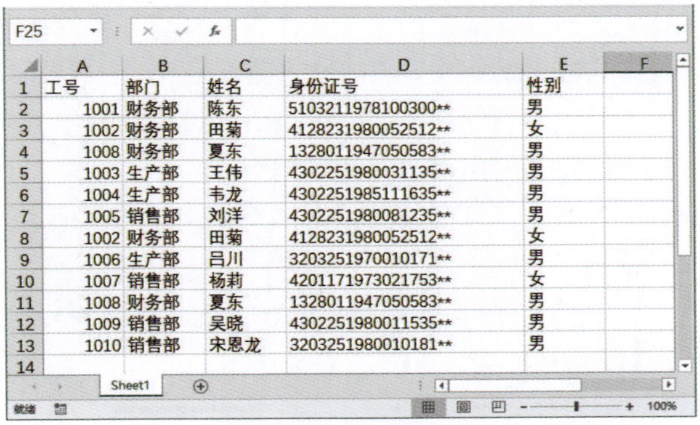

工号	部门	姓名	身份证号	性别
1001	财务部	陈东	5103211978100300**	男
1002	财务部	田菊	4128231980052512**	女
1008	财务部	夏东	1328011947050583**	男
1003	生产部	王伟	4302251980031135**	男
1004	生产部	韦龙	4302251985111635**	男
1005	销售部	刘洋	4302251980081235**	男
1002	财务部	田菊	4128231980052512**	女
1006	生产部	吕川	3203251970010171**	男
1007	销售部	杨莉	4201171973021753**	女
1008	财务部	夏东	1328011947050583**	男
1009	销售部	吴晓	4302251980011535**	男
1010	销售部	宋恩龙	3203251980010181**	男

图 2-8　待处理的数据

图 2-8 所示的工作表中为各部门人员的个人信息。通过观察发现，工作表中工号为 1002 和 1008 的人员信息存在重复。

下面对工作表中的数据进行去重。这里考虑使用字典去重。字典的键在整个字典中必须是唯一的。利用字典的这个性质可以对数据进行去重。

在创建字典时，字典的键由 A 列的工号组成，值由它对应的行数据组成。使用字典对象的 keys 方法可以获取当前所有键。在添加键值对时，如果已经存在键，那么不添加，否则添加。这样，最后得到的所有值就是去重后的数据。完整代码见"Samples\ch02 数据基础\py5.py"文件。

```
import xlwings as xw                                    #导入 Python xlwings
import os                                               #导入 os 包
root=os.getcwd()                                        #获取当前工作路径
app=xw.App(visible=True, add_book=False)                #创建 Excel 应用
#打开数据文件并返回工作簿对象
wb=app.books.open(root+r'/data5.xlsx',read_only=False)
sht=wb.sheets(1)                                        #获取指定工作表
#获取单元格区域对象
rng=sht.range('A1', sht.cells(sht.cells(1,'B').end('down').row, 'E'))
dd={}                                                   #创建字典 dd
for i in range(rng.rows.count):                         #遍历行数据
    if sht[i,0].value not in dd.keys():                 #如果字典 dd 的键中不包括该行的工号
        dd[sht[i,0].value]=rng.rows(i+1).value          #那么将行数据添加到字典的值中
lst=list(dd.values())                                   #将字典的值转换成列表
sht.range('G1').options(expand='table').value=lst       #将列表数据写入工作表
```

运行上述代码，完成去重。

2.5.2　缺失值的处理

在数据采集过程中，因条件受限而无法采集数据，或采集的数据遗失了，出现了数据缺失的情况，缺失的数据就是缺失值。缺失值不是 0，而是表示该位置没有数据，是空的。存在缺失值会导致无法使用数据处理方法。进行数据分析前，必须先对缺失值进行处理，要么删除，要么用指定的值进行填充。

打开"Samples\ch02 数据基础\data6.xlsx"文件，如图 2-9 所示。

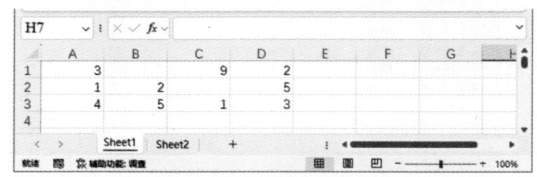

图 2-9　待处理的数据

下面编写代码，用 Python xlwings 将指定区域内的空单元格填充为 10。完整代码见"Samples\ch02 数据基础\py6.py"文件。

```
import xlwings as xw                              #导入 Python xlwings
import os                                         #导入 os 包
root=os.getcwd()                                  #获取当前工作路径
app=xw.App(visible=True, add_book=False)          #创建 Excel 应用
#打开数据文件并返回工作簿对象
wb=app.books.open(root+r'/data6.xlsx',read_only=False)
sht=wb.sheets(1)                                  #获取指定工作表
#获取空单元格
rng=sht.api.Range('A1').CurrentRegion.\
            SpecialCells(xw.constants.CellType.xlCellTypeBlanks)
if not rng is None:
    rng.Value=10                                  #填充为 10
```

运行上述代码，完成填充。

要删除包含空单元格的行和列，可以使用下面的代码实现。

```
#获取空单元格
rng=sht.api.Range('A1').CurrentRegion.\
            SpecialCells(xw.constants.CellType.xlCellTypeBlanks)
if not rng is None:
    rng.EntireRow.Delete()          #删除包含空单元格的行
    #rng.EntireColumn.Delete()      #删除包含空单元格的列
```

2.5.3　异常值的处理

异常值是指观测数据中存在的过大或过小的值。它可能只是数据内在的随机变异性的一种极端的表现，也可能由试验过程中操作错误或条件改变导致。对于前一种异常值，必须保留并与其他数据一起参与统计过程；对于后一种异常值，必须舍弃或修正。要想明确一个过大或过小的值是否是真正意义上的异常值，需要先对其进行判断。判断一个数据是否是异常值有多种方法，下面介绍两种比较常用的方法。

一种方法是使用数据的均值和标准差进行判断，如果数据落在[均值-3×标准差，均值+3×标准差]范围外，那么认为数据是异常值，否则认为不是。

另一种方法是使用分位数进行判断。即用 75%分位数减去 25%分位数得到数据的内四分极差，如果数据落在[25%分位数-1.5×内四分极差，75%分位数+1.5×内四分极差]范围外，那么认为数据是异常值，否则认为不是。对于这种方法，可以用箱形图判断异常值。

对于被判断为异常值的数据，常常将它作为缺失值进行处理，删除或指定为特殊的值。

打开"Samples\ch02 数据基础\data7.xlsx"文件，如图 2-10 所示。

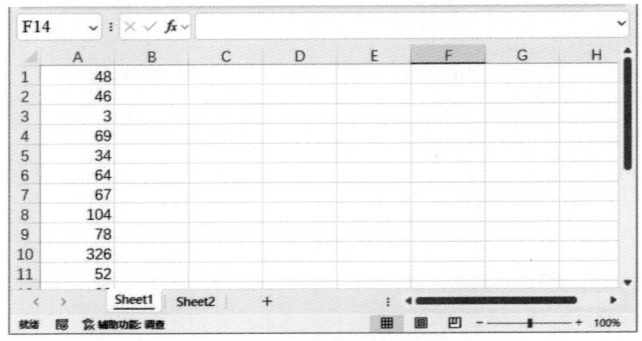

图 2-10　待处理的数据

本例主要判断工作表的 A 列数据中是否存在异常值。

下面使用均值和标准差进行判断，在 B 列显示判断结果。如果 A 列中的某个数据是异常值，那么显示 True，否则显示 False。完整代码见"Samples\ch02 数据基础\py7.py"文件。

```python
import xlwings as xw                          #导入 Python xlwings
import os                                     #导入 os 包
root=os.getcwd()                              #获取当前工作路径
app=xw.App(visible=True, add_book=False)      #创建 Excel 应用
#打开数据文件并返回工作簿对象
wb=app.books.open(root+r'/data7.xlsx',read_only=False)
sht=wb.sheets(1)                              #获取指定工作表

#计算均值
mean_v=app.api.WorksheetFunction.Average(sht.api.Range('A1:A14'))
#计算标准差
stdev_v=app.api.WorksheetFunction.StDev(sht.api.Range('A1:A14'))

#遍历各数据，如果某个数据小于（均值-3×标准差）或大于（均值+3×标准差），那么该数据为异常值
for i in range(1,15):
    if sht.api.Cells(i,1).Value<mean_v-3*stdev_v or\
            sht.api.Cells(i,1).Value>mean_v+3*stdev_v:
        sht.api.Cells(i,2).Value=True
    else:
        sht.api.Cells(i,2).Value=False
```

　　下面使用分位数进行判断，在 C 列显示判断结果。如果 A 列中的某个数据是异常值，那么显示 True，否则显示 False。完整代码见 "Samples\ch02 数据基础\py8.py" 文件。

```
import xlwings as xw                          #导入 Python xlwings
import os                                     #导入 os 包
root=os.getcwd()                              #获取当前工作路径
app=xw.App(visible=True, add_book=False)      #创建 Excel 应用
#打开数据文件并返回工作簿对象
wb=app.books.open(root+r'/data7.xlsx',read_only=False)
sht=wb.sheets(1)                              #获取指定工作表

#计算 75%分位数
stp75=app.api.WorksheetFunction.Percentile(sht.api.Range('A1:A14'),0.75)
#计算 25%分位数
stp25=app.api.WorksheetFunction.Percentile(sht.api.Range('A1:A14'),0.25)
#计算内四分极差
iqr=stp75-stp25

#遍历各数据，如果某个数据小于（25%分位数-1.5×内四分极差）或大于（75%分位数+1.5×内四
分极差），那么该数据为异常值
for i in range(1,15):
    if sht.api.Cells(i,1).Value<stp25-1.5*iqr or\
            sht.api.Cells(i,1).Value>stp75+1.5*iqr:
        sht.api.Cells(i,3).Value=True
    else:
        sht.api.Cells(i,3).Value=False
```

　　运行上述两个脚本，将两个判断结果分别输出到工作表的 B 列和 C 列中。

第 3 章

图表基础

　　本章主要介绍图表的基础知识，包括用 Excel 和 Python xlwings 创建图表的方法、坐标系和图表元素的设置等。在创建图表之前，要建立坐标系，只有建立坐标系以后，图表中各点、线、面的位置、大小、方向和角度等才能确定下来。

3.1　用 Excel 创建图表

用 Excel 创建图表的操作很简单。首先打开数据文件，或在空白的 Excel 文件中输入数据，选择绘图数据，然后在 "插入" 功能区的 "图表" 区中单击相应的图表类型图标即可，如图 3-1 所示。

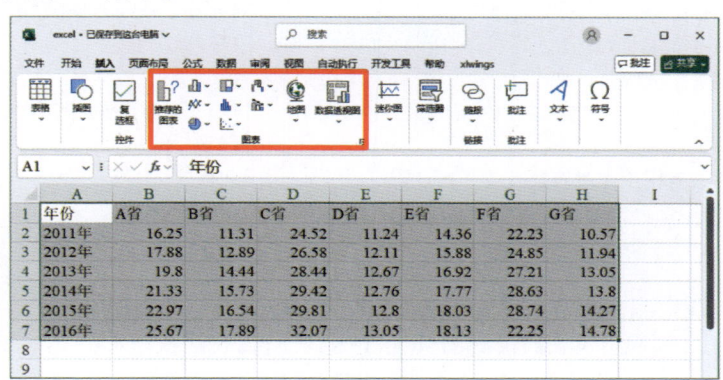

图 3-1　用 Excel 创建图表

3.2　用 Python xlwings 创建图表

用 VBA 和 Python xlwings 可以通过编程动态创建图表，本节主要介绍用 Python xlwings 创建图表的几种方法。可以用 ChartObjects 对象或 Shapes 对象创建图表，也可以通过逐个添加系列创建图表，还可以用 API 方式创建图表工作表。

在 Excel 对象模型中，用 Chart 对象表示图表，Charts 对象作为集合对所有图表进行保存和管理。通过编程创建图表的过程，就是创建 Chart 对象，并利用它本身及与之相关的一系列对象的属性和方法进行编程的过程。

3.2.1　用 ChartObjects 对象创建图表

用 ChartObjects 对象的 Add 方法可以创建图表。该方法的语法格式为：

`sht.api.ChartObjects.Add(left=0, top=0, width=355, height=211)`

其中，sht 表示工作表，有 4 个参数。

- left：表示图表左侧的位置，单位为点，默认值为 0。
- top：表示图表顶端的位置，单位为点，默认值为 0。

- width：表示图表的宽度，单位为点，默认值为 355。
- height：表示图表的高度，单位为点，默认值为 211。

该方法返回一个 ChartObject 对象，引用该对象的 Chart 属性返回一个 Chart 对象。

下面根据指定数据，用 ChartObjects 对象的 Add 方法创建图表。完整代码见"Samples\ch03 图表基础\01 创建图表：ChartObjects 对象\py.py"文件。

```python
import xlwings as xw                              #导入 Python xlwings
import os                                         #导入 os 包

root=os.getcwd()                                  #获取当前工作路径
app=xw.App(visible=True, add_book=False)          #创建 Excel 应用
#打开数据文件并返回工作簿对象
wb=app.books.open(root+r'/data.xlsx',read_only=False)
sht=wb.sheets('Sheet1')                           #获取指定工作表

#用 ChartObjects 对象的 Add 方法创建图表
cht=sht.api.ChartObjects().Add(50,200,355,211).Chart
cht.SetSourceData(sht.api.Range('A1:H7'),1)       #绑定数据
cht.ChartType=xw.constants.ChartType.xlColumnClustered    #设置图表类型
cht.HasTitle=True                                 #显示图表标题
cht.ChartTitle.Text='部分省级行政区 2011—2016 年 GDP 数据'    #获取图表标题
```

运行上述代码，即可在工作表的指定位置绘制复合柱状图，效果如图 3-2 所示。

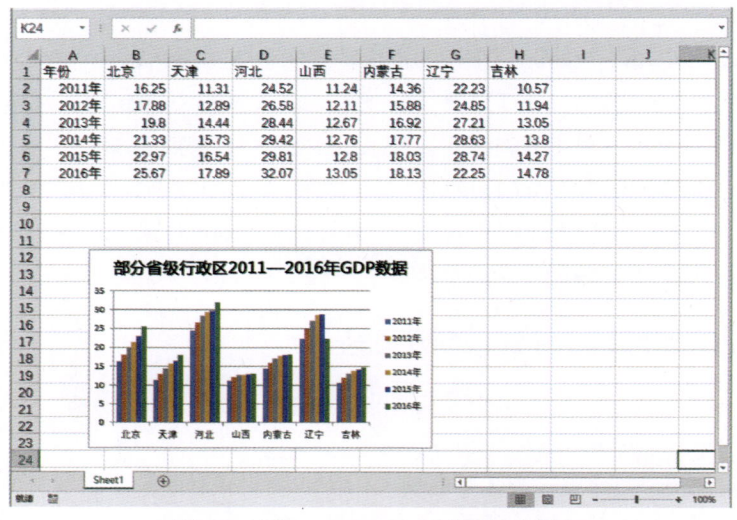

图 3-2　用 ChartObjects 对象创建图表

用 charts 对象的 add 方法可以创建图表，该方法本质上还是用 ChartObjects 对象

创建图表。该方法的语法格式为：

```
sht.charts.add(left=0, top=0, width=355, height=211)
```

其中，**sht** 表示工作表，4 个参数的含义同 **ChartObjects** 对象的 **Add** 方法。该方法返回一个 chart 对象。

下面使用图 3-2 中的数据绘制复合柱状图。完整代码见 "Samples\ch03 图表基础\02 创建图表：xlwings 新语法\py.py" 文件。

```
import xlwings as xw                          #导入 Python xlwings
import os                                     #导入 os 包

root=os.getcwd()                              #获取当前工作路径
app=xw.App(visible=True, add_book=False)      #创建 Excel 应用
#打开数据文件并返回工作簿对象
wb=app.books.open(root+r'/data.xlsx',read_only=False)
sht=wb.sheets('Sheet1')                       #获取指定工作表

cht=sht.charts.add(50, 200)                   #用 charts 对象的 add 方法创建图表
cht.set_source_data(sht.range("A1").expand())      #绑定数据
cht.chart_type="column_clustered"                  #获取图表类型
cht.api[1].HasTitle=True                           #显示图表标题
cht.api[1].ChartTitle.Text="部分省级行政区 2011—2016 年 GDP 数据"  #获取图表标题
```

运行上述代码，生成如图 3-2 所示的复合柱状图。在上述代码中，**add** 方法返回一个表示空白图表的 chart 对象，图表左上角的位置为(50,200)。用 chart 对象的 set_source_data 方法绑定数据，参数中用 range 对象的 expand 方法获取 A1 单元格所在的工作表，用 chart_type 属性指定图表类型为复合柱状图，用 API 方式指定图表标题。注意，需要设置 HasTitle 属性的值为 True。

3.2.2　用 Shapes 对象创建图表

用 Shapes 对象创建图表，实际上也是用 API 方式实现的。基于 API 方式，用 Shapes 对象的 **AddChart2** 方法可以创建图表。该方法的语法格式为：

```
sht.api.Shapes.AddChart2(Style,XlChartType,Left,Top,Width,Height,NewLayout)
```

其中，**sht** 表示工作表，有 7 个参数。

- **Style**：图表样式，值为-1 时表示默认样式。
- **XlChartType**：图表类型，值是 **XlChartType** 枚举类型的。
- **Left**：图表左侧的位置，省略时水平居中。
- **Top**：图表顶端的位置，省略时垂直居中。

- **Width**：图表的宽度，默认值为 354。
- **Height**：图表的高度，默认值为 210。
- **NewLayout**：表示图表布局，如果值为 True，则只有复合图形才会显示图例。

该方法返回一个 Shape 对象，引用该对象的 Chart 属性返回一个 Chart 对象。

下面使用如图 3-2 所示的工作表中的数据绘制复合柱状图。首先选择数据区域，然后用 **Shapes** 对象的 **AddChart2** 方法创建图表。完整代码见"Samples\ch03 图表基础\03 创建图表：Shapes 对象\py.py"文件。

```
import xlwings as xw                          #导入 Python xlwings
import os                                     #导入 os 包

root=os.getcwd()                              #获取当前工作路径
app=xw.App(visible=True, add_book=False)      #创建 Excel 应用
#打开数据文件并返回工作簿对象
wb=app.books.open(root+r'/data.xlsx',read_only=False)
sht=wb.sheets('Sheet1')                       #获取指定工作表

sht.api.Range("A1").CurrentRegion.Select()    #获取数据
shp=sht.api.Shapes.AddChart2(-1, xw.constants.ChartType.xlColumnClustered,
200, 20, 350, 250, True)
cht=shp.Chart                                 #获取图表
```

运行上述代码，生成如图 3-3 所示的复合柱状图。

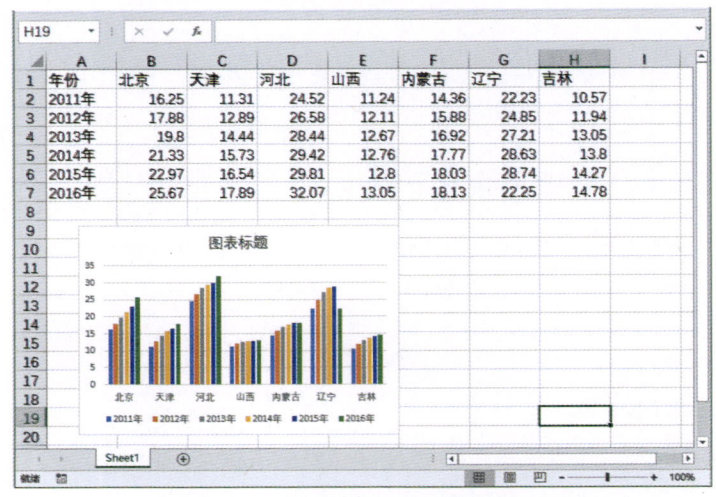

图 3-3　用 Shapes 对象创建图表

3.2.3 通过逐个添加系列创建图表

在如图 3-3 所示的复合柱状图中，相同颜色的柱面构成一个系列，相邻的不同颜色的柱面构成一个分组。因此，在如图 3-3 所示的复合柱状图中有 6 个系列、6 个分组。在通过编程创建类似图表时，可以通过逐个添加系列来实现。

下面结合一个示例进行介绍。创建包含两个系列的图表，其中一个系列的图表为柱状图，另一个系列的图表为线形图。完整代码见"Samples\ch03 图表基础\ 04 创建图表：添加系列\py.py"文件。

```python
import xlwings as xw                          #导入 Python xlwings
import os                                      #导入 os 包

root=os.getcwd()                               #获取当前工作路径
app=xw.App(visible=True, add_book=False)       #创建 Excel 应用
#打开数据文件并返回工作簿对象
wb=app.books.open(root+r'/data.xlsx',read_only=False)
sht=wb.sheets('Sheet1')                        #获取指定工作表

sht.api.Range('A2:A7').Select()                #获取数据
shp=sht.api.Shapes.AddChart2(-1, xw.constants.ChartType.xlColumnClustered,
200, 20, 350, 250, True)
cht=shp.Chart                                  #获取图表

ser=cht.SeriesCollection().NewSeries()         #新建系列
ser.ChartType=xw.constants.ChartType.xlLine    #设置图表类型
ser.Values=sht.api.Range("B2:B7")              #设置纵轴数据
cht.HasLegend=True                             #显示图例
```

运行上述代码，生成如图 3-4 所示的图表。

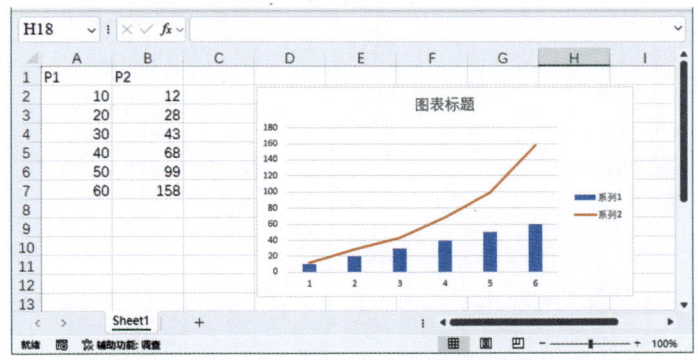

图 3-4 通过逐个添加系列创建图表

3.2.4　用 API 方式创建图表工作表

用 API 方式可以创建图表工作表，在图表工作表中，图表占据整个工作表。用 Charts 对象的 Add 方法可以创建图表工作表。该方法的语法格式为：

```
wb.api.Charts.Add(Before,After,Count,Type)
```

其中，**wb** 表示工作簿对象。该方法的参数都可省略，各参数的含义如下。

- **Before**：指定工作表，新建的工作表将置于此工作表之前。
- **After**：指定工作表，新建的工作表将置于此工作表之后。
- **Count**：要添加的工作表的个数，默认值为 1。
- **Type**：指定要添加的图表类型。

如果 Before 和 After 都省略，那么创建的图表工作表将被放到活动工作表之前。该方法返回一个 Chart 对象。

下面使用图 3-2 中的数据创建图表工作表，图表类型为复合柱状图。完整代码见 "Samples\ch03 图表基础\05 创建图表：图表工作表\py.py" 文件。

```python
import xlwings as xw                              #导入 Python xlwings
import os                                         #导入 os 包

root=os.getcwd()                                  #获取当前工作路径
app=xw.App(visible=True, add_book=False)          #创建 Excel 应用
#打开数据文件并返回工作簿对象
wb=app.books.open(root+r'/data.xlsx',read_only=False)
sht=wb.sheets('Sheet1')                           #获取指定工作表

cht=wb.api.Charts.Add()                           #创建图表工作表
cht.SetSourceData(Source=sht.api.Range("A1:H7"), PlotBy=1)   #绑定数据
cht.ChartType=xw.constants.ChartType.xlColumnClustered       #设置图表类型
cht.HasTitle=True                                            #显示图表标题
cht.ChartTitle.Text='部分省级行政区 2011—2016 年 GDP 数据'     #获取图表标题
```

运行上述代码，生成如图 3-5 所示的图表工作表。在上述代码中，用 Charts 对象的 Add 方法创建图表工作表。该方法返回一个 Chart 对象，用 Chart 对象的 ChartType 属性设置图表类型为复合柱状图。注意，指定图表类型常数的方式。

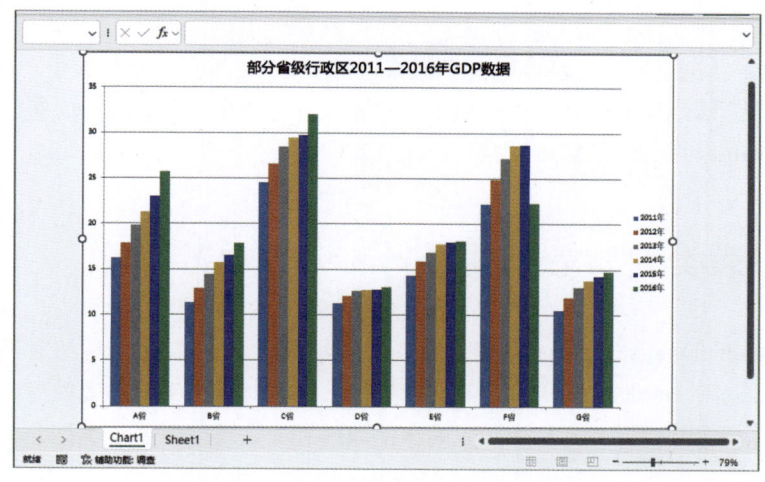

图 3-5　用 API 方式创建图表工作表

3.2.5　绑定数据

绑定数据主要有 3 种方法。

第 1 种方法是用 Select 方法获取数据。对于工作表 sht，用类似于下面形式的代码进行绑定。

```
sht.api.Range("A1").CurrentRegion.Select()
```
或
```
sht.api.Range("A1:H7").Select()
```

第 2 种方法是用 chart（Chart）对象的 set_source_data（SetSourceData）方法绑定数据。

基于 xlwings 方式，用 chart 对象的 set_source_data 方法绑定数据。例如，对于工作表 sht 和图表 cht，用类似于下面形式的代码进行绑定。

```
cht.set_source_data(sht.range("A1").expand())
```

该方法只有一个参数，为 range，用于指定源数据区域。

基于 API 方式，用 Chart 对象的 SetSourceData 方法指定图表的源数据区域。该方法的语法格式为：

```
cht.SetSourceData(Source, PlotBy)
```

其中，cht 表示生成的 chart 对象，有两个参数。

- Source：指定图表的源数据区域，为一个 Range 对象。
- PlotBy：指定取数据的方式。值为 1 时，表示按列取数据；值为 2 时，表示按行取数据。

对于工作表 sht 和图表 cht，用类似于下面形式的代码进行绑定。

```
cht.SetSourceData(Source=sht.api.Range("A1:H7"), PlotBy=1)
```

第 3 种方法是在通过逐个添加系列创建图表时，用系列的 XValues 属性设置横轴数据，用 Values 属性设置纵轴数据，详见 3.2.3 节。

3.3　图表类型与常用属性

在 Python xlwings 中，chart（Chart）对象表示图表，用 3.2 节介绍的创建图表的方法可以直接返回 chart（Chart）对象，或通过 Shape 对象的 Chart 属性可以间接获取 Chart 对象。利用这些 chart（Chart）对象的属性和方法可以对图表类型、坐标系、标题、图例等进行设置。

对于用多变量绘制的复合图表，其中一组简单图形被称为一个系列。可以从复合图表中获取系列，并用系列的属性和方法进行设置。例如，改变某个系列所代表的一组简单图形的图表类型、颜色、线型、点标记和数据标签等。

3.3.1　设置图表类型

在创建图表时需要设置图表类型。Excel 支持多种常见的图表类型。可以直接用 Excel 指定，也可以用 Python xlwings 在编程时指定。

【Excel】

3.1 节介绍了用 Excel 创建图表的方法，单击"插入"功能区的"图表"区中的图表类型图标可以生成对应类型的图表。单击图表中最左侧的图标，打开"插入图表"对话框，如图 3-6 所示。在"所有图表"选项卡中可以看到 Excel 支持的所有图表类型，根据需要进行选择即可。

【Python xlwings】

用 chart 对象的 chart_type 属性或 Chart 对象的 ChartType 属性可以设置图表类型。用 chart 对象的 chart_type 属性设置图表类型的代码如下。

```
cht.chart_type='column_clustered'
```

用 Chart 对象的 ChartType 属性设置图表类型的代码如下。

```
cht.ChartType=xw.constants.ChartType.xlColumnClustered
```

chart_type 属性和 ChartType 属性的值如表 3-1 所示。其中，第 3 列中基于 xlwings 方式的取值为基于 xlwings 方式的 chart_type 属性的值，前两列中基于 API 方式的常数和取值为基于 API 方式的 ChartType 属性的值。值可以直接写，常数的形式类似于

xw.constants.ChartType.xlLine。

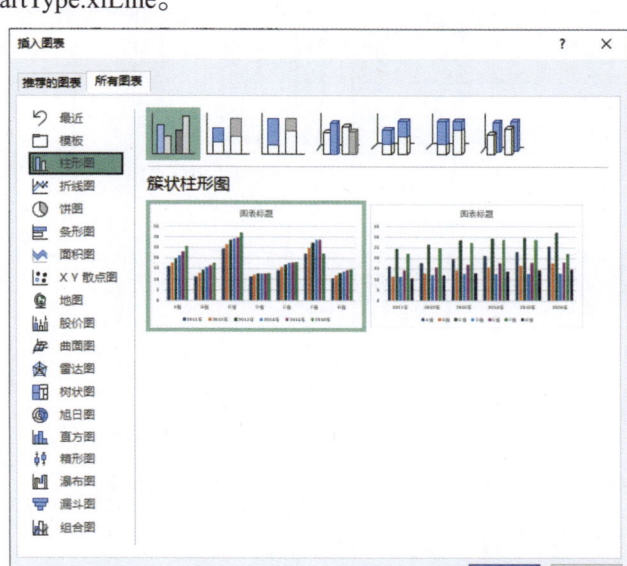

图 3-6　用 Excel 设置图表类型

表 3-1　chart_type 属性和 ChartType 属性的值

基于API方式的常数	基于API方式的取值	基于xlwings方式的取值	说　明
xl3DArea	−4098	'3d_area'	三维面积图
xl3DAreaStacked	78	'3d_area_stacked'	三维堆叠面积图
xl3DAreaStacked100	79	'3d_area_stacked_100'	三维百分比堆叠面积图
xl3DBarClustered	60	'3d_bar_clustered'	三维复合条形图
xl3DBarStacked	61	'3d_bar_stacked'	三维堆叠条形图
xl3DBarStacked100	62	'3d_bar_stacked_100'	三维百分比堆叠条形图
xl3DColumn	−4100	'3d_column'	三维柱状图
xl3DColumnClustered	54	'3d_column_clustered'	三维复合柱状图
xl3DColumnStacked	55	'3d_column_stacked'	三维堆叠柱状图
xl3DColumnStacked100	56	'3d_column_stacked_100'	三维百分比堆叠柱状图
xl3DLine	−4101	'3d_line'	带形图
xl3DPie	−4102	'3d_pie'	三维饼图
xl3DPieExploded	70	'3d_pie_exploded'	分离型三维饼图

续表

基于API方式的常数	基于API方式的取值	基于xlwings方式的取值	说　　明
xlArea	1	'area'	面积图
xlAreaStacked	76	'area_stacked'	堆叠面积图
xlAreaStacked100	77	'area_stacked_100'	百分比堆叠面积图
xlBarClustered	57	'bar_clustered'	复合条形图
xlBarOfPie	71	'bar_of_pie'	复合条饼图
xlBarStacked	58	'bar_stacked'	堆叠条形图
xlBarStacked100	59	'bar_stacked_100'	百分比堆叠条形图
xlBubble	个	'bubble'	气泡图
xlBubble3DEffect	87	'bubble_3d_effect'	三维气泡图
xlColumnClustered	51	'column_clustered'	复合柱状图
xlColumnStacked	52	'column_stacked'	堆叠柱状图
xlColumnStacked100	53	'column_stacked_100'	百分比堆叠柱状图
xlConeBarClustered	102	'cone_bar_clustered'	复合圆锥条形图
xlConeBarStacked	103	'cone_bar_stacked'	堆叠圆锥条形图
xlConeBarStacked100	104	'cone_bar_stacked_100'	百分比堆叠圆锥条形图
xlConeCol	105	'cone_col'	三维圆锥柱状图
xlConeColClustered	99	'cone_col_clustered'	复合圆锥柱状图
xlConeColStacked	100	'cone_col_stacked'	堆叠圆锥柱状图
xlConeColStacked100	101	'cone_col_stacked_100'	百分比堆叠圆锥柱状图
xlCylinderBarClustered	95	'cylinder_bar_clustered'	复合圆柱条形图
xlCylinderBarStacked	96	'cylinder_bar_stacked'	堆叠圆柱条形图
xlCylinderBarStacked100	97	'cylinder_bar_stacked_100'	百分比堆叠圆柱条形图
xlCylinderCol	98	'cylinder_col'	三维圆柱柱状图
xlCylinderColClustered	92	'cylinder_col_clustered'	复合圆柱柱状图
xlCylinderColStacked	93	'cylinder_col_stacked'	堆叠圆柱柱状图
xlCylinderColStacked100	94	'cylinder_col_stacked_100'	百分比堆叠圆柱柱状图
xlDoughnut	−4120	'doughnut'	环状图
xlDoughnutExploded	80	'doughnut_exploded'	分离型环状图
xlLine	4	'line'	线形图
xlLineMarkers	65	'line_markers'	点线图
xlLineMarkersStacked	66	'line_markers_stacked'	堆叠点线图
xlLineMarkersStacked100	67	'line_markers_stacked_100'	百分比堆叠点线图

续表

基于API方式的常数	基于API方式的取值	基于xlwings方式的取值	说　明
xlLineStacked	63	'line_stacked'	堆叠线形图
xlLineStacked100	64	'line_stacked_100'	百分比堆叠线形图
xlPie	5	'pie'	饼图
xlPieExploded	69	'pie_exploded'	分离型饼图
xlPieOfPie	68	'pie_of_pie'	复合饼图
xlPyramidBarClustered	109	'pyramid_bar_clustered'	复合棱锥条形图
xlPyramidBarStacked	110	'pyramid_bar_stacked'	堆叠棱锥条形图
xlPyramidBarStacked100	111	'pyramid_bar_stacked_100'	百分比堆叠棱锥条形图
xlPyramidCol	112	'pyramid_col'	三维棱锥柱状图
xlPyramidColClustered	106	'pyramid_col_clustered'	复合棱锥柱状图
xlPyramidColStacked	107	'pyramid_col_stacked'	堆叠棱锥柱状图
xlPyramidColStacked100	108	'pyramid_col_stacked_100'	百分比堆叠棱锥柱状图
xlRadar	−4151	'radar'	雷达图
xlRadarFilled	82	'radar_filled'	填充雷达图
xlRadarMarkers	81	'radar_markers'	数据点雷达图
xlRegionMap	140		地图
xlStockHLC	88	'stock_hlc'	盘高−盘低−收盘图
xlStockOHLC	89	'stock_ohlc'	开盘−盘高−盘低−收盘图
xlStockVHLC	90	'stock_vhlc'	成交量−盘高−盘低−收盘图
xlStockVOHLC	91	'stock_vohlc'	Volume−开盘−盘高−盘低−收盘图
xlSurface	83	'surface'	曲面图
xlSurfaceTopView	85	'surface_top_view'	填充等值线图
xlSurfaceTopViewWireframe	86	'surface_top_view_wireframe'	等值线图
xlSurfaceWireframe	84	'surface_wireframe'	线框模型
xlXYScatter	−4169	'xy_scatter'	二维散点图
xlXYScatterLines	74	'xy_scatter_lines'	二维折线散点图
xlXYScatterLinesNoMarkers	75	'xy_scatter_lines_no_markers'	二维无数据点折线散点图
xlXYScatterSmooth	72	'xy_scatter_smooth'	二维平滑线散点图
xlXYScatterSmoothNoMarkers	73	'xy_scatter_smooth_no_markers'	二维无数据点平滑线散点图

基于 3.2 节提供的数据，下面用 Shapes 对象的 **AddChart2** 方法创建不同类型的图表。完整代码见 "Samples\ch03 图表基础\ 07 图表类型\py.py" 文件。

```
import xlwings as xw                                #导入 Python xlwings
import os                                           #导入 os 包

root=os.getcwd()                                    #获取当前工作路径
app=xw.App(visible=True,add_book=False)             #创建 Excel 应用
#打开数据文件并返回工作簿对象
wb=app.books.open(root+r'/data.xlsx',read_only=False)
sht=wb.sheets('Sheet1')                             #获取指定工作表

sht.api.Range("A1").CurrentRegion.Select()          #获取数据
sht.api.Shapes.AddChart2(-1,xw.constants.ChartType.xlColumnClustered,\
                         20, 150, 300, 200, True)
sht.api.Shapes.AddChart2(-1, xw.constants.ChartType.xlBarClustered, \
                         400, 150, 300, 200, True)
sht.api.Shapes.AddChart2(-1, xw.constants.ChartType.xlConeBarStacked, \
                         20, 400, 300, 200, True)
sht.api.Shapes.AddChart2(-1, xw.constants.ChartType.xlLineMarkersStacked, \
                         400, 400, 300, 200, True)
sht.api.Shapes.AddChart2(-1, xw.constants.ChartType.xlXYScatter, \
                         20, 650, 300, 200, True)
sht.api.Shapes.AddChart2(-1, xw.constants.ChartType.xlPieOfPie, \
                         400, 650, 300, 200, True)
```

运行上述代码，创建不同类型的图表，如图 3-7 所示。

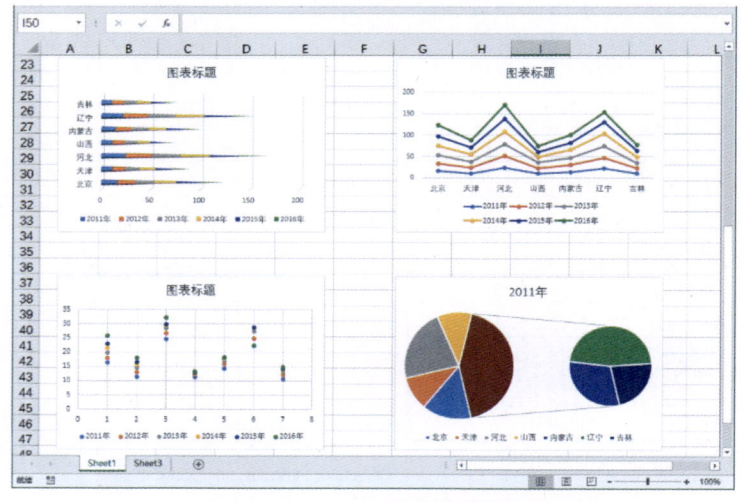

图 3-7　创建不同类型的图表

3.3.2　设置和修改图表属性

创建图表后，可以用 Excel 或 Python xlwings 对图表属性进行设置和修改。

【Excel】

图 3-8 中已经创建了一个复合柱状图，双击该图表，界面右侧弹出一个面板。可以使用该面板中的控件对图表中选定对象的属性进行设置和修改。例如，在图 3-8 中选择图表中的一个系列，在面板中会对应显示用于修改柱面属性和边线属性的控件，根据需要进行设置和修改即可。

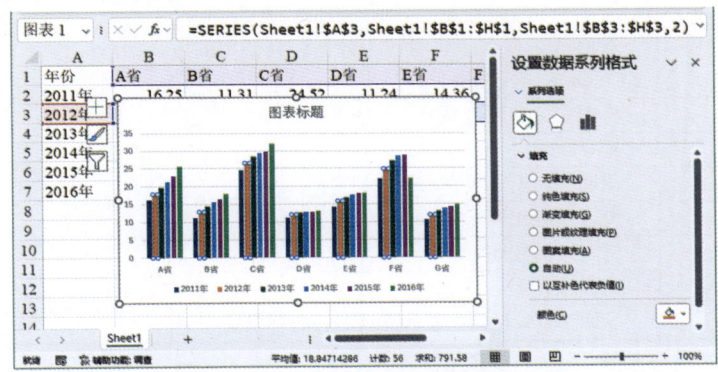

图 3-8　用 Excel 设置和修改图表属性

【Python xlwings】

3.3.1 节已用 Chart 对象的 ChartType 属性设置了图表类型，实际上，Chart 对象还有很多其他属性和方法，使用它们可以对图表进行各种设置。Chart 对象常见的属性和方法如表 3-2 所示。这些属性和方法的使用会在后面陆续介绍。

表 3-2　Chart 对象常见的属性和方法

名　称	说　明
BackWall	返回 Walls 对象，该对象允许用户单独对三维图表的背景墙的格式进行设置
BarShape	返回形状
ChartArea	返回 ChartArea 对象，该对象表示整个图表区
ChartStyle	返回或设置图表样式，可以使用 1～48 范围内的数字设置图表样式
ChartTitle	返回 ChartTitle 对象，表示指定图表的标题
ChartType	返回或设置图表类型
Copy	将图表工作表复制到工作簿中的另一个位置
CopyPicture	将图表以图片的形式复制到剪贴板上
DataTable	返回 DataTable 对象，表示图表的数据表
Delete	删除图表

续表

名　　称	说　　明
Export	将图表以图片的形式导出到文件中
HasAxis	返回或设置图表中显示的坐标轴
HasDataTable	如果图表有数据表，那么值为 True，否则值为 False
HasTitle	设置是否显示标题
Legend	返回 Legend 对象，表示图表的图例
Move	将图表工作表移动到工作簿中的另一个位置
Name	返回名称
PlotArea	返回 PlotArea 对象，表示图表的绘图区
PlotBy	返回行或列在图表中作为数据系列使用的方式，可以为以下常量之一：xlColumns 或 xlRows
SaveAs	将图表另存到不同的文件中
Select	选择图表
SeriesCollection	返回包含图表所有系列的集合
SetElement	设置图表元素
SetSourceData	绑定绘图数据
Visible	返回或设置 XlSheetVisibility 值，用于确定对象是否可见
Walls	返回 Walls 对象，表示三维图表的背景墙

　　下面创建一个图表，用于获取 Chart 对象，设置 Chart 对象的属性。完整代码见"Samples\ch03 图表基础\08 图表常用属性\py.py"文件。

```
import xlwings as xw                          #导入 Python xlwings
import os                                     #导入 os 包

root=os.getcwd()                              #获取当前工作路径
app=xw.App(visible=True,add_book=False)       #创建 Excel 应用
#打开数据文件并返回工作簿对象
wb=app.books.open(root+r'/data.xlsx',read_only=False)
sht=wb.sheets('Sheet1')                       #获取指定工作表

sht.api.Range('A2:C10').Select()              #获取数据
shp=sht.api.Shapes.AddChart2()                #添加图表
shp.Left=20
cht=shp.Chart                                 #获取图表
cht.ChartStyle=5                              #获取图表样式
cht.HasTitle=True                             #显示图表标题
cht.ChartTitle.Caption='图表标题'             #获取图表标题
cht.HasDataTable=True                         #显示数据表
cht.HasLegend=True                            #显示图例
```

```
cht.Export(root+'/cht.jpg')                      #将图表导出到 JPG 文件中
cht.Export(root+'/cht.svg')                      #将图表导出到 SVG 文件中
cht.ExportAsFixedFormat(0,root+'/cht.pdf')

#wb.save()                                        #保存工作簿
#app.kill()                                       #退出 Excel 应用
```

运行上述代码，生成如图 3-9 所示的图表。

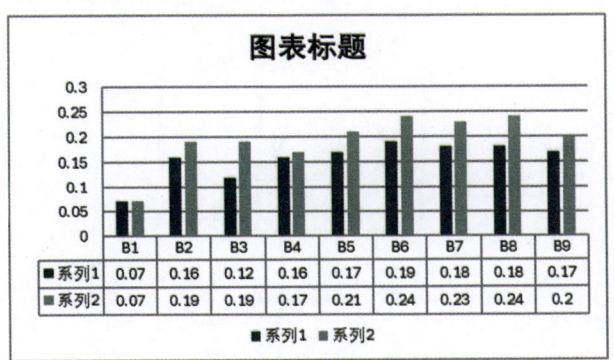

图 3-9　设置 Chart 对象的属性

3.4　坐标系

对于图表，坐标系是一个基本的参照，只有有了坐标系，图表中的每个点，以及每个基本图形元素的位置、长度和方向才能被确定下来。用 Excel 提供的与图表坐标系相关的对象及其属性和方法，可以对坐标系进行各种设置。

3.4.1　Axes 对象和 Axis 对象

在 Excel 中，用 Axis 对象表示单个坐标轴，用其复数形式 Axes 对象表示多个坐标轴及由它们组成的坐标系。对于二维平面坐标系，有横轴和纵轴两个坐标轴；对于三维空间坐标系，有 3 个方向上的坐标轴。

【Excel】

创建图表后，双击图表，展开右侧面板。选择一个坐标轴，使用如图 3-10 所示的右侧面板的"坐标轴选项"区域中的边框控件可以修改该坐标轴的属性，如颜色、线型和线宽等。另外，单击"格式"功能区的"形状样式"区中的图标也可以快速修改坐标轴的属性。

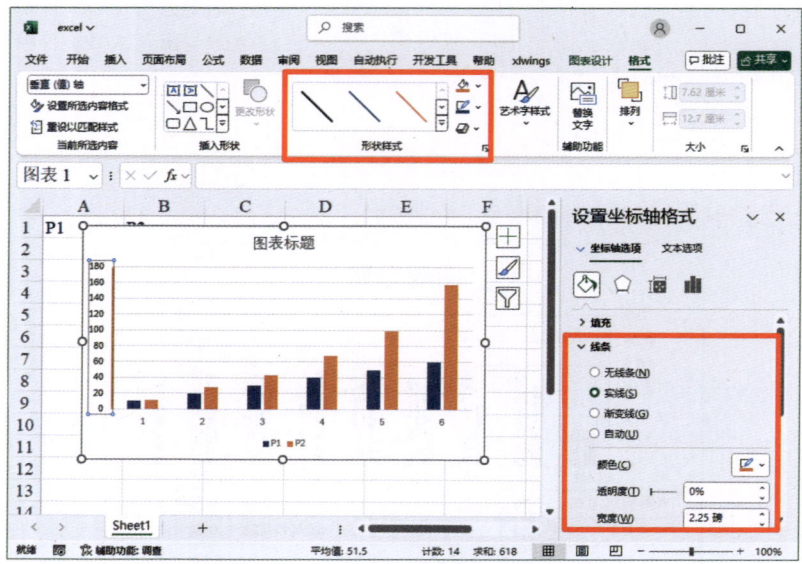

图 3-10 设置坐标轴的属性

【Python xlwings】

基于 API 方式，用 Chart 对象获取 Axis 对象的语法格式为：

```
axs=cht.Axes(Type,AxisGroup)
```

其中，cht 为 Chart 对象，两个参数的说明如下。

- **Type**：必需，取值为 1、2、3。取值为 1 时，坐标轴为分类轴，常用于设置图表的横轴；取值为 2 时，坐标轴为数值轴，常用于设置图表的纵轴；取值为 3 时，坐标轴为系列轴，只能用于三维图表中。

- **AxisGroup**：可选，区分坐标轴的主次。取值为 2 时，坐标轴为次坐标轴；取值为 1 时，坐标轴为主坐标轴。

下面先选择绘图数据，用 Shapes 对象的 AddChart2 方法创建一个表示图表的 Shape 对象，然后用它的 Chart 属性获取 Chart 对象。

```
sht.api.Range("A1:B7").Select()
cht=sht.api.Shapes.AddChart2(-1,\xw.constants.ChartType.xlColumnClustered,
200,20,300,200,True).Chart  #获取图表
```

用 Chart 对象的 Axes 属性可以获取横轴和纵轴，并设置各坐标轴的属性。用 Border 属性可以对坐标轴本身的颜色、线型、线宽等进行设置。

下面创建图表，设置 Border 属性。完整代码见"Samples\ch03 图表基础\09 坐标系：坐标轴\py.py"文件。

```
import xlwings as xw                         #导入 Python xlwings
import os                                    #导入 os 包

root=os.getcwd()                             #获取当前工作路径
app=xw.App(visible=True,add_book=False)      #创建 Excel 应用
#打开数据文件并返回工作簿对象
wb=app.books.open(root+r'/data.xlsx',read_only=False)
sht=wb.sheets('Sheet1')                      #获取指定工作表

sht.api.Range('A1:B7').Select()              #获取数据
shp=sht.api.Shapes.AddChart()                #添加图表
cht=shp.Chart
axs=cht.Axes(1)                              #获取横轴
axs.Border.ColorIndex=3                      #设置横轴的颜色索引
axs.Border.Weight=3                          #设置横轴的线宽
axs2=cht.Axes(2)                             #获取纵轴
axs2.Border.Color=xw.utils.rgb_to_int((0, 0, 255))   #设置纵轴的颜色
axs2.Border.Weight=3                         #设置纵轴的线宽
```

运行上述代码，生成如图 3-11 所示的图表。

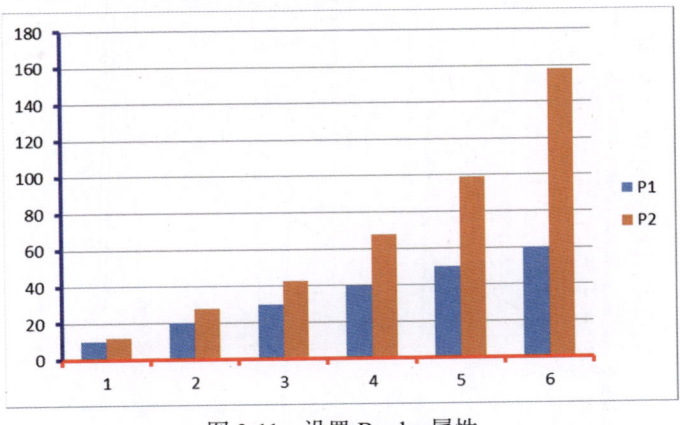

图 3-11　设置 Border 属性

3.4.2　坐标轴标题

给图表添加坐标轴标题，可以标示各坐标轴数据表示的意义。用 Excel 和 Python xlwings 可以添加坐标轴标题并设置和修改它们的属性。

【Excel】

　　单击已创建的图表，图表右上角会显示几个图标，单击加号图标，勾选"坐标轴标题"复选框即可添加坐标轴标题，默认文本为"××轴标题"。双击一个坐标轴标题，展开右侧面板。使用"文本选项"区域中的控件可以修改坐标轴标题的颜色和外部轮廓。

　　在图表中右击一个坐标轴标题，在弹出的快捷菜单中选择"字体"命令，在打开的对话框中可以设置和修改坐标轴标题的属性。

【Python xlwings】

　　用 Axis 对象的 HasTitle 属性设置是否显示坐标轴标题，用 AxisTitle 属性给坐标轴添加标题。注意，只有设置 HasTitle 属性的值为 True 后才能设置 AxisTitle 属性。AxisTitle 属性返回一个 AxisTitle 对象，用它可以设置坐标轴标题的文本和字体。

　　下面创建图表，添加坐标轴标题。横轴标题用红色显示，字体倾斜；纵轴标题加粗显示。完整代码见"Samples\ch03 图表基础\10 坐标系：坐标轴标题\py.py"文件。

```
#省略部分代码
sht.api.Range('A1:B7').Select()                    #获取数据
shp=sht.api.Shapes.AddChart()                      #添加图表
shp.Left=20
cht=shp.Chart
axs=cht.Axes(1)                                    #获取横轴
axs.Border.ColorIndex=3                            #设置横轴的颜色索引
axs.Border.Weight=3                                #设置横轴的线宽
axs2=cht.Axes(2)                                   #获取纵轴
axs2.Border.Color=xw.utils.rgb_to_int((0, 0, 255)) #设置纵轴的颜色
axs2.Border.Weight=3                               #设置纵轴的线宽
```

　　运行上述代码，生成如图 3-12 所示的图表。

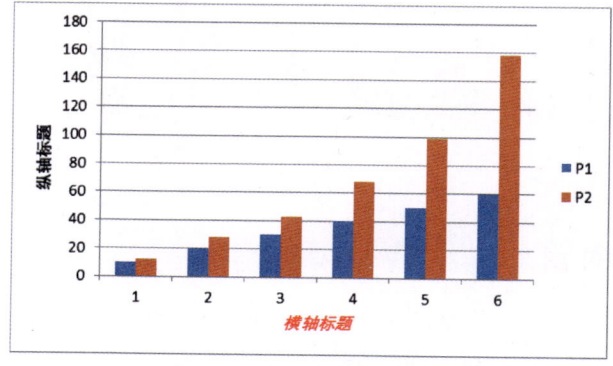

图 3-12　添加坐标轴标题

3.4.3　数值轴的取值范围

在图表中，可以为数值轴设置取值范围，即可以设置数据的最小值和最大值。设置数值轴的取值范围，可以控制图表的整体外观。注意，在图表中不能设置分类轴和系列轴的取值范围。

【Excel】

在已创建的图表中，双击数值轴，在右侧面板中单击"柱状图"图标，在"坐标轴选项"区域中设置边界的最小值和最大值。

【Python xlwings】

默认纵轴为数值轴。用数值轴对象的 MinimumScale 属性、MaximumScale 属性可以设置数值轴的最小值和最大值。下面设置数值轴的最小值和最大值分别为 10、200。完整代码见"Samples\ch03 图表基础\11 坐标系：数值轴的取值范围\py.py"文件。

```
#省略部分代码
sht.api.Range('A1:B7').Select()                #获取数据
shp=sht.api.Shapes.AddChart()                  #添加图表
shp.Left=20
cht=shp.Chart
axs=cht.Axes(1)                                #获取横轴
axs2=cht.Axes(2)                               #获取纵轴

axs2.MinimumScale=10                           #设置纵轴的最小值
axs2.MaximumScale=200                          #设置纵轴的最大值
```

运行上述代码，生成如图 3-13 所示的图表。注意，数值轴的取值范围已经被修改，图表也相应有了变化。

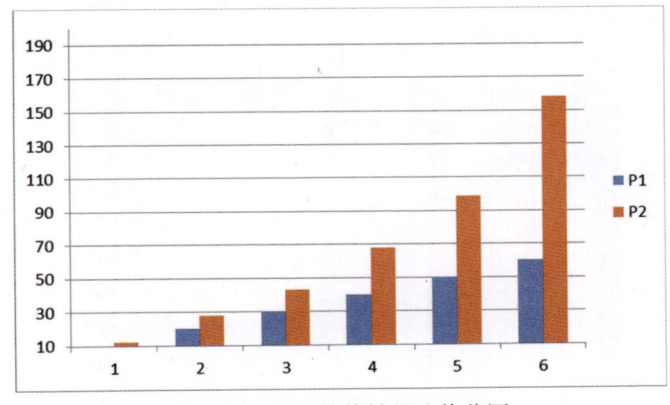

图 3-13　设置数值轴的取值范围

3.4.4　坐标轴反向

默认图表的横轴向右为正，纵轴向上为正。在特殊情况下需要实现坐标轴反向，例如要表现地下土的沉降情况、地下水位的变化等，则需要设置图表的纵轴向下为正。用 Excel 和 Python xlwings 可以很方便地实现坐标轴反向。

【Excel】

在已创建的图表中，双击一个坐标轴，在右侧面板中单击"柱状图"图标，在"坐标轴选项"区域中勾选"逆序刻度值"复选框或"逆序类别"复选框。

【Python xlwings】

设置坐标轴对象的 ReversePlotOrder 属性的值为 True，使坐标轴反向，图表相应发生反转。下面创建图表，设置坐标轴反向。完整代码见"Samples\ch03 图表基础\12 坐标系：坐标轴反向\py.py"文件。

```
#省略部分代码
sht.api.Range('A1:B7').Select()          #获取数据
shp=sht.api.Shapes.AddChart()            #添加图表
shp.Left=20
cht=shp.Chart
axs=cht.Axes(1)                          #获取横轴
axs.Border.ColorIndex=3                   #设置横轴的颜色索引
axs.Border.Weight=3                       #设置横轴的线宽
axs2=cht.Axes(2)                          #获取纵轴
axs.ReversePlotOrder=True                 #横轴反向
axs2.ReversePlotOrder=True                #纵轴反向
```

运行上述代码，生成如图 3-14 所示的图表。注意，此时两个坐标轴的刻度标签显示的取值顺序与默认顺序相反了。

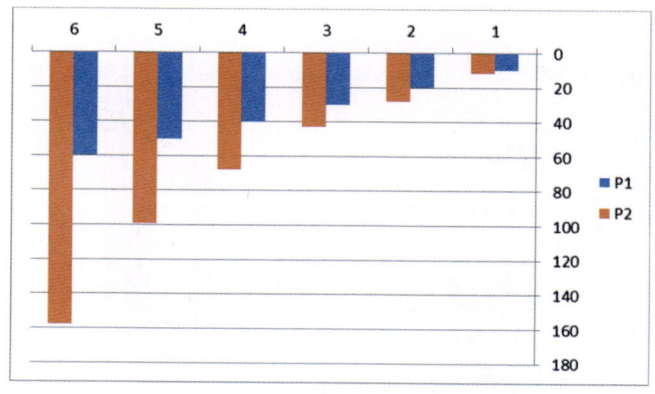

图 3-14　坐标轴反向

3.4.5　坐标轴交点位置

图表坐标系是自定义坐标系，原点和坐标轴的方向可以自行定义。3.4.4 节介绍了自定义坐标轴的方向，这里介绍自定义原点，即坐标轴交点位置。

【Excel】

在已创建的图表中，双击一个坐标轴，在右侧面板中单击"柱状图"图标，在"坐标轴选项"区域中设置横（纵）坐标轴交叉的相关选项。

【Python xlwings】

用 Axis 对象的 Crosses 属性可以设置指定坐标轴与其他坐标轴的交点位置。Axis 对象的 Crosses 属性的值如表 3-3 所示。

表 3-3　Axis 对象的 Crosses 属性的值

名　　称	值	说　　明
xlAxisCrossesAutomatic	−4105	由 Excel 设置坐标轴交点位置
xlAxisCrossesCustom	−4114	由 CrossesAt 属性指定坐标轴交点位置
xlAxisCrossesMaximum	2	坐标轴在最大值处相交
xlAxisCrossesMinimum	4	坐标轴在最小值处相交

下面设置图表中的数值轴在最大值处与分类轴相交。

```
cht.Axes(1).Crosses=2
```

用 Axis 对象的 AxisBetweenCategories 属性设置分类轴与数值轴的交点位置。值为 True 时，交点位置在相邻分组之间的中间；值为 False 时，交点位置在分组中间。

用 Axis 对象的 CrossesAt 属性设置数值轴与分类轴的交点位置，仅用于数值轴。下面设置横轴与纵轴在纵轴取值为 20.0 的位置相交。

```
cht.Axes(2).CrossesAt=20.0
```

下面创建图表，设置两个坐标轴的交点位置是横轴取值为最大值、纵轴取值为 10。完整代码见 "Samples\ch03 图表基础\13 坐标系：坐标轴交点位置\py.py" 文件。

```
#省略部分代码
sht.api.Range('A1:B7').Select()       #获取数据
shp=sht.api.Shapes.AddChart()         #添加图表
shp.Left=20
cht=shp.Chart
axs=cht.Axes(1)                       #获取横轴
axs.Border.ColorIndex=3               #设置横轴的颜色索引
axs.Border.Weight=3                   #设置横轴的线宽
axs2=cht.Axes(2)                      #获取纵轴
```

```
#设置横轴取值为最大值
axs.Crosses=xw.constants.AxisCrosses.xlAxisCrossesMaximum
axs2.CrossesAt=10                    #设置纵轴取值为10
```

运行上述代码，生成如图 3-15 所示的图表。

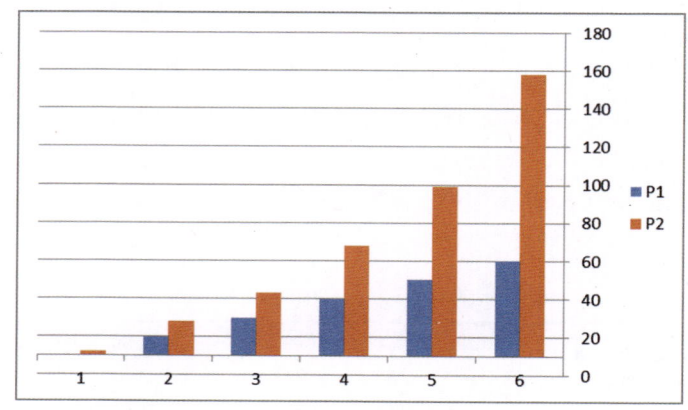

图 3-15　设置坐标轴交点位置

3.4.6　刻度线

刻度线是坐标轴上的短线，用于辅助确定图表中各点的位置。刻度线分为主刻度线和次刻度线。

【Excel】

在已创建的图表中，双击一个坐标轴，在右侧面板中单击"柱状图"图标，在"刻度线"区域的"柱状图"区域中设置主刻度线和次刻度线的样式。

【Python xlwings】

用 Axis 对象的 MajorTickMark 属性、MinorTickMark 属性设置主刻度线和次刻度线。MajorTickMark 属性和 MinorTickMark 属性的值如表 3-4 所示。

表 3-4　MajorTickMark 属性和 MinorTickMark 属性的值

名　　称	值	说　　明
xlTickMarkCross	4	跨轴
xlTickMarkInside	2	在轴内
xlTickMarkNone	−4142	无标志
xlTickMarkOutside	3	在轴外

下面创建图表，将主刻度线设置为跨轴显示，将次刻度线设置为在轴内显示。完整代码见"Samples\ch03 图表基础\14 坐标系：刻度线\py.py"文件。

```
#省略部分代码
sht.api.Range('A1:B7').Select()          #获取数据
shp=sht.api.Shapes.AddChart()            #添加图表
shp.Left=20
cht=shp.Chart
axs=cht.Axes(1)                          #获取横轴
axs.Border.ColorIndex=3                  #设置横轴的颜色索引
axs.Border.Weight=3                      #设置横轴的线宽
axs2=cht.Axes(2)                         #获取纵轴
axs.MajorTickMark=4                      #设置刻度线的样式
axs.MinorTickMark=2
```

运行上述代码，生成如图 3-16 所示的图表。

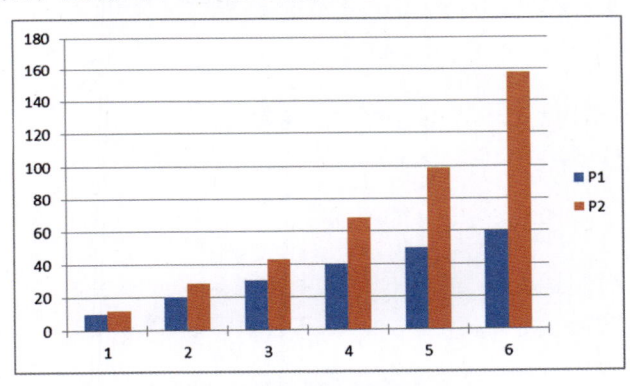

图 3-16　设置刻度线的样式

3.4.7　刻度线间隔

刻度线间隔用于控制在坐标轴上隔多远绘制一条刻度线。

【Excel】

在已创建的图表中，双击数值轴，在右侧面板中单击"柱状图"图标，在"坐标轴选项"区域中使用"单位"选项设置数值轴上的刻度线间隔。

对于分类轴，在"刻度线"区域中设置刻度线间隔。

【Python xlwings】

用 TickMarkSpacing 属性设置每相隔多少个数据显示一条主刻度线，这仅用于分类轴和系列轴，可以是 1～31 999 范围内的一个数值。

```
axs.TickMarkSpacing=1
```

用 MajorUnit 属性和 MinorUnit 属性设置数值轴上的主要刻度单位和次要刻度单位。下面为数值轴设置主要刻度单位和次要刻度单位。

```
axs2.MajorUnit=40
axs2.MinorUnit=10
```

设置后，数值轴将从最小值开始，每 40 个单位显示一条主刻度线，次刻度线间隔则设置为 10 个单位。

设置 MajorUnitIsAuto 属性和 MinorUnitIsAuto 属性的值均为 True，Excel 会自动计算数值轴上的主要刻度单位和次要刻度单位。

```
axs2.MajorUnitIsAuto=True
axs2.MinorUnitIsAuto=True
```

在设置 MajorUnit 属性和 MinorUnit 属性的值时，MajorUnitIsAuto 属性和 MinorUnitIsAuto 属性的值自动被设置为 False。

下面创建图表，设置坐标轴上的刻度线间隔。完整代码见"Samples\ch03 图表基础\15 坐标系：刻度线间隔\py.py"文件。

```
#省略部分代码
sht.api.Range('A1:B7').Select()          #获取数据
shp=sht.api.Shapes.AddChart()            #添加图表
shp.Left=20
cht=shp.Chart
axs=cht.Axes(1)                          #获取横轴
axs.Border.ColorIndex=3                  #设置横轴的颜色索引
axs.Border.Weight=3                      #设置横轴的线宽
axs2=cht.Axes(2)                         #获取纵轴
axs.TickMarkSpacing=2                    #设置横轴上每两个分组显示一条主刻度线
axs2.MajorUnit=50                        #设置纵轴上主刻度线间隔为 50
axs2.MinorUnit=10                        #设置纵轴上次刻度线间隔为 10
#设置次刻度线的样式为朝内
axs2.MinorTickMark=xw.constants.TickMark.xlTickMarkInside
```

运行上述代码，生成如图 3-17 所示的图表。

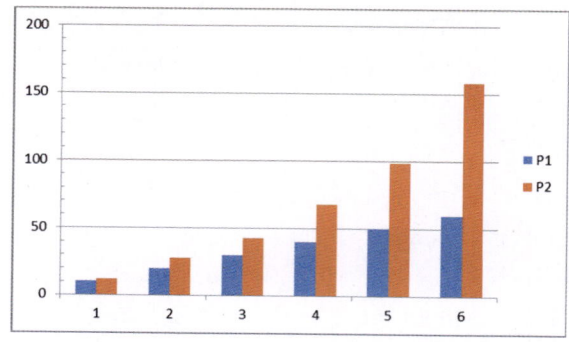

图 3-17　设置刻度线间隔

3.4.8　刻度标签

坐标轴上与主刻度线位置对应的文本标签被称为刻度标签，它们用于对主刻度线对应的数值或分类进行标注。

【Excel】

在已创建的图表中，双击一个坐标轴，在右侧面板中单击第 3 个图标，在"对齐方式"区域中设置标签的对齐方式等。在图表中的一个坐标轴上右击，在弹出的快捷菜单中选择"字体"命令，在打开的对话框中设置刻度标签的字体。

【Python xlwings】

分类轴刻度标签的内容为图表中关联分类的名称。分类轴的默认刻度标签的内容为数值，它们按照从左到右的顺序从 1 开始累加编号。

数值轴刻度标签的内容对应数值轴的 MajorUnit 属性、MinimumScale 属性和 MaximumScale 属性。若要更改数值轴刻度标签的内容，则必须更改上述属性的值。

Axis 对象的 TickLabels 属性返回一个 TickLabels 对象，表示刻度标签。用 TickLabels 对象的属性和方法，可以对刻度标签的数值显示格式、字体、显示方向、偏移量和对齐方式等进行设置。

下面创建图表，设置数值轴刻度标签的数值显示格式、字体和显示方向。完整代码见"Samples\ch03 图表基础\16 坐标系：刻度标签\py.py"文件。

```
#省略部分代码
sht.api.Range('A1:B7').Select()          #获取数据
shp=sht.api.Shapes.AddChart()            #添加图表
shp.Left=20
cht=shp.Chart
axs=cht.Axes(1)                          #获取横轴
axs.Border.ColorIndex=3                  #设置横轴的颜色索引
axs.Border.Weight=3                      #设置横轴的线宽
axs2=cht.Axes(2)                         #获取纵轴

labels=['Monday','Tuesday','Wednesday','Thursday','Friday','Saturday']
#设置横轴的刻度标签
cht.SeriesCollection(1).XValues=labels   #添加横轴的刻度标签
tl=axs.TickLabels                        #获取横轴的刻度标签
tl.Font.Name='Times New Roman'           #设置刻度标签的字体
tl.Orientation=45                        #设置显示方向为 45 度
```

运行上述代码，生成如图 3-18 所示的图表。

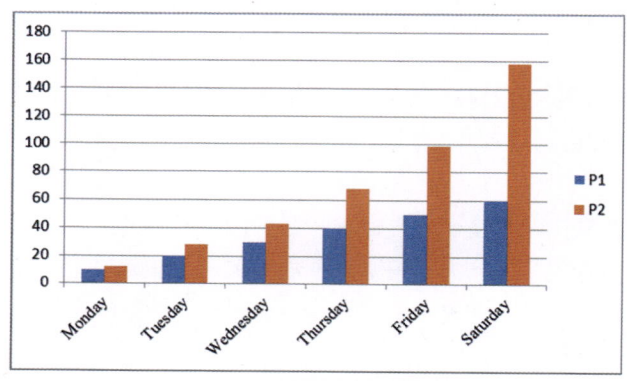

图 3-18　设置数值轴刻度标签的属性

　　用 TickLabelPosition 属性指定坐标轴的刻度标签的位置。TickLabelPosition 属性的值如表 3-5 所示。

表 3-5　TickLabelPosition 属性的值

名　　称	值	说　　明
xlTickLabelPositionHigh	−4127	图表的顶部或右侧
xlTickLabelPositionLow	−4134	图表的底部或左侧
xlTickLabelPositionNextToAxis	4	坐标轴的旁边（其中坐标轴不在图表的任意一侧）
xlTickLabelPositionNone	−4142	无刻度线

　　下面设置图表分类轴的刻度标签的位置为顶部。

```
tl=axs.TickLabels
tl.TickLabelPosition=-4127
```

3.4.9　刻度标签间隔

　　刻度标签用于标示坐标轴的刻度线对应的数据或类别。用 Excel 和 Python xlwings 都可以设置刻度标签间隔。

【Excel】

　　在图表中，对于数值轴，在主刻度线位置添加刻度标签。因此，设置了主刻度线间隔，也就设置了刻度标签间隔，详见 3.4.7 节。

　　对于分类轴，在已创建的图表中，双击一个坐标轴，在右侧面板中单击第 4 个图标，在"标签"区域中进行设置。

【Python xlwings】

　　用 TickLabelSpacing 属性设置刻度标签之间的分类数或数据系列数，这仅用于分类轴和系列轴，可以是 1～31999 范围内的一个数值。

下面设置分类轴的刻度标签之间的分类数为 1。

```
axs.TickLabels.TickLabelSpacing=1
```

下面设置 TickLabelSpacingIsAuto 属性的值为 True，自动设置刻度标签间隔。

```
axs.TickLabelSpacingIsAuto=True
```

对于数值轴刻度标签间隔的设置，详见 3.4.7 节介绍的主刻度线间隔的设置。

下面创建图表，设置横轴的刻度标签间隔。完整代码见 "Samples\ch03 图表基础\17 坐标系：刻度标签间隔\py.py" 文件。

```
#省略部分代码
sht.api.Range('A1:B7').Select()          #获取数据
shp=sht.api.Shapes.AddChart()            #添加图表
shp.Left=20
cht=shp.Chart
axs=cht.Axes(1)                          #获取横轴
axs.Border.ColorIndex=3                  #设置横轴的颜色索引
axs.Border.Weight=3                      #设置横轴的线宽
axs2=cht.Axes(2)                         #获取纵轴

labels=['Monday','Tuesday','Wednesday','Thursday','Friday','Saturday']
#设置横轴的刻度标签
cht.SeriesCollection(1).XValues=labels   #添加横轴的刻度标签
tl=axs.TickLabels                        #获取横轴的刻度标签
tl.Font.Name='Times New Roman'           #设置刻度标签的字体
tl.Orientation=45                        #设置显示方向为 45 度
axs.TickLabelSpacing=2                   #设置刻度标签每两个分组显示一条主刻度线
```

运行上述代码，生成如图 3-19 所示的图表。

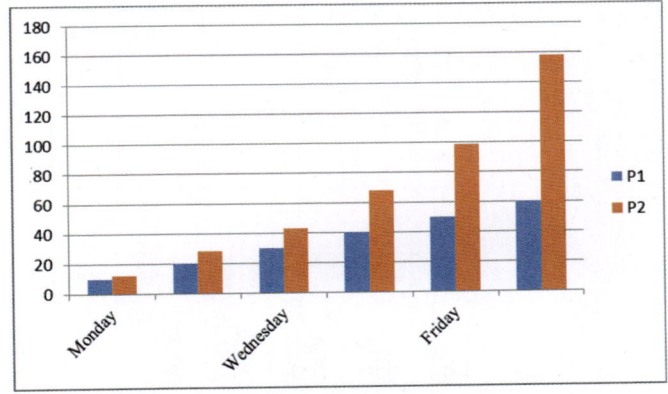

图 3-19   设置横轴的刻度标签间隔

3.4.10 刻度标签的输出格式

用 Excel 和 Python xlwings 可以设置刻度标签的输出格式。

【Excel】

在已创建的图表中，双击一个坐标轴，在右侧面板中单击第 4 个图标，在"数字"区域中设置输出格式。在右侧面板中单击第 3 个图标，在"对齐方式"区域中设置标签的对齐方式和显示方向等。

【Python xlwings】

用 TickLabels 对象的 Orientation 属性指定刻度标签的显示方向，当刻度标签比较长时这个属性很有用。这个属性可以在-90 度~90 度范围内取值。

下面创建图表，设置纵轴的刻度标签倾斜显示。完整代码见"Samples\ch03 图表基础\18 坐标系：刻度标签的输出格式\py.py"文件。

```
#省略部分代码
sht.api.Range('A1:B7').Select()              #获取数据
shp=sht.api.Shapes.AddChart()                #添加图表
shp.Left=20
cht=shp.Chart
axs=cht.Axes(1)                              #获取横轴
axs.Border.ColorIndex=3                      #设置横轴的颜色索引
axs.Border.Weight=3                          #设置横轴的线宽
axs2=cht.Axes(2)                             #获取纵轴
tl=axs2.TickLabels                           #获取纵轴的刻度标签
tl.NumberFormat='0.00'                       #设置输出格式
tl.Font.Italic=True                          #设置字体倾斜
tl.Font.Name='Times New Roman'               #设置刻度标签的字体
tl.Orientation=45                            #设置显示方向为 45 度
```

运行上述代码，生成如图 3-20 所示的图表。

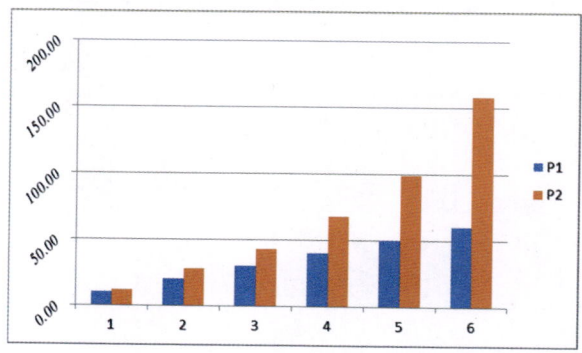

图 3-20 设置纵轴的刻度标签倾斜显示

3.4.11　网格线

在坐标系中添加网格线，可以辅助定位图表中点的位置，相当于多了很多参考线，每条网格线都对应各自刻度标签表示的值。

【Excel】

单击已创建的图表，图表右上角会显示几个图标，单击加号图标，勾选"网格线"复选框，并进一步展开该选项，可以选择勾选各坐标轴主刻度线和次刻度线对应的"网格线"复选框。这样可以在图表中添加网格线。

在图表中双击网格线，展开右侧面板。用该面板中的控件可以修改网格线的属性，如颜色、线型、线宽等。

【Python xlwings】

网格线用 Gridlines 对象表示，用 Border 属性或 Format 属性设置网格线的颜色、线型、线宽等。用 Axis 对象的 MajorGridlines 属性和 MinorGridlines 属性返回 Gridlines 对象。二者分别用于设置主网格线和次网格线。在设置之前，必须将 Axis 对象的 HasMajorGridlines 属性和 HasMinorGridlines 属性的值设置为 True。

下面创建图表，显示主网格线，并将其颜色设置为红色，将其线型设置为虚线。完整代码见"Samples\ch03 图表基础\19 坐标系：网格线\py.py"文件。

```
#省略部分代码
sht.api.Range('A1:B7').Select()                          #获取数据
shp=sht.api.Shapes.AddChart()                            #添加图表
shp.Left=20
cht=shp.Chart
axs=cht.Axes(1)                                          #获取横轴
axs.Border.ColorIndex=3                                  #设置横轴的颜色索引
axs.Border.Weight=3                                      #设置横轴的线宽
axs2=cht.Axes(2)                                         #获取纵轴

axs.HasMajorGridlines=True                               #显示横轴的主网格线
axs.HasMinorGridlines=True                               #显示横轴的次网格线
axs2.HasMajorGridlines=True                              #显示纵轴的主网格线
axs2.HasMinorGridlines=True                              #显示纵轴的次网格线

gl1=axs.MajorGridlines                                   #获取横轴的主网格线
gl1.Format.Line.ForeColor.RGB=xw.utils.rgb_to_int((0,0,200))    #设置颜色
gl1.Format.Line.DashStyle=5      #msoLineDashDotDot              #设置线型
gl2=axs.MinorGridlines
```

```
gl2.Format.Line.ForeColor.RGB=xw.utils.rgb_to_int((200,200,200))
gl2.Format.Line.DashStyle=5    #msoLineDashDotDot
gl3=axs2.MajorGridlines
gl3.Format.Line.ForeColor.RGB=xw.utils.rgb_to_int((0,0,200))
gl3.Format.Line.DashStyle=5    #msoLineDashDotDot
gl4=axs2.MinorGridlines
gl4.Format.Line.ForeColor.RGB=xw.utils.rgb_to_int((200,200,200))
gl4.Format.Line.DashStyle=5    #msoLineDashDotDot
```

运行上述代码，生成如图 3-21 所示的图表。

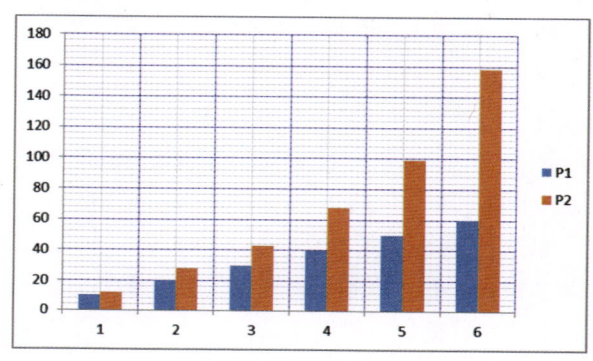

图 3-21　设置网格线

3.4.12　外框

外框是由图表绘图区的外边线组成的。给图表添加外框可以增强图表的整体感。默认情况下，图表不显示外框，只有一个显示图表区范围的更大的矩形框。

【Excel】

创建图表后，在绘图区的空白处双击，展开右侧面板。在"绘图区选项"区域中选择"边框"为"无线条"以外的任意选项，显示外框。可以设置外框的属性。

【Python xlwings】

显示外框，将图表对象的 PlotArea 对象的线形图形元素设置为可见，并设置其属性。下面创建图表，给图表添加外框。完整代码见"Samples\ch03 图表基础\20 坐标系：外框\py.py"文件。

```
#省略部分代码
sht.api.Range('A1:B7').Select()                        #获取数据
cht=sht.api.Shapes.AddChart2(-1, xw.constants.ChartType.xlColumnClustered, \
                20,20,350,250, True).Chart            #获取图表
#设置外框的颜色
cht.PlotArea.Format.Line.ForeColor.RGB=xw.utils.rgb_to_int((200,200,200))
```

```
cht.PlotArea.Format.Line.Weight=1        #设置外框的线宽
```

运行上述代码，生成如图 3-22 所示的图表。

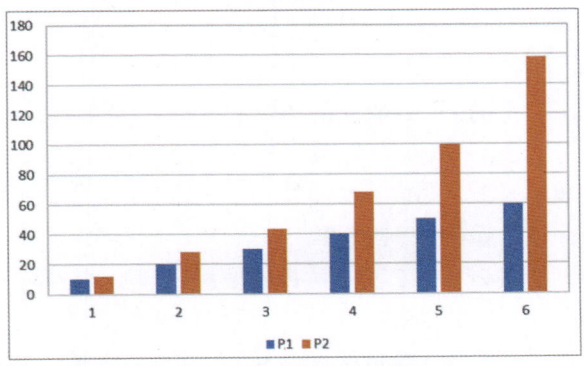

图 3-22　给图表添加外框

3.4.13　双轴图

双轴图是一种组合图，将两个图表组合显示为一个图表。这两个图表使用相同的横轴和不同的纵轴。

【Excel】

在 3.4.1 节创建的图表的基础上，创建双轴图。右击系列 2，在弹出的快捷菜单中选择"更改系列图表类型"命令，打开"更改图表类型"对话框，如图 3-23 所示。

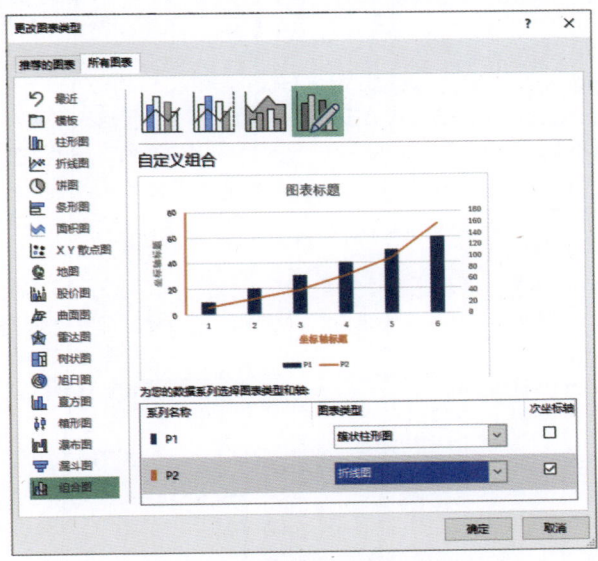

图 3-23　"更改图表类型"对话框

在该对话框中，将系列 2 的"图表类型"改为"折线图"，勾选后面的"次坐标轴"复选框，单击"确定"按钮，生成双轴图。现在系列 2 为线形图（这里的"线形图"指的是图中的"折线图"），并使用右侧的纵轴。

【Python xlwings】

基于 API 方式，用 Chart 对象的 Axes 属性获取 Axis 对象的语法格式为：

```
axs=cht.Axes(Type,AxisGroup)
```

其中，cht 为 Chart 对象。Type 参数表示坐标轴的类型，值为 1 时表示分类轴，值为 2 时表示数值轴。AxisGroup 参数的值为 1 时表示坐标轴为主轴，值为 2 时表示坐标轴为辅助轴。默认主轴显示在左侧，辅助轴显示在右侧。这样即可生成双轴图，即绘图区的两个图表使用相同的横轴，两个不同的纵轴叠加显示。

下面创建由柱状图和线形图组成的双轴图，柱状图以纵轴为主轴，线形图以纵轴为辅助轴。完整代码见"Samples\ch03 图表基础\21 坐标系：多轴图\py.py"文件。

```
#省略部分代码
sht.api.Range('A1:B7').Select()                         #获取数据
cht=sht.api.Shapes.AddChart2(-1,xw.constants.ChartType.xlColumnClustered,\
                    20,20,350,200,True).Chart        #获取图表
cht.SeriesCollection(1).AxisGroup=1                 #系列 1 使用主轴
cht.SeriesCollection(2).AxisGroup=2                 #系列 2 使用辅助轴
cht.SeriesCollection(2).ChartType=xw.constants.ChartType.xlLine #设置图表类型
cht.SeriesCollection(2).MarkerStyle=xw.constants.MarkerStyle.xlMarkerSty
leTriangle                                          #设置点标记的样式
#设置点标记的前景色
cht.SeriesCollection(2).MarkerForegroundColor=xw.utils.rgb_to_int((0,0,255))
cht.SeriesCollection(2).MarkerSize=8                #设置点标记的大小
cht.SeriesCollection(2).HasDataLabels=True          #系列 2 显示数据标签
cht.SeriesCollection(1).HasDataLabels=True          #系列 1 显示数据标签

axs1=cht.Axes(2,1)                                  #获取左侧的纵轴
axs1.MinimumScale=0                                 #设置左侧的纵轴的最小值
axs1.MaximumScale=60                                #设置左侧的纵轴的最大值
axs1.HasTitle=True                                  #显示图表标题
axs1.AxisTitle.Text='纵轴 1'                         #获取坐标轴标题

axs2=cht.Axes(2,2)                                  #获取右侧的纵轴
axs2.MinimumScale=10
axs2.MaximumScale=160
axs2.HasTitle=True
```

```
axs2.AxisTitle.Text='纵轴 2'
```

```
cht.ChartTitle.Caption='双轴图'
```

　　运行上述代码，生成如图 3-24 所示的图表。其中，柱状图使用左侧的纵轴，线形图使用右侧的纵轴。

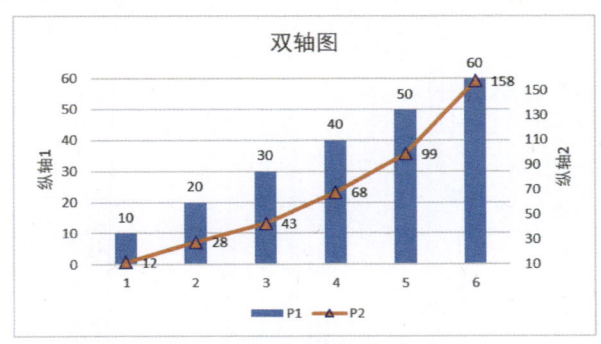

图 3-24　创建双轴图

3.4.14　对数坐标图

　　在默认坐标系中，坐标轴的刻度线为等间隔排列，其所对应的值为等差数列的关系。如果对应的值是等比数列的关系，那么要用到对数坐标。在对数坐标图中，一个坐标轴或两个坐标轴的刻度线通常取对数间隔。如果只有一个坐标轴的刻度线取对数间隔，那么称其为 X 对数坐标图或 Y 对数坐标图；如果两个坐标轴的刻度线均取对数间隔，那么称其为双对数坐标图。

【 Excel 】

　　在已创建的图表中，双击一个坐标轴，在右侧面板中单击"柱状图"图标，在"坐标轴选项"区域中勾选"对数刻度"复选框。

【 Python xlwings 】

　　用 Axis 对象的 ScaleType 属性设置数值轴的刻度类型。Axis 对象的 ScaleType 属性的值如表 3-6 所示。当坐标轴对象的 ScaleType 属性的值为 xw.constants.ScaleType.xlScaleLogarithmic 时，该轴刻度线取对数间隔，据此可绘制对数坐标图。

表 3-6　Axis 对象的 ScaleType 属性的值

名　　称	值	说　　明
xlScaleLinear	−4132	线性刻度
xlScaleLogarithmic	−4133	对数刻度

　　下 面 创 建 对 数 坐 标 图 ， 将 纵 轴 对 象 的 ScaleType 属 性 的 值 设 置 为

xw.constants.ScaleType.xlScaleLogarithmic ，显示水平方向的网格线。完整代码见"Samples\ch03 图表基础\22 坐标系：对数坐标图\py.py"文件。

```
#省略部分代码
sht.api.Range('A1:B7').Select()                        #获取数据
cht=sht.api.Shapes.AddChart2(-1,xw.constants.ChartType.xlColumnClustered,\
          20,20,350,250,True).Chart          #获取图表
#设置对数坐标
cht.Axes(2).ScaleType=xw.constants.ScaleType.xlScaleLogarithmic
cht.Axes(2).HasMinorGridlines=True          #显示纵轴的次网格线
```

运行上述代码，生成如图 3-25 所示的图表。

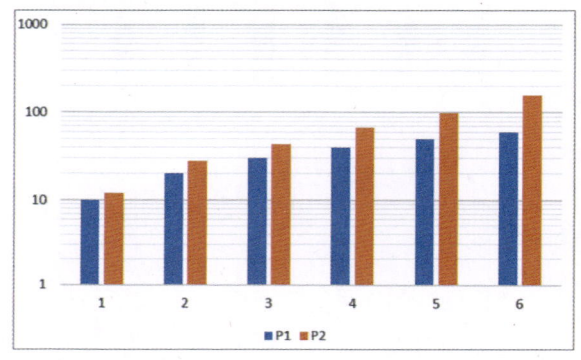

图 3-25　创建对数坐标图

3.5　图表元素

下面将介绍图表元素（图表标题、数据标签、绘图区、图表区、图例等）的相关知识。图表元素是图表的必要组成部分，用于对图表本身进行美化和补充说明。

3.5.1　设置图表元素

用 Excel 和 Python xlwings 可以很方便地添加图表元素。

【 Excel 】

创建图表后，单击图表，图表右上角会显示几个图标。单击加号图标，展开一个面板，通过勾选该面板中的复选框可添加图表元素，如图 3-26 所示。通过单击某图表元素右侧的下拉按钮，可对该图表元素进行更细致的设置。添加图表元素后，双击该图表元素，可在右侧展开的面板中设置和修改相关属性。

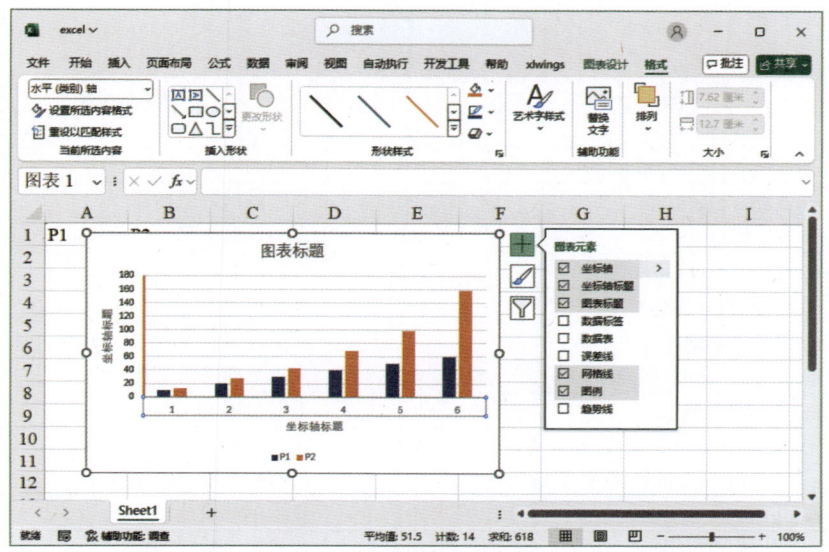

图 3-26　添加图表元素

【Python xlwings】

用 Chart 对象的 SetElement 方法可为指定图表设置图表元素。该方法有一个参数，用于提供进行设置的选项。SetElement 方法的参数的值如表 3-7 所示。可见，该方法提供了很多图表元素的快捷设置途径。注意，这些设置不一定适合所有图表类型。

表 3-7　SetElement 方法的参数的值

名　　称	值	说　　明
msoElementChartFloorNone	1200	不显示图表基底
msoElementChartFloorShow	1201	显示图表基底
msoElementChartTitleAboveChart	2	在图表上方显示图表标题
msoElementChartTitleCenteredOverlay	1	将图表标题显示为居中覆盖
msoElementChartTitleNone	0	不显示图表标题
msoElementChartWallNone	1100	不显示图表背景墙
msoElementChartWallShow	1101	显示图表背景墙
msoElementDataLabelBestFit	210	使用数据标签的最佳位置
msoElementDataLabelBottom	209	在底部显示数据标签
msoElementDataLabelCallout	211	将数据标签显示为标注
msoElementDataLabelCenter	202	居中显示数据标签
msoElementDataLabelInsideBase	204	在底端内侧显示数据标签
msoElementDataLabelInsideEnd	203	在顶端内侧显示数据标签
msoElementDataLabelLeft	206	靠左显示数据标签

名　　称	值	说　　明
msoElementDataLabelNone	200	不显示数据标签
msoElementDataLabelOutSideEnd	205	在顶端外侧显示数据标签
msoElementDataLabelRight	207	靠右显示数据标签
msoElementDataLabelShow	201	显示数据标签
msoElementDataLabelTop	208	在顶部显示数据标签
msoElementDataTableNone	500	不显示模拟运算表
msoElementDataTableShow	501	显示模拟运算表
msoElementDataTableWithLegendKeys	502	显示带图例的模拟运算表
msoElementErrorBarNone	700	不显示误差线
msoElementErrorBarPercentage	702	显示百分比误差线
msoElementErrorBarStandardDeviation	703	显示标准偏差误差线
msoElementErrorBarStandardError	701	显示标准误差线
msoElementLegendBottom	104	在底部显示图例
msoElementLegendLeft	103	在左侧显示图例
msoElementLegendLeftOverlay	106	在左侧叠放图例
msoElementLegendNone	100	不显示图例
msoElementLegendRight	101	在右侧显示图例
msoElementLegendRightOverlay	105	在右侧叠放图例
msoElementLegendTop	102	在顶部显示图例
msoElementLineDropHiLoLine	804	显示垂直线和高/低线
msoElementLineDropLine	801	显示垂直线
msoElementLineHiLoLine	802	显示高/低线
msoElementLineNone	800	不显示线
msoElementLineSeriesLine	803	显示系列线
msoElementPlotAreaNone	1000	不显示绘图区
msoElementPlotAreaShow	1001	显示绘图区

3.5.2　图表标题

前面介绍了坐标轴标题，下面介绍图表标题，其指的是整个图表的标题。用 Excel 和 Python xlwings 可以添加图表标题并设置相关属性。

【Excel】

详见 3.5.1 节。

【Python xlwings】

用 Chart 对象的 HasTitle 属性确定是否显示图表标题，用 ChartTitle 属性返回一个

ChartTitle 对象，用该对象的属性设置图表标题及其字体。下面创建图表，设置图表标题。完整代码见 "Samples\ch03 图表基础\23 图表元素：标题\py.py" 文件。

```
#省略部分代码
sht.api.Range('A1:B7').Select()            #获取数据
cht=sht.api.Shapes.AddChart2(-1,\xw.constants.ChartType.xlColumnClustered,
20,20,350,250,True).Chart                  #获取图表
cht.HasTitle=True                          #显示图表标题
cht.ChartTitle.Caption='Chart Title'       #获取图表标题
cht.ChartTitle.Characters.Font.Name='Times New Roman' #设置图表标题的字体
cht.ChartTitle.Characters.Font.Size=16     #设置图表标题的字号
cht.ChartTitle.Characters.Font.Bold=True   #加粗显示图表标题
#设置图表标题的颜色
cht.ChartTitle.Characters.Font.Color=xw.utils.rgb_to_int((255,0,0))
```

运行上述代码，生成如图 3-27 所示的图表。

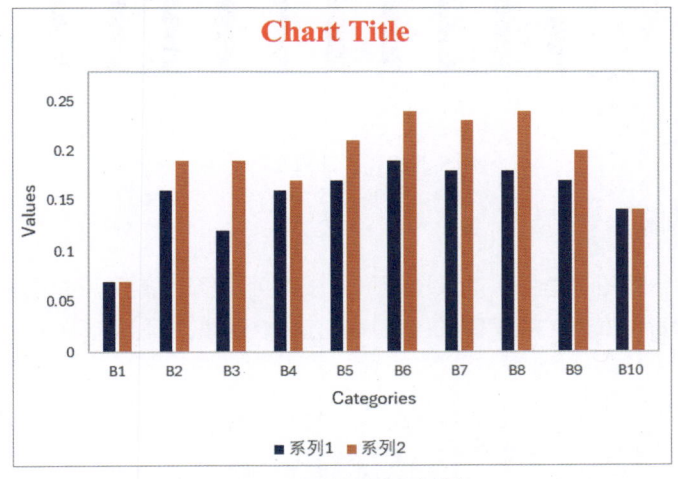

图 3-27　设置图表标题

3.5.3　数据标签

数据标签用于表示图表中数据点处的数据。在图表上添加数据标签有助于精确地阅读图表。数据标签可以根据需要在不同的位置显示。

【Excel】

详见 3.5.1 节。

【Python xlwings】

用 Legend 对象表示图例，用 Chart 对象的 HasLegend 属性设置显示图例，用 Legend

属性返回 Legend 对象。用 Legend 对象的属性和方法对图例的外观、字体和位置等进行设置。完整代码见"Samples\ch03 图表基础\24 图表元素：数据标签\py.py"文件。

```
#省略部分代码
    sht.api.Range('A1:B7').Select()                              #获取数据
    cht=sht.api.Shapes.AddChart2(-1, \xw.constants.ChartType.xlColumnClustered,
20,20,350,250, True).Chart                                       #获取图表
    cht.SetElement(201)                                          #显示数据标签
```

运行上述代码，生成如图 3-28 所示的图表。

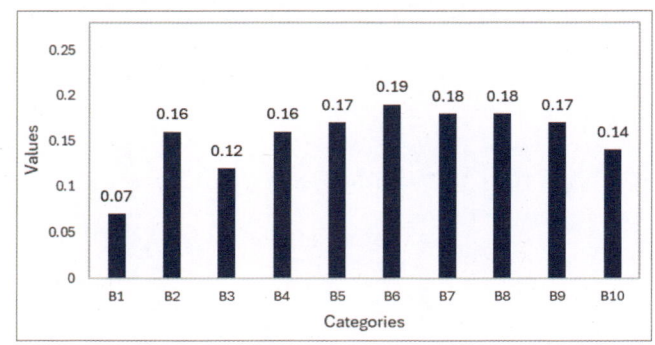

图 3-28　添加数据标签

3.5.4　绘图区

绘图区是包围图表坐标系的最小矩形区域，可以修改绘图区的颜色、透明度等，或对其进行渐变色填充、图案填充、图片填充、纹理填充等。

【Excel】

创建图表后，在绘图区的空白处双击，展开右侧面板。在"绘图区选项"区域中对绘图区的区域和边线的属性进行设置。

【Python xlwings】

在 Excel 中用 Chart 对象的 PlotArea 属性获取绘图区。连续引用 ChartArea 对象和 PlotArea 对象的 Format.Fill 属性，可以对绘图区中的相关属性进行设置。

下面创建图表，获取绘图区并对其进行渐变色填充。完整代码见"Samples\ch03 图表基础\25 图表元素：绘图区\py.py"文件。

```
#省略部分代码
sht.api.Range('A1:B7').Select()                              #获取数据
cht=sht.api.Shapes.AddChart2(-1, \xw.constants.ChartType.xlColumnClustered,
20,20,350,250,True).Chart                                    #获取图表
cht.PlotArea.Format.Fill.ForeColor.RGB=xw.utils.rgb_to_int((255,255,26))
```

```
cht.PlotArea.Format.Fill.OneColorGradient(1,1,1)  #对绘图区进行渐变色填充
```
运行上述代码，生成如图 3-29 所示的图表。

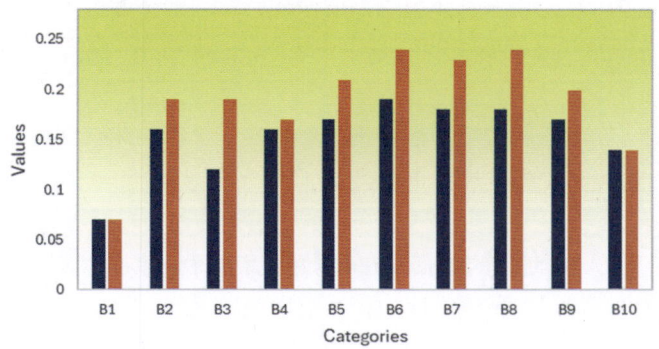

图 3-29 对绘图区进行渐变色填充

下面创建图表并对绘图区进行图片填充。完整代码见"Samples\ch03 图表基础\26 图表元素：绘图区 2\py.py"文件。

```
#省略部分代码
sht.api.Range('A1:B7').Select()              #获取数据
cht=sht.api.Shapes.AddChart2(-1, \xw.constants.ChartType.xlColumnClustered,
20,20,350,250,True).Chart                    #获取图表
cht.SeriesCollection(1).Format.Fill.ForeColor.RGB=xw.utils.rgb_to_int((2
55,255,0))
cht.PlotArea.Format.Fill.UserPicture('d:/picpy2.jpg')  #对绘图区进行图片填充
```
运行上述代码，生成如图 3-30 所示的图表。

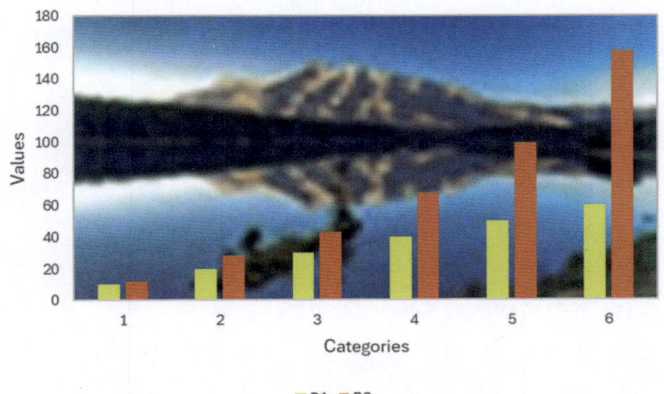

图 3-30 对绘图区进行图片填充

3.5.5 图表区

图表区是包围所有图表元素的最小矩形区域，可以对图表区的面进行设置，如设置它们的颜色、透明度等，或对其进行渐变色填充、图案填充、图片填充、纹理填充等。

【Excel】

创建图表后，在图表区的空白处双击，展开右侧面板。用该面板中的控件可以对图表区的区域、边线和文本的属性进行设置。

【Python xlwings】

在 Excel 中用 Chart 对象的 ChartArea 属性获取图表区。连续引用 ChartArea 对象的 Format.Fill 属性，可以对图表区中的相关属性进行设置。

下面创建图表，获取图表区并对其进行图片填充。完整代码见"Samples\ch03 图表基础\27 图表元素：图表区\py.py"文件。

```
#省略部分代码
sht.api.Range('A1:B7').Select()                           #获取数据
cht=sht.api.Shapes.AddChart2(-1, \xw.constants.ChartType.xlColumnClustered,
20,20,350,250,True).Chart                                 #获取图表
cht.ChartArea.Format.Fill.UserPicture('d:/pic.jpg')       #对图表区进行图片填充
cht.SeriesCollection(1).Format.Fill.ForeColor.RGB=xw.utils.rgb_to_int((2
55,255,0))                                                #设置系列 1 的颜色

set_style(cht)                                            #设置样式
cht.Legend.Format.TextFrame2.TextRange.Font.Fill.ForeColor.RGB=\
xw.utils.rgb_to_int((255,255,255))                        #设置图例中的文本为白色
```

运行上述代码，生成如图 3-31 所示的图表。

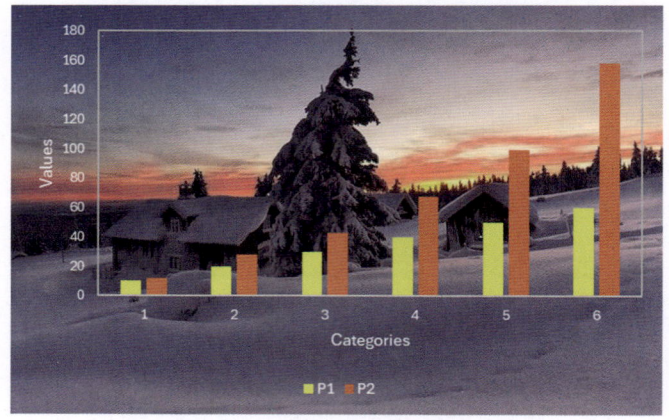

图 3-31　设置图表区和绘图区

3.5.6　图例

当图表中出现一个以上的系列时，需要给图表添加图例，以标示不同颜色、线型、点标记等对应的基本图形元素所表示的意义。可以根据图表整体布局的需要将图例放在不同的位置，也可以对图例中的图形和文本的属性进行设置。

【Excel】

详见 3.5.1 节。

【Python xlwings】

用 Legend 对象表示图例，用 Chart 对象的 HasLegend 属性设置是否显示图例，用 Legend 属性返回 Legend 对象。用 Legend 对象的属性和方法对图例的外观、字体和位置等进行设置。

用 Legend 对象的 Format 属性返回的 ChartFormat 对象对图例的背景区域和外框的属性进行设置。用 Legend 对象的 Font 属性返回 Font 对象，对字体进行设置。用 Legend 对象的 Position 属性对图例的显示位置进行设置。Position 属性的值如表 3-8 所示。

表 3-8　Position 属性的值

名　称	值	说　明
xlLegendPositionBottom	−4107	位于图表底部
xlLegendPositionCorner	2	位于图表边框的右上角
xlLegendPositionCustom	−4161	位于自定义的位置
xlLegendPositionLeft	−4131	位于图表左侧
xlLegendPositionRight	−4152	位于图表右侧
xlLegendPositionTop	−4160	位于图表顶部

下面创建图表，设置图例位于图表下方，图例区域的填充色为黄色。完整代码见"Samples\ch03 图表基础\28 图表元素：图例\py.py"文件。

```
#省略部分代码
sht.api.Range('A1:B7').Select()                      #获取数据
cht=sht.api.Shapes.AddChart2(-1, \xw.constants.ChartType.xlColumnClustered,
20,20,350,250,True).Chart                            #获取图表
cht.HasLegend=True                                   #显示图例
leg=cht.Legend                                       #获取图例
#设置图例的位置
leg.Position=xw.constants.LegendPosition.xlLegendPositionBottom
#设置图例区域的填充色
leg.Format.Fill.ForeColor.RGB=xw.utils.rgb_to_int((255,255,0))
```

运行上述代码，生成如图 3-32 所示的图表。

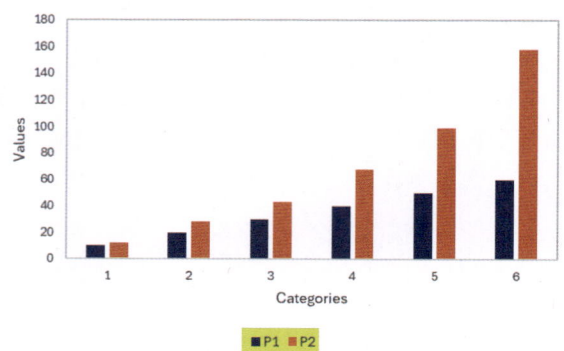

图 3-32　添加图例 1

　　下面创建图表，设置图例位于图表右侧，图例区域的填充色为黄色，并设置图例区域边线的颜色、线宽。完整代码见"Samples\ch03 图表基础\29 图表元素：图例 2\py.py"文件。

```
#省略部分代码
sht.api.Range('A1:B7').Select()                    #获取数据
cht=sht.api.Shapes.AddChart2(-1, \xw.constants.ChartType.xlColumnClustered,
20,20,350,250,True).Chart                          #获取图表
cht.HasLegend=True                                 #显示图例
leg=cht.Legend                                     #获取图例
#设置图例的位置
leg.Position=xw.constants.LegendPosition.xlLegendPositionRight
#设置图例区域的填充色
leg.Format.Fill.ForeColor.RGB=xw.utils.rgb_to_int((255,255,0))
#设置图例区域边线的颜色
leg.Format.Line.ForeColor.RGB=xw.utils.rgb_to_int((0,0,0))
leg.Format.Line.Weight=2                           #设置图例区域边线的线宽
```

　　运行上述代码，生成如图 3-33 所示的图表。

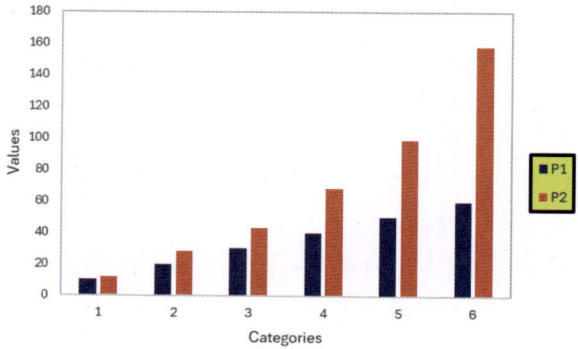

图 3-33　添加图例 2

下面创建图表，设置图例位于图表下方，图例区域的填充色为绿色，以及图例区域中文本的颜色为白色、字体为 **Arial**、倾斜显示。完整代码见"**Samples\ch03 图表基础\30 图表元素：图例 3\py.py**"文件。

```
#省略部分代码
sht.api.Range('A1:B7').Select()                   #获取数据
cht=sht.api.Shapes.AddChart2(-1, \xw.constants.ChartType.xlColumnClustered,
20,20,350,250,True).Chart                         #获取图表
cht.HasLegend=True                                #显示图例
leg=cht.Legend                                    #获取图例
#设置图例的位置
leg.Position=xw.constants.LegendPosition.xlLegendPositionBottom
#设置图例区域的填充色
leg.Format.Fill.ForeColor.RGB=xw.utils.rgb_to_int((0,200,0))
#设置图例区域中文本的颜色
leg.Format.TextFrame2.TextRange.Font.Fill.ForeColor.RGB=xw.utils.rgb_to_
int((255,255,255))
leg.Format.TextFrame2.TextRange.Font.Name='Arial' #设置图例区域中文本的字体
leg.Format.TextFrame2.TextRange.Font.Italic=True #设置图例区域中的文本倾斜显示
```

运行上述代码，生成如图 3-34 所示的图表。

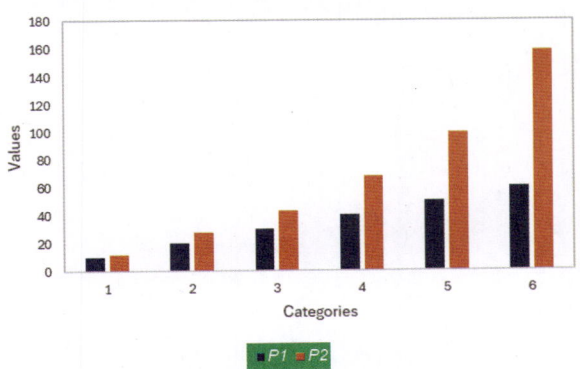

图 3-34　添加图例 3

下面创建图表，设置图例位于图表上方，给图例添加阴影特效，设置图例左侧的位置，并设置图例的宽度。完整代码见"**Samples\ch03 图表基础\31 图表元素：图例 4\py.py**"文件。

```
#省略部分代码
sht.api.Range('A1:B7').Select()                     #获取数据
cht=sht.api.Shapes.AddChart2(-1, \xw.constants.ChartType.xlColumnClustered,
20,20,350,250,True).Chart                           #获取图表
```

```
cht.HasLegend=True              #显示图例
leg=cht.Legend                  #获取图例
leg.Position=xw.constants.LegendPosition.xlLegendPositionTop#设置图例的位置
leg.Shadow=True                 #给图例添加阴影特效
leg.Left=80                     #设置图例左侧的位置
leg.Width=200                   #设置图例的宽度
```

运行上述代码，生成如图 3-35 所示的图表。

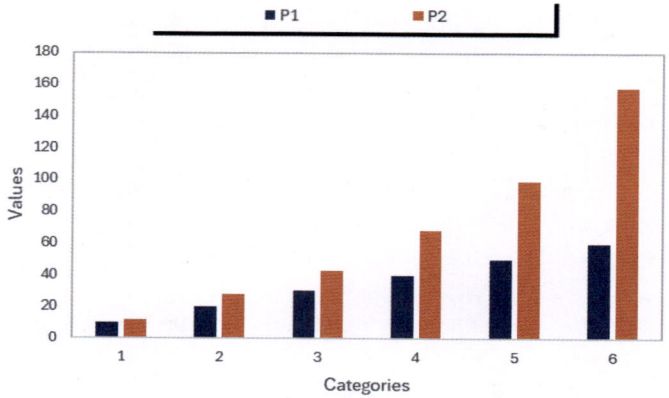

图 3-35　添加图例 4

第 4 章

美化 Excel 图表

在用 Excel 绘制科研图表时，需要在默认绘制的图表的基础上进行一些美化：可以对生成的图表进行整体渲染，也可以抽取图表中的部分图形元素，单独设置它们的属性。获取图表中的基本图形元素并修改它们的属性，是技术问题；获取图表中的基本图形元素后怎样修改它们的属性，如怎样配色和布局，是审美问题。

4.1　获取图表中的基本图形元素

下面介绍如何对图表局部进行修改。要修改局部图形元素的属性，需要获取对应的图形元素。本节将介绍如何获取图表中的点、线、面和文本等。

4.1.1　获取图表中的系列

对于图 3-2 中生成的复合柱状图，每个省级行政区均对应一个复合柱面，又称分组，每个分组中均有 6 个不同颜色的单一柱面，所有省级行政区相同颜色的单一柱面一起组成一个系列。因此，图 3-2 中一共有 6 个系列、6 个分组。可以选择某个系列，并对该系列的属性进行设置。

【Excel】

打开"Samples\ch04 美化 Excel 图表\01 获取和修改系列的属性\excel.xlsx"文件。选择单元格区域 A2:C8，单击"插入"功能区的"图表"区中的"柱状图"图标，在弹出的下拉面板中单击 图标，生成复合柱状图。双击系列 1，用右侧面板中的控件修改其颜色为绿色。

【Python xlwings】

每个 Chart 对象都有一个 SeriesCollection 属性，它返回一个包含图表中所有系列的集合，对该集合进行索引可以获取指定系列。用 Series 对象表示系列。

下面用 Shapes 对象绘图，修改系列 1 中柱面和边线的颜色，并修改分组之间的距离和分组内部相邻柱面之间的距离。完整代码见"Samples\ch04 美化 Excel 图表\01 获取和修改系列的属性 2\py.py"文件。

```
import xlwings as xw                          #导入 Python xlwings
import os                                     #导入 os 包

root=os.getcwd()                              #获取当前工作路径
app=xw.App(visible=True,add_book=False)       #创建 Excel 应用
#打开数据文件并返回工作簿对象
wb=app.books.open(root+r'/data.xlsx',read_only=False)
sht=wb.sheets('Sheet1')                       #获取指定工作表

sht.api.Range('A2:C8').Select()               #获取数据
shp=sht.api.Shapes.AddChart2(-1, xw.constants.ChartType.xlColumnClustered,
```

```
20,20,350,250,True)
cht=shp.Chart                               #获取图表

cht.SeriesCollection(1).Format.Fill.ForeColor.RGB=xw.utils.rgb_to_int((7
6,200,132))                                 #修改系列 1 中柱面的颜色
cht.SeriesCollection(1).Format.Line.ForeColor.RGB=xw.utils.rgb_to_int((0
,0,255))                                    #修改系列 1 中边线的颜色

cht.ChartGroups(1).GapWidth=100             #修改分组之间的距离
cht.ChartGroups(1).Overlap=-15              #修改分组内部相邻柱面之间的距离
```

　　运行上述代码，生成如图 4-1 所示的图表。系列 1 中柱面的颜色变成了绿色，边线的颜色变成了蓝色。将分组之间的距离设置为 100%柱面宽度，并将分组内部相邻柱面之间的距离设置为-15，表示间隔 15%柱面宽度。如果该值为正数，那么分组内部的相邻柱面会重叠。

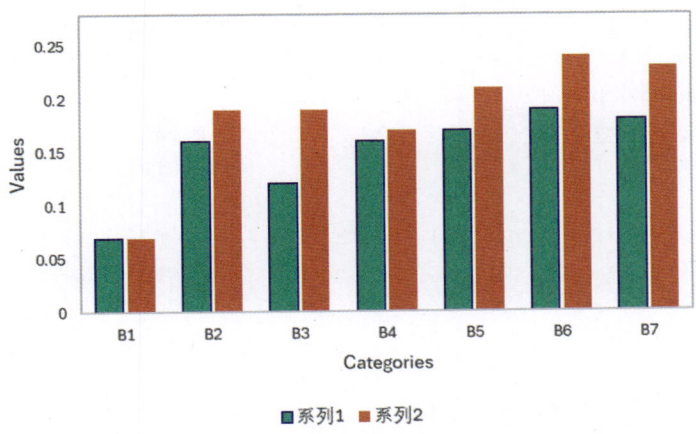

图 4-1　修改图表中系列 1 的属性

4.1.2　获取系列中的单个点

　　系列表示图表中颜色相同的一组柱面。如果对该组柱面中的某个或某几个柱面感兴趣，那么需要单独设置它们的属性，这就要用到系列中的单个点这个概念。注意，这里说的点不是几何意义上的点，而是数据点，可以用不同图形元素，如点标记、柱面、扇面等表示。

【Excel】

　　打开"Samples\ch04 美化 Excel 图表\02 获取和修改系列中点的属性\excel.xlsx"文件。

选择单元格区域 A2:C8，单击"插入"功能区的"图表"区中的"柱状图"图标，在弹出的下拉面板中单击 📊 图标，生成复合柱状图。先双击系列 1，再单击该系列中的第 2 个柱面，用右侧面板中的控件修改其颜色为绿色。

【Python xlwings】

用 Series 对象的 Points 属性获取系列中的全部点。通过索引把其中的某个或某些点提取出来进行设置。用 Point 对象表示单个点。用该对象的属性和方法对点进行设置。点的设置主要用于线形图、柱状图、条形图、面积图和饼图等中。

下面的代码用于获取图表指定系列中点的个数。

```
>>> num=ser.Points().Count
num
6
```

下面创建图表，修改系列 1 中第 2 个柱面的颜色为绿色。完整代码见"Samples\ch04 美化 Excel 图表\02 获取和修改系列中点的属性\py.py"文件。

```
root=os.getcwd()                                   #获取当前工作路径
app=xw.App(visible=True,add_book=False)            #创建 Excel 应用
#打开数据文件并返回工作簿对象
wb=app.books.open(root+r'/data.xlsx',read_only=False)
sht=wb.sheets('Sheet1')                            #获取指定工作表

sht.api.Range('A2:C8').Select()                    #获取数据
shp=sht.api.Shapes.AddChart2(-1, xw.constants.ChartType.xlColumnClustered,
20,20,350,250,True)
cht=shp.Chart                                      #获取图表

#修改系列 1 中第 2 个点的点标记的填充色
cht.SeriesCollection(1).Points(2).Format.Fill.ForeColor.RGB=xw.utils.rgb
_to_int((76,200,132))
#修改系列 1 中第 2 个点的点标记边线的颜色
cht.SeriesCollection(1).Points(2).Format.Line.ForeColor.RGB=xw.utils.rgb
_to_int((0,0,255))

cht.ChartGroups(1).GapWidth=100                    #修改分组之间的距离
cht.ChartGroups(1).Overlap=-15                     #修改分组内部相邻柱面之间的距离
```

运行上述代码，生成如图 4-2 所示的图表。设置完成后，系列中的第 3 个点被突出显示。

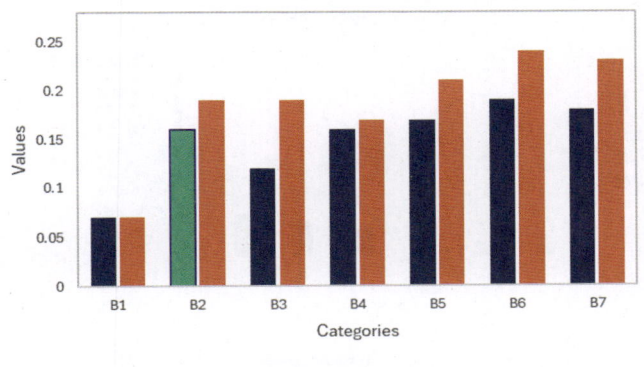

图 4-2　设置系列 1 中第 2 个点的属性

4.2　修改基本图形元素的属性

　　4.1 节介绍了如何获取图表中的基本图形元素,本节将介绍获取图表中的基本图形元素以后怎么修改它们的属性。图表中的基本图形元素包括点、线、面和文本等,再复杂的图表也是由这些基本图形元素组合而成的。

4.2.1　修改点的属性

　　在图表中,点常用点标记表示。点标记可以有不同的标记类型,可以修改点标记内部面和边线的颜色,也可以修改点标记的大小等。

【Excel】

　　打开 "Samples\ch04 美化 Excel 图表\03 修改点的属性\excel.xlsx" 文件。选择单元格区域 A2:C8,单击 "插入" 功能区的 "图表" 区中的 "柱状图" 图标,在弹出的下拉面板中单击 █ 图标,生成复合柱状图。右击系列 2,在弹出的快捷菜单中选择 "更改系列图表类型" 命令,在弹出的对话框中将系列 2 的 "图表类型" 改为 "折线图"。单击折线图中线上的第 4 个点,用右侧面板中的标记控件修改点的属性。图 4-3 所示为创建并编辑后得到的图表。

【Python xlwings】

　　4.1.2 节介绍了如何获取系列中的单个点,获取的单个点用 Point 对象表示。用该对象的属性可以对点标记进行设置。Point 对象的常用属性如表 4-1 所示。

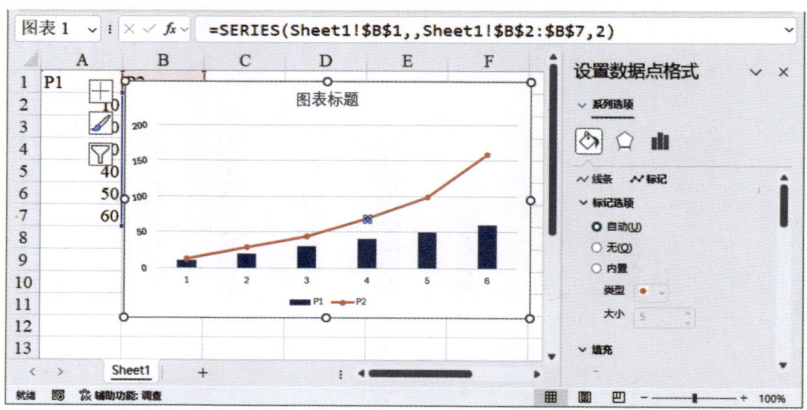

图 4-3 修改点的属性 1

表 4-1 Point 对象的常用属性

名 称	说 明
DataLabel	返回一个 DataLabel 对象，表示数据标签
HasDataLabel	设置是否显示数据标签
MarkerBackgroundColor	设置点标记的背景色，RGB 着色
MarkerBackgroundColorIndex	设置点标记的背景色，索引着色
MarkerForegroundColor	设置点标记的前景色，RGB 着色
MarkerForegroundColorIndex	设置点标记的前景色，索引着色
MarkerSize	设置点标记的大小
MarkerStyle	设置点标记的样式
Name	设置点标记的名称
PictureType	设置在柱状图或条形图中图片的显示方式，可以拉伸或堆栈显示

用 Point 对象的 MarkerStyle 属性可以设置点标记的样式。MarkerStyle 属性的值是 XlMarkerStyle 枚举类型的，如表 4-2 所示。

表 4-2 MarkerStyle 属性的值

名 称	值	说 明	演示
xlMarkerStyleAutomatic	−4105	自定义标记	
xlMarkerStyleCircle	8	圆标记	●━━━━●
xlMarkerStyleDash	−4115	长条形标记	▬━━▬
xlMarkerStyleDiamond	2	菱形标记	◆━━━◆
xlMarkerStyleDot	−4118	短条形标记	▬━━▬
xlMarkerStyleNone	−4142	无标记	━━━━━

续表

名　　称	值	说　　明	演示
xlMarkerStylePicture	–4147	图片标记	
xlMarkerStylePlus	9	带加号的标记	
xlMarkerStyleSquare	1	方形标记	
xlMarkerStyleStar	5	带星号的标记	
xlMarkerStyleTriangle	3	三角形标记	
xlMarkerStyleX	–4168	带✕的标记	

下面先创建带点标记的复合线形图，然后修改两个系列中指定点的属性。完整代码见 "Samples\ch04 美化 Excel 图表\03 修改点的属性\py.py" 文件。

```
root=os.getcwd()                          #获取当前工作路径
app=xw.App(visible=True,add_book=False)   #创建 Excel 应用
#打开数据文件并返回工作簿对象
wb=app.books.open(root+r'/data.xlsx',read_only=False)
sht=wb.sheets('Sheet1')                   #获取指定工作表


sht.api.Range('A2:C8').Select()           #获取数据
shp=sht.api.Shapes.AddChart2(-1, xw.constants.ChartType.xlLineMarkers,20,
20,350,250,True)
cht=shp.Chart                             #获取图表


#修改系列 1 中点标记的背景色
cht.SeriesCollection(1).MarkerBackgroundColor=xw.utils.rgb_to_int((255,
255,255))
#修改系列 1 中点标记的大小
cht.SeriesCollection(1).MarkerSize=14
#修改系列 2 中点标记的样式
cht.SeriesCollection(2).MarkerStyle=xw.constants.MarkerStyle.
xlMarkerStyleDiamond
#修改系列 2 中点标记的背景色
cht.SeriesCollection(2).MarkerBackgroundColor=xw.utils.rgb_to_int ((0,
255,0))
#修改系列 2 中点标记的大小
cht.SeriesCollection(2).MarkerSize=14
```

运行上述代码，生成如图 4-4 所示的图表。

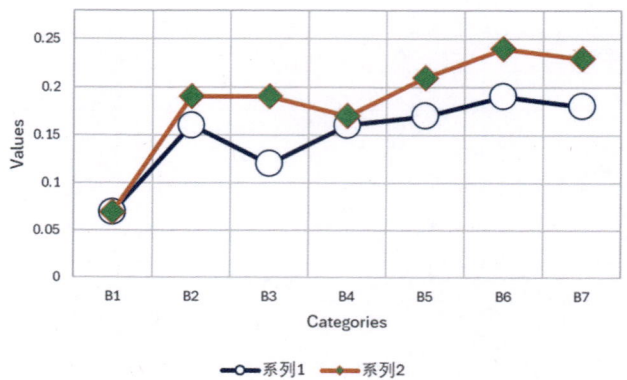

图 4-4　修改点的属性 2

4.2.2　修改线的属性

图表中的线包括线形图中的线、柱状图和条形图中的柱面边线等，获取线后，可以修改它们的颜色、线型和线宽等属性。

【Excel】

打开"Samples\ch04 美化 Excel 图表\04 修改线的属性\excel.xlsx"文件。选择单元格区域 A2:C8，单击"插入"功能区的"图表"区中的"柱状图"图标，在弹出的下拉面板中单击 图标，生成复合柱状图。右击系列 2，在弹出的快捷菜单中选择"更改系列图表类型"命令，在弹出的对话框中将系列 2 的"图表类型"改为"折线图"。双击该系列，用右侧面板中的线条控件修改线的属性。图 4-5 所示为创建并编辑后得到的图表。

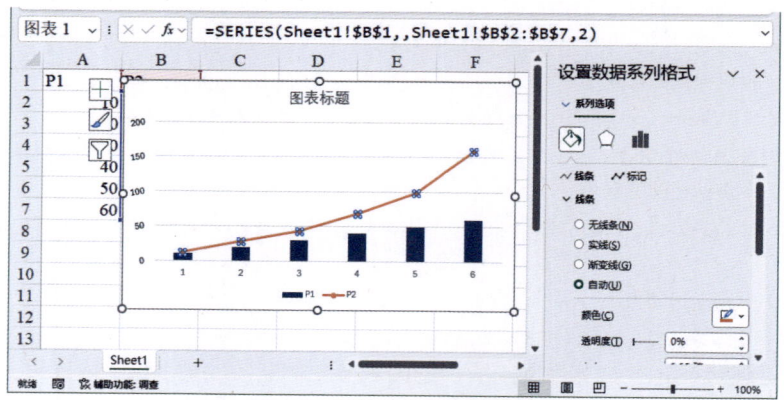

图 4-5　修改线的属性

【Python xlwings】

在图表的基本图形元素中，线用 LineFormat 对象表示。用 Shape 对象的 Line 属性返回 LineFormat 对象，如线本身、矩形和圆的边线、标注线等都是 LineFormat 对象。

得到 LineFormat 对象以后，就可以用该对象的属性和方法进行编程。下面详细介绍 LineFormat 对象的属性的设置。

用 LineFormat 对象的 ForeColor 属性设置线的颜色。可以用 RGB 着色、主题颜色着色、配色方案着色等方法进行着色，这将在 4.3 节中详细介绍。用 LineFormat 对象的 DashStyle 属性设置线型，可用线型如表 4-3 所示。

表 4-3　可用线型

名　　称	值	说　　明	演　示
msoLineDash	4	虚线	
msoLineDashDot	5	点虚线	
msoLineDashDotDot	6	点点虚线	
msoLineDashStyleMixed	−2	不支持	
msoLineLongDash	7	长虚线	
msoLineLongDashDot	8	长点虚线	
msoLineRoundDot	3	圆点虚线	
msoLineSolid	1	实线	
msoLineSquareDot	2	方点虚线	

用 LineFormat 对象的 Weight 属性设置线宽。给该属性设置一个浮点数表示线的粗细。

下面创建一个复合线形图并修改各系列中线的属性。完整代码见"Samples\ch04 美化 Excel 图表\04 修改线的属性\py.py"文件。

```
root=os.getcwd()                              #获取当前工作路径
app=xw.App(visible=True,add_book=False)       #创建 Excel 应用
#打开数据文件并返回工作簿对象
wb=app.books.open(root+r'/data.xlsx',read_only=False)
sht=wb.sheets('Sheet1')                       #获取指定工作表

sht.api.Range('A2:C8').Select()               #获取数据
shp=sht.api.Shapes.AddChart2(-1, xw.constants.ChartType.xlLine,20,20,350,
250,True)
cht=shp.Chart                                 #获取图表
```

```
#修改系列 1 的颜色
cht.SeriesCollection(1).Format.Line.ForeColor.RGB=xw.utils.rgb_to_int((0,
0,255))
#修改系列 1 的线型
cht.SeriesCollection(1).Format.Line.DashStyle=4     #msoLineDash
#修改系列 1 的线宽
cht.SeriesCollection(1).Format.Line.Weight=2
#修改系列 2 的颜色
cht.SeriesCollection(2).Format.Line.ForeColor.RGB=xw.utils.rgb_to_int((255,
128,0))
#修改系列 2 的线型
cht.SeriesCollection(2).Format.Line.DashStyle=5     #msoLineDashDotDot
#修改系列 2 的线宽
cht.SeriesCollection(2).Format.Line.Weight=3
```

运行上述代码，生成如图 4-6 所示的图表。

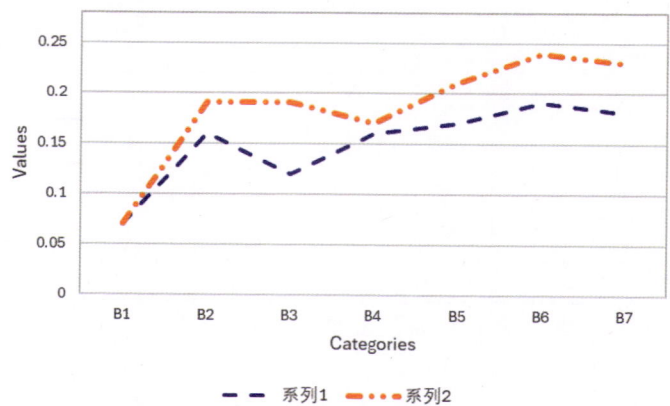

图 4-6　设置线的颜色、线型和线宽

4.2.3　修改面的属性

柱状图、条形图、面积图和饼图等用面来表现数据，获取相应的基本图形元素后，可以修改它们的属性。面的属性主要有颜色、透明度、纹理和光照反射特性等。对面可以进行单色填充、渐变色填充、图案填充和图片填充。

【Excel】

打开"Samples\ch04 美化 Excel 图表\05 修改面的属性 1\excel.xlsx"文件。按照前面的操作生成如图 4-7 所示的图表。双击系列 1，用右侧面板的"填充"区域中的控件修改柱面的颜色。

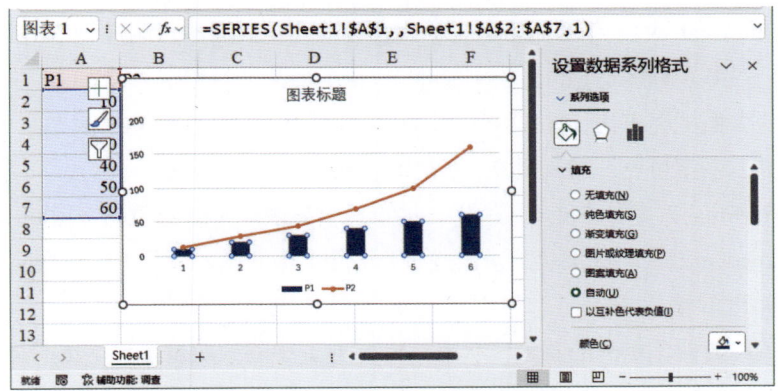

图 4-7　修改面的属性

在用 Excel 绘图时，也可以使用颜色查找表对图表进行渲染。如图 4-8 所示，创建柱状图后，双击某个柱面，右侧弹出相应面板。注意，选择对面进行渐变色填充时面板中显示一个 "渐变光圈" 色条，该色条中有多个被称为节点的箭头。每个节点均定义一种颜色，相邻节点之间各点的颜色通过用两个节点的颜色线性插值来获得。通过操作鼠标，可以添加、移动和删除节点。

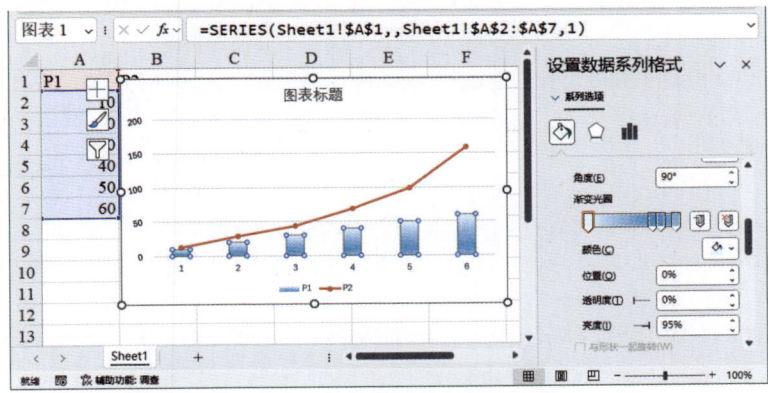

图 4-8　使用颜色查找表

【Python xlwings】

在 Excel 中，用 FillFormat 对象表示面。用 Shape 对象的 Fill 属性先获取该对象中的 FillFormat 对象，即面，然后对该对象的成员进行编程。

用 FillFormat 对象的 ForeColor 属性返回一个 ColorFormat 对象，用该对象的 RGB 属性、ObjectThemeColor 属性和 SchemeColor 属性对 FillFormat 对象所表示的面进行 RGB 着色、主题颜色着色和配色方案着色。

用 FillFormat 对象的 Transparency 属性设置或获取面的透明度，取值范围为 0.0（不透明）～1.0（清晰）。

创建包含面的图表后，对其中的面进行填充操作。可用的填充方式包括单色填充、渐变色填充、图案填充、图片填充和纹理填充等。

用 FillFormat 对象的 Solid 方法将各种特殊填充恢复为单色填充。用 FillFormat 对象的 Patterned 方法进行图案填充。该方法有一个参数，值是 MsoPatternType 枚举类型的，表示填充图案。

下面创建有两个系列的复合柱状图，将系列 1 中的柱面设置为半透明样式，对系列 2 进行图案填充。完整代码见"Samples\ch04 美化 Excel 图表\05 修改面的属性 1\py.py"文件。

```
root=os.getcwd()                                    #获取当前工作路径
app=xw.App(visible=True,add_book=False)             #创建 Excel 应用
#打开数据文件并返回工作簿对象
wb=app.books.open(root+r'/data.xlsx',read_only=False)
sht=wb.sheets('Sheet1')                             #获取指定工作表

sht.api.Range('A2:C8').Select()                     #获取数据
shp=sht.api.Shapes.AddChart2(-1, xw.constants.ChartType.xlColumnClustered,
20,20,350,250,True)
cht=shp.Chart                                       #获取图表

cht.ChartGroups(1).GapWidth=100                     #修改分组之间的距离
cht.ChartGroups(1).Overlap=-15                      #修改分组内部相邻柱面之间的距离

cht.SeriesCollection(1).Format.Fill.ForeColor.RGB=xw.utils.rgb_to_int((0,
0,255))
#修改系列 1 中柱面的透明度
cht.SeriesCollection(1).Format.Fill.Transparency=0.5
cht.SeriesCollection(2).Format.Fill.Patterned(10)   #对系列 2 进行图案填充
```

运行上述代码，生成如图 4-9 所示的图表。

用 FillFormat 对象的 OneColorGradient 方法进行单色渐变色填充。所谓单色渐变色填充指的是填充色仅有一种颜色色阶的变化。该方法的语法格式为：

```
ff.OneColorGradient(Style, Variant, Degree)
```

其中，ff 表示一个 FillFormat 对象。OneColorGradient 方法的参数如表 4-4 所示。

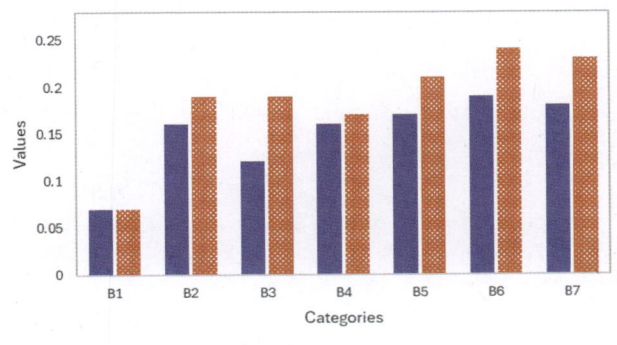

图 4-9　面的透明度设置和图案填充

表 4-4　OneColorGradient 方法的参数

名　　称	必需/可选	数据类型	说　　明
Style	必需	MsoGradientStyle	渐变样式
Variant	必需	Integer	渐变变量。取值范围为 1～4。如果 GradientStyle 为 msoGradientFromCenter，那么 Variant 参数的值只能为 1 或 2
Degree	必需	Single	渐变程度。可以为 0.0（暗）～1.0（亮）范围内的值

OneColorGradient 方法的 Style 参数用于指定渐变色填充的样式，其值如表 4-5 所示。

表 4-5　OneColorGradient 方法的 Style 参数的值

名　　称	值	说　　明	演　　示
msoGradientDiagonalDown	4	从左下角到右上角对角渐变	
msoGradientDiagonalUp	3	从右下角到左上角对角渐变	
msoGradientFromCorner	5	从各个角向中心渐变	
msoGradientHorizontal	1	水平向渐变	
msoGradientVertical	2	垂向渐变	

用 FillFormat 对象的 TwoColorGradient 方法进行双色渐变色填充。要进行双色渐变色填充需要指定两种颜色进行渐变色填充，可以用 FillFormat 对象的 ForeColor 属性和 BackColor 属性指定。该方法的语法格式为：

```
ff.TwoColorGradient(Style, Variant)
```

其中，**ff** 表示一个 FillFormat 对象。TwoColorGradient 方法的参数可参考表 4-4。

下面创建有两个系列的复合柱状图，对系列 1 进行单色渐变色填充，对系列 2 进行双色渐变色填充。完整代码见"Samples\ch04 美化 Excel 图表\06 修改面的属性 2\py.py"文件。

```
root=os.getcwd()                                #获取当前工作路径
app=xw.App(visible=True, add_book=False)        #创建 Excel 应用
#打开数据文件并返回工作簿对象
wb=app.books.open(root+r'/data.xlsx',read_only=False)
sht=wb.sheets('Sheet1')                         #获取指定工作表

sht.api.Range('A2:C8').Select()                 #获取数据
shp=sht.api.Shapes.AddChart2(-1, xw.constants.ChartType.xlColumnClustered,
20,20,350,250,True)
cht=shp.Chart                                   #获取图表

cht.ChartGroups(1).GapWidth=100                 #修改分组之间的距离
cht.ChartGroups(1).Overlap=-15                  #修改分组内部相邻柱面之间的距离

#对系列 1 进行单色渐变色填充
cht.SeriesCollection(1).Format.Fill.ForeColor.RGB=xw.utils.rgb_to_int((0,
0,255))
cht.SeriesCollection(1).Format.Fill.OneColorGradient(1,1,1)
#对系列 2 进行双色渐变色填充
cht.SeriesCollection(2).Format.Fill.ForeColor.RGB=xw.utils.rgb_to_int((255,
128,0))
cht.SeriesCollection(2).Format.Fill.TwoColorGradient(1,1)
cht.SeriesCollection(2).Format.Fill.BackColor.RGB=xw.utils.rgb_to_int((255,
255,0))
```

运行上述代码，生成如图 4-10 所示的图表。

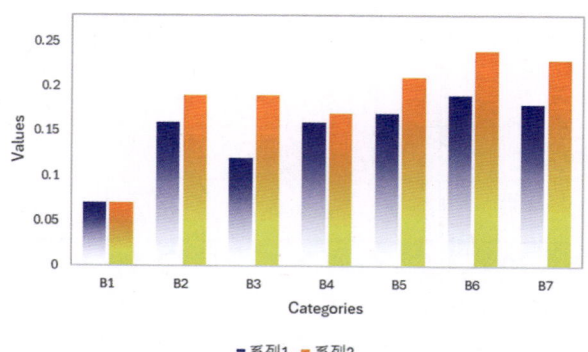

图 4-10　单色渐变色填充和双色渐变色填充

　　用 FillFormat 对象的 GradientStops 属性返回一个 GradientStops 对象，用该对象的
Insert 方法往已有渐变系列中的指定位置添加新的颜色节点，从而实现多色渐变色填
充。该方法用一个 0～1 范围内的小数指定新颜色节点的位置，表示该位置到起点的距
离占整个距离的百分比。

　　下面创建有两个系列的复合柱状图，对系列 1 进行垂向多色渐变色填充，从下往
上分别用红色、橙色和黄色进行渐变色填充。对系列 2 进行水平向多色渐变色填充，
从左到右分别用橙色、白色和橙色进行渐变色填充。完整代码见 "Samples\ch04 美化
Excel 图表\07 修改面的属性 3\py.py" 文件。

```
root=os.getcwd()                          #获取当前工作路径
app=xw.App(visible=True,add_book=False)   #创建 Excel 应用
#打开数据文件并返回工作簿对象
wb=app.books.open(root+r'/data.xlsx',read_only=False)
sht=wb.sheets('Sheet1')                   #获取指定工作表


sht.api.Range('A2:C8').Select()           #获取数据
shp=sht.api.Shapes.AddChart2(-1, xw.constants.ChartType.xlColumnClustered,
20,20,350,250,True)
cht=shp.Chart                             #获取图表


cht.ChartGroups(1).GapWidth=100           #修改分组之间的距离
cht.ChartGroups(1).Overlap=-15            #修改分组内部相邻柱面之间的距离


#对系列 1 进行垂向多色渐变色填充
cht.SeriesCollection(1).Format.Fill.ForeColor.RGB=xw.utils.rgb_to_int((255,
255,0))
cht.SeriesCollection(1).Format.Fill.OneColorGradient(1,1,1)
cht.SeriesCollection(1).Format.Fill.GradientStops.Insert(xw.utils.rgb_to
_int((255,128,0)),0.5)
cht.SeriesCollection(1).Format.Fill.GradientStops.Delete(2)
cht.SeriesCollection(1).Format.Fill.GradientStops.Insert(xw.utils.rgb_to
_int((255,0,0)),1)


#对系列 2 进行水平向多色渐变色填充
cht.SeriesCollection(2).Format.Fill.ForeColor.RGB=xw.utils.rgb_to_int((255,
128,0))
cht.SeriesCollection(2).Format.Fill.TwoColorGradient(2,1)
cht.SeriesCollection(2).Format.Fill.GradientStops.Insert(xw.utils.rgb_to
_int((255,255,255)),0.5)
```

```
cht.SeriesCollection(2).Format.Fill.GradientStops.Delete(2)
cht.SeriesCollection(2).Format.Fill.GradientStops.Insert(xw.utils.rgb_to
_int((255,128,0)),1)
```

运行上述代码，生成如图 4-11 所示的图表。

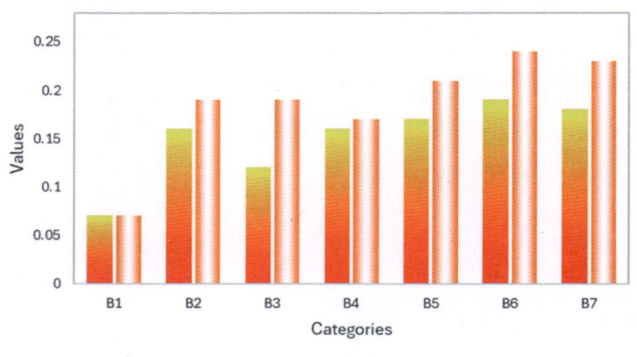

图 4-11　多色渐变色填充

除可以进行颜色填充外，还可以进行图片填充和纹理填充。

用 FillFormat 对象的 UserPicture 方法进行图片填充。该方法有一个参数，值为字符串，表示图片文件的路径和文件名。

用 FillFormat 对象的 UserTextured 方法进行纹理填充。该方法有一个参数，值为字符串，表示纹理图片文件的路径。如果图片在当前工作路径中，那么指定文件名即可。在进行图片填充时，不必设置前景色和背景色。

下面创建有两个系列的复合柱状图，对系列 1 进行图片填充，对系列 2 进行纹理填充。完整代码见"Samples\ch04 美化 Excel 图表\08 修改面的属性 4\py.py"文件。

```
root=os.getcwd()                                    #获取当前工作路径
app=xw.App(visible=True, add_book=False)            #创建 Excel 应用
#打开数据文件并返回工作簿对象
wb=app.books.open(root+r'/data.xlsx',read_only=False)
sht=wb.sheets('Sheet1')                             #获取指定工作表

sht.api.Range('A2:C8').Select()                     #获取数据
shp=sht.api.Shapes.AddChart2(-1, xw.constants.ChartType.xlColumnClustered,
20,20,350,250,True)
cht=shp.Chart                                       #获取图表

cht.ChartGroups(1).GapWidth=100                     #修改分组之间的距离
cht.ChartGroups(1).Overlap=-15                      #修改分组内部相邻柱面之间的距离
```

```
#对系列 1 进行图片填充
cht.SeriesCollection(1).Format.Fill.UserPicture('d:/picpy2.jpg')
#对系列 2 进行纹理填充
cht.SeriesCollection(2).Format.Fill.UserTextured('d:/picpy2.jpg')
```

　　运行上述代码，生成如图 4-12 所示的图表。可见，在进行图片填充时，对图片按长宽比例进行了缩放，使图片在柱面内正好能放下；在进行纹理填充时，图片大小不变，通过平铺图片来填充柱面，超出柱面范围的图片部分被裁剪掉。

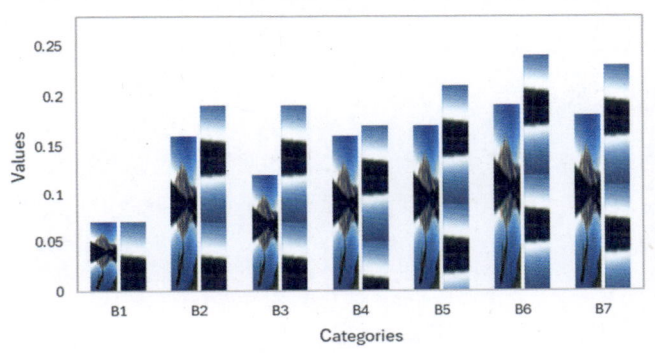

图 4-12　图片填充和纹理填充

　　除可以把指定图片作为纹理外，Excel 还提供了预设纹理。所谓预设纹理，实际上是 Excel 内置的图片。用 FillFormat 对象的 PresetTextured 方法设置预设纹理。该方法有一个参数，表示要应用的纹理类型。PresetTextured 方法的参数的部分值如表 4-6 所示，有花岗岩纹理、绿色大理石纹理、中木纹理、新闻纸纹理等多种。

表 4-6　PresetTextured 方法的参数的部分值

名　　称	值	说　　明	演示
msoTextureGranite	12	花岗岩纹理	
msoTextureGreenMarble	9	绿色大理石纹理	
msoTextureMediumWood	24	中木纹理	
msoTextureNewsprint	13	新闻纸纹理	
msoTextureOak	23	橡木纹理	
msoTexturePaperBag	6	纸张袋纹理	

续表

名　　称	值	说　　明	演示
msoTexturePapyrus	1	Papyrus 纹理	
msoTextureParchment	15	羊皮纸纹理	
msoTextureWalnut	22	胡桃木纹理	
msoTextureWaterDroplets	5	水滴纹理	

4.2.4　修改文本的属性

文本也是图表的基本图形元素之一。文本的属性包括文本的内容、对齐方式、颜色、字号等。图表中常见的文本包括坐标系中的坐标轴标题和刻度标签、图表标题、标注和图例中的文本等。

【Excel】

用 Excel 可以修改图表中文本的属性。右击要修改属性的文本，在弹出的快捷菜单中选择"字体"命令，打开"字体"对话框，如图 4-13 所示。用该对话框中的控件可以进行字体设置。

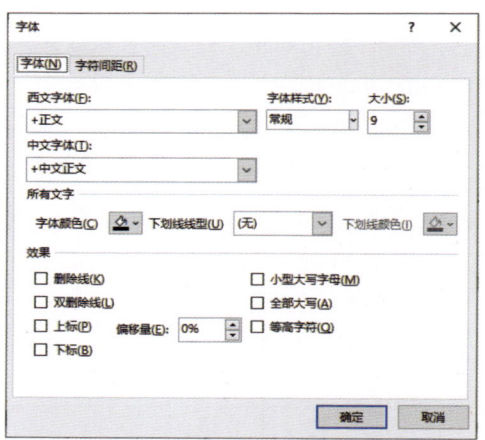

图 4-13　"字体"对话框

双击图表中的文本，在右侧面板中，用"文本选项"区域中的控件可以设置文本的对齐方式和旋转角度等属性。

【Python xlwings】

在 Excel 中用 Font 对象表示字体。对于字体，往往通过某个属性获取 Font 对象，用该对象的属性和方法进行设置。

Font 对象的主要属性如下。

- Bold 属性：是否加粗，值为 True 时加粗，值为 False 时不加粗。
- Color 属性：RGB 着色。
- ColorIndex 属性：索引着色。颜色查找表中某种颜色的索引号。
- FontStyle 属性：字体样式，如 Bold Italic。
- Italic 属性：是否倾斜，值为 True 时倾斜，值为 False 时不倾斜。
- Name 属性：字体名称。
- Size 属性：字号。
- Strikethrough 属性：是否添加删除线，值为 True 时添加，值为 False 时不添加。
- Subscript 属性：是否设置为下标，值为 True 时设置，值为 False 时不设置。
- Superscript 属性：是否设置为上标，值为 True 时设置，值为 False 时不设置。
- ThemeColor 属性：主题颜色着色。
- ThemeFont 属性：主题字体。
- TintAndShade 属性：将文本颜色变暗或加亮，值在-1（最暗）～1（最亮）范围内。
- Underline 属性：下画线的类型，值为-4142 时，无下画线；值为 2 时，为单下画线；值为-4119 时，为粗双下画线；值为 5 时，为紧靠在一起的细双下画线。

第 3 章在介绍图表标题和坐标轴标题时，介绍了添加文本和设置属性的相关知识，读者可自行参阅。第 5 章还会介绍如何用编程方式添加标注并设置属性。

4.3　着色与配色

对图表而言，颜色至关重要。所谓着色，怎么着，是技术问题；着什么色，是艺术问题。本节将介绍着色和配色的基础知识，以及如何给不同类型的图形元素着色。

4.3.1　颜色的表示

关于图形元素的颜色，Excel 提供了 4 种着色方法，即 RGB 着色、主题颜色着色、配色方案着色和索引着色。

【Excel】

创建图表后，双击图表中要设置颜色的图形元素，在右侧面板中设置与颜色相关的控件即可。

【Python xlwings】

不管是线还是面，它们的 BackColor 属性和 ForeColor 属性都会返回一个 ColorFormat 对象，该对象提供了 RGB、ObjectThemeColor、SchemeColor 等属性，用它们可以设置 RGB 着色、主题颜色着色和配色方案着色。

1. RGB 着色

所谓 RGB 着色，就是用红色、绿色和蓝色分量定义颜色。用与图形元素的颜色相关的属性设置 RGB 颜色。如果习惯指定 RGB 分量设置颜色，那么可以用 xlwings.utils 模块中的 rgb_to_int 函数将类似于(255,0,0)的 RGB 分量指定转换为整数，并设置给 Color 属性。还可以将与颜色相关属性的值设置为十进制整数或十六进制整数。

十六进制整数方式也是由红色、绿色和蓝色混合得到新的颜色。表示颜色的十六进制整数类似于 0xFF0000 的形式。

表 4-7 中列出了一些常用颜色的十进制整数、十六进制整数和 RGB 的表示。

表 4-7　一些常用颜色的十进制整数、十六进制整数和 RGB 的表示

红色	绿色	蓝色	十进制整数	十六进制整数	RGB	演示
0	0	0	0	0x000000	黑色	
255	255	255	16777215	0xFFFFFF	白色	
255	0	0	16711680	0xFF0000	红色	
0	255	0	65280	0x00FF00	绿色	
0	0	255	255	0x0000FF	蓝色	
255	255	0	16776960	0xFFFF00	黄色	
255	0	255	16711935	0xFF00FF	粉红	
0	255	255	65535	0x00FFFF	青色	
128	128	128	8421504	0x808080	灰色	
128	0	0	8388608	0x800000	深红色	
255	158	102	16777478	0xFF9E66	紫铜色	
125	255	212	8236403	0x7CFFD3	碧绿色	

下面的代码中的 ForeColor 属性用于返回一个 ColorFormat 对象，用该对象的 RGB 属性可以设置以 RGB 分量表示的颜色。

```
shp.Fill.ForeColor.RGB=xw.utils.rgb_to_int((0, 255,0))
shp.Line.ForeColor.RGB=xw.utils.rgb_to_int((0,0,255))
```

下面的代码用于将一个表示颜色的十进制整数，也就是 xlwings.utils 模块中的 rgb_to_int 函数的结果赋给 RGB 属性。

```
shp.Fill.ForeColor.RGB=65280
```

```
shp.Line.ForeColor.RGB=16711680
```
也可以用下面的代码直接将一个十六进制整数赋给 RGB 属性。
```
shp.Line.ForeColor.RGB=0xFF0000
```

2．主题颜色着色

Excel 提供了 10 余种主题颜色，如表 4-8 所示。使用这些主题颜色，可以很方便地给图形元素着色。

表 4-8　主题颜色

名　称	值	说　明	演　示
xlThemeColorAccent1	5	Accent1	
xlThemeColorAccent2	6	Accent2	
xlThemeColorAccent3	7	Accent3	
xlThemeColorAccent4	8	Accent4	
xlThemeColorAccent5	9	Accent5	
xlThemeColorAccent6	10	Accent6	
xlThemeColorDark1	1	Dark1	
xlThemeColorDark2	3	Dark2	
xlThemeColorFollowedHyperlink	12	Followed Hyperlink	
xlThemeColorHyperlink	11	Hyperlink	
xlThemeColorLight1	2	Light1	
xlThemeColorLight2	4	Light2	

对于图形元素，用 ForeColor 属性和 BackColor 属性返回的 ColorFormat 对象的 ObjectThemeColor 属性进行主题颜色着色。
```
shp.Fill.ForeColor.ObjectThemeColor=10
shp.Line.ForeColor.ObjectThemeColor=3
```

3．配色方案着色

用 Excel 提供的配色方案中的颜色，也可以给图形元素着色。对于图形元素，ForeColor 属性和 BackColor 属性返回的 ColorFormat 对象有一个 SchemeColor 属性，而配色方案中的每种颜色都有一个索引号，将它指定给 SchemeColor 属性即可。
```
shp.Fill.ForeColor.SchemeColor=3
shp.Line.ForeColor.SchemeColor=4
```

4．索引着色

索引着色需要两张表，第一张表中曲面的每个点都对应一个索引号，第二张表中的每个索引号都对应一种颜色，这两张表又称颜色查找表，如图 4-14 所示。这两张表通过索引号建立点和颜色的映射关系。

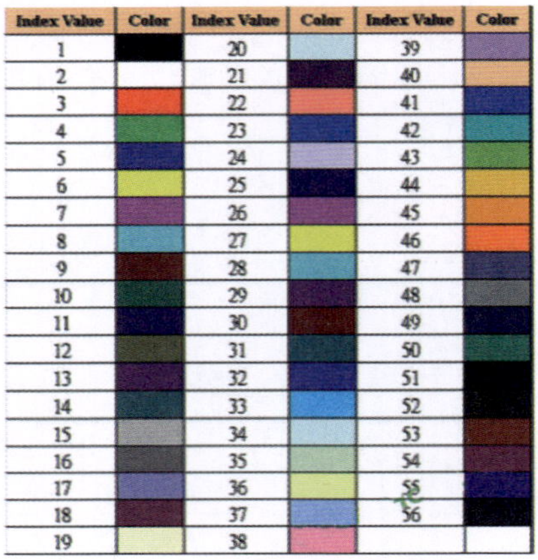

图 4-14　颜色查找表

　　索引着色常常用于为控件和字体着色。下面将工作表 sht 的 C3 单元格中文本的字体颜色设置为红色。

```
sht.api.Range('C3').Font.ColorIndex=3
sht.api.Range('C3').Value='Hello '
```

　　使用颜色查找表可以很方便地对一组图形元素进行渐变着色。

　　下面绘制复合线形图，并用不同的方法给图形元素着色。完整代码见"Samples\ch04 美化 Excel 图表\10　颜色的表示\py.py"文件。

```
root=os.getcwd()                                      #获取当前工作路径
app=xw.App(visible=True, add_book=False)              #创建 Excel 应用
#打开数据文件并返回工作簿对象
wb=app.books.open(root+r'/data.xlsx',read_only=False)
sht=wb.sheets('Sheet1')                               #获取指定工作表

sht.api.Range('A2:C11').Select()                      #获取数据
shp=sht.api.Shapes.AddChart2(-1, xw.constants.ChartType.xlColumnClustered,
20,20,350,250,True)
cht=shp.Chart                                         #获取图表
ser=cht.SeriesCollection(1)                           #新建系列
#设置新建的系列中柱面的颜色
ser.Format.Fill.ForeColor.RGB=xw.utils.rgb_to_int((0,255,0))
#ser.Format.Fill.ForeColor.RGB=0x00FF00
#ser.Format.Fill.ForeColor.RGB=65280
#ser.Format.Fill.ForeColor.ObjectThemeColor=10
#ser.Format.Fill.ForeColor.SchemeColor=3
```

运行上述代码，生成如图 4-15 所示的图表。

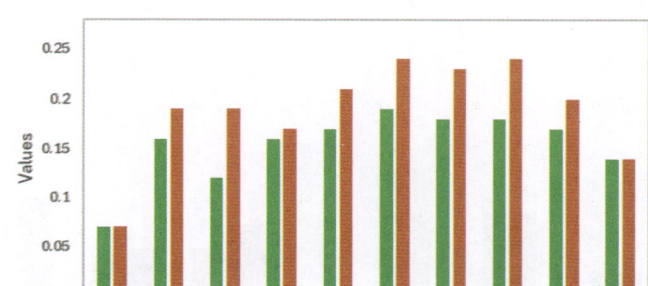

图 4-15　给复合线形图着色

4.3.2　配色理论

配色理论中比较有名的是色轮配色理论。色轮有很多种，但是常用的色轮是十二色径向上每种颜色都有 5 个色阶的色轮，即十二色色轮，如图 4-16 所示。在十二色色轮中，红色、黄色和蓝色是三原色，其他颜色都由这 3 种颜色混合而成。三原色两两之间一半位置上的橙色、绿色和紫色为二次色，是由各自两边的原色混合而成的；剩下的颜色为三次色，是由各自两边的原色和二次色混合而成的。

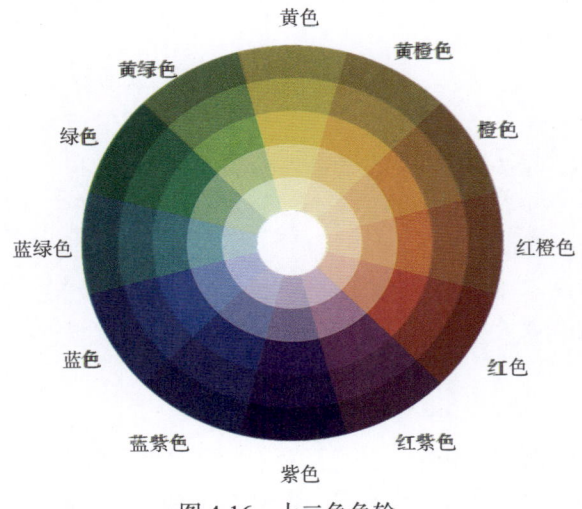

图 4-16　十二色色轮

用色轮配色的方法有下面几种。

● 单色配色

色轮中的每种颜色在十二色径向上都有从浅到深 5 个色阶，单色配色是指使用同一种颜色的不同色阶对图表进行着色，如图 4-17（a）所示。

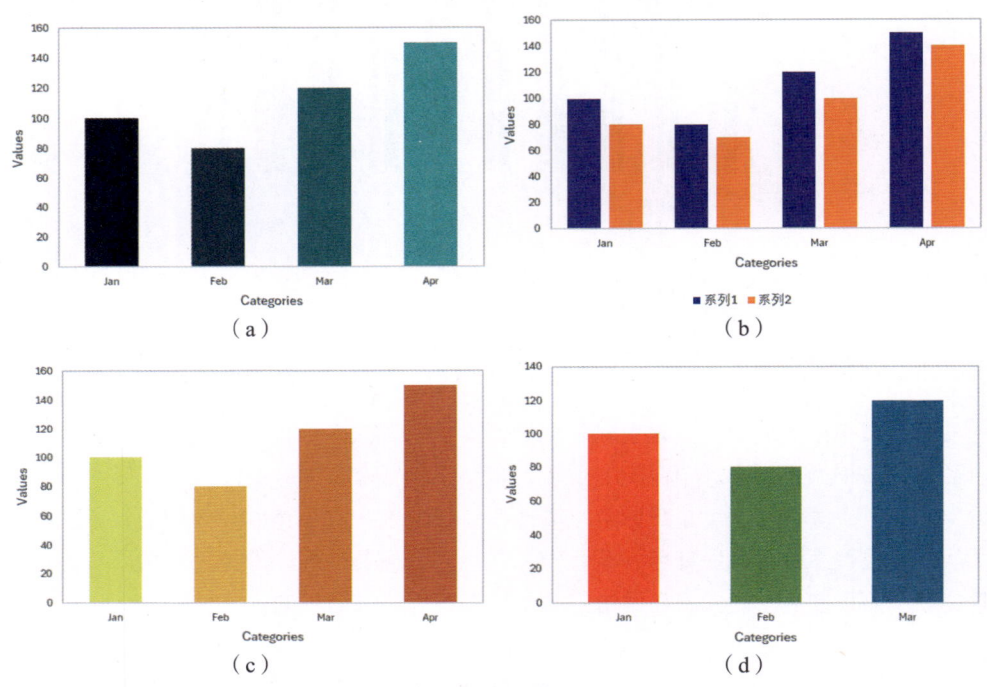

图 4-17　用色轮配色

● 对比色配色

对比色即补色，指的是色轮中相对的两种颜色，如图 4-17 中的红色和绿色，或蓝色和橙色等。对比色配色适用于表现活力，如图 4-17（b）所示。

● 类比色配色

色轮中相邻的颜色被称为类比色，如色轮中的黄橙色、橙色和红橙色，它们拥有共同的颜色，都由黄色和红色混合而成。类比色的对比度较低，类比色配色如图 4-17（c）所示。

● 三色配色

三色配色可以用原色配色和二次色配色，还可以用分裂补色。所谓分裂补色，是取对比色中的一种颜色，以及另一种颜色两侧的颜色。三色配色如图 4-17（d）所示。

下面列出实现图 4-17（a）的部分代码。完整代码见 "Samples\ch04 美化 Excel 图表\11 配色理论/py" 文件。

```
root=os.getcwd()                                    #获取当前工作路径
app=xw.App(visible=True, add_book=False)            #创建 Excel 应用
#打开数据文件并返回工作簿对象
wb=app.books.open(root+r'/data.xlsx',read_only=False)
sht=wb.sheets('Sheet1')                             #获取指定工作表

sht.api.Range('A1:B4').Select()                     #获取数据
shp=sht.api.Shapes.AddChart2(-1, xw.constants.ChartType.xlColumnClustered,
20,20,350,250,True)
cht=shp.Chart                                       #获取图表

cht.ChartGroups(1).GapWidth=100                     #修改分组之间的距离

#分别设置系列 1 中各点对应的柱面的颜色
cht.SeriesCollection(1).Points(1).Format.Fill.ForeColor.RGB=
xw.utils.rgb_to_int((0,51,51))
cht.SeriesCollection(1).Points(2).Format.Fill.ForeColor.RGB=
xw.utils.rgb_to_int((0,102,102))
cht.SeriesCollection(1).Points(3).Format.Fill.ForeColor.RGB=
xw.utils.rgb_to_int((0,153,153))
cht.SeriesCollection(1).Points(4).Format.Fill.ForeColor.RGB=
xw.utils.rgb_to_int((0,204,204))
```

下面列出实现图 4-17（b）的部分代码。完整代码见 "Samples\ch04 美化 Excel 图表\12 配色理论 2\py.py" 文件。

```
root=os.getcwd()                                    #获取当前工作路径
app=xw.App(visible=True, add_book=False)            #创建 Excel 应用
#打开数据文件并返回工作簿对象
wb=app.books.open(root+r'/data.xlsx',read_only=False)
sht=wb.sheets('Sheet1')                             #获取指定工作表

sht.api.Range('A1:C4').Select()                     #获取数据
shp=sht.api.Shapes.AddChart2(-1, xw.constants.ChartType.xlColumnClustered,
20,20,350,250,True)
cht=shp.Chart                                       #获取图表

cht.ChartGroups(1).GapWidth=100                     #修改分组之间的距离

#分别设置系列 1 中各点对应的柱面的颜色
cht.SeriesCollection(1).Format.Fill.ForeColor.RGB=xw.utils.rgb_to_int
((0,0,255))
```

```
cht.SeriesCollection(2).Format.Fill.ForeColor.RGB=xw.utils.rgb_to_int
((255,128,0))
```

下面列出实现图 4-17（c）的部分代码。完整代码见"Samples\ch04 美化 Excel 图表\13 配色理论 3\py.py"文件。

```
root=os.getcwd()                                    #获取当前工作路径
app=xw.App(visible=True,add_book=False)             #创建 Excel 应用
#打开数据文件并返回工作簿对象
wb=app.books.open(root+r'/data.xlsx',read_only=False)
sht=wb.sheets('Sheet1')                             #获取指定工作表

sht.api.Range('A1:B4').Select()                     #获取数据
shp=sht.api.Shapes.AddChart2(-1, xw.constants.ChartType.xlColumnClustered,
20,20,350,250,True)
cht=shp.Chart                                       #获取图表

cht.ChartGroups(1).GapWidth=100                     #修改分组之间的距离

#分别设置系列 1 中各点对应的柱面的颜色
cht.SeriesCollection(1).Points(1).Format.Fill.ForeColor.RGB=
xw.utils.rgb_to_int((255,255,0))
cht.SeriesCollection(1).Points(2).Format.Fill.ForeColor.RGB=
xw.utils.rgb_to_int((255,199,10))
cht.SeriesCollection(1).Points(3).Format.Fill.ForeColor.RGB=
xw.utils.rgb_to_int((242,128,0))
cht.SeriesCollection(1).Points(4).Format.Fill.ForeColor.RGB=
xw.utils.rgb_to_int((235,97,31))
```

下面列出实现图 4-17（d）的部分代码。完整代码见"Samples\ch04 美化 Excel 图表\14 配色理论 4\py.py"文件。

```
root=os.getcwd()                                    #获取当前工作路径
app=xw.App(visible=True,add_book=False)             #创建 Excel 应用
#打开数据文件并返回工作簿对象
wb=app.books.open(root+r'/data.xlsx',read_only=False)
sht=wb.sheets('Sheet1')                             #获取指定工作表

sht.api.Range('A1:B3').Select()                     #获取数据
shp=sht.api.Shapes.AddChart2(-1,xw.constants.ChartType.xlColumnClustered,
20,20,350,250,True)
cht=shp.Chart                                       #获取图表
```

```
cht.ChartGroups(1).GapWidth=100                       #修改分组之间的距离

#分别设置系列 1 中各点对应的柱面的颜色
cht.SeriesCollection(1).Points(1).Format.Fill.ForeColor.RGB=
xw.utils.rgb_to_int((255,0,0))
cht.SeriesCollection(1).Points(2).Format.Fill.ForeColor.RGB=
xw.utils.rgb_to_int((140,186,38))
cht.SeriesCollection(1).Points(3).Format.Fill.ForeColor.RGB=
xw.utils.rgb_to_int((5,150,186))
```

4.3.3　配色工具和资源

在对图表进行配色时，不可避免地要用到一些配色工具。有专门帮助配色的网站，如 Adobe Color、Coolors、Colorspire、ColorBlender 等。此外，也有一些微信公众号专门讨论图表的配色，给出 2 种、3 种或更多种颜色的配色方案和各颜色对应的 RGB 分量。目前这方面的资料还是比较多的，搜索一下就可以找到。

有时看到好的配色方案，想知道各颜色对应的 RGB 分量，可以用专门的取色器进行获取。一般比较专业的绘图软件和平面设计软件都会提供取色器，网上也有一些在线取色器可供使用。

4.3.4　给一组对象着色

在绘图时经常需要给一组对象着色，如给简单柱状图中的一组柱面着色，或给饼图中的各扇区着色。可以用前面介绍的方法给系列中的单个点逐个修改颜色，也可以先将需要用到的颜色放到一个数组中，然后循环绘制各点并从数组中取色绘图。下面介绍后者。

【Excel】

要用 Excel 给一组对象着色，可以参考 4.1.2 节介绍的方法逐个修改对象的颜色。

【Python xlwings】

下面先将需要用到的颜色放到一个数组 colors 中，然后循环从该数组中依次取色，给各柱面着色。完整代码见 "Samples\ch04 美化 Excel 图表\15 给一组对象着色\py.py" 文件。

```
root=os.getcwd()                              #获取当前工作路径
app=xw.App(visible=True,add_book=False)       #创建 Excel 应用
#打开数据文件并返回工作簿对象
wb=app.books.open(root+r'/data.xlsx',read_only=False)
sht=wb.sheets('Sheet1')                       #获取指定工作表
```

```
sht.api.Range('A1:B4').Select()                          #获取数据
shp=sht.api.Shapes.AddChart2(-1,xw.constants.ChartType.xlColumnClustered,
20,20,350,250,True)
cht=shp.Chart                                            #获取图表

cht.ChartGroups(1).GapWidth=100                          #修改分组之间的距离
```

#把全部颜色放到一个数组 colors 中
```
colors=[[51,51,0],
        [102,102,0],
        [153,153,0],
        [204,204,0]]
```
#循环从数组中依次取色，给各柱面着色
```
for i in range(4):
    cht.SeriesCollection(1).Points(i+1).Format.Fill.ForeColor.RGB \
    =xw.utils.rgb_to_int((colors[i][0],colors[i][1],colors[i][2]))
```
   运行上述代码，生成如图 4-18 所示的图表。

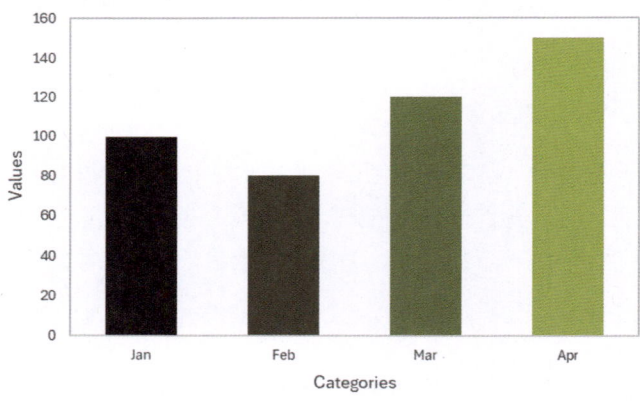

图 4-18　给一组对象着色

4.3.5　使用颜色查找表

   Python 和 MATLAB 提供了很多颜色查找表，使用它们可以很方便地给一组对象着色。本节将在 Excel 中引入 MATLAB 的大部分颜色查找表并结合示例进行使用。

【Excel】

   4.2.3 节介绍了用 Excel 实现面的多色渐变色填充。Excel 提供的渐变光圈实际上就是一个颜色查找表，该颜色查找表可以编辑。但是该颜色查找表只能用于对一个面进行渐变色填充，不能用于对一组对象进行着色。用 Excel 仍然需要对各对象单独着色。

【Python xlwings】

所谓的颜色查找表，实际上是一个 N 行 3 列的数组，数组中的每行 3 个数都表示一种颜色的 RGB 分量，即红色、绿色和蓝色分量。本书在 Excel 中引入了 MATLAB 和 Python 中常见的颜色查找表。打开 colormap.xlsx 文件，如图 4-19 所示。

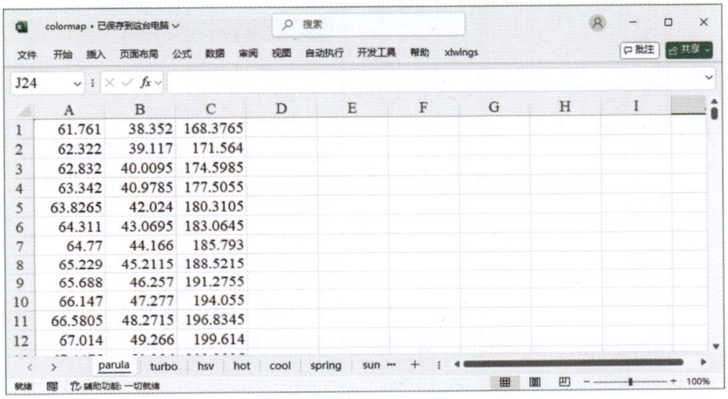

图 4-19　打开 colormap.xlsx 文件

在工作簿中，每个工作表都存放了一个颜色查找表中的颜色，它们都是 256 行 3 列的矩阵。工作表的名称就是颜色查找表的名称。各颜色查找表的颜色说明和对应的色条如表 4-9 所示。

表 4-9　各颜色查找表的颜色说明和对应的色条

名称	说　　明	色　　条
parula	蓝色、青色、橙色和黄色之间渐变	
turbo	蓝色和红色之间渐变	
hsv	变化 HSV（Hue Staturation Value）颜色模型中的色度组分	
hot	黑色、红色、橘红色、黄色和白色之间渐变	
cool	青色和洋红色之间渐变	
spring	洋红色和黄色之间渐变	
summer	绿色和黄色之间渐变	
autumn	红色向橘黄色、黄色渐变	
winter	蓝色和绿色之间渐变	
gray	线性灰阶颜色查找表	
bone	含有较高蓝色组分的 gray 颜色查找表	

续表

名称	说　明	色　条
copper	黑色和亮铜色之间渐变	
pink	品红色和白色之间渐变	
sky	白色和天蓝色之间渐变	
abyss	深蓝色和天蓝色之间渐变	
jet	蓝色、青色、黄色、橘红色和红色之间渐变	

在使用颜色查找表时，需要指定一组着色数据，将该组数据从小到大排列，并与颜色查找表中的颜色建立映射关系。将着色数据的最小值对应颜色查找表的末行，将着色数据的最大值对应颜色查找表的首行，对中间的数据根据它的位置取颜色查找表中相应位置的颜色。这样，通过线性插值，可以获取各着色数据对应的颜色，用于绘图。

下面创建有 8 个柱面的简单柱状图，使用 parula 颜色查找表给各柱面单独着色。完整代码见 "Samples\ch04 美化 Excel 图表\16 使用颜色查找表\py.py" 文件。

```
root=os.getcwd()                                    #获取当前工作路径
app=xw.App(visible=True,add_book=False)             #创建 Excel 应用
#打开数据文件并返回工作簿对象
wb=app.books.open(root+r'/data.xlsx',read_only=False)
sht=wb.sheets('Sheet1')                             #获取指定工作表

sht.api.Range('A2:B9').Select()                     #获取数据
shp=sht.api.Shapes.AddChart2(-1,xw.constants.ChartType.xlColumnClustered,
20,20,350,250,True)
cht=shp.Chart                                       #获取图表
cht.ChartGroups(1).GapWidth=50                      #修改分组之间的距离

cm=wb.sheets('parula').range('A1:C256').value#获取颜色查找表中的颜色

#根据序号从颜色查找表中获取颜色，给各柱面单独着色
for i in range(8):
    count=int((i+1)/8*256)
    if count==256:
        r=int(cm[255][0])
        g=int(cm[255][1])
        b=int(cm[255][2])
    else:
        r=int(cm[count][0])
        g=int(cm[count][1])
```

```
    b=int(cm[count][2])
```

```
    cht.SeriesCollection(1).Points(i+1).Format.Fill.ForeColor.RGB=
xw.utils.rgb_to_int((r,g,b))
```
运行上述代码，生成如图 4-20 所示的图表。

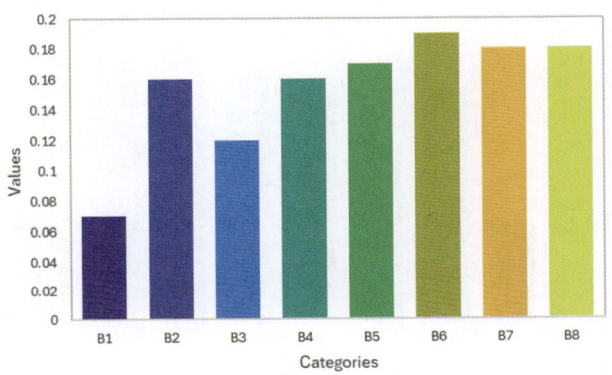

图 4-20　使用 parula 颜色查找表

下面创建有 8 个柱面的简单柱状图，使用 cool 颜色查找表给各柱面单独着色。完整代码见 "Samples\ch04 美化 Excel 图表\17 使用颜色查找表 2\py.py" 文件。

```
#省略部分代码
cm=wb.sheets('cool').range('A1:C256').value    #获取颜色查找表中的颜色
#省略部分代码
```
运行上述代码，生成如图 4-21 所示的图表。

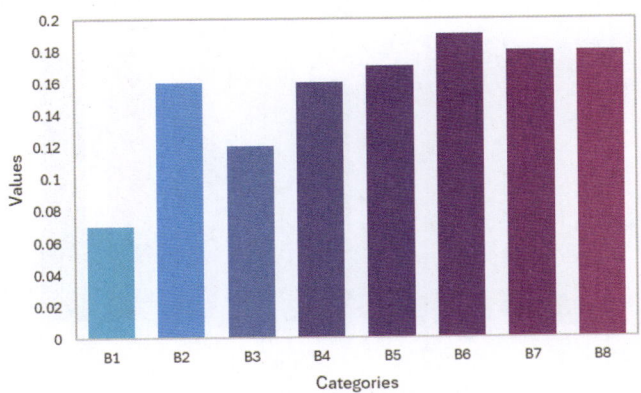

图 4-21　使用 cool 颜色查找表

下面创建有 8 个柱面的简单柱状图，使用 summer 颜色查找表给各柱面单独着色。

完整代码见"Samples\ch04 美化 Excel 图表\18 使用颜色查找表 3\py.py"文件。

```
#省略部分代码
cm=wb.sheets('summer').range('A1:C256').value    #获取颜色查找表中的颜色
#省略部分代码
```

运行上述代码，生成如图 4-22 所示的图表。

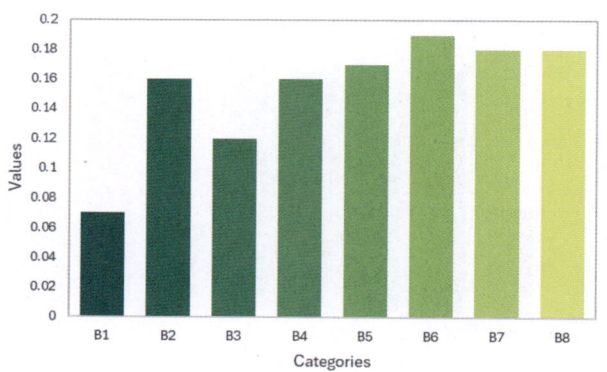

图 4-22　使用 summer 颜色查找表

下面创建有 8 个柱面的简单柱状图，使用 jet 颜色查找表给各柱面单独着色。完整代码见"Samples\ch04 美化 Excel 图表\19 使用颜色查找表 4\py.py"文件。

```
#省略部分代码
cm=wb.sheets('jet').range('A1:C256').value    #获取颜色查找表中的颜色
#省略部分代码
```

运行上述代码，生成如图 4-23 所示的图表。

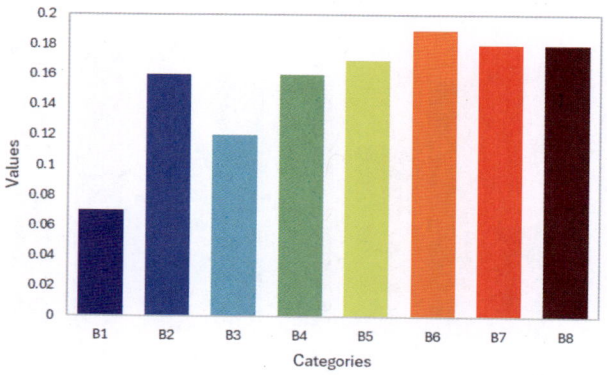

图 4-23　使用 jet 颜色查找表

在使用颜色查找表对图表进行着色时，往往需要绘制色条，作为图例标示各颜色对应的着色数据的大小。色条实际上是一个多色渐变色填充的矩形。

打开 colormap.txt 文件，如图 4-24 所示。该文件中罗列了各颜色查找表中颜色节点的位置和颜色，使用该数据，以及 4.2.3 节介绍的多色渐变色填充的方法，可以绘制对应的色条。

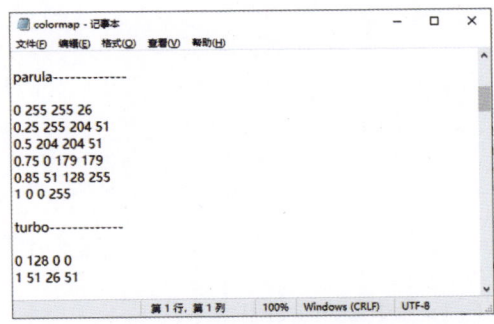

图 4-24　打开 colormap.txt 文件

上面使用 parula、cool、summer 和 jet 共 4 个颜色查找表对简单柱状图进行了着色。绘制色条如图 4-25 所示。各色条右侧用标签标示了各颜色对应的着色数据的大小。

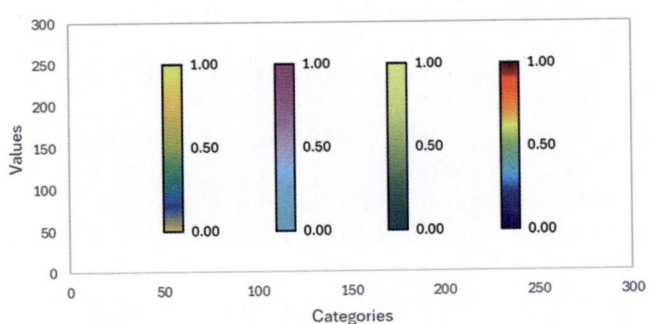

图 4-25　绘制色条

下面是实现图 4-25 的部分代码。这部分代码涉及坐标转换，需要学习第 5 章的内容后才能看懂。完整代码见 "Samples\ch04 美化 Excel 图表\20 绘制色条\py.py" 文件。

```
root=os.getcwd()                                      #获取当前工作路径
app=xw.App(visible=True,add_book=False)               #创建 Excel 应用
#打开数据文件并返回工作簿对象
wb=app.books.open(root+r'/data.xlsx',read_only=False)
sht=wb.sheets('Sheet1')                               #获取指定工作表

shp=sht.api.Shapes.AddChart2()                        #添加图表
shp.Left=20
```

```
cht=shp.Chart                                            #获取图表
cht.ChartType=xw.constants.ChartType.xlXYScatter    #设置图表类型
ax1=cht.Axes(1)                                          #获取横轴
ax2=cht.Axes(2)                                          #获取纵轴
ax1.MinimumScale=0                                       #设置横轴的最小值
ax1.MaximumScale=300
ax2.MinimumScale=0                                       #设置纵轴的最小值
ax2.MaximumScale=300

set_style(cht)                                           #设置样式

cht.SeriesCollection().NewSeries()                       #新建系列

#第1个色条，矩形垂向多色渐变色填充
x=shape_x(cht,50)                                        #转换坐标
y=shape_y(cht,250)
#宽度，需要转换
w=cht.PlotArea.InsideWidth/(ax1.MaximumScale-ax1.MinimumScale)*10
h=cht.PlotArea.InsideHeight/(ax2.MaximumScale-ax2.MinimumScale)*200
shp2=cht.Shapes.AddShape(1,x,y,w,h)                      #绘制矩形
#垂向多色渐变色填充
shp2.Fill.ForeColor.RGB=xw.utils.rgb_to_int((255,255,26))
shp2.Fill.OneColorGradient(1,1,1)
shp2.Fill.GradientStops.Insert(xw.utils.rgb_to_int((255,204,51)),0.25)
shp2.Fill.GradientStops.Delete(2)
shp2.Fill.GradientStops.Insert(xw.utils.rgb_to_int((204,204,51)),0.5)
shp2.Fill.GradientStops.Insert(xw.utils.rgb_to_int((0,179,179)),0.75)
shp2.Fill.GradientStops.Insert(xw.utils.rgb_to_int((51,128,255)),0.85)
shp2.Fill.GradientStops.Insert(xw.utils.rgb_to_int((255,204,51)),1)
shp2.Line.Weight=1
#给色条添加标签
cm_labels=['0','0.5','1']
cm_label_pos=[50,150,250]
for i in range(3):
    lf=shape_x(cht,57)
    tp=shape_y(cht,cm_label_pos[i]+20)
    wd=cht.PlotArea.InsideWidth/(cht.Axes(1).MaximumScale-cht.Axes(1).
MinimumScale)*40
    ht=cht.PlotArea.InsideHeight/(cht.Axes(2).MaximumScale-cht.Axes(2).
MinimumScale)*30
    shp6=cht.Shapes.AddLabel(1,lf,tp,wd,ht)
    shp6.TextFrame2.TextRange.Characters.Text=cm_labels[i]
```

```
shp6.TextFrame2.TextRange.Characters.Font.Size=8
shp6.TextFrame2.AutoSize=1    #msoAutoSizeTextToFitShape
```

```
#第 2 个色条，矩形垂向多色渐变色填充
#省略部分代码
#第 3 个色条，矩形垂向多色渐变色填充
#省略部分代码
#第 4 个色条，矩形垂向多色渐变色填充
#省略部分代码
```

4.4 更多渲染

图表的渲染，除着色外，还有设置透明度、进行纹理映射、添加光照和设置材质等。

4.4.1 透明度

将对象设置为半透明样式，在三维可视化中是一个很有用的技巧。它会使用户不仅能看到对象的外观，还能看到对象内部的结构特征。

【Excel】

图 4-26 中创建了有两个系列的三维复合柱状图。双击蓝色系列，在右侧面板的"填充"区域中选中"纯色填充"单选按钮，并设置柱面的透明度。

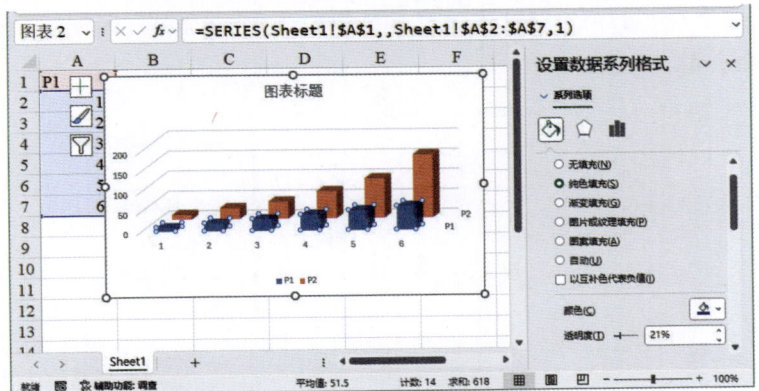

图 4-26 设置填充方式与透明度

【Python xlwings】

用 FillFormat 对象和 LineFormat 对象的 Transparency 属性可以设置面、线的透明度。例如，图 4-9 中设置复合柱状图的系列 1 中柱面的透明度为 0.5，表示半透明。

4.4.2 纹理映射

纹理映射将二维对象映射到曲面上。Excel 中面的图片填充和纹理填充都是纹理映射的应用。

【Excel】

用 Excel 创建图表后，双击面，在右侧面板的"填充"区域中选中"图片或纹理填充"单选按钮，导入图片或选择内置纹理进行填充。

【Python xlwings】

用 FillFormat 对象的 UserPicture 方法进行图片填充；用 FillFormat 对象的 UserTextured 方法进行纹理填充。前者通过拉伸图片对指定面进行填充，后者通过平铺和裁剪图片对指定面进行填充。图 4-12 展示了对复合柱状图的不同系列进行图片填充和纹理填充的效果。

4.4.3 光照和材质

添加光照可以使场景更加真实，这一点是通过模拟自然光下对象的明暗色调来实现的。这里所说的自然光也就是阳光。在 Excel 中可以对对象添加光照。另外，还可以设置对象的材质，如金属材质、塑料材质等。

【Excel】

图 4-27 中创建了三维复合柱状图。双击橙色系列，在右侧面板中单击第 2 个图标，在"三维格式"区域的"材料"下拉面板中单击"金属效果"图标，将柱体的材质设置为金属材质。

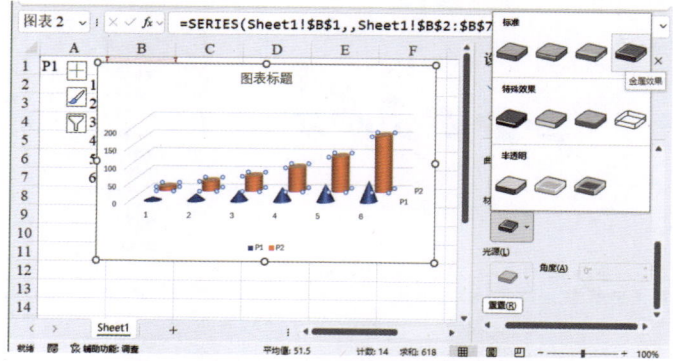

图 4-27　设置三维柱状图中柱体的材质

【Python xlwings】

用某对象的 ThreeD 属性返回一个三维对象，通过设置该对象与光照和材质有关的属性可实现编程。

4.4.4　特效：阴影

Excel 可以给图表中的对象添加阴影特效，可以设置阴影特效的方向、颜色、透明度、大小、模糊程度、角度等。

【Excel】

图 4-28 中创建了简单柱状图。双击系列，在右侧面板中单击第 2 个图标，在"阴影"区域的"预设"下拉面板中单击一个图标，即可给柱面添加阴影特效。使用后面的控件可以对阴影特效进行更多设置。

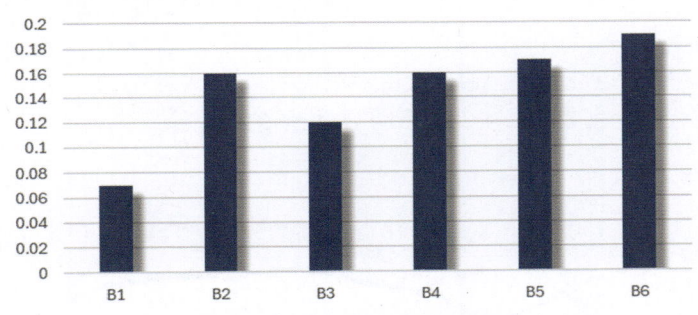

图 4-28　给柱面添加阴影特效

【Python xlwings】

下面创建简单柱状图和复合线形图，给柱面和线添加阴影特效。完整代码见"Samples\ch04 美化 Excel 图表\21 特效：阴影\py.py"文件。

```
root=os.getcwd()                          #获取当前工作路径
app=xw.App(visible=True,add_book=False)   #创建 Excel 应用
#打开数据文件并返回工作簿对象
wb=app.books.open(root+r'/data.xlsx',read_only=False)
sht=wb.sheets('Sheet1')                   #获取指定工作表

sht.api.Range('A2:B7').Select()           #获取数据
shp=sht.api.Shapes.AddChart2(-
1,xw.constants.ChartType.xlColumnClustered,20,20,350,250,True)
cht=shp.Chart                             #获取图表
shadow=cht.SeriesCollection(1).Format.Shadow #添加阴影特效
shadow.Type=21                            #设置类型
shadow.Visible=True                       #设置可见
shadow.Style=2                            #设置样式
```

```
shadow.Blur=4                                              #设置模糊程度
shadow.OffsetX=4.95                                        #设置水平方向偏移距离
shadow.OffsetY=4.95                                        #设置垂直方向偏移距离
shadow.RotateWithShape=False                               #设置不旋转
shadow.ForeColor.RGB=xw.utils.rgb_to_int((0,0,0))          #设置颜色
shadow.Transparency=0.6                                    #设置透明度
shadow.Size=100                                            #设置大小

sht.api.Range('A2:C11').Select()                           #获取数据
shp2=sht.api.Shapes.AddChart2(-1, xw.constants.ChartType.xlLine, 30, 20,
350, 250, True)
cht2=shp2.Chart                                            #获取图表
cht2.SeriesCollection(1).Format.Shadow.Type=24             #给系列1添加阴影特效
cht2.SeriesCollection(2).Format.Shadow.Type=24             #给系列2添加阴影特效
```

运行上述代码，生成如图 4-28 和图 4-29 所示的图表。

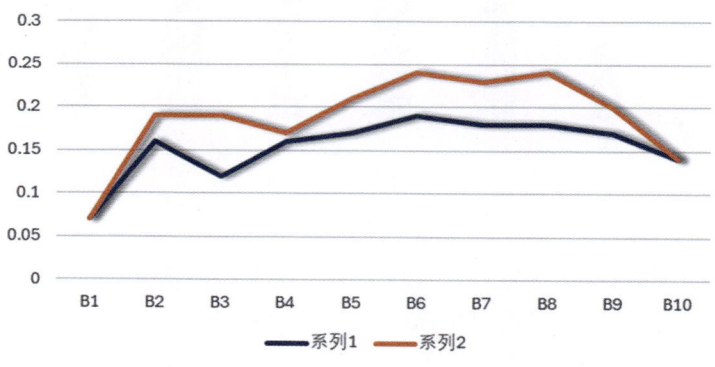

图 4-29　给线添加阴影特效

4.4.5　特效：发光

Excel 可以给图表中的对象添加发光特效，可以设置发光特效的颜色、亮度、透明度和大小等。

【Excel】

图 4-30 中创建了简单柱状图。双击系列，在右侧面板中单击第 2 个图标，在"发光"区域的"预设"下拉面板中单击一个图标，即可给柱面添加发光特效。

【Python xlwings】

下面创建简单柱状图和复合线形图，给柱面和线添加发光特效。完整代码见

"Samples\ch04 美化 Excel 图表\22 特效：发光\py.py" 文件。

```
root=os.getcwd()                                    #获取当前工作路径
app=xw.App(visible=True,add_book=False)             #创建 Excel 应用
#打开数据文件并返回工作簿对象
wb=app.books.open(root+r'/data.xlsx',read_only=False)
sht=wb.sheets('Sheet1')                             #获取指定工作表


#简单柱状图
sht.api.Range('A2:B7').Select()                     #获取数据
shp=sht.api.Shapes.AddChart2(-1,xw.constants.ChartType.xlColumnClustered,
20,20,350,250,True)
cht=shp.Chart                                       #获取图表
glow=cht.SeriesCollection(1).Format.Glow           #添加发光特效
glow.Color.ObjectThemeColor=1                       #设置颜色
glow.Color.Brightness=0                             #设置亮度
glow.Transparency=0.6                               #设置透明度
glow.Radius=8                                       #设置半径


#复合线形图
sht.api.Range('A2:C11').Select()                    #获取数据
shp2=sht.api.Shapes.AddChart2(-1,xw.constants.ChartType.xlLine,30,20,350,
250,True)
cht2=shp2.Chart                                     #获取图表
glow2=cht2.SeriesCollection(1).Format.Glow         #添加发光特效，返回发光对象
glow2.Color.ObjectThemeColor=1                      #设置颜色
glow2.Color.Brightness=0                            #设置亮度
glow2.Transparency=0.6                              #设置透明度
glow2.Radius=5                                      #设置半径
glow3=cht2.SeriesCollection(2).Format.Glow         #给系列 2 添加发光特效
glow3.Color.ObjectThemeColor=1      #msoThemeColorAccent1
glow3.Color.TintAndShade=0
glow3.Color.Brightness=0
glow3.Transparency=0.6
glow3.Radius=8
```

运行上述代码，生成如图 4-30 和图 4-31 所示的图表。

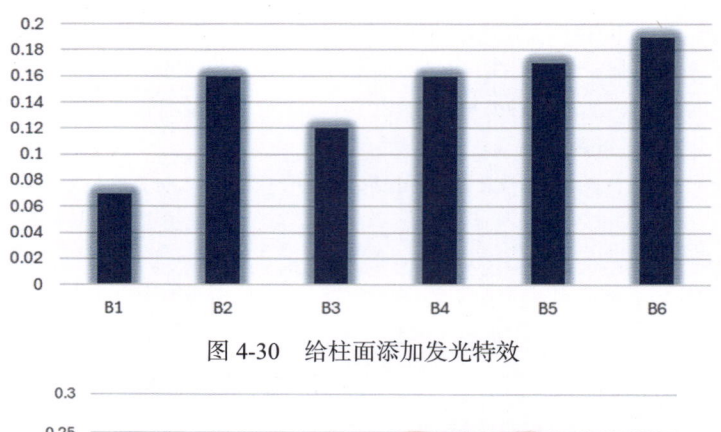

图 4-30　给柱面添加发光特效

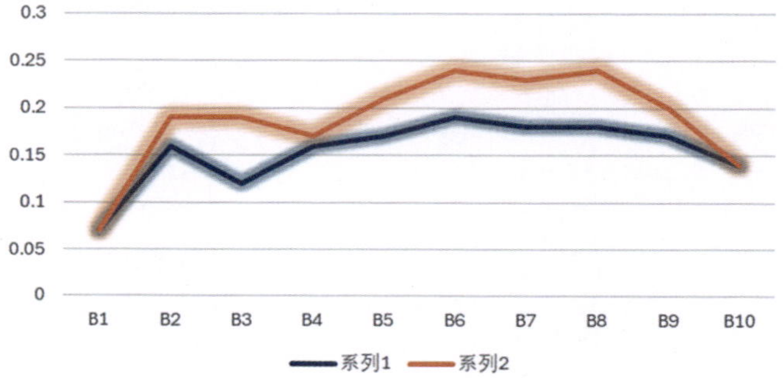

图 4-31　给线添加发光特效

4.4.6　特效：边缘柔化

Excel 可以给图表中的对象添加边缘柔化特效。

【Excel】

图 4-32 中创建了简单柱状图。双击系列，在右侧面板中单击第 2 个图标，在"柔化边缘"区域的"预设"下拉面板中单击一个图标，即可给柱面添加边缘柔化特效。

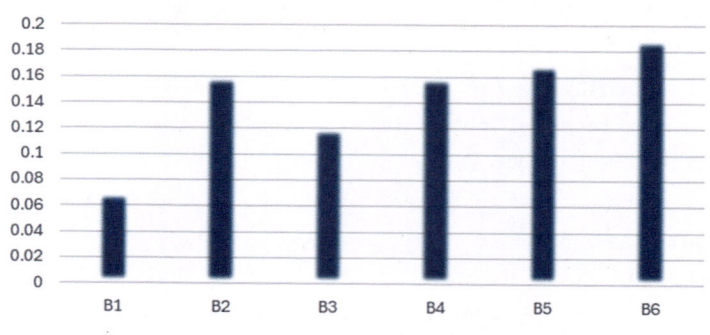

图 4-32　给柱面添加边缘柔化特效

【Python xlwings】

下面创建简单柱状图，给柱面添加边缘柔化特效。完整代码见"Samples\ch04 美化 Excel 图表\23 特效：边缘柔化\py.py"文件。

```
root=os.getcwd()                              #获取当前工作路径
app=xw.App(visible=True,add_book=False)       #创建 Excel 应用
#打开数据文件并返回工作簿对象
wb=app.books.open(root+r'/data.xlsx',read_only=False)
sht=wb.sheets('Sheet1')                       #获取指定工作表

sht.api.Range('A2:B7').Select()               #获取数据
shp=sht.api.Shapes.AddChart2(-1,xw.constants.ChartType.xlColumnClustered,
20,20,350,250,True)
cht=shp.Chart                                 #获取图表
shadow=cht.SeriesCollection(1).Format.SoftEdge.Radius=3   #添加边缘柔化特效
```

运行上述代码，生成如图 4-32 所示的图表。

4.4.7　特效：三维效果

Excel 可以给图表中的对象添加三维效果。4.4.3 节介绍的光照和材质是三维效果的一部分。此外，可以改变三维对象顶部和底部的形状，以及其宽度和高度。

【Excel】

图 4-33 中创建了简单柱状图。双击系列，在右侧面板中单击第 2 个图标，在"三维格式"区域的"顶部棱台"下拉面板中单击一个图标，在"高度"文本框中输入"51"，二维柱面即可呈现出三维效果。

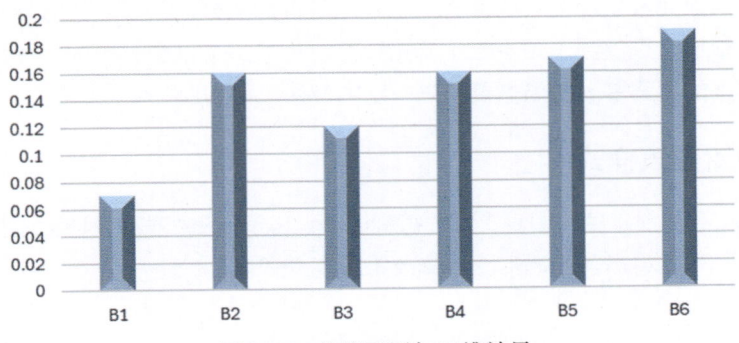

图 4-33　给柱面添加三维效果

【Python xlwings】

下面创建简单柱状图，给柱面添加三维效果。完整代码见"Samples\ch04 美化 Excel

图表\24 特效：三维效果**py.py**"文件。

```
root=os.getcwd()                              #获取当前工作路径
app=xw.App(visible=True,add_book=False)       #创建 Excel 应用
#打开数据文件并返回工作簿对象
wb=app.books.open(root+r'/data.xlsx',read_only=False)
sht=wb.sheets('Sheet1')                       #获取指定工作表

sht.api.Range('A2:B7').Select()               #获取数据
shp=sht.api.Shapes.AddChart2(-1,xw.constants.ChartType.xlColumnClustered,
20,20,350,250,True)
cht=shp.Chart                                 #获取图表
threed=cht.SeriesCollection(1).Format.ThreeD  #添加三维效果
threed.BevelTopType=3                          #设置顶部斜面的类型
threed.BevelTopInset=6                         #设置顶部斜面的厚度
threed.BevelTopDepth=6                         #设置顶部斜面的深度
threed.PresetMaterial=2                        #使用预设材质
threed.LightAngle=60                           #设置光照角度
threed.PresetLighting=1                        #设置预设光照
```

运行上述代码，生成如图 4-33 所示的图表。

4.5 样式和布局

要想使图表美观，除可以对图表进行配色与渲染外，图表的样式和布局也很重要。样式指的是图表元素以什么样的形式呈现，如是否加图框、绘图区的背景怎么设置、坐标轴上是否显示刻度线、是否显示网格线等。布局指的是图表中的图形元素怎么摆放、它们之间的距离等。布局需要遵守一定的章法，如留白、主次、疏密和取舍等。

4.5.1 内置图表样式

用 Excel 可以创建多种图表，对于每种图表，Excel 都内置了多种图表样式。通过简单的设置，可以将当前绘制的图表修改为指定样式。

【Excel】

图 4-34 中创建了简单柱状图。单击该图表，在"图表设计"功能区的"图表样式"区中列出了很多图表样式，如图 4-34 所示。选择一种图表样式，将图表修改为该样式；也可以单击右上角的第 2 个图标，打开样式选择面板选择内置图表样式。

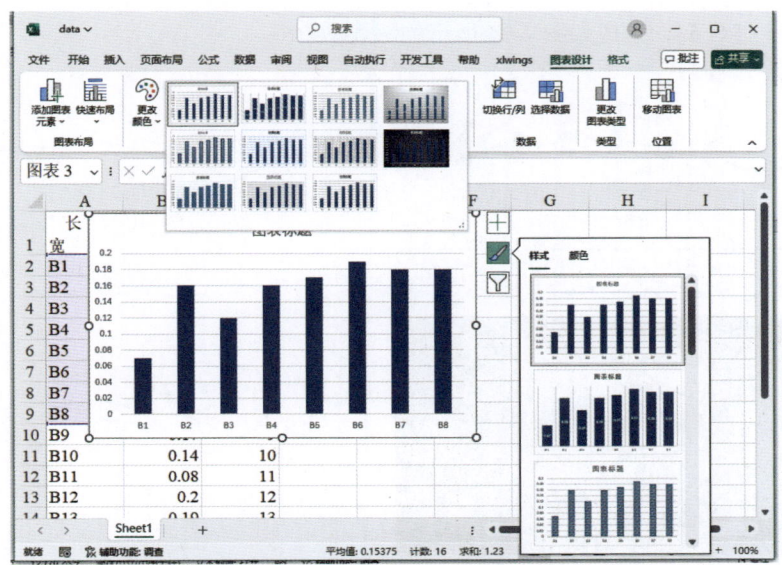

图 4-34　内置图表样式

【Python xlwings】

在通过编程绘图时，各内置图表样式都有自己的编号和名称。对当前绘制的图表使用指定编号或名称的样式就可以快速修改样式。下面创建复合线形图，给它应用不同的内置图表样式。完整代码见"Samples\ch04 美化 Excel 图表\25 设置图表的样式\py"文件。

```
root=os.getcwd()                          #获取当前工作路径
app=xw.App(visible=True,add_book=False)   #创建 Excel 应用
#打开数据文件并返回工作簿对象
wb=app.books.open(root+r'/data.xlsx',read_only=False)
sht=wb.sheets('Sheet1')                   #获取指定工作表

sht.api.Range('A2:C11').Select()          #获取数据
cht1=sht.api.Shapes.AddChart2(228,xw.constants.ChartType.xlLine,10,20,35
0,250,True).Chart
cht2=sht.api.Shapes.AddChart2(230,xw.constants.ChartType.xlLine,20,20,35
0,250,True).Chart
cht3=sht.api.Shapes.AddChart2(232,xw.constants.ChartType.xlLine,30,20,35
0,250,True).Chart
cht4=sht.api.Shapes.AddChart2(233,xw.constants.ChartType.xlLine,40,20,35
0,250,True).Chart
```

运行上述代码，生成如图 4-35 所示的图表。

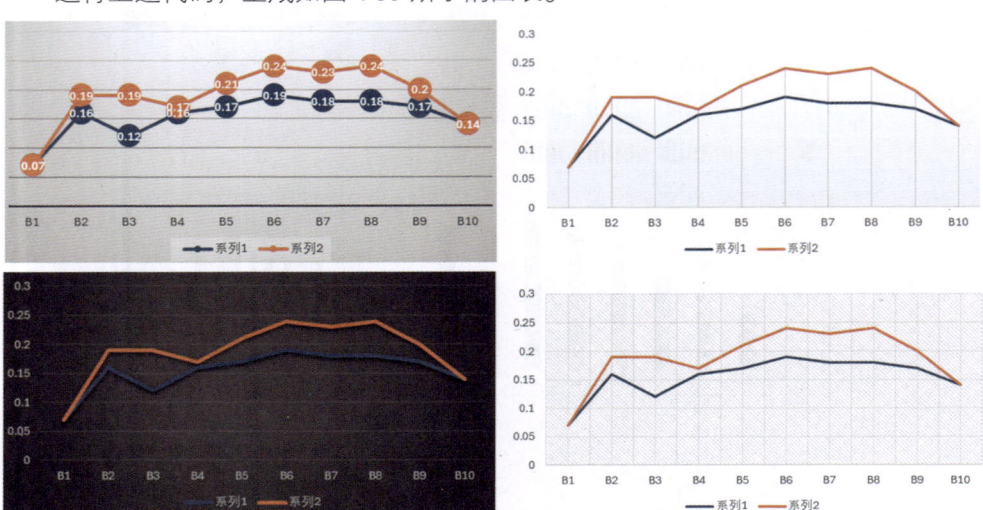

图 4-35　对复合线形图应用不同的内置图表样式

下面创建复合柱状图，给它应用不同的内置图表样式。完整代码见"Samples\ch04 美化 Excel 图表\26 设置图表的样式 2\py.py"文件。

```
root=os.getcwd()                          #获取当前工作路径
app=xw.App(visible=True,add_book=False)   #创建 Excel 应用
#打开数据文件并返回工作簿对象
wb=app.books.open(root+r'/data.xlsx',read_only=False)
sht=wb.sheets('Sheet1')                   #获取指定工作表


sht.api.Range('A2:C11').Select()          #获取数据
cht1=sht.api.Shapes.AddChart2(205,xw.constants.ChartType.xlColumnClustered,\
10,20,350,250,True).Chart
cht2=sht.api.Shapes.AddChart2(202,xw.constants.ChartType.xlColumnClustered,\
20,20,350,250,True).Chart
cht3=sht.api.Shapes.AddChart2(208,xw.constants.ChartType.xlColumnClustered,\
30,20,350,250,True).Chart
cht4=sht.api.Shapes.AddChart2(209,xw.constants.ChartType.xlColumnClustered,\
40,20,350,250,True).Chart
```

运行上述代码，生成如图 4-36 所示的图表。

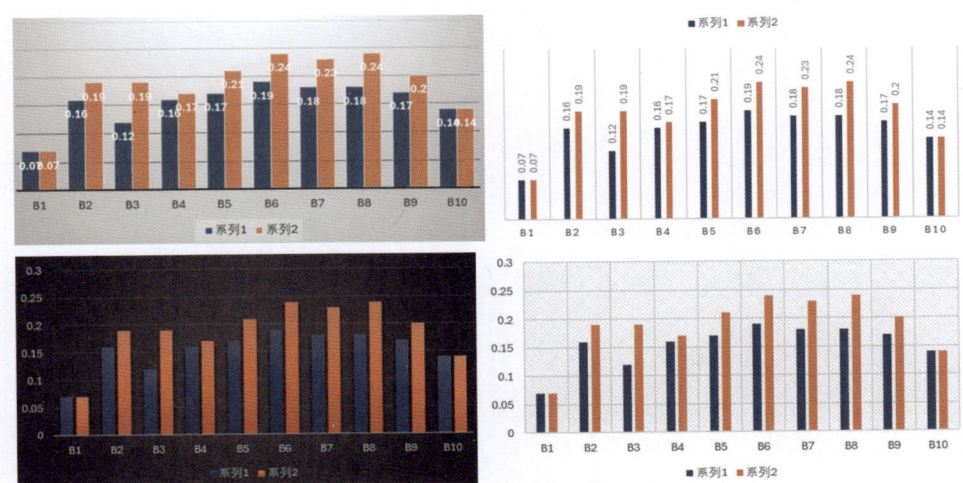

图 4-36　对复合柱状图应用不同的内置图表样式

4.5.2　自定义图表样式

除可以使用内置图表样式外，还可以自定义图表样式。

【Excel】

用 Excel 创建图表并为图表设置满意的样式后，可以将图表保存为模板，以便反复使用该图表样式。

【Python xlwings】

在本书的示例代码中，大多数代码都有一个 set_style 函数，使用该函数可以自定义图表样式。下面的代码用于使用 set_style 函数自定义图表样式。完整代码见"Samples\ch04 美化 Excel 图表\27 自定义图表样式\py.py"文件。

```
import xlwings as xw                                    #导入 Python xlwings
import os                                               #导入 os 包

def set_style(cht)                                      #设置样式
    cht.ChartArea.Format.Line.Visible=False             #设置图表区的外框不可见
    cht.PlotArea.Format.Fill.Visible=False              #设置绘图区的区域不可见
    cht.PlotArea.Format.Line.Visible=True               #设置绘图区的外框可见
    cht.PlotArea.Format.Line.ForeColor.RGB=xw.utils.rgb_to_int((200,200,
200))                                                   #设置外框的颜色
    ax1=cht.Axes(1)                                     #获取横轴
    ax2=cht.Axes(2)                                     #获取纵轴
    ax1.HasTitle=True                                   #显示横轴标题
    ax1.AxisTitle.Text='Categories'                     #获取横轴标题
```

```
ax1.AxisTitle.Font.Size=10                    #设置横轴标题的字号
ax1.TickLabels.Font.Size=8                    #设置横轴刻度标签的字号
#ax1.TickLabels.NumberFormat='0.00'           #设置横轴刻度标签的显示格式
ax1.HasMajorGridlines=True                    #显示横轴的主网格线
ax2.HasTitle=True                             #显示纵轴标题
ax2.AxisTitle.Text='Values'                   #获取纵轴标题
ax2.AxisTitle.Font.Size=10                    #设置纵轴标题的字号
ax2.TickLabels.Font.Size=8                    #设置纵轴刻度标签的字号
ax2.HasMajorGridlines=True                    #显示纵轴的主网格线
cht.HasTitle=True                             #显示图表标题
#cht.ChartTitle.Caption='Plot'                #设置图表标题内容
#cht.ChartTitle.Font.Size=12                  #设置图表标题的字号
```

```
root=os.getcwd()                              #获取当前工作路径
app=xw.App(visible=True,add_book=False)       #创建 Excel 应用
#打开数据文件并返回工作簿对象
wb=app.books.open(root+r'/data.xlsx',read_only=False)
sht=wb.sheets('Sheet1')                       #获取指定工作表
```

```
sht.api.Range('A2:C8').Select()               #获取数据
shp=sht.api.Shapes.AddChart2(-1,xw.constants.ChartType.xlColumnClustered,
20,20,350,250,True)
cht=shp.Chart                                 #获取图表
#设置图表类型
cht.SeriesCollection(1).ChartType=xw.constants.ChartType.xlLine
```

```
set_style(cht)                                #设置样式
```

运行上述代码，生成如图 4-37 所示的图表。

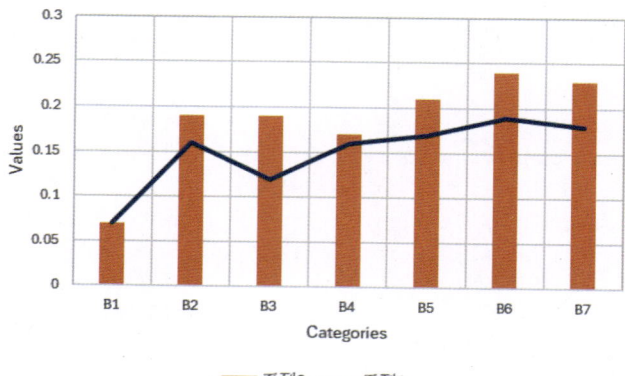

图 4-37   自定义图表样式

4.5.3　布局章法：留白

"人生忌满"，绘图亦是如此。传统审美认为，不管是画画还是书法，甚至是文章的排版，内容都不要占满整个稿纸或页面，而要在四周适当留出一些空白。

在绘图时除特殊类型的图表外，图表中的图形元素，如柱状图的柱面、线形图的线等不要占满整个绘图区，应在四周适当留出一些空白。标注不要太多，特别是不要把绘图区的图表以外的空间占满。

4.5.4　布局章法：主次

在绘图时要把主要内容放在突出的位置。绘图时常犯的错误是，背景色过于醒目；图表元素过大。要突出图表的主体部分，不能让背景色、图例、色条和标题等附属部分"喧宾夺主"。

4.5.5　布局章法：疏密

图表中对象的布局既不能过密，又不能过稀。例如，复合柱状图分组内部相邻柱面之间的距离和分组之间的距离要合适。如果感觉点图、线形图等不够饱满，那么可以为其添加网格线、添加背景色等。有些期刊对图表有标注字数的要求。标注字数太多会影响图表的美观。

4.5.6　布局章法：取舍

在绘图时没有必要把所有信息都添加到图表上。尽管这样做的出发点是好的，是希望图表能反映出尽可能多的信息，但是当美观性和实用性起了冲突时，需要进行取舍。常见的错误是将很多信息显示在饼图的扇区上，甚至挤满整个扇区。有些图表会自动标注图形元素。当标签因过多而出现重叠时，要考虑只显示部分标签。

4.6　高质量图表输出

创建图表后需要对其保存与输出，本节将讨论在输出图表时需要注意的一些问题。

4.6.1　设置图表大小

图表中的文本大小与图表大小是相关联的，只有图表大小固定，文本大小才有意义。如果导出的图表大小不合适，后期需要调整，那么图表中的文本大小就会发生改变。因此，在生成图表时有必要固定图表大小。

【Excel】

用 Excel 创建图表后，可以在选择图表区后通过拖动鼠标的方式调整图表大小。

【Python xlwings】

在用 Shapes 对象的 AddChart2 函数创建图表时，可以直接设置图表大小，也可以创建图表后，用 Shape 对象的 Width 属性和 Height 属性设置图表大小。

下面创建图表并设置图表大小。完整代码见"Samples\ch04 美化 Excel 图表\28 设置图表大小\py.py"文件。

```
root=os.getcwd()                                    #获取当前工作路径
app=xw.App(visible=True,add_book=False)             #创建 Excel 应用
#打开数据文件并返回工作簿对象
wb=app.books.open(root+r'/data.xlsx',read_only=False)
sht=wb.sheets('Sheet1')                             #获取指定工作表

sht.api.Range('A2:C11').Select()                    #获取数据
shp=sht.api.Shapes.AddChart2(-1,xw.constants.ChartType.xlColumnClustered,
20,20,400,300,True)
cht=shp.Chart                                       #获取图表
shp.Left=30                                         #设置图表位置
shp.Top=30
shp.Width=300                                       #设置图表大小
shp.Height=200
```

4.6.2　设置字体

各种期刊对论文中文本的字体和字号都有要求，字号要求如在 5～8 磅范围内、最大不能超过 12 磅等。常见的英文字体有 Arial、Times New Roman 等。在设置字体时需要注意，要先确定图表大小，图表绘制完成后，对图表大小尽量不改动或不进行大幅度的改动；字体要统一，不要使用过多的字体。

【Excel】

用 Excel 创建图表后，右击要设置字体的文本，在弹出的快捷菜单中选择"字体"命令，在弹出的对话框中设置字体即可。

【Python xlwings】

第 3 章介绍了图表中坐标轴标题、刻度标签和图表标题等的设置，读者可自行参阅。

4.6.3　将图表保存为图片

创建和编辑完成图表后，常见的保存形式是将图表保存为图片。图片有位图格式和矢量格式之分，在 Excel 中两种格式都可以保存。

【Excel】

创建和编辑完成图表后，右击图表，在弹出的快捷菜单中选择"将图表另存为"命令，在弹出的对话框中选择所需的保存类型，指定导出文件的路径和文件名，将图表保存为图片。

【Python xlwings】

用 Chart 对象的 Export 方法将图表导出到图片文件中。该方法的语法格式为：

```
cht.Export(FileName,FilterName,Interactive)
```

其中，cht 表示图表对象，有以下 3 个参数。

* FileName：必需，表示导出文件的路径和文件名。
* FilterName：可选，指定导出文件的扩展名。
* Interactive：可选，值为 True 时显示包含筛选特定选项的对话框；值为 False 时使用默认选项。

下面创建图表，用 Chart 对象的 Export 方法将图表导出到相同路径下的 JPG 文件中。

```
root=os.getcwd()                                        #获取当前工作路径
app=xw.App(visible=True,add_book=False)                 #创建 Excel 应用
#打开数据文件并返回工作簿对象
wb=app.books.open(root+r'/data.xlsx',read_only=False)
sht=wb.sheets('Sheet1')                                 #获取指定工作表

sht.api.Range('A2:C8').Select()                         #获取数据
shp=sht.api.Shapes.AddChart2(-1,xw.constants.ChartType.xlColumnClustered,
20,20,350,250,True)
cht=shp.Chart                                           #获取图表
set_style(cht)                                          #设置样式

cht.Export(root+'/cht.jpg')                             #将图表导出到 JPG 文件中
```

4.6.4　输出矢量格式

因为矢量图在无限放大时不影响精度，所以该图表的质量很高。Excel 支持多种矢量格式，如 PDF、SVG 等。

【Excel】

创建和编辑完成图表后，右击图表，在弹出的快捷菜单中选择"将图表另存为"命令，在弹出的对话框中选择"可缩放的向量图形"保存类型，指定导出文件的路径和文件名，将图表以矢量格式输出。

【Python xlwings】

用 Export 方法和 ExportAsFixedFormat 方法输出矢量格式的图片。下面创建图表，用 Chart 对象的 Export 方法将图表以矢量格式导出到相同路径下的 SVG 文件中，用 ExportAsFixedFormat 方法将工作表画面导出到 PDF 文件中。

```
root=os.getcwd()                                      #获取当前工作路径
app=xw.App(visible=True,add_book=False)               #创建 Excel 应用
#打开数据文件并返回工作簿对象
wb=app.books.open(root+r'/data.xlsx',read_only=False)
sht=wb.sheets('Sheet1')                               #获取指定工作表

sht.api.Range('A2:C11').Select()                      #获取数据
shp=sht.api.Shapes.AddChart2(-1,xw.constants.ChartType.xlColumnClustered,
20,20,350,250,True)
cht=shp.Chart                                         #获取图表

set_style(cht)                                        #设置样式

cht.Export(root+'/cht.svg')                           #将图表导出到 SVG 文件中
cht.ExportAsFixedFormat(0,root+'/cht.pdf')            #将工作表画面导出到 PDF 文件中
```

第 5 章

创建新图表

Excel 支持多种常见的图表类型。但是还有很多比较专业的图表类型在 Excel 中没有，在绘制这些图表时需要自行创建。在 Excel 中可以用点、线、面和文本等创建新图表；也可以在已有图表的基础上修改或替换部分图形元素创建新图表；还可以通过组合多种已有图表来创建新图表。

5.1 在绘图区自定义图表的坐标

在创建新图表时，首先要搞清楚坐标系，这是因为需要在坐标系中绘制图表。特别是在用 Excel 编程绘制点、线、面和文本等时，它们被绘制在 Shape 对象对应的图表区，而非坐标系对应的绘图区，这时需要进行坐标转换。

5.1.1 图表区与绘图区的位置和大小

第 3 章介绍了图表的图表区与绘图区，图表区是包围所有图表元素的最小矩形区域，绘图区是包围图表坐标系的最小矩形区域。

下面用绿色填充图表区。完整代码见"Samples\ch05 创建新图表\01 图表区的位置和大小\py.py"文件。

```
#省略部分代码
sht.api.Range('A2:C11').Select()              #获取数据
cht=sht.api.Shapes.AddChart2(-1,xw.constants.ChartType.xlColumnClustered,\
20,20,350,250,True).Chart                     #获取图表

set_style(cht)                                #设置样式

ca=cht.ChartArea                              #获取图表区
ca.Format.Fill.ForeColor.RGB=xw.utils.rgb_to_int((0,255,0)) #用绿色填充图表区
ca.Format.Fill.Transparency=0.5
```

运行上述代码，生成如图 5-1 所示的图表。

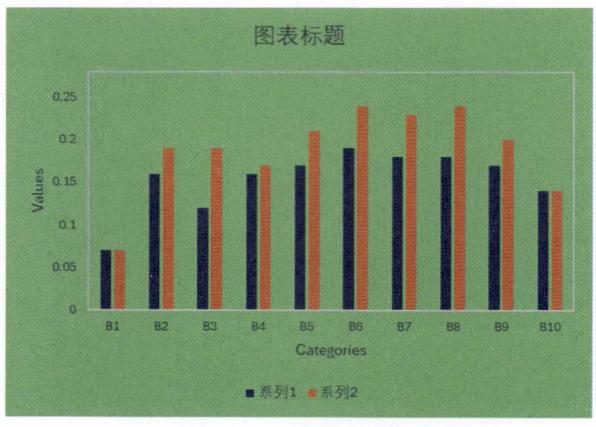

图 5-1 用绿色填充图表区

下面用黄色填充绘图区。完整代码见"Samples\ch05 创建新图表\02 绘图区的位

置和大小\py.py"文件。

```
#省略部分代码
sht.api.Range('A2:C11').Select()                      #获取数据
cht=sht.api.Shapes.AddChart2(-1,xw.constants.ChartType.xlColumnClustered,\
20,20,350,250,True).Chart                             #获取图表

set_style(cht)                                        #设置样式

pa=cht.PlotArea                                       #获取绘图区
pa.Format.Fill.ForeColor.RGB=xw.utils.rgb_to_int((255,255,0)) #用黄色填充绘图区
pa.Format.Fill.Transparency=0.5
```

运行上述代码，生成如图 5-2 所示的图表。

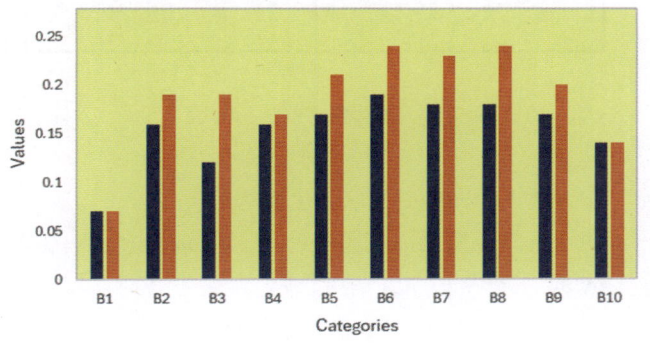

图 5-2　用黄色填充绘图区

可见，绘图区和图表区的差别很明显。图表本身被绘制在绘图区。

需要注意的是，在引用绘图区的位置和大小时有两组属性，前一组是 Left、Top、Width 和 Height，后一组是 InsideLeft、InsideTop、InsideWidth 和 InsideHeight。使用这两组属性填充绘图区时会得到不同的结果。

下面用前一组属性填充绘图区。完整代码见"Samples\ch05 创建新图表\03 绘图区的位置和大小 2\py.py"文件。

```
#省略部分代码
sht.api.Range('A2:C11').Select()                      #获取数据
cht=sht.api.Shapes.AddChart2(-1,xw.constants.ChartType.xlColumnClustered,\
20,20,350,250,True).Chart                             #获取图表

set_style(cht)                                        #设置样式
```

```
pa=cht.PlotArea                                          #获取绘图区
shp=cht.Shapes.AddShape(1,pa.Left,pa.Top,pa.Width,pa.Height) #绘制绘图区
shp.Fill.ForeColor.RGB=xw.utils.rgb_to_int((255,255,0))  #用橙色填充绘图区
shp.Fill.Transparency=0.5
```

运行上述代码，生成如图 5-3 所示的图表。

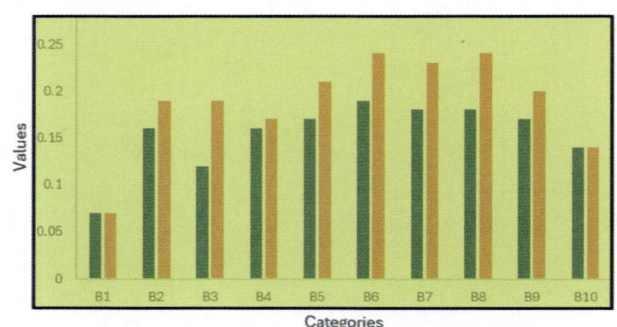

图 5-3　包含坐标轴的绘图区

可见，使用前一组属性填充的绘图区包含坐标轴。

下面用后一组属性填充绘图区。完整代码见"Samples\ch05 创建新图表\04 绘图区的位置和大小 3\py.py"文件。

```
#省略部分代码
sht.api.Range('A2:C11').Select()                         #获取数据
cht=sht.api.Shapes.AddChart2(-1,xw.constants.ChartType.xlColumnClustered,\
20,20,350,250,True).Chart                                #获取图表

set_style(cht)                                           #设置样式

pa=cht.PlotArea                                          #获取绘图区
#绘制绘图区
shp=cht.Shapes.AddShape(1,pa.InsideLeft,pa.InsideTop,pa.InsideWidth,
pa.InsideHeight)
shp.Fill.ForeColor.RGB=xw.utils.rgb_to_int((255,255,0))  #用橙色填充绘图区
shp.Fill.Transparency=0.5
```

运行上述代码，生成如图 5-4 所示的图表。

可见，使用后一组属性填充的绘图区不包含坐标轴，这个区域正是绘制图表的区域。因此，在后面进行坐标转换的计算时应使用后一组属性而非前一组属性，否则计算会出错。

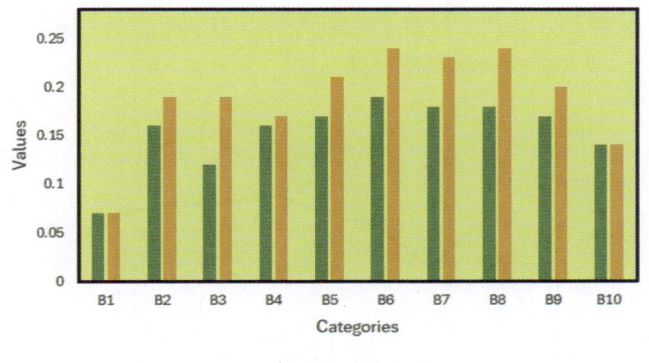

图 5-4 不包含坐标轴的绘图区

5.1.2 图表区与绘图区的坐标系

5.1.1 节介绍了图表区与绘图区的位置和大小，下面进一步介绍图表区与绘图区的坐标系。

如图 5-5 所示，图表区的坐标系是固定的，是设备坐标系的一种。坐标系的原点位于图表区的左上角，横轴向右为正，纵轴向下为正。

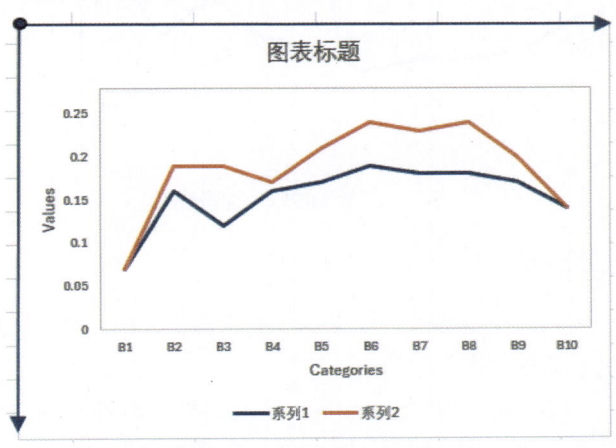

图 5-5 图表区的坐标系

绘图区的坐标系不是固定的，图 5-6 和图 5-7 演示了同一绘图区的两种不同的坐标系。图 5-6 中的坐标系的原点在绘图区的左下角，横轴向右为正，纵轴向上为正；图 5-7 中的坐标系的原点在绘图区的右上角，横轴向左为正，纵轴向下为正。因为绘图区的坐标系不是固定的，原点的位置和坐标轴的方向可以自己定义，所以这种坐标系被称为自定义坐标系，或用户坐标系。第 3 章在介绍坐标系时介绍了坐标轴交点位置和坐标轴反向，读者可根据需要自行参阅。

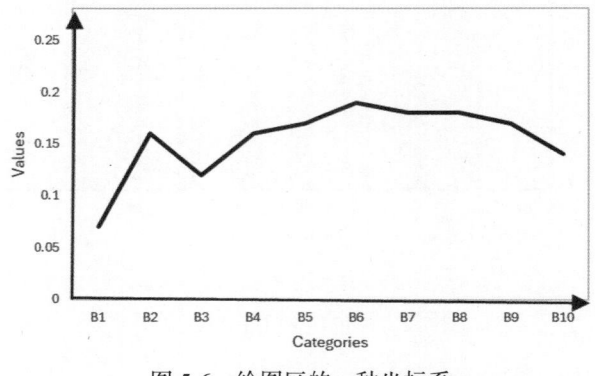

图 5-6　绘图区的一种坐标系

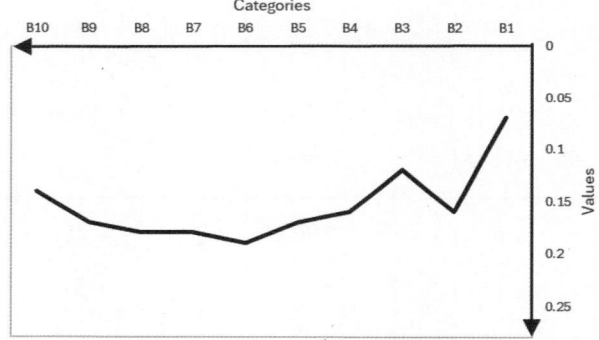

图 5-7　绘图区的另一种坐标系

5.1.3　创建空坐标系

接下来介绍如何创建空坐标系，空坐标系的位置和大小必须是精确可知的，这是因为在后面进行坐标转换时需要用到。

3.4.3 节介绍了用数值轴对象的 MinimumScale 属性、MaximumScale 属性可以设置数值轴的最小值和最大值，但是仅限于数值轴，分类轴和系列轴没有这两个属性，无法准确知道它们在图表中对应的最小值和最大值。

因此，创建的空坐标系的两个坐标轴必须都是数值轴。因为散点图的坐标轴满足这个要求，所以指定图表为散点图。

下面按照上面的要求创建空坐标系。完整代码见"Samples\ch05 创建新图表\07 创建空的坐标系\py.py"文件。

```
root=os.getcwd()                                    #获取当前工作路径
app=xw.App(visible=True,add_book=False)             #创建 Excel 应用
#打开数据文件并返回工作簿对象
wb=app.books.open(root+r'/data.xlsx',read_only=False)
sht=wb.sheets('Sheet1')                             #获取指定工作表

shp=sht.api.Shapes.AddChart2()                      #添加图表
shp.Left=20
cht=shp.Chart                                       #获取图表
cht.ChartType=xw.constants.ChartType.xlXYScatter   #设置图表类型
ax1=cht.Axes(1)                                     #获取横轴
ax2=cht.Axes(2)                                     #获取纵轴
ax1.MinimumScale=0                                  #设置横轴的最小值
ax1.MaximumScale=7
ax2.MinimumScale=0                                  #设置纵轴的最小值
ax2.MaximumScale=0.35

set_style(cht)                                      #设置样式

cht.SeriesCollection().NewSeries()                  #新建系列
```

运行上述代码，生成如图 5-8 所示的空坐标系。

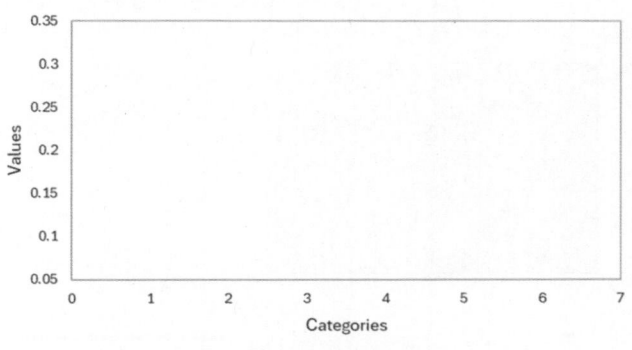

图 5-8　创建空坐标系

5.1.4　在绘图区添加图形元素

完成准备工作后，下面开始尝试绘图。在 Excel 中绘图一般是在工作表中进行的，用 Worksheet 对象的 Shapes 属性返回 Shapes 集合，用该集合的一系列以 Add 开头的方法添加图形。例如，用 AddLine 方法添加直线，用 AddShape 方法添加矩形、圆和自选图形等，用 AddLabel 方法添加标签。

下面在工作表中绘制一条绿色直线和一个蓝色矩形面。完整代码见"Samples\ch05

创建新图表\08 在 Excel 图表中绘制图形\py.py"文件。

```
import xlwings as xw                                    #导入 Python xlwings
import os                                               #导入 os 包

root=os.getcwd()                                        #获取当前工作路径
app=xw.App(visible=True,add_book=False)                 #创建 Excel 应用
#打开数据文件并返回工作簿对象
wb=app.books.open(root+r'/data.xlsx',read_only=False)
sht=wb.sheets('Sheet1')                                 #获取指定工作表

shp=sht.api.Shapes.AddShape(1,50,30,300,200)   #在工作表中绘制矩形面
shp.Fill.Transparency=0.5
shp2=sht.api.Shapes.AddLine(20,35,300,200)      #在工作表中绘制直线
shp2.Line.ForeColor.RGB=xw.utils.rgb_to_int((0,255,0))       #设置直线的颜色
shp2.Line.Weight=3                                       #设置线宽
```

运行上述代码，生成如图 5-9 所示的图表。

可见，这里的图形是被绘制在工作表中的。

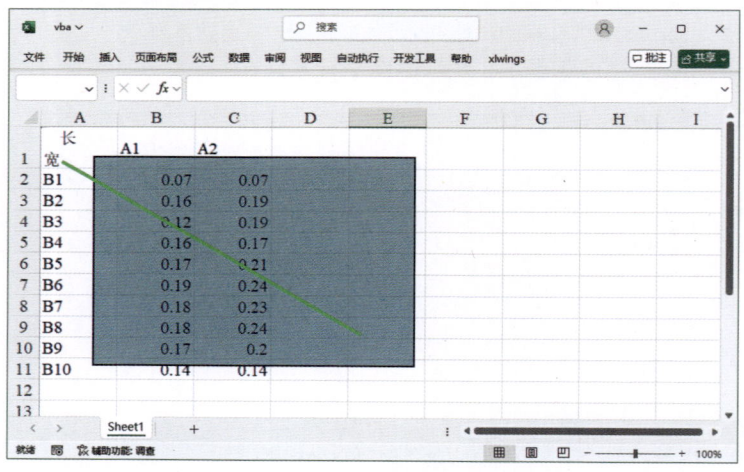

图 5-9　在工作表中绘图

在创建图表时不能将图形绘制在工作表中，而应将其绘制在如图 5-8 所示的坐标系的绘图区。仔细研究文档可以发现，Excel 的 Chart 对象也有 Shapes 属性，同样可以用它返回的 Shapes 集合提供的一系列以 Add 开头的方法在图表中添加图形。

下面创建空的 Chart 对象，并用该对象的 Shapes 属性向坐标系中添加一条绿色直线和一个蓝色矩形面。完整代码见"Samples\ch05 创建新图表\09 在 Excel 图表中绘制图形 2\py.py"文件。

```
root=os.getcwd()                                #获取当前工作路径
app=xw.App(visible=True,add_book=False)         #创建 Excel 应用
#打开数据文件并返回工作簿对象
wb=app.books.open(root+r'/data.xlsx',read_only=False)
sht=wb.sheets('Sheet1')                         #获取指定工作表

shp=sht.api.Shapes.AddChart2()                  #添加图表
shp.Left=20
cht=shp.Chart                                   #获取图表
cht.ChartType=xw.constants.ChartType.xlXYScatter    #设置图表类型
ax1=cht.Axes(1)                                 #获取横轴
ax2=cht.Axes(2)                                 #获取纵轴
ax1.MinimumScale=0                              #设置横轴的最小值
ax1.MaximumScale=400
ax2.MinimumScale=0                              #设置纵轴的最小值
ax2.MaximumScale=250

set_style(cht)                                  #设置样式

cht.SeriesCollection().NewSeries()              #新建系列

shp2=cht.Shapes.AddShape(1,50,30,300,200)       #在图表中绘制矩形面
shp2.Fill.Transparency=0.5
shp3=cht.Shapes.AddLine(20,35,300,200)          #在图表中绘制直线
shp3.Line.ForeColor.RGB=xw.utils.rgb_to_int((0,255,0))  #设置直线的颜色
shp3.Line.Weight=3                              #设置线宽
```

　　运行上述代码,生成如图 5-10 所示的图表。很明显,这不是我们想要的结果。绘制的图形并没有以指定的位置和大小被呈现在绘图区的坐标系中。

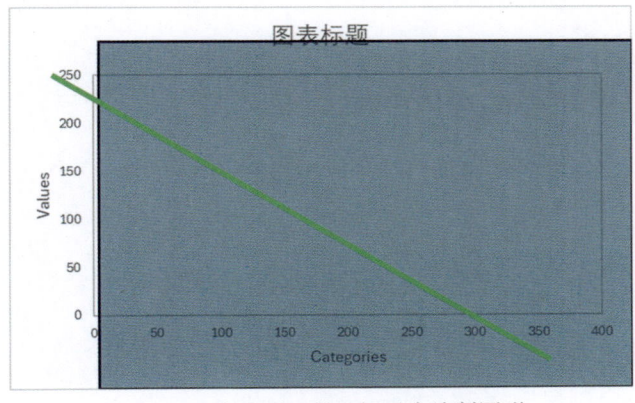

图 5-10　在绘图区的坐标系中绘制图形

　　为什么会出现这样的偏差呢？反复试验后，笔者发现，此时的图形被绘制在图表区的坐标系中，而未被绘制在绘图区的坐标系中。5.1.2 节介绍了图表区的坐标系和绘图区的坐标系的差别。假设将绘图区的坐标系指定为图 5-8 的形式，即原点位于绘图区的左下角，横轴向右为正，纵轴向上为正。为了正确绘图，需要进行坐标转换。

5.1.5　坐标转换

　　对比图表区的坐标系和图 5-8 中的绘图区的坐标系，不难发现，进行坐标转换需要处理的地方主要有 3 点，一是原点有平移，二是纵轴需要反向，三是两个坐标系的度量单位不一样，图表区的坐标系中用磅作为单位，绘图区的坐标系中则自定义单位。

　　在进行坐标转换时，指定数据是绘图区的坐标系中的坐标，需要将该坐标转换到图表区的坐标系中用于绘图。下面定义 shape_x 函数和 shape_y 函数，分别用于实现指定点横坐标和纵坐标的转换。

　　对于绘图区的坐标系中指定点的横坐标，计算它与原点的水平距离和横轴长度的比值，先乘以绘图区的宽度，再加上绘图区的左边界的位置，即可得到转换后在图表区的坐标系中指定点的横坐标。

　　对于绘图区的坐标系中指定点的纵坐标，除要进行与上面类似的计算外，还要考虑坐标转换问题。因此，要先用绘图区的高度减去指定点在绘图区的高度，再加上绘图区的上边界。

　　shape_x 函数和 shape_y 函数的部分代码如下。完整代码见"Samples\ch05 创建新图表\10 坐标转换\py.py"文件。

```python
def shape_x(cht,x):
    #转换横坐标
    shape_x=cht.PlotArea.InsideLeft + \
    (x - cht.Axes(1).MinimumScale) / \
    (cht.Axes(1).MaximumScale-cht.Axes(1).MinimumScale) * \
    cht.PlotArea.InsideWidth
    return shape_x

def shape_y(cht,y):
    #转换纵坐标
    shape_y=cht.PlotArea.InsideTop + \
    (1 - (y - cht.Axes(2).MinimumScale) / \
```

```
      (cht.Axes(2).MaximumScale-cht.Axes(2).MinimumScale)) * \
cht.PlotArea.InsideHeight
return shape_y
```

下面重新实现 5.1.4 节的绘图。不同的是，这里绘图之前先调用 shape_x 函数和 shape_y 函数，进行坐标转换。

```
root=os.getcwd()                                 #获取当前工作路径
app=xw.App(visible=True,add_book=False)          #创建 Excel 应用
#打开数据文件并返回工作簿对象
wb=app.books.open(root+r'/data.xlsx',read_only=False)
sht=wb.sheets('Sheet1')                          #获取指定工作表

shp=sht.api.Shapes.AddChart2()                   #添加图表
shp.Left=20
cht=shp.Chart                                    #获取图表
cht.ChartType=xw.constants.ChartType.xlXYScatter    #设置图表类型
ax1=cht.Axes(1)                                  #获取横轴
ax2=cht.Axes(2)                                  #获取纵轴
ax1.MinimumScale=0                               #设置横轴的最小值
ax1.MaximumScale=400
ax2.MinimumScale=0                               #设置纵轴的最小值
ax2.MaximumScale=250

set_style(cht)                                   #设置样式

cht.SeriesCollection().NewSeries()               #新建系列

#在图表中绘制矩形面
x=shape_x(cht,50)                                #转换横坐标
y=shape_y(cht,230)                               #转换纵坐标
w=cht.PlotArea.InsideWidth/(ax1.MaximumScale-ax1.MinimumScale)*300 #转换宽度
h=cht.PlotArea.InsideHeight/(ax2.MaximumScale-ax2.MinimumScale)*200 #转换高度
shp2=cht.Shapes.AddShape(1,x,y,w,h)              #绘制矩形
shp2.Fill.Transparency=0.5

#在图表中绘制直线
x=shape_x(cht,20)                                #转换起点坐标和终点坐标
y=shape_y(cht,35)
x2=shape_x(cht,300)
y2=shape_y(cht,200)
shp3=cht.Shapes.AddLine(x,y,x2,y2)               #绘制直线
```

```
shp3.Line.ForeColor.RGB=xw.utils.rgb_to_int((0,255,0))
shp3.Line.Weight=3
```

运行上述代码，生成如图 5-11 所示的图表。这就是正确的绘图。

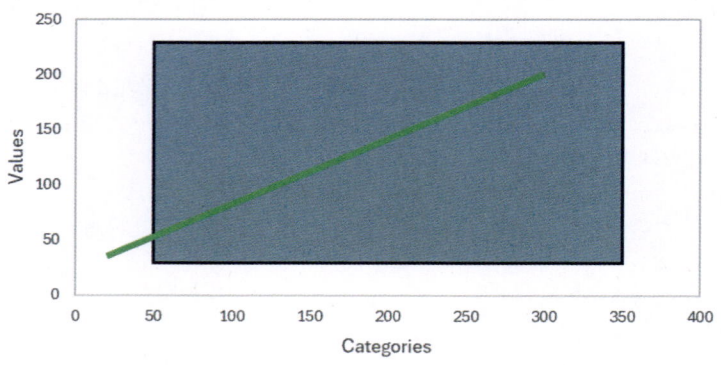

图 5-11　转换坐标后绘图

5.2　在图表中绘制基本图形元素

本节将介绍 Excel 提供的基本图形元素的绘制，包括点、直线、矩形、圆角矩形、椭圆、圆、多义线、多边形、贝塞尔曲线、标签、文本框、标注、自选图形、艺术字等。在对象模型中，用 Shape 对象表示图形，Shapes 对象作为集合对所有图形进行保存和管理。通过编程创建图形的过程，就是创建 Shape 对象并用它本身，以及与之相关的一系列对象的属性和方法进行编程的过程。

5.2.1　绘制点

在图表中，点常用点标记表示，这在 4.2.1 节中有介绍。除可以用点标记表示外，点还可以用自选图形表示。自选图形是 Excel 中预定义的很多不同形状的图形。矩形、椭圆、圆、三角形、正多边形等都是自选图形。

【Excel】

要用 Excel 在图表中绘制点，应先单击图表，然后展开"插入"功能区中的"形状"下拉面板，如图 5-12 所示。单击所需的形状图标，通过在图表中单击和拖动鼠标即可绘制点。注意，要先单击图表再绘制点，否则会将点添加到工作表中。用 Excel 直接绘制图形的优点是操作方便，缺点是很难准确定位，适用于图表的标注。

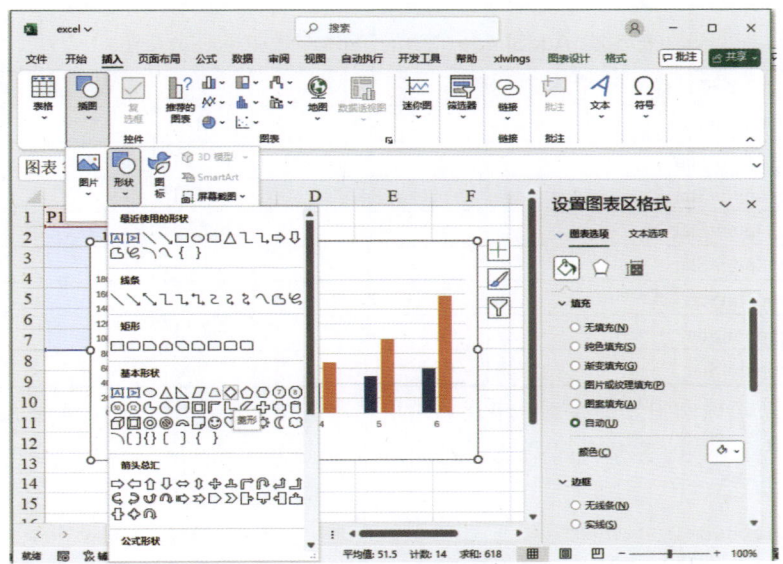

图 5-12　展开"形状"下拉面板

【Python xlwings】

　　Shapes 对象没有提供专门用于绘制点的方法，但是提供的自选图形中有若干特殊的图形，可以用来表示点，如星形、矩形、菱形等，这些自选图形可以用 Shapes 对象的 AddShape 方法创建。该方法的语法格式为：

```
sht.api.Shapes.AddShape(Type, Left, Top, Width, Height)
```

　　其采用的是 Python xlwings 的 API 方式。sht 表示工作表。AddShape 方法返回一个 Shape 对象。AddShape 方法的参数如表 5-1 所示。

表 5-1　AddShape 方法的参数

名　称	必需/可选	数据类型	说　明
Type	必需	MsoAutoShapeType	要创建的自选图形的类型
Left	必需	Single	自选图形边框左上角相对于文档左侧的位置（以磅为单位）
Top	必需	Single	自选图形边框左上角相对于文档顶部的位置（以磅为单位）
Width	必需	Single	自选图形边框的宽度（以磅为单位）
Height	必需	Single	自选图形边框的高度（以磅为单位）

　　其中，Type 参数的值是 MsoAutoShapeType 类型的，可以有很多选择。

　　表 5-2 中列出了一些 AddShape 方法的 Type 参数中星形的取值。

表 5-2　AddShape 方法的 Type 参数中星形的取值

名　称	值	说　明
msoShape10pointStar	149	十角星
msoShape12pointStar	150	十二角星
msoShape16pointStar	94	十六角星
msoShape24pointStar	95	二十四角星
msoShape32pointStar	96	三十二角星
msoShape4pointStar	91	四角星
msoShape5pointStar	92	五角星
msoShape6pointStar	147	六角星

　　下面在坐标系中分别绘制一个用五角星表示的点、一个用十二角星表示的点和一个用菱形表示的点。完整代码见 "Samples\ch05 创建新图表\11 在图表中绘制点\py.py" 文件。

```
root=os.getcwd()                                #获取当前工作路径
app=xw.App(visible=True,add_book=False)         #创建 Excel 应用
#打开数据文件并返回工作簿对象
wb=app.books.open(root+r'/data.xlsx',read_only=False)
sht=wb.sheets('Sheet1')                         #获取指定工作表

sht.api.Range('A1:B7').Select()                 #获取数据
shp=sht.api.Shapes.AddChart2()                  #添加图表
shp.Left=20
cht=shp.Chart                                   #获取图表
cht.ChartType=xw.constants.ChartType.xlXYScatter    #设置图表类型
ax1=cht.Axes(1)                                 #获取横轴
ax2=cht.Axes(2)                                 #获取纵轴
ax1.MinimumScale=0                              #设置横轴的最小值
ax1.MaximumScale=7
ax2.MinimumScale=0                              #设置纵轴的最小值
ax2.MaximumScale=0.35

set_style(cht)                                  #设置样式

cht.SeriesCollection().NewSeries()              #新建系列

x=shape_x(cht,2)
y=shape_y(cht,0.15)
w=cht.PlotArea.InsideWidth/(ax1.MaximumScale-ax1.MinimumScale)*0.2
```

```
h=w
cht.Shapes.AddShape(92,x,y,w,h)          #绘制一个用五角星表示的点
x=shape_x(cht,3.5)
y=shape_y(cht,0.25)
w=cht.PlotArea.InsideWidth/(ax1.MaximumScale-ax1.MinimumScale)*0.2
h=w
cht.Shapes.AddShape(150,x,y,w,h)         #绘制一个用十二角星表示的点
x=shape_x(cht,6)
y=shape_y(cht,0.2)
w=cht.PlotArea.InsideWidth/(ax1.MaximumScale-ax1.MinimumScale)*0.2
h=w
cht.Shapes.AddShape(4,x,y,w,h)           #绘制一个用菱形表示的点
```

运行上述代码，生成如图 5-13 所示的图表。

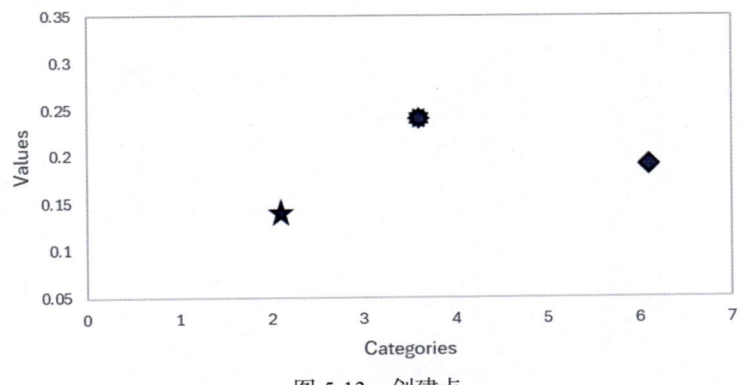

图 5-13　创建点

5.2.2　绘制直线

用 Excel 和 Python xlwings 可以在图表中绘制直线。

【Excel】

参考 5.2.1 节用 Excel 绘制点的方法绘制直线。

【Python xlwings】

用 Shapes 对象的 **AddLine** 方法绘制直线。该方法的语法格式为：

```
sht.api.Shapes.AddLine(BeginX, BeginY, EndX, EndY)
```

其中，sht 表示工作表。**BeginX**、**BeginY** 分别表示起点的横坐标和纵坐标，**EndX**、**EndY** 分别表示终点的横坐标和纵坐标。该方法返回一个表示直线的 **Shape** 对象。

下面在坐标系中添加一组直线，各直线有不同的颜色、线型和线宽等。完整代码见 "Samples\ch05 创建新图表\12 在图表中绘制直线\py.py" 文件。

```
#省略部分代码
cht.SeriesCollection().NewSeries()              #新建系列

x=shape_x(cht,1)
y=shape_y(cht,0.12)
x2=shape_x(cht,6)
y2=shape_y(cht,0.17)
shp2=cht.Shapes.AddLine(x,y,x2,y2)              #在图表中绘制直线
shp2.Line.DashStyle=1                           #设置线型
shp2.Line.ForeColor.RGB=xw.utils.rgb_to_int((0,0,255))     #设置颜色
shp2.Line.Weight=2                              #设置线宽

x=shape_x(cht,1)
y=shape_y(cht,0.17)
x2=shape_x(cht,6)
y2=shape_y(cht,0.22)
shp2=cht.Shapes.AddLine(x,y,x2,y2)              #在图表中绘制直线
shp2.Line.DashStyle=3
shp2.Line.ForeColor.RGB=xw.utils.rgb_to_int((0,255,0))
shp2.Line.Weight=2

x=shape_x(cht,1)
y=shape_y(cht,0.22)
x2=shape_x(cht,6)
y2=shape_y(cht,0.27)
shp2=cht.Shapes.AddLine(x,y,x2,y2)              #在图表中绘制直线
shp2.Line.DashStyle=4    #msoLineDashDotDot
shp2.Line.ForeColor.RGB=xw.utils.rgb_to_int((255,0,0))
shp2.Line.Weight=3
```

运行上述代码，生成如图 5-14 所示的图表。

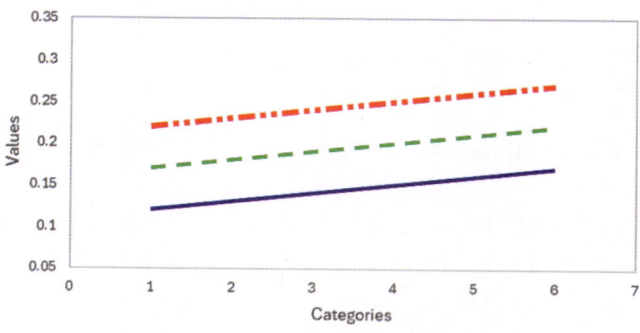

图 5-14   在图表中绘制直线

可以给直线的两端添加箭头。LineFormat 对象与箭头有关的属性如下。

- BeginArrowheadLength 属性：设置或获取起点处箭头的长度。
- BeginArrowheadStyle 属性：设置或获取起点处箭头的样式。
- BeginArrowheadWidth 属性：设置或获取起点处箭头的宽度。
- EndArrowheadLength 属性：设置或获取终点处箭头的长度。
- EndArrowheadStyle 属性：设置或获取终点处箭头的样式。
- EndArrowheadWidth 属性：设置或获取终点处箭头的宽度。

其中，箭头的长度有 3 个取值，用 1、2 和 3 分别表示短、中和长。箭头的宽度也有 3 个取值，用 1、2 和 3 分别表示窄、中和宽。箭头样式的设置如表 5-3 所示。

表 5-3　箭头样式的设置

名　称	值	说　明
msoArrowheadDiamond	5	菱形
msoArrowheadNone	1	无箭头
msoArrowheadOpen	3	打开
msoArrowheadOval	6	椭圆
msoArrowheadStealth	4	隐匿形状
msoArrowheadStyleMixed	−2	只返回值，表示其他状态的组合
msoArrowheadTriangle	2	三角形

假设 shp 是图表中添加的一条两端有箭头的直线，下面给直线两端添加箭头。

```
lf=shp.Line                    #获取直线
lf.Weight=2                    #设置线宽
lf.BeginArrowheadLength=1      #设置起点处箭头的长度
lf.BeginArrowheadStyle=6       #设置起点处箭头的样式
lf.BeginArrowheadWidth=1       #设置起点处箭头的宽度
lf.EndArrowheadLength=3        #设置终点处箭头的长度
lf.EndArrowheadStyle=2         #设置终点处箭头的样式
lf.EndArrowheadWidth=3         #设置终点处箭头的宽度
```

用 LineFormat 对象的 Transparency 属性设置或获取直线的透明度，其取值范围为 0.0（不透明）～1.0（清晰）。

5.2.3　绘制矩形、圆角矩形、椭圆和圆

用 Excel 和 Python xlwings 可以在图表中绘制矩形、圆角矩形、椭圆和圆。

【Excel】

参考 5.2.1 节用 Excel 绘制点的方法绘制矩形、圆角矩形、椭圆和圆。

【Python xlwings】

用 Shapes 对象的 AddShape 方法绘制矩形、圆角矩形、椭圆和圆。该方法已在 5.2.1 节中介绍。与 AddShape 方法相关的 Type 参数的值如表 5-4 所示。其中，圆是特殊的椭圆，即横轴和纵轴相等的椭圆。

表 5-4　与 AddShape 方法相关的 Type 参数的值

名　称	值	说　明
msoShapeRectangle	1	矩形
msoShapeRoundedRectangle	5	圆角矩形
msoShapeOval	9	椭圆

默认生成的矩形和圆都是实心的，是矩形面和圆面。设置它们的 Fill 属性返回对象的 Visible 属性的值为 False，可以生成空心的矩形和圆。

下面向坐标系中绘制实心的矩形、圆角矩形、椭圆和圆。完整代码见"Samples\ch05 创建新图表\13 在图表中绘制矩形和椭圆\py.py"文件。

```
#省略部分代码
cht.SeriesCollection().NewSeries()                    #新建系列

x=shape_x(cht,50)
y=shape_y(cht,250)
w=cht.PlotArea.InsideWidth/(ax1.MaximumScale-ax1.MinimumScale)*100
h=cht.PlotArea.InsideHeight/(ax2.MaximumScale-ax2.MinimumScale)*200
cht.Shapes.AddShape(1,x,y,w,h)                    #绘制实心的矩形
x=shape_x(cht,100)
y=shape_y(cht,300)
w=cht.PlotArea.InsideWidth/(ax1.MaximumScale-ax1.MinimumScale)*100
h=cht.PlotArea.InsideHeight/(ax2.MaximumScale-ax2.MinimumScale)*200
cht.Shapes.AddShape(5,x,y,w,h)                    #绘制实心的圆角矩形
x=shape_x(cht,150)
y=shape_y(cht,350)
w=cht.PlotArea.InsideWidth/(ax1.MaximumScale-ax1.MinimumScale)*100
h=cht.PlotArea.InsideHeight/(ax2.MaximumScale-ax2.MinimumScale)*200
cht.Shapes.AddShape(9,x,y,w,h)                    #绘制实心的椭圆
x=shape_x(cht,200)
y=shape_y(cht,300)
w=cht.PlotArea.InsideWidth/(ax1.MaximumScale-ax1.MinimumScale)*100
h=cht.PlotArea.InsideHeight/(ax2.MaximumScale-ax2.MinimumScale)*100
cht.Shapes.AddShape(9,x,y,w,h)                    #绘制实心的圆
```

运行上述代码，生成如图 5-15 所示的图表。

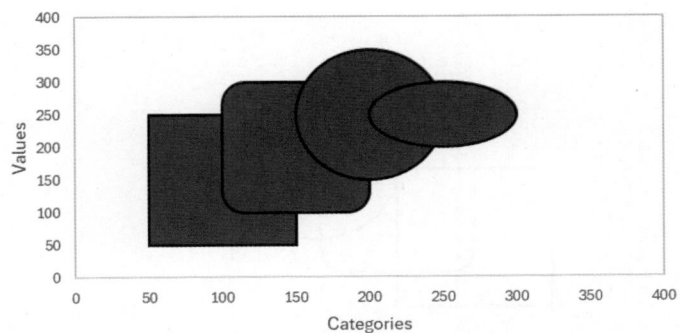

图 5-15　绘制实心的矩形、圆角矩形、椭圆和圆

　　下面在坐标系中绘制空心的矩形、圆角矩形、椭圆和圆。完整代码见"Samples\ch05 创建新图表\14 在图表中绘制矩形和椭圆 2\py.py"文件。

```
#省略部分代码
x=shape_x(cht,50)
y=shape_y(cht,250)
w=cht.PlotArea.InsideWidth/(ax1.MaximumScale-ax1.MinimumScale)*100
h=cht.PlotArea.InsideHeight/(ax2.MaximumScale-ax2.MinimumScale)*200
shp2=cht.Shapes.AddShape(1,x,y,w,h)      #绘制空心的矩形
x=shape_x(cht,100)
y=shape_y(cht,300)
w=cht.PlotArea.InsideWidth/(ax1.MaximumScale-ax1.MinimumScale)*100
h=cht.PlotArea.InsideHeight/(ax2.MaximumScale-ax2.MinimumScale)*200
shp3=cht.Shapes.AddShape(5,x,y,w,h)      #绘制空心的圆角矩形
x=shape_x(cht,150)
y=shape_y(cht,350)
w=cht.PlotArea.InsideWidth/(ax1.MaximumScale-ax1.MinimumScale)*100
h=cht.PlotArea.InsideHeight/(ax2.MaximumScale-ax2.MinimumScale)*200
shp4=cht.Shapes.AddShape(9,x,y,w,h)      #绘制空心的椭圆
x=shape_x(cht,200)
y=shape_y(cht,300)
w=cht.PlotArea.InsideWidth/(ax1.MaximumScale-ax1.MinimumScale)*100
h=cht.PlotArea.InsideHeight/(ax2.MaximumScale-ax2.MinimumScale)*100
shp5=cht.Shapes.AddShape(9,x,y,w,h)      #绘制空心的圆

shp2.Fill.Visible=False                  #隐藏区域
shp3.Fill.Visible=False
shp4.Fill.Visible=False
shp5.Fill.Visible=False
```

运行上述代码，生成如图 5-16 所示的图表。

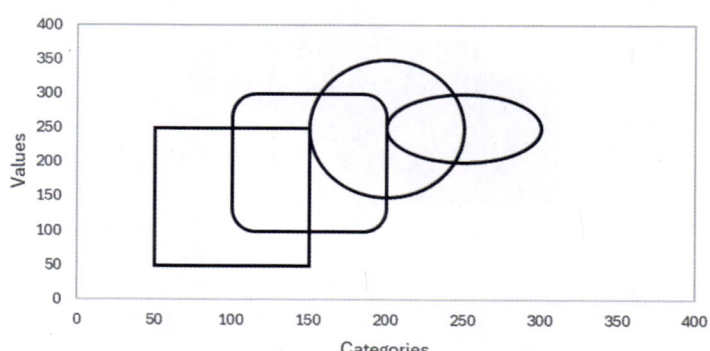

图 5-16　绘制空心的矩形、圆角矩形、椭圆和圆

5.2.4　绘制多义线与多边形

用 Excel 和 Python xlwings 可以在图表中绘制多义线与多边形。用计算机绘制曲线，本质上是用多义线逼近曲线。多义线的起点和终点重合后即构成空心的多边形，即多边形边线，可以对空心的多边形进行填充，构成实心的多边形，即多边形面。

【Excel】

参考 5.2.1 节用 Excel 绘制点的方法绘制多义线与多边形。

【Python xlwings】

用 Shapes 对象的 AddPolyline 方法绘制多义线与多边形。该方法的语法格式为：

```
sht.api.Shapes.AddPolyline(SafeArrayOfPoints)
```

其中，sht 表示工作表。SafeArrayOfPoints 用于指定多义线或多边形的顶点坐标。该方法返回一个表示多义线或多边形的 Shape 对象。

各顶点用其横坐标和纵坐标对表示，全部顶点用一个二维列表表示，例如：

```
pts=[[10,10],[20,30],[30,50],[50,80],[10,10]]
```

下面用 Shapes 对象的 AddPolyline 方法绘制多边形。

```
sht.api.Shapes.AddPolyline(pts)
```

返回结果如下。

```
pywintypes.com_error: (-2147352567, '发生意外。', (0, None, '指定参数的数据类
型不正确。', None, 0, -2146827284), None)
```

可见，用 Python xlwings 绘制多义线与多边形存在问题。出现问题的原因在于，VBA 中要求顶点坐标的数据类型必须为 Single，即单精度浮点型，但 Python 中不区分单精度浮点型和双精度浮点型，无法与该数据类型精确对应。

经过反复试验后可知用 comtypes 包可以实现多边形的绘制。该包与 Python Win32COM 和 Python xlwings 类似，都基于 COM 机制。

首先，在 DOS 命令窗口中输入 pip 命令安装 comtypes 包。

```
pip install comtypes
```

其次，编写以下 Python 代码。

```
from comtypes.client import CreateObject #从 comtypes 包中导入 CreateObject 函数
app2=CreateObject("Excel.Application")      #创建 Excel 应用
app2.Visible=True                           #显示应用窗口
bk2=app2.Workbooks.Add()                    #添加工作簿
sht2=bk2.Sheets(1)                          #获取第 1 个工作表
pts=[[10,10], [50,150],[90,80], [70,30], [10,10]]    #设置顶点
sht2.Shapes.AddPolyline(pts)
```

运行上述代码，在工作表中生成多边形面。

下面在坐标系中绘制多边形面。由于起点和终点的坐标相同，因此该多边形既是闭合的，又是被填充的，即为多边形面。完整代码见 "Samples\ch05 创建新图表\15 在图表中绘制多义线与多边形\py.py" 文件。

```
#省略部分代码
cht.SeriesCollection().NewSeries()          #新建系列

pts=[[shape_x(cht,10),shape_y(cht,10)],
     [shape_x(cht,50),shape_y(cht,150)],
     [shape_x(cht,90),shape_y(cht,80)],
     [shape_x(cht,70),shape_y(cht,30)],
     [shape_x(cht,10),shape_y(cht,10)]]     #设置顶点
shp=cht.Shapes.AddPolyline(pts)
```

运行上述代码，生成如图 5-17 所示的图表。

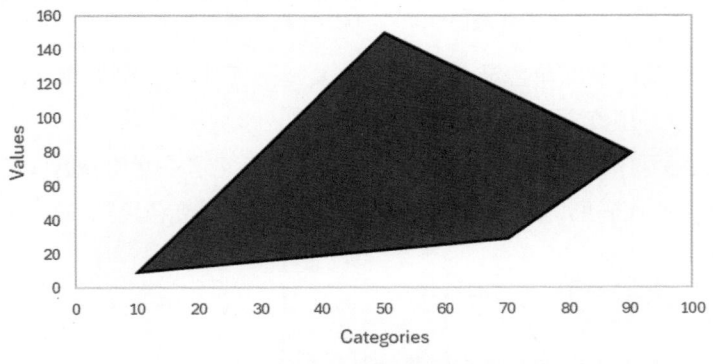

图 5-17　绘制多边形面

如果只生成多边形边线，那么设置表示多边形面的 Shape 对象的 Fill 属性返回对象的 Visible 属性的值为 False。完整代码见 "Samples\ch05 创建新图表\16 在图表中绘制多义线与多边形 2\py.py" 文件。

```
#省略部分代码
cht.SeriesCollection().NewSeries()              #新建系列

pts=[[shape_x(cht,10),shape_y(cht,10)],
    [shape_x(cht,50),shape_y(cht,150)],
    [shape_x(cht,90),shape_y(cht,80)],
    [shape_x(cht,70),shape_y(cht,30)],
    [shape_x(cht,10),shape_y(cht,10)]]         #设置顶点
shp=cht.Shapes.AddPolyline(pts)

shp.Fill.Visible=False                          #隐藏多边形面
```

运行上述代码，生成如图 5-18 所示的图表。

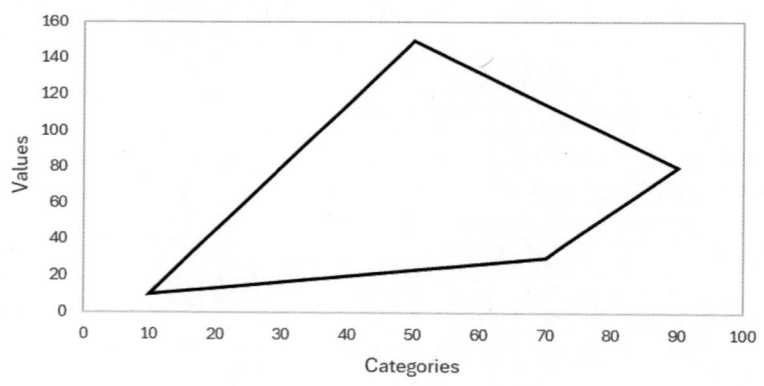

图 5-18　绘制多边形边线

多边形的填充主要有单色渐变色填充、多色渐变色填充、图案填充、图片填充等。接下来介绍这几种填充方式。

下面在坐标系中添加多边形，并对该多边形用蓝色和白色渐变色填充，该多边形边线为黑色。完整代码见 "Samples\ch05 创建新图表\17 渐变色填充多边形\py.py" 文件。

```
#省略部分代码
cht.SeriesCollection().NewSeries()              #新建系列

pts=[[shape_x(cht,10),shape_y(cht,10)],
```

```
        [shape_x(cht,50),shape_y(cht,150)],
        [shape_x(cht,90),shape_y(cht,80)],
        [shape_x(cht,70),shape_y(cht,30)],
        [shape_x(cht,10),shape_y(cht,10)]]    #设置顶点
shp2=cht.Shapes.AddPolyline(pts)             #添加多边形
shp2.Fill.ForeColor.RGB=xw.utils.rgb_to_int((0,0,255))    #单色渐变色填充
shp2.Fill.OneColorGradient(1,1,1)
```

运行上述代码，生成如图 5-19 所示的图表。

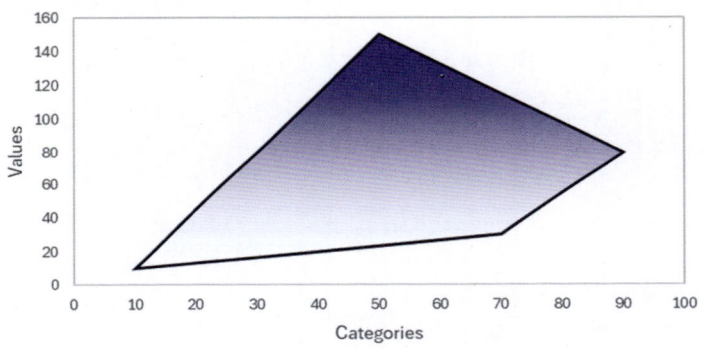

图 5-19　多边形的单色渐变色填充

下面在坐标系中添加多边形，并对该多边形进行多色渐变色填充。完整代码见 "Samples\ch05 创建新图表\18 渐变色填充多边形 2\py.py" 文件。

```
#省略部分代码
cht.SeriesCollection().NewSeries()            #新建系列

pts=[[shape_x(cht,10),shape_y(cht,10)],
     [shape_x(cht,50),shape_y(cht,150)],
     [shape_x(cht,90),shape_y(cht,80)],
     [shape_x(cht,70),shape_y(cht,30)],
     [shape_x(cht,10),shape_y(cht,10)]]       #设置顶点
shp2=cht.Shapes.AddPolyline(pts)              #添加多边形
shp2.Fill.ForeColor.RGB=xw.utils.rgb_to_int((0,0,255))   #多色渐变色填充
shp2.Fill.OneColorGradient(1,1,1)
shp2.Fill.GradientStops.Insert(xw.utils.rgb_to_int((0,255,0)),0.5)
shp2.Fill.GradientStops.Delete(2)
shp2.Fill.GradientStops.Insert(xw.utils.rgb_to_int((255,0,0)),1)
```

运行上述代码，生成如图 5-20 所示的图表。

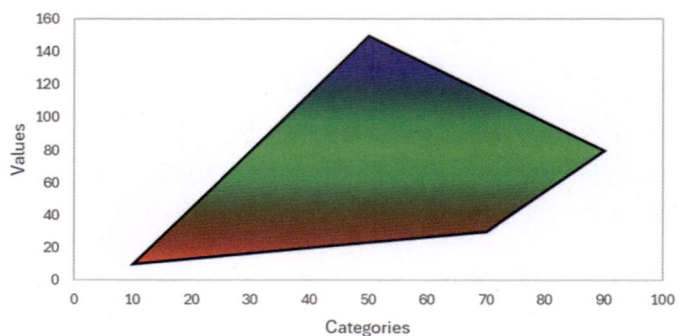

图 5-20　多边形的多色渐变色填充

下面在坐标系中添加多边形，并对该多边形进行图案填充。完整代码见"Samples\ch05　创建新图表\19 多边形的其他填充效果\py.py"文件。

```
#省略部分代码
cht.SeriesCollection().NewSeries()              #新建系列

pts=[[shape_x(cht,10),shape_y(cht,10)],
     [shape_x(cht,50),shape_y(cht,150)],
     [shape_x(cht,90),shape_y(cht,80)],
     [shape_x(cht,70),shape_y(cht,30)],
     [shape_x(cht,10),shape_y(cht,10)]]         #设置顶点
shp2=cht.Shapes.AddPolyline(pts)                #添加多边形
shp2.Fill.ForeColor.RGB=xw.utils.rgb_to_int((0,0,255))
shp2.Fill.Patterned(20)                         #图案填充
```

运行上述代码，生成如图 5-21 所示的图表。

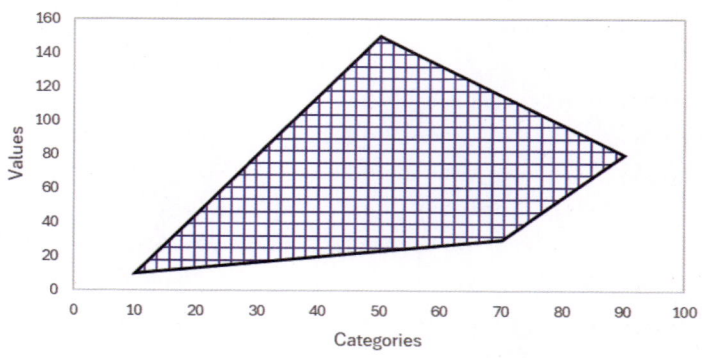

图 5-21　多边形的图案填充

下面在坐标系中添加多边形，并对该多边形进行图片填充。完整代码见

"Samples\ch05 创建新图表\20 多边形的其他填充效果 2\py.py"文件。

```
#省略部分代码
cht.SeriesCollection().NewSeries()              #新建系列

pts=[[shape_x(cht,10),shape_y(cht,10)],
     [shape_x(cht,50),shape_y(cht,150)],
     [shape_x(cht,90),shape_y(cht,80)],
     [shape_x(cht,70),shape_y(cht,30)],
     [shape_x(cht,10),shape_y(cht,10)]]         #设置顶点
shp2=cht.Shapes.AddPolyline(pts)                #添加多边形
shp2.Fill.UserPicture('d:/pic.jpg')             #图片填充
```

运行上述代码，生成如图 5-22 所示的图表。

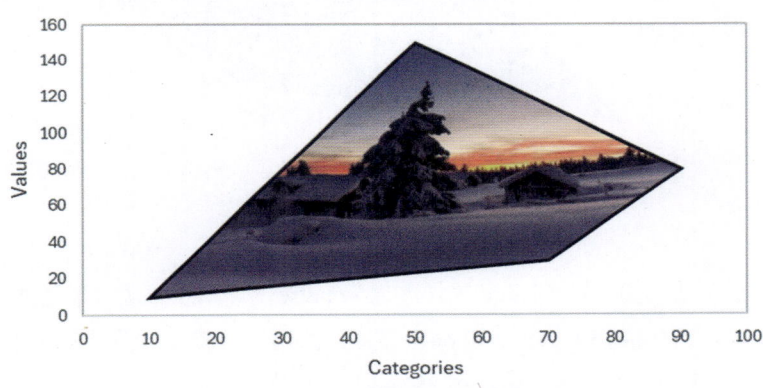

图 5-22　多边形的图片填充

用 Shape 对象的 Line 属性可以获取多边形边线，通过设置边线的属性可以修改边线的颜色、线型和线宽等。

下面在坐标系中添加多边形，设置边线为红色虚线、线宽为 2。完整代码见"Samples\ch05 创建新图表\21 多边形边的着色\py.py"文件。

```
# 省略部分代码
cht.SeriesCollection().NewSeries()              #新建系列

pts=[[shape_x(cht,10),shape_y(cht,10)],
     [shape_x(cht,50),shape_y(cht,150)],
     [shape_x(cht,90),shape_y(cht,80)],
     [shape_x(cht,70),shape_y(cht,30)],
     [shape_x(cht,10),shape_y(cht,10)]]         #设置顶点
shp2=cht.Shapes.AddPolyline(pts)                #添加多边形
```

```
shp2.Fill.ForeColor.RGB=xw.utils.rgb_to_int((0,0,255))
shp2.Fill.Transparency=0.5
#设置多边形边线的属性
shp2.Line.Weight=2
shp2.Line.DashStyle=1
shp2.Line.ForeColor.RGB=xw.utils.rgb_to_int((255,0,0))
```

运行上述代码，生成如图 5-23 所示的图表。

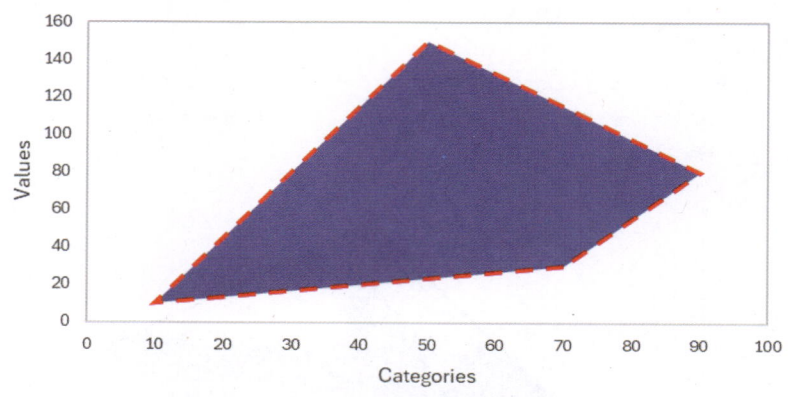

图 5-23　设置多边形边线的属性

通过设置多边形边线的 **Visible** 属性的值为 **False**，可以隐藏多边形边线。

下面在坐标系中添加多边形，并隐藏多边形边线。完整代码见"Samples\ch05 创建新图表\22 多边形边的着色 2\py.py"文件。

```
# 省略部分代码
cht.SeriesCollection().NewSeries()            #新建系列

pts=[[shape_x(cht,10),shape_y(cht,10)],
     [shape_x(cht,50),shape_y(cht,150)],
     [shape_x(cht,90),shape_y(cht,80)],
     [shape_x(cht,70),shape_y(cht,30)],
     [shape_x(cht,10),shape_y(cht,10)]]    #设置顶点
shp2=cht.Shapes.AddPolyline(pts)
shp2.Fill.ForeColor.RGB=xw.utils.rgb_to_int((0,0,255))
shp2.Fill.Transparency=0.5
shp2.Line.Visible=False                       #隐藏多边形边线
```

运行上述代码，生成如图 5-24 所示的图表。

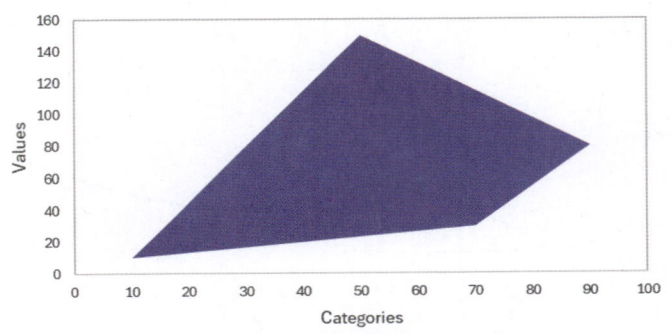

图 5-24　隐藏多边形边线

5.2.5　绘制贝塞尔曲线

用 Excel 和 Python xlwings 可以在图表中绘制贝塞尔曲线。

【Excel】

参考 5.2.1 节用 Excel 绘制点的方法绘制贝塞尔曲线。

【Python xlwings】

用 **Shapes** 对象的 **AddCurve** 方法绘制贝塞尔曲线。该方法的语法格式为：

```
sht.api.Shapes.AddCurve(SafeArrayOfPoints)
```

其中，**sht** 表示工作表。SafeArrayOfPoints 用于指定贝塞尔曲线顶点和控制点的坐标。指定点的数量始终为（$3n+1$）个，其中 n 为曲线的条数。该方法返回一个表示贝塞尔曲线的 Shape 对象。

各顶点用其横坐标和纵坐标对表示，全部顶点用一个二维列表表示，例如：

```
pts=[[0,0],[72,72],[100,40],[20,50],[90,120],[60,30],[150,90]]
```

下面在坐标系中绘制贝塞尔曲线。完整代码见"Samples\ch05 创建新图表\23 在图表中绘制曲线\py.py"文件。

```
# 省略部分代码
cht.SeriesCollection().NewSeries()                    #新建系列

pts=[[shape_x(cht,0),shape_y(cht,0)],
    [shape_x(cht,72),shape_y(cht,72)],
    [shape_x(cht,100),shape_y(cht,40)],
    [shape_x(cht,20),shape_y(cht,50)],
    [shape_x(cht,90),shape_y(cht,120)],
    [shape_x(cht,60),shape_y(cht,30)],
    [shape_x(cht,150),shape_y(cht,90)]]               #设置顶点
shp=cht.Shapes.AddCurve(pts)                          #绘制贝塞尔曲线
```

运行上述代码，生成如图 5-25 所示的贝塞尔曲线。

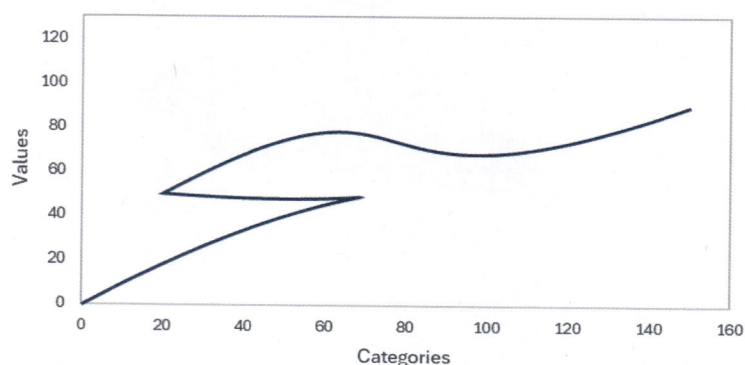

图 5-25　绘制贝塞尔曲线

5.2.6　绘制标签

用 Excel 和 Python xlwings 可以在图表中绘制标签。

【Excel】

要用 Excel 在图表中绘制标签，应先单击图表，然后在"插入"功能区中展开"文本"下拉面板，单击所需的图标，在图表中单击并输入文本。

【Python xlwings】

用 Shapes 对象的 AddLabel 方法绘制标签。该方法的语法格式为：

```
sht.api.Shapes.AddLabel(Orientation,Left,Top,Width,Height)
```

其中，**sht** 表示工作表。该方法返回一个表示标签的 Shape 对象。AddLabel 方法的参数如表 5-5 所示。

表 5-5　AddLabel 方法的参数

名　　称	必需/可选	数据类型	说　　明
Orientation	必需	MsoTextOrientation	标签中文本的方向
Left	必需	Single	标签左上角相对于文档左侧的位置（以磅为单位）
Top	必需	Single	标签左上角相对于文档顶部的位置（以磅为单位）
Width	必需	Single	标签的宽度（以磅为单位）
Height	必需	Single	标签的高度（以磅为单位）

Orientation 参数的值如表 5-6 所示。

表 5-6　Orientation 参数的值

名　称	值	说　明
msoTextOrientationDownward	3	朝下
msoTextOrientationHorizontal	1	水平
msoTextOrientationHorizontalRotatedFarEast	6	亚洲语言支持所需的水平和旋转
msoTextOrientationMixed	−2	不支持
msoTextOrientationUpward	2	朝上
msoTextOrientationVertical	5	垂直
msoTextOrientationVerticalFarEast	4	亚洲语言支持所需的垂直

下面在坐标系中绘制标签。完整代码见"Samples\ch05 创建新图表\24 在图表中绘制标签\py.py"文件。

```python
# 省略部分代码
cht.SeriesCollection().NewSeries()     #新建系列

x=shape_x(cht,60)
y=shape_y(cht,120)
w=cht.PlotArea.InsideWidth/(ax1.MaximumScale-ax1.MinimumScale)*100
h=cht.PlotArea.InsideHeight/(ax2.MaximumScale-ax2.MinimumScale)*150
shp2=cht.Shapes.AddLabel(1,x,y,w,h)    #绘制标签
shp2.TextFrame.Characters().Text='Test Label'    #设置标签的内容
shp2.TextFrame.Characters().Font.Color=xw.utils.rgb_to_int((255,0,0))
shp2.TextFrame.Characters().Font.Size=20
```

运行上述代码，生成如图 5-26 所示的标签。

图 5-26　绘制标签

5.2.7　绘制文本框

用 Excel 和 Python xlwings 可以在图表中绘制文本框。文本框与标签的区别在于，

文本框可以指定文本在其内进行排版。

【Excel】

用 Excel 只能绘制标签，详见 5.2.6 节。

【Python xlwings】

用 Shapes 对象的 AddTextbox 方法绘制文本框。该方法的语法格式和参数与 AddLabel 方法相同。

下面在坐标系中绘制包含文本的文本框。完整代码见"Samples\ch05 创建新图表\ 25 在图表中绘制文本框\py.py"文件。

```
# 省略部分代码
cht.SeriesCollection().NewSeries()          #新建系列

x=shape_x(cht,40)
y=shape_y(cht,40)
w=cht.PlotArea.InsideWidth/(ax1.MaximumScale-ax1.MinimumScale)*40
h=cht.PlotArea.InsideHeight/(ax2.MaximumScale-ax2.MinimumScale)*10
shp2=cht.Shapes.AddTextbox(1,x,y,w,h)       #绘制文本框
shp2.TextFrame2.TextRange.Text="Test Box"
shp2.TextFrame2.TextRange.Font.Size=16
shp2.TextFrame2.TextRange.Font.Italic=True
```

运行上述代码，生成如图 5-27 所示的文本框。

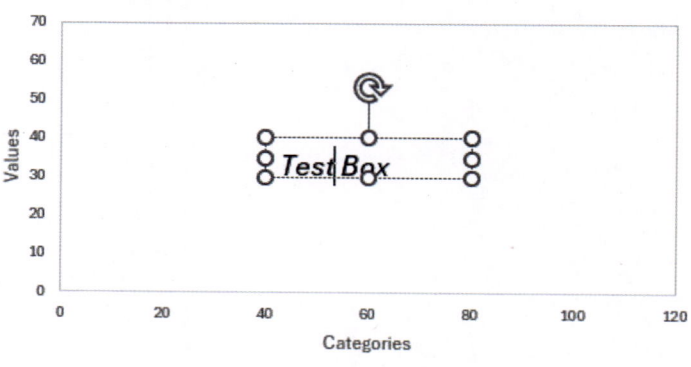

图 5-27　绘制文本框

5.2.8　添加标注

用 Excel 和 Python xlwings 可以在图表中添加一定样式的标注。

【Excel】

标注是图形和文本的组合，在用 Excel 添加标注时，参考 5.2.1 节用 Excel 绘制点

的方法添加图形，参考 5.2.6 节用 Excel 绘制标签的方法添加文本。

【Python xlwings】

用 Shapes 对象的 AddCallout 方法添加标注。该方法的语法格式为：

```
sht.api.Shapes.AddCallout(Type,Left,Top,Width,Height)
```

其中，sht 表示工作表。该方法返回一个表示标注的 Shape 对象。AddCallout 方法的参数如表 5-7 所示。

表 5-7　AddCallout 方法的参数

名称	必需/可选	数据类型	说　明
Type	必需	MsoCalloutType	标注线的类型
Left	必需	Single	标注边框左上角相对于文档左侧的位置（以磅为单位）
Top	必需	Single	标注边框左上角相对于文档顶部的位置（以磅为单位）
Width	必需	Single	标注边框的宽度（以磅为单位）
Height	必需	Single	标注边框的高度（以磅为单位）

Type 参数的值如表 5-8 所示。

表 5-8　Type 参数的值

名　称	值	说　明
msoCalloutFour	4	由两条直线组成的标注线。标注线被附加在标注边框的右侧
msoCalloutMixed	−2	只返回值，表示其他状态的组合
msoCalloutOne	1	单直线水平标注线
msoCalloutThree	3	由两条直线组成的标注线。标注线被附加在标注边框的左侧
msoCalloutTwo	2	单直线倾斜标注线

下面在坐标系中添加包含文本的标注。完整代码见"Samples\ch05 创建新图表\26 在图表中绘制标注\py.py"文件。

```
# 省略部分代码
cht.SeriesCollection().NewSeries()                         #新建系列

x=shape_x(cht,40)
y=shape_y(cht,40)
w=cht.PlotArea.InsideWidth/(ax1.MaximumScale-ax1.MinimumScale)*40
h=cht.PlotArea.InsideHeight/(ax2.MaximumScale-ax2.MinimumScale)*10
shp2=cht.Shapes.AddCallout(2,x,y,w,h)                      #添加标注
shp2.TextFrame2.TextRange.Text='Test Box'                  #设置标注的文本
```

运行上述代码，生成如图 5-28 所示的标注。

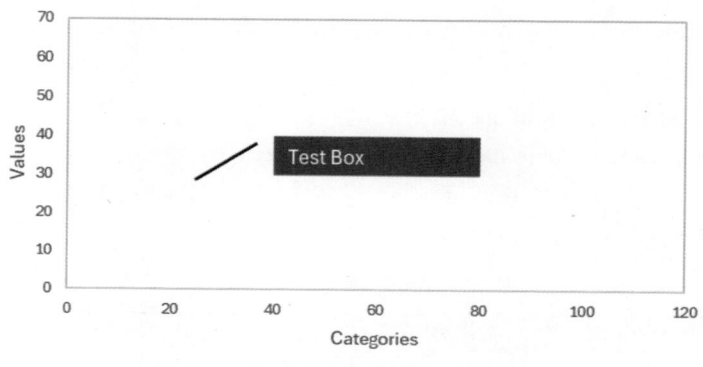

图 5-28　添加标注

　　下面通过设置 Callout 属性创建不同的标注样式。完整代码见 "Samples\ch05　创建新图表\27　在图表中绘制标注 2\py.py" 文件。

```
# 省略部分代码
cht.SeriesCollection().NewSeries()                    #新建系列

x=shape_x(cht,110)
y=shape_y(cht,100)
w=cht.PlotArea.InsideWidth/(ax1.MaximumScale-ax1.MinimumScale)*100
h=cht.PlotArea.InsideHeight/(ax2.MaximumScale-ax2.MinimumScale)*50
shp2=cht.Shapes.AddCallout(2,x,y,w,h)                 #添加标注
shp2.TextFrame2.TextRange.Text='Test Box'             #设置标注的文本
shp2.Callout.Accent=True
shp2.Callout.Border=True
shp2.Callout.Angle=2
```

　　运行上述代码，生成如图 5-29 所示的标注。上述代码中的 Accent 属性用于设置标注线左侧的竖线，Border 属性用于设置标注的外框，Angle 属性用于设置标注线的角度。

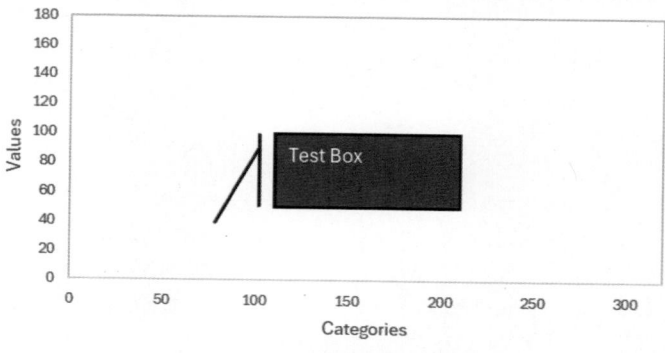

图 5-29　设置标注的属性

5.2.9　绘制自选图形

用 Excel 和 Python xlwings 可以在图表中绘制自选图形。实际上，前面介绍的矩形和圆等都是自选图形。

【Excel】

参考 5.2.1 节用 Excel 绘制点的方法绘制自选图形。

【Python xlwings】

所谓自选图形，是指 Excel 预定义好的很多图形。用 Shapes 对象的 AddShape 方法可以绘制自选图形。前面已经介绍了如何用该方法绘制点、矩形、椭圆等自选图形。实际上，还有很多其他自选图形，部分与自选图形相关参数的值如表 5-9 所示。

表 5-9　部分与自选图形相关参数的值

名　　称	值	说　　明
msoShapeOval	9	椭圆
msoShapeOvalCallout	107	椭圆标注
msoShapeParallelogram	12	斜平行四边形
msoShapePie	142	饼图扇面
msoShapeQuadArrow	39	指向上、下、左、右的箭头
msoShapeQuadArrowCallout	59	带指向上、下、左、右的箭头的标注
msoShapeRectangle	1	矩形
msoShapeRectangularCallout	105	矩形标注
msoShapeRightArrow	33	指向右的箭头
msoShapeRightArrowCallout	53	带指向右的箭头的标注
msoShapeRightBrace	32	右大括号
msoShapeRightBracket	30	右小括号
msoShapeRightTriangle	utf-8	直角三角形
msoShapeRound1Rectangle	151	有一个圆角的矩形
msoShapeRound2DiagRectangle	157	有两个圆角的矩形，对角相对
msoShapeRound2SameRectangle	152	有两个圆角的矩形，共一侧
msoShapeRoundedRectangle	5	圆角矩形
msoShapeRoundedRectangularCallout	106	圆角矩形-形状标注

下面在坐标系中绘制矩形、平行四边形和笑脸图形。完整代码见 "Samples\ch05 创建新图表\28 在图表中绘制自选图形\py.py" 文件。

```
#省略部分代码
cht.SeriesCollection().NewSeries()          #新建系列

x=shape_x(cht,50)
```

```
y=shape_y(cht,250)
w=cht.PlotArea.InsideWidth/(ax1.MaximumScale-ax1.MinimumScale)*100
h=cht.PlotArea.InsideHeight/(ax2.MaximumScale-ax2.MinimumScale)*200
#在图表中绘制矩形、平行四边形和笑脸图形
cht.Shapes.AddShape(1,x,y,w,h)
x=shape_x(cht,250)
y=shape_y(cht,150)
w=cht.PlotArea.InsideWidth/(ax1.MaximumScale-ax1.MinimumScale)*100
h=cht.PlotArea.InsideHeight/(ax2.MaximumScale-ax2.MinimumScale)*100
cht.Shapes.AddShape(12,x,y,w,h)
x=shape_x(cht,450)
y=shape_y(cht,150)
w=cht.PlotArea.InsideWidth/(ax1.MaximumScale-ax1.MinimumScale)*100
h=cht.PlotArea.InsideHeight/(ax2.MaximumScale-ax2.MinimumScale)*100
cht.Shapes.AddShape(17,x,y,w,h)
```

运行上述代码，生成如图 5-30 所示的自选图形。

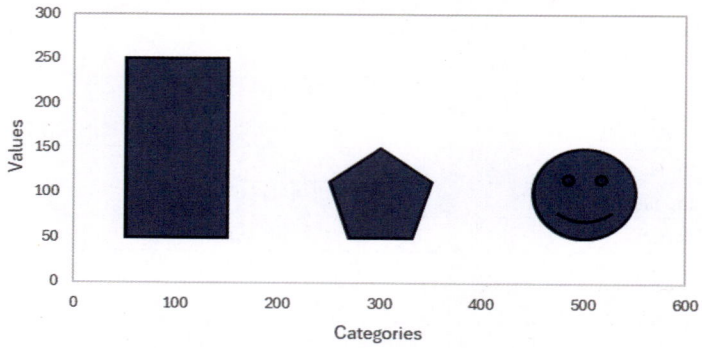

图 5-30　绘制自选图形

5.2.10　绘制艺术字

用 Excel 和 Python xlwings 可以在图表中绘制艺术字。

【Excel】

要用 Excel 在图表中绘制艺术字，应先单击图表，然后在"插入"功能区中展开"文本"下拉面板，单击所需的图标，在图表中单击并输入文本。

【Python xlwings】

用 Shapes 对象的 AddTextEffect 方法绘制艺术字。该方法的语法格式为：

```
sht.api.Shapes.AddTextEffect(PresetTextEffect,Text,FontName,FontSize,
FontBold,FontItalic, Left, Top)
```

其中，sht 表示工作表。AddTextEffect 方法的参数如表 5-10 所示。

表 5-10 AddTextEffect 方法的参数

名　　称	必需/可选	数据类型	说　　明
PresetTextEffect	必需	MsoPresetTextEffect	预置的艺术字效果
Text	必需	String	艺术字的内容
FontName	必需	String	艺术字的名称
FontSize	必需	Single	艺术字的字号（以磅为单位）
FontBold	必需	MsoTriState	要加粗的艺术字
FontItalic	必需	MsoTriState	要倾斜的艺术字
Left	必需	Single	左上角点的横坐标
Top	必需	Single	左上角点的纵坐标

Excel 预置了约 50 种艺术字效果，表 5-11 中列出了少部分。在设置时，给 PresetTextEffect 参数赋对应的值即可实现相应的艺术字效果。

表 5-11 PresetTextEffect 参数的值

名　　称	值	说　　明
msoTextEffect1	0	第 1 个艺术字效果
msoTextEffect2	1	第 2 个艺术字效果
msoTextEffect3	2	第 3 个艺术字效果

下面在坐标系中添加两种不同效果的艺术字。完整代码见"Samples\ch05 创建新图表\29 在图表中绘制艺术字\py.py"文件。

```
# 省略部分代码
cht.SeriesCollection().NewSeries()            #新建系列


#在图表中绘制艺术字
x=shape_x(cht,10)
y=shape_y(cht,55)
cht.Shapes.AddTextEffect(19,'科研绘图','Arial Black', 36,False,False,x,y)
x=shape_x(cht,20)
y=shape_y(cht,95)
cht.Shapes.AddTextEffect(25, '春眠不觉晓','黑体',40,False,False,x,y)
```

运行上述代码，生成如图 5-31 所示的艺术字。

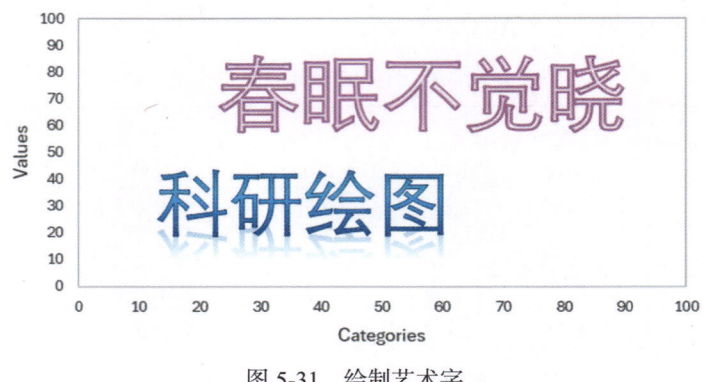

图 5-31   绘制艺术字

5.3   用基本图形元素搭建新图表

5.2 节介绍了点、线、面和文本等的绘制，有了这些基本图形元素后，就可以用它们搭建新图表了。本节将结合若干示例介绍如何用基本图形元素搭建新图表。

5.3.1   自定义堆叠柱状图

堆叠柱状图是复合柱状图的另一种表现形式，它将分组内部各系列的柱面从下往上依次堆叠。自定义堆叠柱状图，如图 5-32 所示。Python xlwings 可以用 Shapes 对象的 AddChart2 方法绘制堆叠柱状图。在绘制堆叠柱状图时，可以用矩形面绘制柱面，也可以用由 4 条边组成的多边形面绘制柱面。这里使用后一种方法，注意使用 comtypes 包实现多边形的绘制，参见 5.2.4 节。

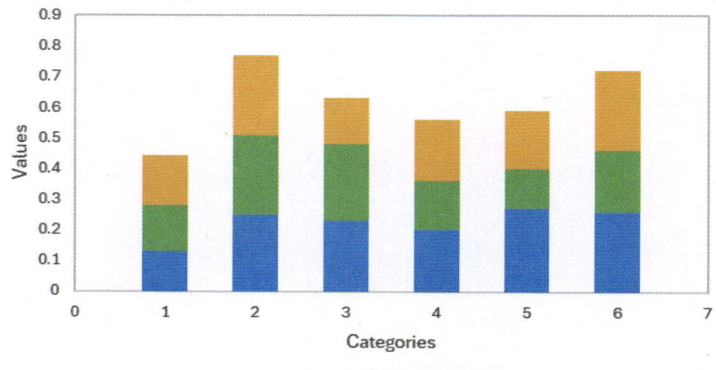

图 5-32   自定义堆叠柱状图

下面定义 **draw_poly_4** 函数，根据指定的顶点坐标和颜色绘制柱面。

```
def draw_poly_4(cht,pts,r,g,b):
    #绘制柱面
    #pts 为顶点坐标；r,g,b 为颜色
    pt=[[0 for _ in range(2)] for _ in range(5)]
    pt[0][0]=shape_x(cht, pts[0][0])        #设置 4 个顶点的横坐标和纵坐标
    pt[0][1]=shape_y(cht, pts[0][1])
    pt[1][0]=shape_x(cht, pts[1][0])
    pt[1][1]=shape_y(cht, pts[1][1])
    pt[2][0]=shape_x(cht, pts[2][0])
    pt[2][1]=shape_y(cht, pts[2][1])
    pt[3][0]=shape_x(cht, pts[3][0])
    pt[3][1]=shape_y(cht, pts[3][1])
    pt[4][0]=pt[0][0]                       #设置第 5 个顶点与第 1 个顶点重合
    pt[4][1]=pt[0][1]
    shp=cht.Shapes.AddPolyline(pt)
    shp.Fill.ForeColor.RGB=xw.utils.rgb_to_int((r,g,b))      #单色填充
    #shp.Fill.Transparency=0.5
    #shp.Line.ForeColor.RGB=xw.utils.rgb_to_int((r,g,b))
    #shp.Line.Weight=1.5                    #设置线宽
    shp.Line.Visible=False                  #隐藏边线
```

自定义堆叠柱状图的重点在于计算各柱面 4 个顶点的坐标。各顶点的横坐标很好计算，纵坐标则需要根据分组内部各系列的长度累加计算。下面为实现自定义堆叠柱状图的部分代码。完整代码见 "Samples\ch05 创建新图表\30 自定义堆叠柱状图\py.py" 文件。

```
root=os.getcwd()                           #获取当前工作路径
app=xw.App(visible=True,add_book=False)    #创建 Excel 应用
#打开数据文件并返回工作簿对象
wb=app.books.open(root+r'/data.xlsx',read_only=False)
sht=wb.sheets('Sheet1')                    #获取指定工作表
data=sht.range('B1:D6').value              #获取数据
app.kill()                                 #退出 Excel 应用

#从 comtypes 包中导入 CreateObject 函数
from comtypes.client import CreateObject
app2=CreateObject("Excel.Application")     #创建 Excel 应用
app2.Visible=True                          #显示应用窗口
wb2=app2.Workbooks.Open(root+r'/data.xlsx')    #添加工作簿
sht2=wb2.Sheets('Sheet1')                  #获取第 1 个工作表
```

```
shp=sht2.Shapes.AddChart2()                    #添加图表
shp.Left=20
cht=shp.Chart                                  #获取图表
cht.ChartType=-4169                            #设置图表类型
ax1=cht.Axes(1)                                #获取横轴
ax2=cht.Axes(2)                                #获取纵轴
ax1.MinimumScale=0                             #设置横轴的最小值
ax1.MaximumScale=7
ax2.MinimumScale=0                             #设置纵轴的最小值
ax2.MaximumScale=0.9


set_style(cht)                                 #设置样式


cht.SeriesCollection().NewSeries()             #新建系列

dt=np.zeros([6,4])                             #初始化数组
for i in range(6):
    my_sum=0
    for j in range(3):
        my_sum+=data[i][j]
        dt[i][j+1]=my_sum
colors=[[0,176,240],[146,208,80],[255,192,0]]


pts=np.zeros([4,2])
for i in range(6):
    for j in range(3):
        pts[0][0]=i+1-0.25                     #设置各柱面 4 个顶点的坐标
        pts[0][1]=dt[i][j]
        pts[1][0]=i+1+0.25
        pts[1][1]=dt[i][j]
        pts[2][0]=i+1+0.25
        pts[2][1]=dt[i][j+1]
        pts[3][0]=i+1-0.25
        pts[3][1]=dt[i][j+1]
        draw_poly_4(cht,pts,colors[j][0],colors[j][1],colors[j][2])
```

运行上述代码，生成如图 5-32 所示的图表。

5.3.2　自定义冲击图

自定义冲击图，如图 5-33 所示。在堆叠柱状图的基础上，冲击图对相邻分组之间间隔的区域进行了颜色填充。其仍然对相同系列的顶点围成的多边形面使用对应系列的颜色进行填充。

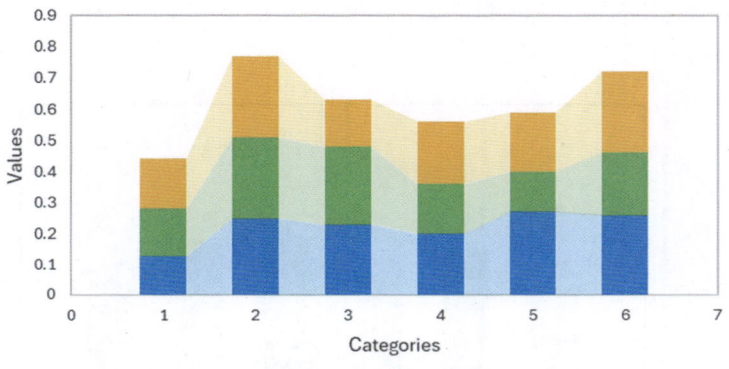

图 5-33　自定义冲击图

绘制冲击图的方法与 5.3.1 节介绍的绘制堆叠柱状图的方法一样。其重点在于柱面顶点坐标的计算和多边形面的绘制。

下面计算柱面的顶点坐标，并用 draw_poly_4 函数绘制多边形面。完整代码见 "Samples\ch05 创建新图表\31 自定义冲击图\py.py" 文件。

```
# 省略部分代码


#绘制多边形面
for i in range(5):
    for j in range(3):
        pts[0][0]=i+1+0.25
        pts[0][1]=dt[i][j]
        pts[1][0]=i+2-0.25
        pts[1][1]=dt[i+1][j]
        pts[2][0]=i+2-0.25
        pts[2][1]=dt[i+1][j+1]
        pts[3][0]=i+1+0.25
        pts[3][1]=dt[i][j+1]
        draw_poly_4(cht,pts,colors[j][0],colors[j][1],colors[j][2],1)
```

运行上述代码，生成如图 5-33 所示的图表。

5.3.3　自定义散点柱状图

　　散点柱状图是常见的统计图表，是简单柱状图和抖动散点图的组合图。该图表用分组数据的均值向量绘制简单柱状图，用各分组的原始数据绘制抖动散点图。因此，该图表既能反映各分组数据的综述统计信息，又能反映各分组的原始数据的分布特征。因为用 Excel 不能直接绘制抖动散点图，所以需要自定义散点柱状图。自定义散点柱状图，如图 5-34 所示。

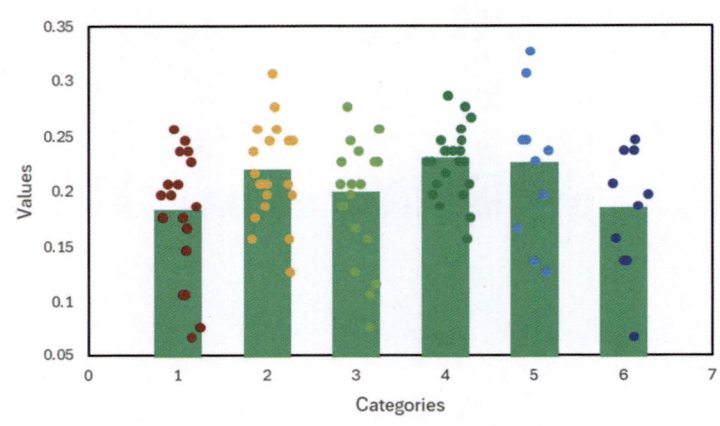

图 5-34　自定义散点柱状图

　　本书中介绍了多种绘制散点柱状图的方法，这里用绘制多边形面的方法绘制简单柱状图，用 5.2.1 节介绍的绘制点的方法绘制抖动散点图。第 7 章将详细介绍抖动散点图的绘制。

　　下面用 draw_bar 函数绘制单个柱面。

```
def draw_bar(cht,y,n,x,r,g,b,w,grad):
    '''
    柱面填充
    y 为高度，r,g,b 为颜色，[255 0 0]
    x 为中心横坐标，w 为宽度，grad 为是否用渐变色填充
    '''
    aveg=np.mean(y)                #求指定数组的均值

    #绘制单个柱面
    pt=[[0 for _ in range(2)] for _ in range(5)]      #初始化
    pt[0][0]=shape_x(cht,x-w/2)
    pt[0][1]=shape_y(cht,cht.Axes(2).MinimumScale)
    pt[1][0]=shape_x(cht,x+w/2)
```

```
pt[1][1]=shape_y(cht,cht.Axes(2).MinimumScale)
pt[2][0]=shape_x(cht,x+w/2)
pt[2][1]=shape_y(cht,aveg)
pt[3][0]=shape_x(cht,x-w/2)
pt[3][1]=shape_y(cht,aveg)
pt[4][0]=pt[0][0]
pt[4][1]=pt[0][1]
shp=cht.Shapes.AddPolyline(pt)
if grad:
    shp.Fill.ForeColor.RGB=xw.utils.rgb_to_int((r,g,b))
    shp.Fill.OneColorGradient(1,1,1)          #单色渐变色填充
    shp.Line.ForeColor.RGB=xw.utils.rgb_to_int((r,g,b))   #设置边线的颜色
    shp.Line.Weight=1.5                       #设置线宽
else:
    shp.Fill.ForeColor.RGB=xw.utils.rgb_to_int((r,g,b))   #单色填充
    shp.Line.ForeColor.RGB=xw.utils.rgb_to_int((r,g,b))
    shp.Line.Weight=1.5
```

下面用 **draw_rnd_scatter** 函数绘制单个分组数据的抖动散点。

```
def draw_rnd_scatter(cht,x,y,n,w,r,g,b):
    '''
    绘制抖动散点
    x: 横坐标   y(0 to n): 纵坐标   w: 宽度
    '''
    rd=[]
    #对于每个散点，抖动横坐标
    for i in range(n):
        rd.append(x-w/2+w*np.random.rand(1)[0])
    #绘制散点
    for i in range(n):
        bx=shape_x(cht,rd[i])
        by=shape_y(cht,y[i])
        ex=cht.PlotArea.InsideWidth/(cht.Axes(1).MaximumScale- \
        cht.Axes(1).MinimumScale)*0.09
        ey=ex
        shp=cht.Shapes.AddShape(9,bx,by,ex,ey)
        shp.Fill.ForeColor.RGB=xw.utils.rgb_to_int((r,g,b))
        shp.Line.Weight=1
        shp.Line.ForeColor.RGB=xw.utils.rgb_to_int((r,g,b))
```

　　下面根据分组变量对指定数据进行分组，并用分组数据绘制简单柱状图和抖动散点图，将其组合成散点柱状图。完整代码见"Samples\ch05 创建新图表\32 自定义散点

柱状图\py.py" 文件。

```
root=os.getcwd()                                #获取当前工作路径
app=xw.App(visible=True,add_book=False)         #创建 Excel 应用
#打开数据文件并返回工作簿对象
wb=app.books.open(root+r'/data.xlsx',read_only=False)
sht=wb.sheets('Sheet1')                         #获取指定工作表
data=sht.range('B2:C101').value                 #获取数据
app.kill()                                      #退出 Excel 应用

#从 comtypes 包中导入 CreateObject 函数
from comtypes.client import CreateObject
app2=CreateObject("Excel.Application")          #创建 Excel 应用
app2.Visible=True                               #显示应用窗口
wb2=app2.Workbooks.Open(root+r'/data.xlsx')     #添加工作簿
sht2=wb2.Sheets('Sheet1')                       #获取第 1 个工作表

shp=sht2.Shapes.AddChart2()                     #添加图表
shp.Left=20
cht=shp.Chart                                   #获取图表
cht.ChartType=-4169                             #设置图表类型
ax1=cht.Axes(1)                                 #获取横轴
ax2=cht.Axes(2)                                 #获取纵轴
ax1.MinimumScale=0                              #设置横轴的最小值
ax1.MaximumScale=7
ax2.MinimumScale=0                              #设置纵轴的最小值
ax2.MaximumScale=0.35

set_style(cht)                                  #设置样式

cht.SeriesCollection().NewSeries()              #新建系列

count1=count2=count3=count4=count5=count6=0
d1=[];d2=[];d3=[];d4=[];d5=[];d6=[]
#遍历原始数据，根据第 2 列的唯一值对第 1 列数据进行筛选
#将当前值写入对应的列表，该列表中的元素个数加 1
for i in range(100):
    if data[i][1]==1:
        count1+=1
        d1.append(data[i][0])
    elif data[i][1]==2:
```

```
    count2+=1
    d2.append(data[i][0])
elif data[i][1]==3:
    count3+=1
    d3.append(data[i][0])
elif data[i][1]==4:
    count4+=1
    d4.append(data[i][0])
elif data[i][1]==5:
    count5+=1
    d5.append(data[i][0])
elif data[i][1]==6:
    count6+=1
    d6.append(data[i][0])
```

```
#绘制简单柱状图
draw_bar(cht,d1,count1,1,76,200,132,0.5,False)
draw_bar(cht,d2,count2,2,76,200,132,0.5,False)
draw_bar(cht,d3,count3,3,76,200,132,0.5,False)
draw_bar(cht,d4,count4,4,76,200,132,0.5,False)
draw_bar(cht,d5,count5,5,76,200,132,0.5,False)
draw_bar(cht,d6,count6,6,76,200,132,0.5,False)
```

```
#绘制抖动散点图
draw_rnd_scatter(cht,1,d1,count1,0.5,192,0,0)
draw_rnd_scatter(cht,2,d2,count2,0.5,255,192,0)
draw_rnd_scatter(cht,3,d3,count3,0.5,146,208,80)
draw_rnd_scatter(cht,4,d4,count4,0.5,0,176,80)
draw_rnd_scatter(cht,5,d5,count5,0.5,0,176,240)
draw_rnd_scatter(cht,6,d6,count6,0.5,0,112,192)
```

运行上述代码，生成如图 5-34 所示的图表。

5.3.4　自定义三角形柱状图

5.3.1 节和 5.3.2 节用由 4 条边组成的多边形面（四边形面）绘制柱面，这里用由 3 条边组成的多边形面（三角形面）绘制柱面，用三角形面代替柱状图中的四边形面，并用渐变色对三角形面进行填充。自定义三角形柱状图，如图 5-35 所示。

下面绘制三角形柱状图，并用渐变色对三角形进行填充。完整代码见"Samples\ch05 创建新图表\33 三角形柱状图\py.py"文件。

```
root=os.getcwd()                                    #获取当前工作路径
app=xw.App(visible=True,add_book=False)             #创建 Excel 应用
#打开数据文件并返回工作簿对象
wb=app.books.open(root+r'/data.xlsx',read_only=False)
sht=wb.sheets('Sheet1')                             #获取指定工作表
data=sht.range('A2:B7').value                       #获取数据
app.kill()                                          #退出 Excel 应用


#从 comtypes 包中导入 CreateObject 函数
from comtypes.client import CreateObject
app2=CreateObject("Excel.Application")              #创建 Excel 应用
app2.Visible=True                                   #显示应用窗口
wb2=app2.Workbooks.Open(root+r'/data.xlsx')         #添加工作簿
sht2=wb2.Sheets('Sheet1')                           #获取第 1 个工作表

shp=sht2.Shapes.AddChart2()                         #添加图表
shp.Left=20
cht=shp.Chart                                       #获取图表
cht.ChartType=-4169                                 #设置图表类型
ax1=cht.Axes(1)                                     #获取横轴
ax2=cht.Axes(2)                                     #获取纵轴
ax1.MinimumScale=0                                  #设置横轴的最小值
ax1.MaximumScale=7
ax2.MinimumScale=0                                  #设置纵轴的最小值
ax2.MaximumScale=0.22


set_style(cht)                                      #设置样式


cht.SeriesCollection().NewSeries()                  #新建系列

#绘制三角形面
pt=[[0 for _ in range(2)] for _ in range(4)]
for i in range(6):
    pt[0][0]=shape_x(cht,i+1-0.25)
    pt[0][1]=shape_y(cht,0)
    pt[1][0]=shape_x(cht,i+1+0.25)
    pt[1][1]=shape_y(cht,0)
    pt[2][0]=shape_x(cht,i+1)
    pt[2][1]=shape_y(cht,data[i][1])
    pt[3][0]=pt[0][0]
```

```
pt[3][1]=pt[0][1]
shp=cht.Shapes.AddPolyline(pt)
shp.Fill.ForeColor.RGB=xw.utils.rgb_to_int((255,192,0))      #渐变色填充
shp.Fill.TwoColorGradient(2,1)
shp.Fill.BackColor.RGB=xw.utils.rgb_to_int((240,240,240))
shp.Line.Visible=False                        #隐藏边线
```

运行上述代码，生成如图 5-35 所示的图表。

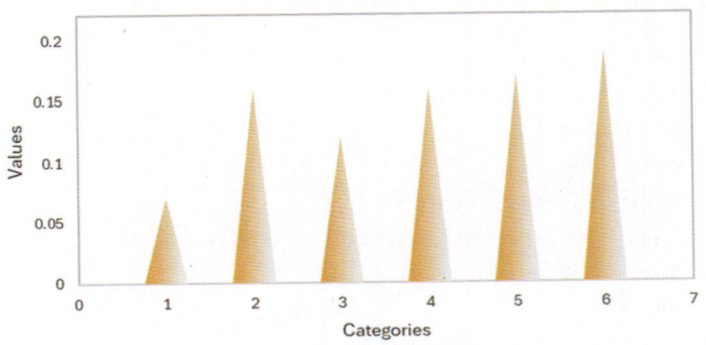

图 5-35　自定义三角形柱状图

5.3.5　自定义倒三角形柱状图

在学术期刊中经常可以看到倒三角形柱状图。该图表的绘制方法与三角形柱状图的绘制方法类似，不同的是，用多边形面绘制倒三角形柱面。自定义例三角形柱状图，如图 5-36 所示。

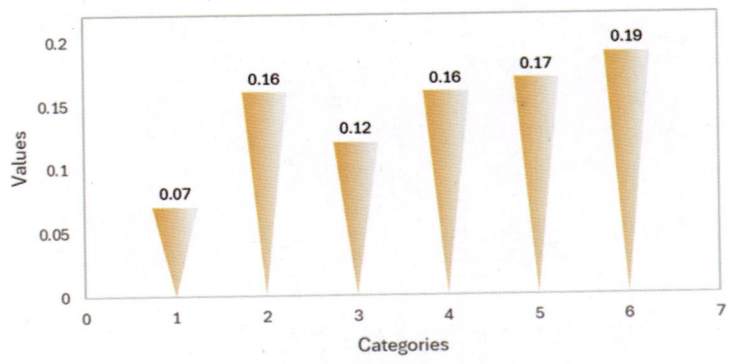

图 5-36　自定义倒三角形柱状图

下面绘制倒三角形柱状图，并用渐变色对倒三角形进行填充，绘制标签。完整代码见"Samples\ch05 创建新图表\34 倒三角形柱状图\py.py"文件。

```
# 省略部分代码
pt=[[0 for _ in range(2)] for _ in range(4)]
#绘制柱面
for i in range(6):
    pt[0][0]=shape_x(cht,i+1-0.25)
    pt[0][1]=shape_y(cht,data[i][1])
    pt[1][0]=shape_x(cht,i+1)
    pt[1][1]=shape_y(cht,0)
    pt[2][0]=shape_x(cht,i+1+0.25)
    pt[2][1]=shape_y(cht,data[i][1])
    pt[3][0]=pt[0][0]
    pt[3][1]=pt[0][1]
    shp=cht.Shapes.AddPolyline(pt)
    shp.Fill.ForeColor.RGB=xw.utils.rgb_to_int((255,192,0))     #渐变色填充
    shp.Fill.TwoColorGradient(2,1)
    shp.Fill.BackColor.RGB=xw.utils.rgb_to_int((240,240,240))
    shp.Line.Visible=False       #隐藏边线

    #绘制标签
    x=shape_x(cht,i+1-0.35)
    y=shape_y(cht,data[i][1]+0.025)
    w=cht.PlotArea.InsideWidth/(ax1.MaximumScale-ax1.MinimumScale)*1
    h=cht.PlotArea.InsideHeight/(ax2.MaximumScale-ax2.MinimumScale)*0.04
    shp2=cht.Shapes.AddLabel(1,x,y,w,h)
    shp2.TextFrame.Characters().Text=str(data[i][1])        #设置标签的内容
    shp2.TextFrame.Characters().Font.Color=xw.utils.rgb_to_int((0,0,0))
    shp2.TextFrame.Characters().Font.Size=8
```

运行上述代码，生成如图 5-36 所示的图表。

5.4   修改已有图表创建新图表

当然，也可以在已有图表的基础上重新渲染图形元素或使用新的图形元素进行表现，从而创建新图表。例如，本节将用单色或渐变色填充两条线之间的区域（用两条线的顶点组合的多边形），创建特殊的面积图。图 5-37 所示为单色填充的效果。

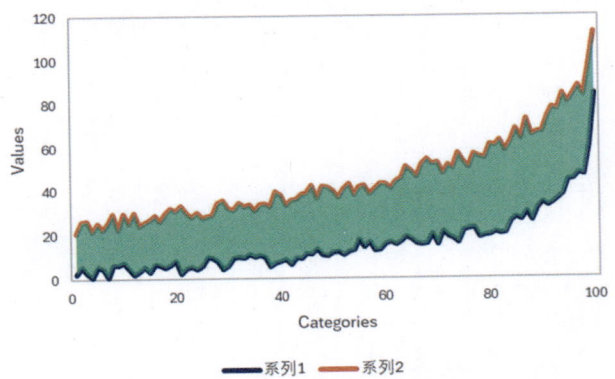

图 5-37　单色填充的效果

下面用两条线的顶点组合一个多边形，并绘制多边形面。注意，在组合时顶点按逆时针方向排列。完整代码见"Samples\ch05 创建新图表\35 填充两条线之间的区域\py.py"文件。

```
root=os.getcwd()                                    #获取当前工作路径
app=xw.App(visible=True,add_book=False)             #创建 Excel 应用
#打开数据文件并返回工作簿对象
wb=app.books.open(root+r'/data.xlsx',read_only=False)
sht=wb.sheets('Sheet1')                             #获取指定工作表
data=sht.range('A1:C100').value                     #获取数据
app.kill()                                          #退出 Excel 应用


#从 comtypes 包中导入 CreateObject 函数
from comtypes.client import CreateObject
app2=CreateObject("Excel.Application")              #创建 Excel 应用
app2.Visible=True                                   #显示应用窗口
wb2=app2.Workbooks.Open(root+r'/data.xlsx')         #添加工作簿
sht2=wb2.Sheets('Sheet1')                           #获取第 1 个工作表


shp=sht2.Shapes.AddChart2()                         #添加图表
shp.Left=20
cht=shp.Chart                                       #获取图表
cht.ChartType=-4169                                 #设置图表类型
ax1=cht.Axes(1)                                     #获取横轴
ax2=cht.Axes(2)                                     #获取纵轴
ax1.MinimumScale=0                                  #设置横轴的最小值
ax1.MaximumScale=101
```

```
ax2.MinimumScale=0                              #设置纵轴的最小值
ax2.MaximumScale=120

set_style(cht)                                  #设置样式

cht.SeriesCollection().NewSeries()              #新建系列

#用两条线的顶点组合一个多边形
pt=[[0 for _ in range(2)] for _ in range(201)]
#注意，顶点按逆时针方向排列
for i in range(100):
    pt[i][0]=shape_x(cht,100-i)
    pt[i][1]=shape_y(cht,data[100-i-1][1])
for i in range(100,200):
    pt[i][0]=shape_x(cht,i-100)
    pt[i][1]=shape_y(cht,data[i-100][2])
pt[200][0]=pt[0][0]                             #设置最后1个点与第1个点重合
pt[200][1]=pt[0][1]

shp=cht.Shapes.AddPolyline(pt)
shp.Fill.ForeColor.RGB=xw.utils.rgb_to_int((76,200,132))    #单色填充
shp.Line.Visible=False                          #隐藏边线
shp.Fill.Transparency=0.3
```

运行上述代码，生成如图 5-37 所示的图表。

下面进行垂向多色渐变色填充。完整代码见 "Samples\ch05 创建新图表\36 填充两条线之间的区域 2\py.py" 文件。

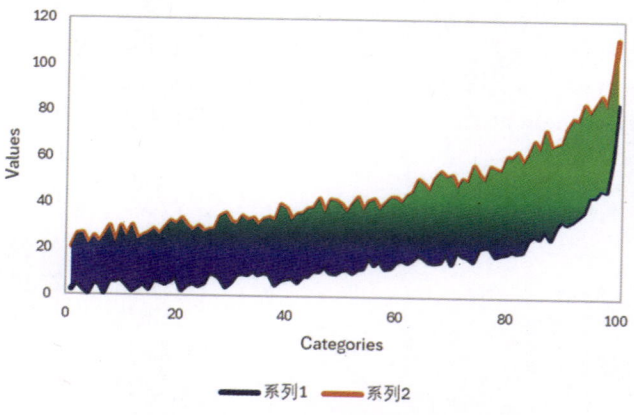

图 5-38　垂向多色渐变色填充的效果

```
# 省略部分代码
shp=cht.Shapes.AddPolyline(pt)
shp.Fill.ForeColor.RGB=xw.utils.rgb_to_int((255,128,0))    #垂向多色渐变色填充
shp.Fill.OneColorGradient(1,1,1)
shp.Fill.GradientStops.Insert(xw.utils.rgb_to_int((0,255,0)),0.5)
shp.Fill.GradientStops.Delete(2)
shp.Fill.GradientStops.Insert(xw.utils.rgb_to_int((0,0,255)),1)
shp.Line.Visible=False                    #隐藏边线
```

运行上述代码，生成如图 5-38 所示的图表。

下面进行水平向多色渐变色填充。完整代码见"Samples\ch05 创建新图表\37 填充两条线之间的区域 3\py.py"文件。

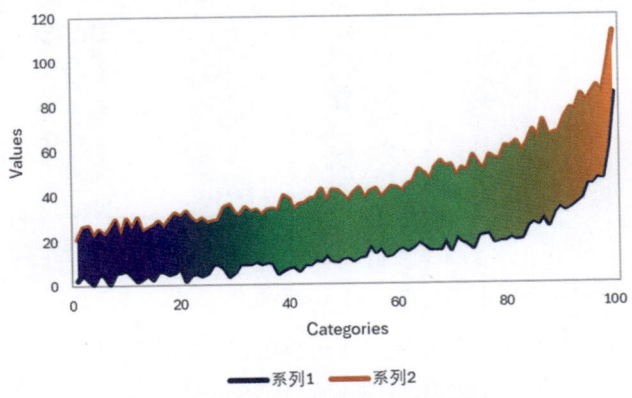

图 5-39　水平向多色渐变色填充的效果

```
# 省略部分代码
shp=cht.Shapes.AddPolyline(pt)
shp.Fill.ForeColor.RGB=xw.utils.rgb_to_int((0,0,255))    #水平向多色渐变色填充
shp.Fill.OneColorGradient(2,1,1)
shp.Fill.GradientStops.Insert(xw.utils.rgb_to_int((0,255,0)),0.5)
shp.Fill.GradientStops.Delete(2)
shp.Fill.GradientStops.Insert(xw.utils.rgb_to_int((255,128,0)),1)
shp.Line.Visible=False                    #隐藏边线
```

运行上述代码，生成如图 5-39 所示的图表。

5.5　组合已有图表创建新图表

前两节介绍了如何用基本图形元素搭建新图表和如何修改已有图表创建新图表，

本节将介绍如何组合已有图表创建新图表。

5.3.3 节介绍了自定义散点柱状图的方法,用绘制多边形面的方法绘制简单柱状图,用绘制点的方法绘制抖动散点图。由此可知,该图表是用基本图形元素搭建而成的。本节仍以散点柱状图为例来演示如何组合已有图表创建新图表。与前面不同的是,本节中用 Shapes 对象的 AddChart2 函数绘制图表,并用逐个添加系列的方式添加柱状图系列和散点图系列。因此,实际上本节是通过组合两种图表来创建散点柱状图的。最终效果如图 5-40 所示。

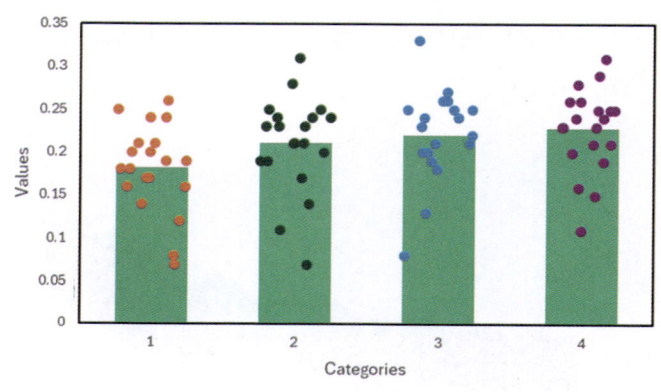

图 5-40　最终效果

注意,绘制散点柱状图之前需要用随机数对各组数据的横坐标进行抖动,以生成抖动散点图。下面绘制散点柱状图。完整代码见"Samples\ch05 创建新图表\38 散点柱状图的另外一种实现\py.py"文件。

```
def draw_rnd_scatter(cht,x,y,n,w):
    cht.SeriesCollection().NewSeries()          #新建系列
    count=cht.SeriesCollection().Count           #获取系列的索引号
    rd=[]
    for i in range(n):
        rd.append(x-w/2+w*np.random.rand(1)[0])  #水平抖动各散点
    cht.SeriesCollection(count).ChartType=-4169   #设置图表类型
    cht.SeriesCollection(count).XValues=rd        #设置横轴数据
    cht.SeriesCollection(count).Values=y          #设置纵轴数据

root=os.getcwd()                                  #获取当前工作路径
app=xw.App(visible=True,add_book=False)           #创建 Excel 应用
#打开数据文件并返回工作簿对象
wb=app.books.open(root+r'/data.xlsx',read_only=False)
sht=wb.sheets('Sheet1')                           #获取指定工作表
```

```
shp=sht.api.Shapes.AddChart2()          #添加图表
shp.Left=20
cht=shp.Chart                           #获取图表
cht.ChartType=xw.constants.ChartType.xlXYScatter     #设置图表类型
ax1=cht.Axes(1)                         #获取横轴
ax2=cht.Axes(2)                         #获取纵轴
ax1.MinimumScale=0                      #设置横轴的最小值
ax1.MaximumScale=4.5
ax2.MinimumScale=0                      #设置纵轴的最小值
ax2.MaximumScale=0.35


set_style(cht)                          #设置样式


data=sht.range('B2:E21').value          #获取数据
dt=np.transpose(data)                   #转置
dt1=dt[0]                               #获取当前行数据，及原始矩阵的列数据
dt2=dt[1]
dt3=dt[2]
dt4=dt[3]
aveg=[0 for _ in range(4)]
aveg[0]=app.api.WorksheetFunction.Average(dt1)      #求各组数据的均值
aveg[1]=app.api.WorksheetFunction.Average(dt2)
aveg[2]=app.api.WorksheetFunction.Average(dt3)
aveg[3]=app.api.WorksheetFunction.Average(dt4)


#绘制简单柱状图
cht.SeriesCollection().NewSeries()      #新建系列
n=cht.SeriesCollection().Count          #获取系列的索引号
cht.SeriesCollection(n).ChartType=xw.constants.ChartType.xlColumnClustered
#设置图表类型
cht.SeriesCollection(n).XValues=[1,2,3,4]           #设置横轴数据
cht.SeriesCollection(n).Values=aveg                 #设置纵轴数据
cht.SeriesCollection(n).Format.Fill.ForeColor.RGB=xw.utils.rgb_to_int((76,
200,132))  #设置颜色
cht.ChartGroups(1).GapWidth=100                     #修改分组之间的距离


#绘制抖动散点图
draw_rnd_scatter(cht,1,dt1,20,0.5)
draw_rnd_scatter(cht, 2, dt2, 20, 0.5)
```

```
draw_rnd_scatter(cht, 3, dt3, 20, 0.5)
draw_rnd_scatter(cht, 4, dt4, 20, 0.5)
```

运行上述代码，生成如图 5-40 所示的图表。

5.6　图形的几何变换

在绘图过程中，经常需要对图形进行几何变换，如平移、旋转、缩放和翻转。Excel 提供了专门的方法来实现图形的几何变换。

5.6.1　几何变换的基本原理

旋转变换会使对象绕 X 轴、Y 轴或 Z 轴旋转，按逆时针方向旋转时角度为正。如果旋转角度为 θ，那么下面的矩阵用于定义绕各轴的旋转变换。

$$\begin{bmatrix} 1 & 0 & 0 & 0 \\ 0 & \cos\theta_X & -\sin\theta_X & 0 \\ 0 & \sin\theta_X & \cos\theta_X & 0 \\ 0 & 0 & 0 & 1 \end{bmatrix} \begin{bmatrix} \cos\theta_Y & 0 & \sin\theta_Y & 0 \\ 0 & 1 & 0 & 0 \\ -\sin\theta_Y & 0 & \cos\theta_Y & 0 \\ 0 & 0 & 0 & 1 \end{bmatrix} \begin{bmatrix} \cos\theta_Z & -\sin\theta_Z & 0 & 0 \\ \sin\theta_Z & \cos\theta_Z & 0 & 0 \\ 0 & 0 & 1 & 0 \\ 0 & 0 & 0 & 1 \end{bmatrix}$$

平移变换是相对于当前位置移动对象的，用 t_X、t_Y 和 t_Z 指定平移距离。下面显示了这些元素在变换矩阵中的位置。

$$\begin{bmatrix} 1 & 0 & 0 & t_X \\ 0 & 1 & 0 & t_Y \\ 0 & 0 & 1 & t_Z \\ 0 & 0 & 0 & 1 \end{bmatrix}$$

缩放变换用于改变对象的大小，用 S_X、S_Y 和 S_Z 指定比例因子。下面显示了这些元素在变换矩阵中的位置。

$$\begin{bmatrix} S_X & 0 & 0 & 0 \\ 0 & S_Y & 0 & 0 \\ 0 & 0 & S_Z & 0 \\ 0 & 0 & 0 & 1 \end{bmatrix}$$

默认的变换矩阵是单位矩阵，可以用 eye 函数创建。下面是单位矩阵。

$$\begin{bmatrix} 1 & 0 & 0 & 0 \\ 0 & 1 & 0 & 0 \\ 0 & 0 & 1 & 0 \\ 0 & 0 & 0 & 1 \end{bmatrix}$$

5.6.2　平移变换

用 Shape 对象的 IncrementLeft 方法可以对该对象所表示的图形进行水平方向的平移。该方法有一个参数，值大于 0 时图形向右平移，值小于 0 时图形向左平移。

用 Shape 对象的 IncrementTop 方法可以对该对象所表示的图形进行垂直方向的平移。该方法有一个参数，值大于 0 时图形向下平移，值小于 0 时图形向上平移。

下面绘制一个矩形面，为其添加水滴预设纹理，并将其向右平移 70 个单位、向下平移 50 个单位。完整代码见"Samples\ch05 创建新图表\39 平移变换\py.py"文件。

```
root=os.getcwd()                                    #获取当前工作路径
app=xw.App(visible=True,add_book=False)             #创建 Excel 应用
#打开数据文件并返回工作簿对象
wb=app.books.open(root+r'/data.xlsx',read_only=False)
sht=wb.sheets('Sheet1')                             #获取指定工作表

shp=sht.api.Shapes.AddChart2()                      #添加图表
shp.Left=20
cht=shp.Chart                                       #获取图表
cht.ChartType=xw.constants.ChartType.xlXYScatter    #设置图表类型
ax1=cht.Axes(1)                                     #获取横轴
ax2=cht.Axes(2)                                     #获取纵轴
ax1.MinimumScale=0                                  #设置横轴的最小值
ax1.MaximumScale=400
ax2.MinimumScale=0                                  #设置纵轴的最小值
ax2.MaximumScale=300

set_style(cht)                                      #设置样式

cht.SeriesCollection().NewSeries()                  #新建系列

x=shape_x(cht,50)
y=shape_y(cht,250)
w=cht.PlotArea.InsideWidth/(ax1.MaximumScale-ax1.MinimumScale)*200
h=cht.PlotArea.InsideHeight/(ax2.MaximumScale-ax2.MinimumScale)*100
shp2=cht.Shapes.AddShape(1,x,y,w,h)                 #绘制矩形面
shp2.Fill.PresetTextured(5)                         #添加水滴预设纹理
shp2.IncrementLeft(70)                              #向右平移 70 个单位
shp2.IncrementTop(50)                               #向下平移 50 个单位
```

平移前、后的图形分别如图 5-41 和图 5-42 所示。

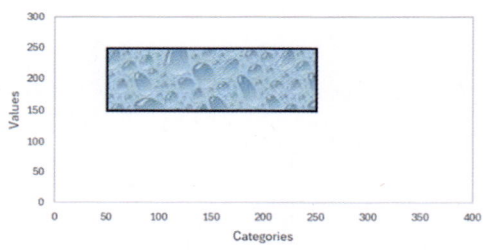

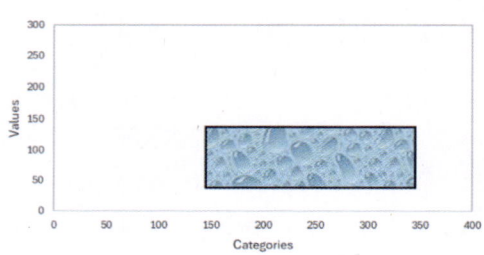

图 5-41　平移前的图形　　　　　　　　图 5-42　平移后的图形

5.6.3　旋转变换

用 Shape 对象的 IncrementRotation 方法可以实现图形的旋转。该方法用于绕 *Z* 轴旋转指定的角度。该方法有一个参数，表示旋转的角度，以度为单位。值为正数时按顺时针方向旋转图形，值为负数时按逆时针方向旋转图形。

下面绘制一个矩形面，为其添加水滴预设纹理，并将其绕 *Z* 轴按顺时针方向旋转 30 度。完整代码见 "Samples\ch05 创建新图表\40 旋转变换\py.py" 文件。

```
#省略部分代码
cht.SeriesCollection().NewSeries()          #新建系列

x=shape_x(cht,100)
y=shape_y(cht,200)
w=cht.PlotArea.InsideWidth/(ax1.MaximumScale-ax1.MinimumScale)*200
h=cht.PlotArea.InsideHeight/(ax2.MaximumScale-ax2.MinimumScale)*100
shp2=cht.Shapes.AddShape(1,x,y,w,h)          #绘制矩形面
shp2.Fill.PresetTextured(5)                  #添加水滴预设纹理
shp2.IncrementRotation(30)                   #按顺时针方向旋转 30 度
```

旋转后的图形如图 5-43 所示。

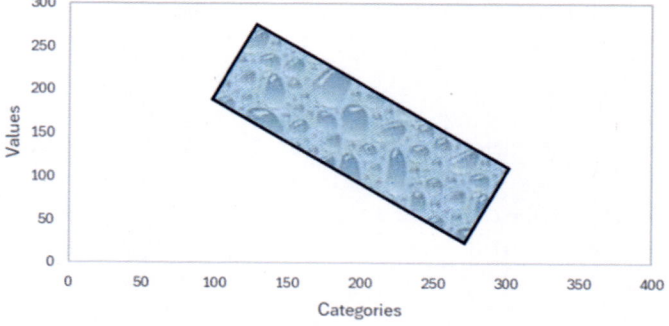

图 5-43　旋转后的图形

5.6.4　缩放变换

缩放变换又称比例变换，用于将指定的图形按照一定的比例放大或缩小。用 Shape 对象的 ScaleWidth 方法和 ScaleHeight 方法可以指定水平方向与垂直方向的缩放比例，实现图形的缩放。

ScaleWidth 方法和 ScaleHeight 方法的参数相同，都有 3 个参数，如表 5-12 所示。

表 5-12　ScaleWidth 方法和 ScaleHeight 方法的参数

名　　称	必需/可选	数据类型	说　　明
Factor	必需	Single	指定图形调整后的宽度与当前或原始宽度的比例
RelativeToOriginalSize	必需	MsoTriState	值为 False 时，相对于其当前大小进行缩放。仅当指定的图形是图片或 OLE 对象时，才能将此参数的值指定为 True
Scale	可选	Variant	MsoScaleFrom 类型的常量之一，指定缩放图形时图形的哪部分保持在原位置

Scale 参数的值为 MsoScaleFrom 类型的常量，表示缩放以后，图形的哪部分保持在原位置。Scale 参数的值如表 5-13 所示。

表 5-13　Scale 参数的值

名　　称	值	说　　明
msoScaleFromBottomRight	2	图形的右下角保持在原位置
msoScaleFromMiddle	1	图形的中点保持在原位置
msoScaleFromTopLeft	0	图形的左上角保持在原位置

下面绘制矩形面，为其添加水滴预设纹理，并将其沿水平方向缩小为原来宽度的 75%，沿垂直方向放大为原来高度的 1.75 倍。完整代码见 "Samples\ch05 创建新图表\41 缩放变换\py.py" 文件。

```
# 省略部分代码
cht.SeriesCollection().NewSeries()          #新建系列

x=shape_x(cht,50)
y=shape_y(cht,250)
w=cht.PlotArea.InsideWidth/(ax1.MaximumScale-ax1.MinimumScale)*200
h=cht.PlotArea.InsideHeight/(ax2.MaximumScale-ax2.MinimumScale)*100
shp2=cht.Shapes.AddShape(1,x,y,w,h)         #绘制矩形面
shp2.Fill.PresetTextured(5)                 #添加水滴预设纹理
shp2.ScaleWidth(0.75, False)
shp2.ScaleHeight(1.75, False)
```

缩放后的图形如图 5-44 所示。

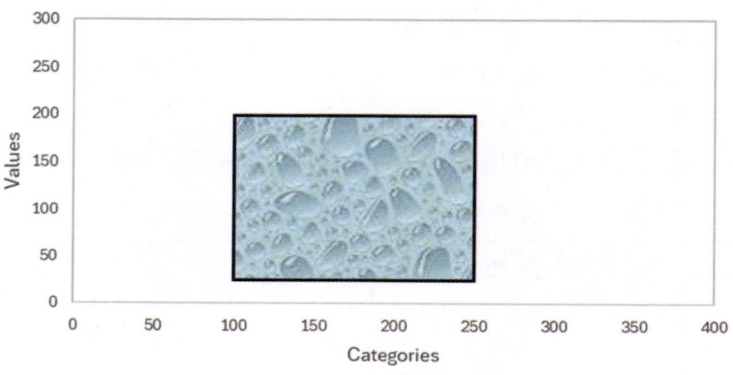

图 5-44　缩放后的图形

5.6.5　翻转变换

翻转变换也叫镜像变换，或对称变换。用 Shape 对象的 Flip 方法可以实现图形的翻转。该方法是相对于水平对称轴或垂直对称轴进行翻转的。该方法有一个参数，用于指定是水平翻转还是垂直翻转。水平翻转与垂直翻转对应的取值分别为 0 和 1。

下面绘制矩形面，为了便于对比，为其添加木纹预设纹理，并对其进行水平翻转和垂直翻转。

水平翻转的部分实现代码如下。完整代码见"Samples\ch05 创建新图表\42 翻转变换\py.py"文件。

```
# 省略部分代码
cht.SeriesCollection().NewSeries()                    #新建系列

x=shape_x(cht,100)
y=shape_y(cht,200)
w=cht.PlotArea.InsideWidth/(ax1.MaximumScale-ax1.MinimumScale)*200
h=cht.PlotArea.InsideHeight/(ax2.MaximumScale-ax2.MinimumScale)*100
shp2=cht.Shapes.AddShape(1,x,y,w,h)                   #绘制矩形面
shp2.Fill.PresetTextured(22)                          #添加木纹预设纹理
shp2.Flip(0)                                          #水平翻转
```

水平翻转前、后的图形分别如图 5-45 和图 5-46 所示。

垂直翻转后的图形如图 5-47 所示。其部分实现代码如下。完整代码见"Samples\ch05 创建新图表\43 翻转变换 2\py.py"文件。

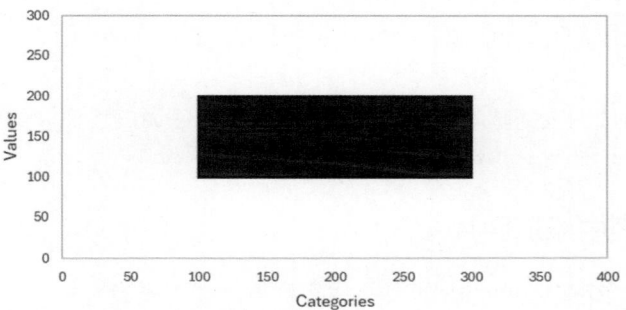

图 5-45 翻转前的图形

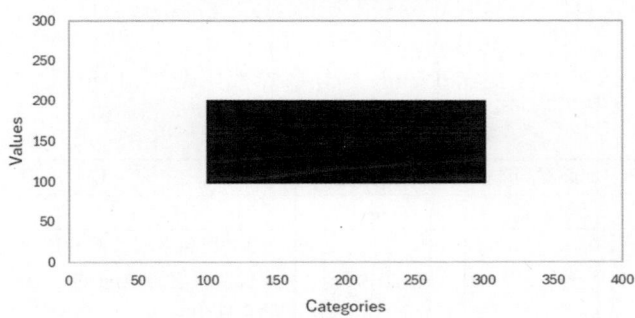

图 5-46 水平翻转后的图形

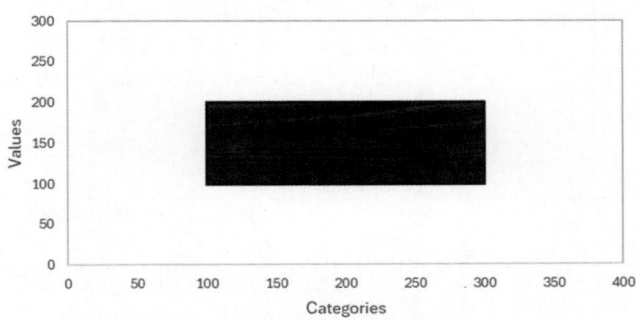

图 5-47 垂直翻转后的图形

```
x=shape_x(cht,100)
y=shape_y(cht,200)
w=cht.PlotArea.InsideWidth/(ax1.MaximumScale-ax1.MinimumScale)*200
h=cht.PlotArea.InsideHeight/(ax2.MaximumScale-ax2.MinimumScale)*100
shp2=cht.Shapes.AddShape(1,x,y,w,h)          #绘制矩形面
shp2.Fill.PresetTextured(22)                 #添加木纹预设纹理
shp2.Flip(1)                                 #进行垂直翻转
```

5.7 图片操作

图片也是组成图表的基本图形元素。常将图片用于面的填充，或直接在图表中添加图片作为标注。本节将介绍图片的添加和几何变换。

5.7.1 在图表中添加图片

用 Shape 对象的 **AddPicture** 方法可以在现有文件中添加图片。该方法用于返回一个表示新图片的 **Shape** 对象。该方法的语法格式为：

```
sht.api.Shapes.AddPicture(FileName,LinkToFile,SaveWithDocument,Left,Top,
Width,Height)
```

其中，**sht** 表示工作表。**AddPicture** 方法的参数如表 5-14 所示。

表 5-14　AddPicture 方法的参数

名　　称	必需/可选	数据类型	说　　明
FileName	必需	String	图片文件名
LinkToFile	必需	MsoTriState	值为 False 时，图片成为文件的独立副本，不链接；值为 True 时，图片被链接到添加它的文件中
SaveWithDocument	必需	MsoTriState	将图片与文件一起保存。值为 False 时，仅将链接信息存储到文件中；值为 True 时，将链接的图片与文件一起保存。如果 LinkToFile 参数的值为 False，那么此参数的值必须为 True
Left	必需	Single	图片左上角相对于文档左侧的位置（以磅为单位）
Top	必需	Single	图片左上角相对于文档顶部的位置（以磅为单位）
Width	必需	Single	图片的宽度（以磅为单位）。注意，输入-1 可保留现有文件的宽度
Height	必需	Single	图片的高度（以磅为单位）。注意，输入-1 可保留现有文件的高度

下面将一张图片添加到图表的坐标系中。完整代码见"Samples\ch05 创建新图表\44 添加图片\py.py"文件。

```
# 省略部分代码
cht.SeriesCollection().NewSeries()                          #新建系列
cht.Shapes.AddPicture(r'd:\picpy.jpg',True,True,100,50,100,100)   #添加图片
```

运行上述代码，生成如图 5-48 所示的图片。

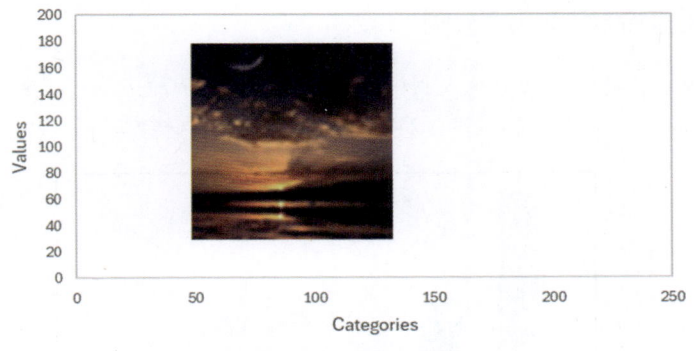

图 5-48　添加图片

5.7.2　图片的几何变换

5.6 节介绍了图形的几何变换，用 Shape 对象提供的方法，可以对指定的图形进行平移变换、旋转变换、缩放变换和翻转变换。

下面创建图片，并对创建的图片连续进行旋转变换和翻转变换。完整代码见 "Samples\ch05 创建新图表\45 图片的几何变换\py.py" 文件。

```
# 省略部分代码
cht.SeriesCollection().NewSeries()              #新建系列

shp2=cht.Shapes.AddPicture(r'd:\picpy.jpg',True,True,100,50,100,100) #添加图片
shp2.IncrementRotation(30)                      #旋转变换
shp2.Flip(0)                                    #翻转变换
```

运行上述代码，生成如图 5-49 所示的图片。注意，翻转变换是在旋转变换结果的基础上进行的，并非针对原始图片。

图 5-49　旋转变换和翻转变换后的图片

5.7.3 在图表中添加图片示例

图 5-50 所示为将一组数据从大到小排列后，绘制的带箭头的柱状图。在该图表中添加的箭头，用于指示简单柱状图中柱面从高到低下降的趋势。

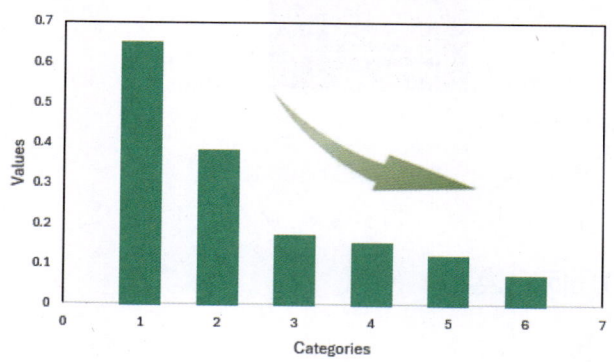

图 5-50 带箭头的柱状图

将箭头导入图表中后，可能需要调整其位置和大小，这就要用到 5.7.2 节介绍的图片几何变换的相关知识。

下面创建柱状图，并添加箭头，对箭头在水平方向和垂直方向上进行缩放，以将其缩放到合适的大小。完整代码见"Samples\ch05 创建新图表\46 在图表中添加图片\py"文件。

```
root=os.getcwd()                            #获取当前工作路径
app=xw.App(visible=True,add_book=False)     #创建 Excel 应用
#打开数据文件并返回工作簿对象
wb=app.books.open(root+r'/data.xlsx',read_only=False)
sht=wb.sheets('Sheet1')                     #获取指定工作表
data=sht.range('B2:B7').value               #获取数据
app.kill()                                  #退出 Excel 应用


#从 comtypes 包中导入 CreateObject 函数
from comtypes.client import CreateObject
app2=CreateObject("Excel.Application")      #创建 Excel 应用
app2.Visible=True                           #显示应用窗口
#app2.ScreenUpdating=False
wb2=app2.Workbooks.Open(root+r'/data.xlsx')     #添加工作簿
sht2=wb2.Sheets('Sheet1')                   #获取第 1 个工作表


shp=sht2.Shapes.AddChart2()                 #添加图表
shp.Left=20
cht=shp.Chart                               #获取图表
```

```
cht.ChartType=-4169                      #设置图表类型
ax1=cht.Axes(1)                          #获取横轴
ax2=cht.Axes(2)                          #获取纵轴
ax1.MinimumScale=0                       #设置横轴的最小值
ax1.MaximumScale=7
ax2.MinimumScale=0                       #设置纵轴的最小值
ax2.MaximumScale=0.7


set_style(cht)                           #设置样式


cht.SeriesCollection().NewSeries()       #新建系列

#绘制柱状图
draw_bar(cht,data[0],1,76,200,132,0.5,False)
draw_bar(cht,data[1],2,76,200,132,0.5,False)
draw_bar(cht,data[2],3,76,200,132,0.5,False)
draw_bar(cht,data[3],4,76,200,132,0.5,False)
draw_bar(cht,data[4],5,76,200,132,0.5,False)
draw_bar(cht,data[5],6,76,200,132,0.5,False)

#添加箭头，并通过几何变换将该图片缩放到合适的大小
x=shape_x(cht,2.6)
y=shape_y(cht,0.55)
w=cht.PlotArea.InsideWidth/(ax1.MaximumScale-ax1.MinimumScale)*4
h=cht.PlotArea.InsideHeight/(ax2.MaximumScale-ax2.MinimumScale)*0.4
shp2=cht.Shapes.AddPicture(r"d:\arrow.png",True,True,x,y,w,h)
shp2.ScaleWidth(0.7, False)
shp2.ScaleHeight(0.7, False)
```

运行上述代码，生成如图 5-50 所示的图片。

5.8　在绘图区自定义图表时可能遇到的几个问题

前面几节介绍了自定义图表的几种方法，在反复试验的过程中，笔者发现以下几个问题，需要引起读者的注意。

5.8.1　图表覆盖问题

5.3.3 节和 5.5 节介绍了绘制散点柱状图的两种方法，前一种方法中的简单柱状图和抖动散点图是通过绘制自定义图形元素来得到的，后一种方法中的简单柱状图和抖动散点图则是通过 Shapes 对象的 AddChart2 方法创建 Chart 对象，并逐个添加系列来

得到的。两种方法得到的散点柱状图都没有什么问题。但是，如果抖动散点图用图表系列绘制，简单柱状图用自定义图形元素绘制，那么绘制的图表就可能出现问题。

测试发现，绘制的自定义图形元素始终位于图表的上方。也就是说，即使先绘制简单柱状图后绘制抖动散点图，简单柱状图也会覆盖抖动散点图，如图 5-51 所示。Excel 这样处理比较好理解，这是因为在绘制图形元素用于标注时，有时需要将其绘制在绘图区以外。此时可以通过设置面和线的透明度来解决覆盖问题。

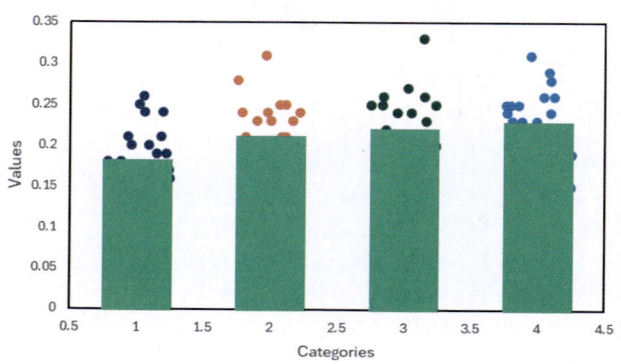

图 5-51   简单柱状图覆盖抖动散点图

实现图 5-51 的完整代码见"Samples\ch05 创建新图表\47 图表覆盖问题\py.py"文件。

5.8.2   图表变形问题

图表绘制完成后，改变图表大小时图表会出现变形。如图 5-52 所示，将如图 5-51 所示的图表中的简单柱状图设置为半透明样式，并在垂直方向上拉伸图表，此时柱状图向上平移，脱离 0 基线。

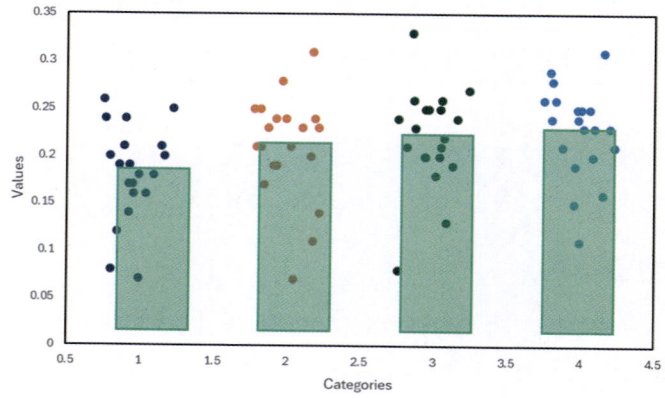

图 5-52   柱状图脱离 0 基线

出现这种问题，是因为绘图区和图表区之间的位置与比例关系发生了变化，导致坐标转换时计算出现偏差。

解决这种问题的方法是创建图表时固定图片大小。

5.8.3　提高绘图的速度

5.3.3 节中在绘制散点柱状图时，用 Python xlwings 绘图时速度比较慢，绘图的过程好像在进行动画演示。此时可以通过设置对象的 ScreenUpdating 属性来加速。在用 Windows 绘图时，画面每发生一次变化，系统都会先清空画面并重新绘制以反映这个变化。但是清空画面和重新绘制需要时间。

ScreenUpdating 属性的作用便是确定是否清空画面和重新绘制。ScreenUpdating 属性的值为 False 时，取消清空画面和重新绘制操作；ScreenUpdating 属性的值为 True 时，开启清空画面和重新绘制操作。在下面的用图形元素绘制散点柱状图的代码中，绘图之前将该属性的值设置为 False，绘制完成之后将该属性的值设置为 True。这样，在绘图过程中将不更新画面，而在绘制完成后将一次性更新画面。这样就节省了中间清空画面和重新绘制的时间。

```
#省略部分代码
from comtypes.client import CreateObject
app2=CreateObject("Excel.Application")        #创建 Excel 应用
app2.Visible=True                             #显示应用窗口
wb2=app2.Workbooks.Open(root+r'/data.xlsx')   #添加工作簿
sht2=wb2.Sheets('Sheet1')                     #获取第 1 个工作表
app2.ScreenUpdating=False                     #取消清空画面和重新绘制操作

shp=sht2.Shapes.AddChart2()                   #添加图表
shp.Left=20
cht=shp.Chart                   #获取图表
#省略部分代码

app2.ScreenUpdating=True        #开启清空画面和重新绘制操作，一次性更新画面
```

完整代码见"Samples\ch05 创建新图表\49 提高自定义绘图的速度\py.py"文件。

第 6 章

分类型图表

　　分类型图表的坐标轴中至少有一个是分类轴，该轴对应的数据用于表示分类，常为字符串。常见的分类型图表有点图、线形图、柱状图、条形图、面积图、饼图和环状图等。

6.1　点图

点图用一组或多组点表示由向量或矩阵定义的数据。点图有一个坐标轴，用于表示分类数据。这个坐标轴可以是横轴，也可以是纵轴。横轴为分类轴的图表被称为点图，纵轴为分类轴的图表被称为滑珠图。后面介绍的散点图也用点集表示点数据，但它的横轴和纵轴都是数值轴，这两种图表的作用完全不同。点图的特点是简洁明了。

6.1.1　简单点图

简单点图用孤立的点表示由向量定义的数据。可以设置和修改点标记的类型、颜色和大小等属性。在 Excel 中通过绘制散点图、绘制点线图并隐藏线，或逐个绘制点都可以实现点图的绘制。

【Excel】

打开"Samples\ch06 分类型图表\01 简单点图\excel.xlsx"文件。选择单元格区域 A2:B11，单击"插入"功能区的"图表"区中的"散点图"图标，在弹出的下拉面板中单击 ⬚ 图标，生成简单点图。单击该图表，根据需要单击右上角的图标可以添加所需的图表元素。双击该图表，可以用右侧面板中的控件进行编辑。图 6-1 所示为创建并编辑后得到的图表。

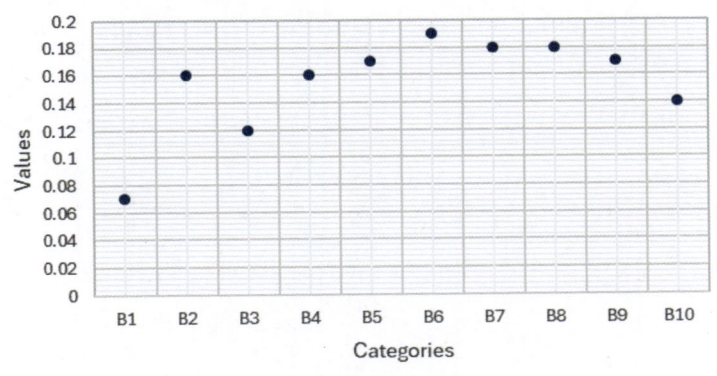

图 6-1　简单点图

【Python xlwings】

下面通过绘制点线图并隐藏线来实现点图的绘制。完整代码见"Samples\ch06 分类型图表\01 简单点图\py.py"文件。

```
import xlwings as xw        #导入 Python xlwings
import os                   #导入 os 包
```

```
root=os.getcwd()                              #获取当前工作路径
app=xw.App(visible=True,add_book=False)       #创建 Excel 应用
#打开数据文件并返回工作簿对象
wb=app.books.open(root+r'/data.xlsx',read_only=False)
sht=wb.sheets('Sheet1')                       #获取指定工作表

sht.api.Range('A2:B11').Select()              #获取数据
shp=sht.api.Shapes.AddChart2(-1, xw.constants.ChartType.xlLineMarkers,
20, 20, 300, 200, True)
cht=shp.Chart                                 #获取图表
cht.SeriesCollection(1).Format.Line.Visible=False       #隐藏线
```

运行上述代码，生成如图 6-1 所示的图表。

6.1.2　复合点图

复合点图用多组不同颜色的简单点图表示多组分类数据。

【Excel】

打开"Samples\ch06 分类型图表\02 复合点图\excel.xlsx"文件。选择单元格区域 A2:C11，单击"插入"功能区的"图表"区中的"散点图"图标，在弹出的下拉面板中单击 图标，生成复合点图。单击该图表，根据需要单击右上角的图标可以添加所需的图表元素。双击该图表，可以用右侧面板中的控件进行编辑。图 6-2 所示为创建并编辑后得到的图表。

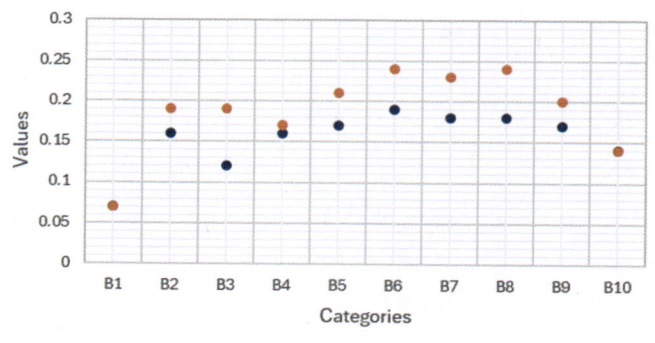

图 6-2　复合点图

【Python xlwings】

下面用 data.xlsx 文件中的数据绘制复合点图。完整代码见"Samples\ch06 分类型

图表\02 复合点图\py.py"文件。

```
# 省略部分代码
sht.api.Range('A2:C11').Select()              #获取数据
shp=sht.api.Shapes.AddChart2(-1, xw.constants.ChartType.xlLineMarkers,
20, 20, 300, 220, True)
cht=shp.Chart                                 #获取图表
cht.SeriesCollection(1).Format.Line.Visible=False      #隐藏线
cht.SeriesCollection(2).Format.Line.Visible=False      #隐藏线
```

运行上述代码，生成如图 6-2 所示的图表。

6.1.3　简单滑珠图

滑珠图实际上是交换横轴和纵轴后的点图。此时纵轴变成了分类轴，横轴变成了数值轴。简单滑珠图用一组点表现一组数据。

【Excel】

打开"Samples\ch06 分类型图表\03 简单滑珠图\excel.xlsx"文件。选择单元格区域 B2:C11，单击"插入"功能区的"图表"区中的"散点图"图标，在弹出的下拉面板中单击 图标，生成简单滑珠图。单击该图表，根据需要单击右上角的图标可以添加所需的图表元素。双击该图表，可以用右侧面板中的控件进行编辑。图 6-3 所示为创建并编辑后得到的图表。

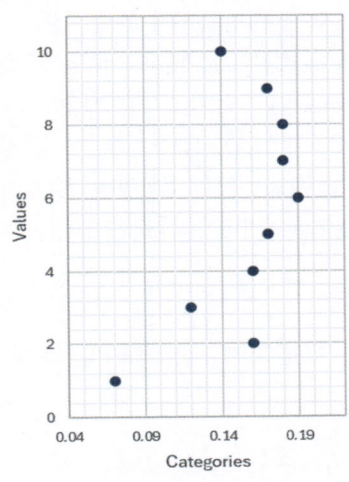

图 6-3　简单滑珠图

【Python xlwings】

下面用 data.xlsx 文件中的数据绘制简单滑珠图。完整代码见"Samples\ch06 分类型图表\03 简单滑珠图\py.py"文件。

```
# 省略部分代码
sht.api.Range('B2:C11').Select()    #获取数据
shp=sht.api.Shapes.AddChart2(-1,xw.constants.ChartType.xlXYScatter,30,
20,200,300,True)
cht=shp.Chart                       #获取图表
#设置横轴与纵轴的最小值和最大值
cht.Axes(1).MinimumScale=0.04
cht.Axes(1).MaximumScale=0.22
cht.Axes(2).MinimumScale=0
cht.Axes(2).MaximumScale=11
```

运行上述代码，生成如图 6-3 所示的图表。

6.1.4 复合滑珠图

复合滑珠图用多组滑珠表示多组分类数据，纵轴是分类轴，横轴是数值轴。复合滑珠图需要添加图例，对各组点所表示的意义进行说明。

【Excel】

打开"Samples\ch06 分类型图表\04 复合滑珠图\excel.xlsx"文件。选择单元格区域 B2:C12，单击"插入"功能区的"图表"区中的"散点图"图标，在弹出的下拉面板中单击 图标，生成简单滑珠图。右击简单滑珠图中的一个点，在弹出的快捷菜单中选择"选择数据"命令，在弹出的对话框中单击"添加"按钮。

在弹出的对话框中，将光标放到"X 轴系列值"文本框中，在工作表中选择单元格区域 C2:C12；删除"Y 轴系列值"文本框中的内容，将光标放到"Y 轴系列值"文本框中，在工作表中选择单元格区域 D2:D12，单击"确定"按钮。继续单击"确定"按钮，生成复合滑珠图。单击该图表，根据需要单击右上角的图标可以添加所需的图表元素。双击该图表，可以用右侧面板中的控件进行编辑。图 6-4 所示为创建并编辑后得到的图表。

【Python xlwings】

下面用 data.xlsx 文件中的数据绘制复合滑珠图。完整代码见"Samples\ch06 分类型图表\04 复合滑珠图\py.py"文件。

```
# 省略部分代码
sht.api.Range('B2:C12').Select()    #获取数据
shp=sht.api.Shapes.AddChart2(-1, xw.constants.ChartType.xlXYScatter, 30,
20, 230, 380, True)
cht=shp.Chart    #获取图表
#清空系列
```

```
count=cht.SeriesCollection().Count
if count>0:
for i in range(count,0,-1):
cht.SeriesCollection(i).Delete()

cht.SeriesCollection().NewSeries()      #新建系列
#设置图表类型
cht.SeriesCollection(1).ChartType=xw.constants.ChartType.xlXYScatter
cht.SeriesCollection(1).XValues=sht.api.Range("B2:B12")
cht.SeriesCollection(1).Values=sht.api.Range("D2:D12")

cht.SeriesCollection().NewSeries()      #新建系列
#设置图表类型
cht.SeriesCollection(2).ChartType=xw.constants.ChartType.xlXYScatter
cht.SeriesCollection(2).XValues=sht.api.Range("C2:C12")
cht.SeriesCollection(2).Values=sht.api.Range("D2:D12")

#设置横轴与纵轴的最小值和最大值
cht.Axes(1).MinimumScale=0.04
cht.Axes(1).MaximumScale=0.28
cht.Axes(2).MinimumScale=0
cht.Axes(2).MaximumScale=12
```

运行上述代码，生成如图 6-4 所示的图表。

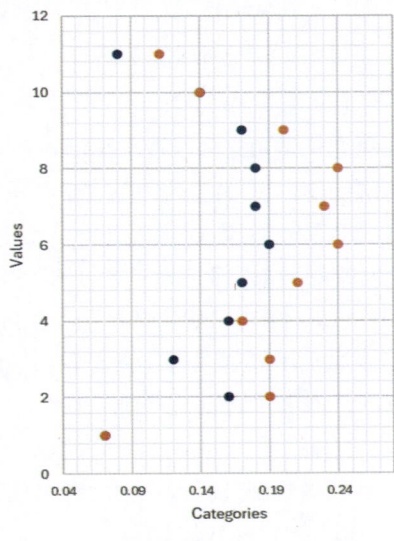

图 6-4　复合滑珠图

6.1.5 分区滑珠图

分区滑珠图用于将同一个系列的滑珠绘制在同一个分区中。图 6-5 所示的分区滑珠图共有两个分区。

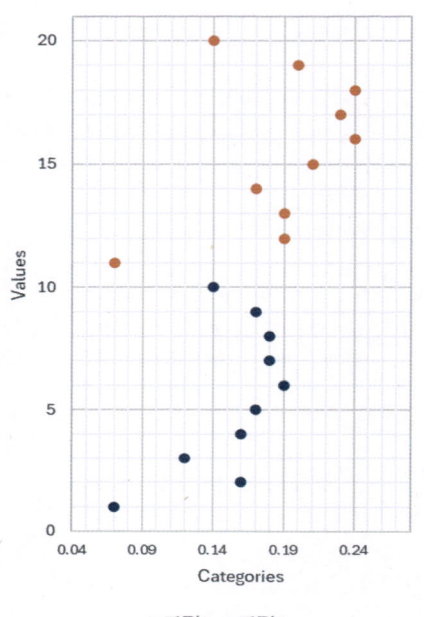

图 6-5 分区滑珠图

【Excel】

打开"Samples\ch06 分类型图表\05 分区滑珠图\excel.xlsx"文件。选择单元格区域 B2:C11，单击"插入"功能区的"图表"区中的"散点图"图标，在弹出的下拉面板中单击 图标，生成简单滑珠图。参照 6.1.4 节，将单元格区域 D2:D11 作为 Y 轴系列值，单击"确定"按钮，生成系列 1。将单元格区域 C2:C11 作为 X 轴系列值，将单元格区域 E2:E11 作为 Y 轴系列值，单击"确定"按钮，生成系列 2。单击该图表，根据需要单击右上角的图标可以添加所需的图表元素。双击该图表，可以用右侧面板中的控件进行编辑。图 6-5 所示为创建并编辑后得到的图表。

【Python xlwings】

下面用 data.xlsx 文件中的数据绘制分区滑珠图。完整代码见"Samples\ch06 分类型图表\05 分区滑珠图\py.py"文件。

```
#省略部分代码
```

```
sht.api.Range('B2:C11').Select()        #获取数据
shp=sht.api.Shapes.AddChart2(-1, xw.constants.ChartType.xlXYScatter, 30,
20, 230, 380, True)
cht=shp.Chart                           #获取图表
#清空系列
count=cht.SeriesCollection().Count
if count>0:
    for i in range(count,0,-1):
        cht.SeriesCollection(i).Delete()


cht.SeriesCollection().NewSeries()      #新建系列
#设置图表类型
cht.SeriesCollection(1).ChartType=xw.constants.ChartType.xlXYScatter
cht.SeriesCollection(1).XValues=sht.api.Range("B2:B11")     #设置横轴数据
cht.SeriesCollection(1).Values=sht.api.Range("D2:D11")      #设置纵轴数据


cht.SeriesCollection().NewSeries()      #新建系列
#设置图表类型
cht.SeriesCollection(2).ChartType=xw.constants.ChartType.xlXYScatter
cht.SeriesCollection(2).XValues=sht.api.Range("C2:C11")     #设置横轴数据
cht.SeriesCollection(2).Values=sht.api.Range("E2:E11")      #设置纵轴数据


#设置横轴与纵轴的最小值和最大值
cht.Axes(1).MinimumScale=0.04
cht.Axes(1).MaximumScale=0.28
cht.Axes(2).MinimumScale=0
cht.Axes(2).MaximumScale=21
```

运行上述代码，生成如图 6-5 所示的图表。

6.1.6　哑铃图

将有两个系列的复合滑珠图中同一个分组的滑珠用直线连接，即可得到哑铃图。哑铃图因形状如一组哑铃而得名。

【Excel】

打开 "Samples\ch06 分类型图表\06 哑铃图\excel.xlsx" 文件。参照 6.1.4 节绘制复合滑珠图，并逐一添加各分组内部两个点的连线。

右击复合滑珠图中的一个点，在弹出的快捷菜单中选择 "选择数据" 命令，在弹出的对话框中单击 "添加" 按钮。在弹出的对话框中，将光标放到 "X 轴系列值" 文本框中，在工作表中选择单元格区域 E4:E5；删除 "Y 轴系列值" 文本框中的内容，将光标放到"Y 轴系列值"文本框中，在工作表中选择单元格区域 F4:F5，单击"确定"按钮。重复以上操作，使用 E 列数据和 F 列数据，绘制完成所有连线，得到哑铃图。

单击该图表，根据需要单击右上角的图标可以添加所需的图表元素。双击该图表，可以用右侧面板中的控件进行编辑。图 6-6 所示为创建并编辑后得到的图表。

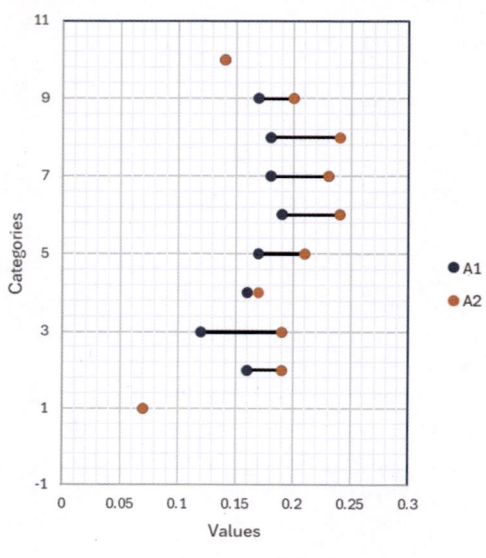

图 6-6　哑铃图

【Python xlwings】

下面用 **data.xlsx** 文件中的数据绘制哑铃图。完整代码见"**Samples\ch06 分类型图表\06 哑铃图\py.py**"文件。

```python
import xlwings as xw              #导入 Python xlwings
import numpy as np                #导入 NumPy 包
import os                         #导入 os 包


def draw_rnd_scatter(cht,x,y,r,g,b):
    '''绘制散点图
    ser=cht.SeriesCollection().NewSeries()                    #新建系列
    ser.ChartType=xw.constants.ChartType.xlXYScatter   #设置图表类型
    ser.XValues=x                 #设置横轴数据
    ser.Values=y                  #设置纵轴数据
    ser.Format.Line.ForeColor.RGB=xw.utils.rgb_to_int((r,g,b))
    ser.Format.Fill.ForeColor.RGB=xw.utils.rgb_to_int((r,g,b))
    ser.MarkerSize=6
```

```
root=os.getcwd()                                #获取当前工作路径
app=xw.App(visible=True,add_book=False)         #创建 Excel 应用
#打开数据文件并返回工作簿对象
wb=app.books.open(root+r'/data.xlsx',read_only=False)
sht=wb.sheets('Sheet1')                         #获取指定工作表

shp=sht.api.Shapes.AddChart2()                  #添加图表
shp.Left=20                                      #设置图表位置和大小
shp.Top=20
shp.Width=250
shp.Height=320
cht=shp.Chart                                    #获取图表
cht.ChartType=xw.constants.ChartType.xlXYScatter        #设置图表类型
ax1=cht.Axes(1)                                  #获取横轴
ax2=cht.Axes(2)                                  #获取纵轴
ax1.MinimumScale=0                               #设置横轴的最小值
ax1.MaximumScale=0.25
ax2.MinimumScale=0                               #设置纵轴的最小值
ax2.MaximumScale=11

set_style(cht)                                   #设置样式

data=sht.range('B2:D11').value                   #获取数据
dt=np.transpose(data)                            #转置
dt1=dt[0]                                         #获取分组数据
dt2=dt[1]
dt3=dt[2]

#绘制线形图
for i in range(10):
    ser=cht.SeriesCollection().NewSeries()       #新建系列
    ser.ChartType=xw.constants.ChartType.xlXYScatterLinesNoMarkers
    ser.XValues=[dt1[i],dt2[i]]
    ser.Values=[dt3[i],dt3[i]]
    ser.Format.Line.ForeColor.RGB=xw.utils.rgb_to_int((0,0,255))
    ser.Format.Line.Weight=1.5

#绘制散点图
draw_rnd_scatter(cht,dt1,dt3,0,0,255)
draw_rnd_scatter(cht,dt2,dt3,255,128,0)
```

运行上述代码，生成如图 6-6 所示的图表。

6.1.7 火柴杆图

在点图的基础上添加各点到坐标轴的垂线即可得到火柴杆图。如果添加的是点到横轴的垂线，那么火柴杆图是垂直的；如果添加的是点到纵轴的垂线，那么火柴杆图是水平的。

【Excel】

打开"Samples\ch06 分类型图表\07 火柴杆图\excel.xlsx"文件。参照 6.1.3 节绘制简单滑珠图，参照 6.1.6 节用 E 列数据和 F 列数据绘制"火柴杆"。单击该图表，根据需要单击右上角的图标可以添加所需的图表元素。双击该图表，可以用右侧面板中的控件进行编辑。图 6-7 所示为创建并编辑后得到的图表。

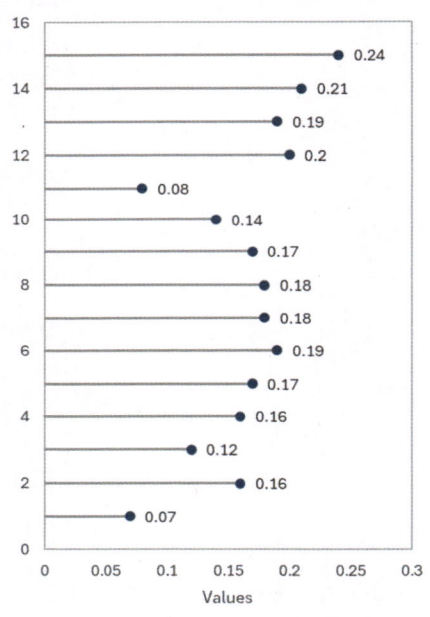

图 6-7 火柴杆图

【Python xlwings】

下面用 data.xlsx 文件中的数据绘制火柴杆图。完整代码见"Samples\ch06 分类型图表\07 火柴杆图\py.py"文件。

```
import xlwings as xw                        #导入 Python xlwings
import numpy as np                          #导入 NumPy 包
import os                                   #导入 os 包

def draw_rnd_scatter(cht,x,y,r,g,b):
```

```
    ser=cht.SeriesCollection().NewSeries()              #新建系列
    ser.ChartType=xw.constants.ChartType.xlXYScatter    #设置图表类型
    ser.XValues=x                                        #设置横轴数据
    ser.Values=y                                         #设置纵轴数据
    #设置散点边线的颜色
    ser.Format.Line.ForeColor.RGB=xw.utils.rgb_to_int((0,0,0))
    #设置散点的填充色
    ser.Format.Fill.ForeColor.RGB=xw.utils.rgb_to_int((r,g,b))
    ser.MarkerSize=6                                     #设置散点的大小

root=os.getcwd()                                         #获取当前工作路径
app=xw.App(visible=True,add_book=False)                  #创建 Excel 应用
#打开数据文件并返回工作簿对象
wb=app.books.open(root+r'/data.xlsx',read_only=False)
sht=wb.sheets('Sheet1')                                  #获取指定工作表

shp=sht.api.Shapes.AddChart2()                           #添加图表
shp.Left=20                                              #设置图表位置和大小
shp.Top=20
shp.Width=220
shp.Height=320
cht=shp.Chart                                            #获取图表
cht.ChartType=xw.constants.ChartType.xlXYScatter         #设置图表类型
ax1=cht.Axes(1)                                          #获取横轴
ax2=cht.Axes(2)                                          #获取纵轴
ax1.MinimumScale=0                                       #设置横轴的最小值
ax1.MaximumScale=0.3
ax2.MinimumScale=0                                       #设置纵轴的最小值
ax2.MaximumScale=16

set_style(cht)                                           #设置样式

data=sht.range('B2:C16').value                           #获取数据
dt=np.transpose(data)                                    #转置
dt1=dt[0]                                                #获取分组数据
dt2=dt[1]

#绘制线形图
for i in range(15):
    ser=cht.SeriesCollection().NewSeries()              #新建系列
    ser.ChartType=xw.constants.ChartType.xlXYScatterLinesNoMarkers
```

```
ser.XValues=[0,dt1[i]]
ser.Values=[dt2[i],dt2[i]]
ser.Format.Line.ForeColor.RGB=xw.utils.rgb_to_int((0,0,255))
ser.Format.Line.Weight=1
```

```
#绘制散点图
draw_rnd_scatter(cht,dt1,dt2,0,0,255)
#不显示图例
cht.HasLegend=False
```

运行上述代码，生成类似于如图 6-7 所示的图表。

6.1.8 棒棒糖图

棒棒糖图与火柴杆图的区别在于，前者的点标记更大，且常常将数据标签放在点标记内部，如图 6-8 所示。

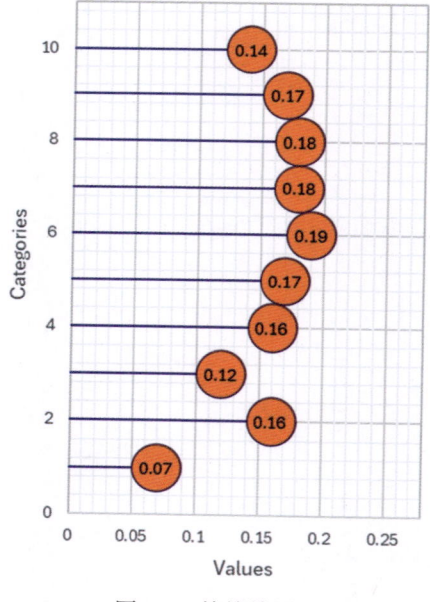

图 6-8 棒棒糖图 1

【Excel】

打开 "Samples\ch06 分类型图表\08 棒棒糖图\excel.xlsx" 文件。参照 6.1.3 节绘制简单滑珠图，参照 6.1.6 节用 E 列数据和 F 列数据绘制 "棒棒糖" 的 "糖棒"。单击该图表，根据需要单击右上角的图标可以添加所需的图表元素。双击该图表，可以用右

侧面板中的控件进行编辑。图 6-9 所示为创建并编辑后得到的图表,其使用了 Excel 的
内置图表样式。

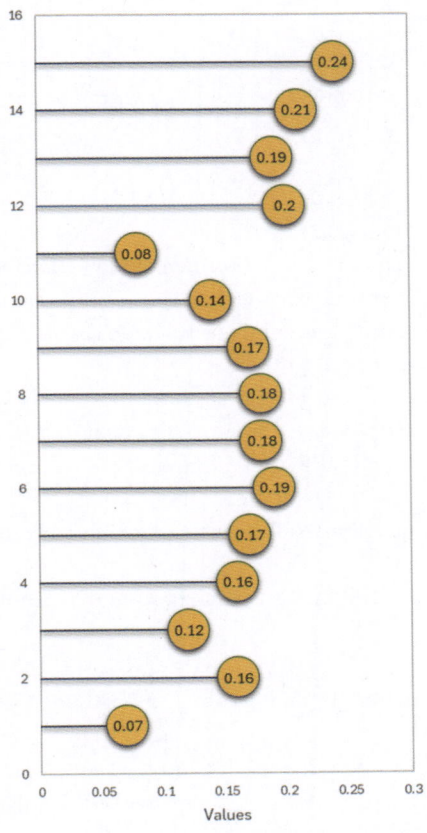

图 6-9 棒棒糖图 2

【Python xlwings】

下面用 data.xlsx 文件中的数据绘制棒棒糖图。完整代码见"Samples\ch06 分类型
图表\08 棒棒糖图\py.py"文件。

```
import xlwings as xw            #导入 Python xlwings
import numpy as np             #导入 NumPy 包
import os                      #导入 os 包

def draw_rnd_scatter(cht,x,y,n,r,g,b):
    '''绘制散点图
    x: 横坐标    y(0 to n-1): 纵坐标
    '''
```

```
ser=cht.SeriesCollection().NewSeries()                    #新建系列
ser.ChartType=xw.constants.ChartType.xlXYScatter          #设置图表类型
ser.XValues=x
ser.Values=y
ser.Format.Line.ForeColor.RGB=xw.utils.rgb_to_int((0,0,0))
ser.Format.Fill.ForeColor.RGB=xw.utils.rgb_to_int((r,g,b))
ser.MarkerSize=22
for i in range(n):                                        #添加数据标签
    lf=shape_x(cht,x[i]-0.04)
    tp=shape_y(cht,y[i]+0.3)
    wd=cht.PlotArea.InsideWidth/(cht.Axes(1).MaximumScale-\
    cht.Axes(1).MinimumScale)*0.08
    ht=cht.PlotArea.InsideHeight/(cht.Axes(2).MaximumScale-\
    cht.Axes(2).MinimumScale)*0.6
    shp=cht.Shapes.AddLabel(1,lf,tp,wd,ht)
    shp.TextFrame2.TextRange.Characters.Text=str(x[i])  #设置标签的内容
    shp.TextFrame2.TextRange.Characters.Font.Size=8     #设置字号
    #设置水平中心对齐
    shp.TextFrame.HorizontalAlignment=xw.constants.HAlign.xlHAlignCenter
    #设置垂直中心对齐
    shp.TextFrame.VerticalAlignment=xw.constants.VAlign.xlVAlignCenter

root=os.getcwd()                                 #获取当前工作路径
app=xw.App(visible=True,add_book=False)          #创建 Excel 应用
#打开数据文件并返回工作簿对象
wb=app.books.open(root+r'/data.xlsx',read_only=False)
sht=wb.sheets('Sheet1')                          #获取指定工作表

shp=sht.api.Shapes.AddChart2()                   #添加图表
shp.Left=20
shp.Top=20
shp.Width=220
shp.Height=320
cht=shp.Chart                                    #获取图表
cht.ChartType=xw.constants.ChartType.xlXYScatter #设置图表类型
ax1=cht.Axes(1)                                  #获取横轴
ax2=cht.Axes(2)                                  #获取纵轴
ax1.MinimumScale=0                               #设置横轴的最小值
ax1.MaximumScale=0.28
ax2.MinimumScale=0                               #设置纵轴的最小值
```

```
ax2.MaximumScale=11

set_style(cht)                              #设置样式

data=sht.range('B2:C11').value              #获取数据
dt=np.transpose(data)
dt1=dt[0]
dt2=dt[1]

#绘制线形图
for i in range(10):
    ser=cht.SeriesCollection().NewSeries()      #新建系列
    ser.ChartType=xw.constants.ChartType.xlXYScatterLinesNoMarkers
    ser.XValues=[0,dt1[i]]
    ser.Values=[dt2[i],dt2[i]]
    ser.Format.Line.ForeColor.RGB=xw.utils.rgb_to_int((0,0,255))
    ser.Format.Line.Weight=1

#绘制散点图
draw_rnd_scatter(cht,dt1,dt2,10,255,128,0)
#不显示图例
cht.HasLegend=False
```

运行上述代码，生成如图 6-9 所示的图表。

6.2 线形图

据统计，科研期刊中用得较多的图表是线形图和柱状图，这是因为它们简单、好用。其中，线形图包括简单线形图、复合线形图和平滑线形图等。

6.2.1 简单线形图

简单线形图用一条线表示一组数据。

【Excel】

打开"Samples\ch06 分类型图表\09 简单线形图\excel.xlsx"文件。选择单元格区域 A2:B11，单击"插入"功能区的"图表"区中的"线形图"图标，在弹出的下拉面板中单击 图标，生成简单线形图。单击该图表，根据需要单击右上角的图标可以添

加所需的图表元素。双击该图表，可以用右侧面板中的控件进行编辑。图 6-10 所示为
创建并编辑后得到的图表。

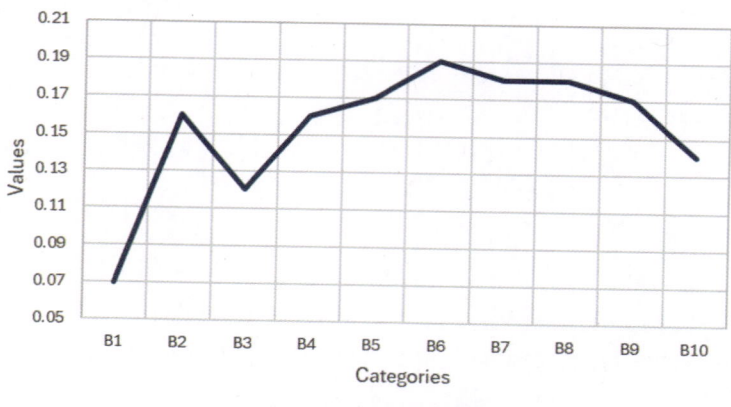

图 6-10　简单线形图

【Python xlwings】

下面用指定数据绘制简单线形图。完整代码见"Samples\ch06 分类型图表\09 简
单线形图\py.py"文件。

```
# 省略部分代码
sht.api.Range('A2:B11').Select()          #获取数据
shp=sht.api.Shapes.AddChart2(-
1,xw.constants.ChartType.xlLine,20,20,350,220,True)
cht=shp.Chart                             #获取图表
```

运行上述代码，生成如图 6-10 所示的图表。

6.2.2　复合线形图

复合线形图用多条线表现矩阵数据，每条线都为一个系列，表现矩阵数据中的一
行。不同的线用不同的颜色、线型或标记区分。复合线形图需要添加图例，以对不同
线所表示的意义进行说明。

【Excel】

打开"Samples\ch06 分类型图表\10 复合线形图\excel.xlsx"文件。选择单元格区
域 A2:C11，单击"插入"功能区的"图表"区中的"线形图"图标，在弹出的下拉面
板中单击 图标，生成复合线形图。单击该图表，根据需要单击右上角的图标可以添
加所需的图表元素。双击该图表，可以用右侧面板中的控件进行编辑。图 6-11 所示为
创建并编辑后得到的图表。

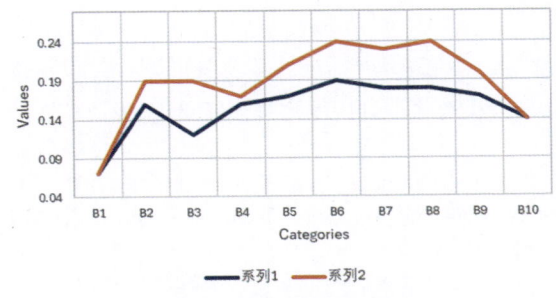

图 6-11　复合线形图

【Python xlwings】

下面用指定的矩阵数据绘制复合线形图。完整代码见"Samples\ch06 分类型图表\10 复合线形图\py.py"文件。

```
# 省略部分代码
sht.api.Range('A2:C11').Select()    #获取数据
shp=sht.api.Shapes.AddChart2(-1, xw.constants.ChartType.xlLine, 20, 20,
350, 220, True)
cht=shp.Chart                          #获取图表
```

运行上述代码，生成如图 6-11 所示的图表。

如果复合线形图中带点标记，那么该图表又被称为点线图。下面用相同的数据绘制带点标记的线形图。

【Excel】

打开"Samples\ch06 分类型图表\11 复合线形图 2\excel.xlsx"文件。选择单元格区域 A2:C11，单击"插入"功能区的"图表"区中的"线形图"图标，在弹出的下拉面板中单击 图标，生成带点标记的复合线形图。单击该图表，根据需要单击右上角的图标可以添加所需的图表元素。双击该图表，可以用右侧面板中的控件进行编辑。图 6-12 所示为创建并编辑后得到的图表。

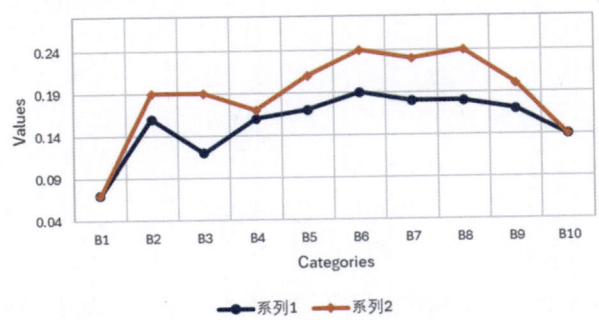

图 6-12　带点标记的复合线形图

【Python xlwings】

下面用指定的矩阵数据绘制带点标记的复合线形图，并设置点标记的类型。完整代码见"Samples\ch06 分类型图表\11 复合线形图 2\py.py"文件。

```
# 省略部分代码
sht.api.Range('A2:C11').Select()              #获取数据
shp=sht.api.Shapes.AddChart2(-1, xw.constants.ChartType.xlLineMarkers,
20, 20, 350, 220, True)
cht=shp.Chart                                 #获取图表
#设置系列 2 中点标记的类型
cht.SeriesCollection(2).MarkerStyle=xw.constants.MarkerStyle.xlMarkerStyleDiamond
```

运行上述代码，生成如图 6-12 所示的图表。

6.2.3　平滑线形图

对绘图数据进行样条插值平滑处理后绘制线形图，此时线条平滑，该图表被称为平滑线形图。在 Excel 中不需要自行平滑数据，可以直接生成平滑线形图。

【Excel】

打开"Samples\ch06 分类型图表\12 平滑线形图\excel.xlsx"文件。选择单元格区域 A2:C11，单击"插入"功能区的"图表"区中的"散点图"图标，在弹出的下拉面板中单击 ⊠ 图标，生成平滑线形图。单击该图表，根据需要单击右上角的图标可以添加所需的图表元素。双击该图表，可以用右侧面板中的控件进行编辑。图 6-13 所示为创建并编辑后得到的图表。

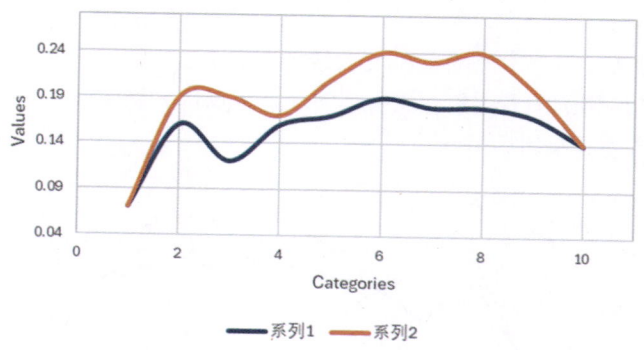

图 6-13　平滑线形图

【Python xlwings】

下面用 data.xlsx 文件中的数据绘制平滑线形图。完整代码见"Samples\ch06 分类型图表\12 平滑线形图\py.py"文件。

```
# 省略部分代码
sht.api.Range('B2:D11').Select()          #获取数据
shp=sht.api.Shapes.AddChart2(-1,
xw.constants.ChartType.xlXYScatterSmoothNoMarkers, \30, 20, 350, 220, True)
cht=shp.Chart                             #获取图表
```

运行上述代码，生成如图 6-13 所示的图表。

6.2.4　纵向线形图

交换普通线形图的横轴和纵轴，即可得到纵向线形图。纵向线形图的纵轴为分类轴、横轴为数值轴。

【Excel】

打开 "Samples\ch06 分类型图表\13 纵向线形图\excel.xlsx" 文件。选择单元格区域 C2:D11，单击 "插入" 功能区的 "图表" 区中的 "线形图" 图标，在弹出的下拉面板中单击 图标，生成带点标记的简单线形图。参照 6.1.4 节，将 X 轴系列值设置为单元格区域 B2:B11，将 Y 轴系列值设置为单元格区域 D2:D11，添加系列 2。单击该图表，根据需要单击右上角的图标可以添加所需的图表元素。双击该图表，可以用右侧面板中的控件进行编辑。图 6-14 所示为创建并编辑后得到的图表。

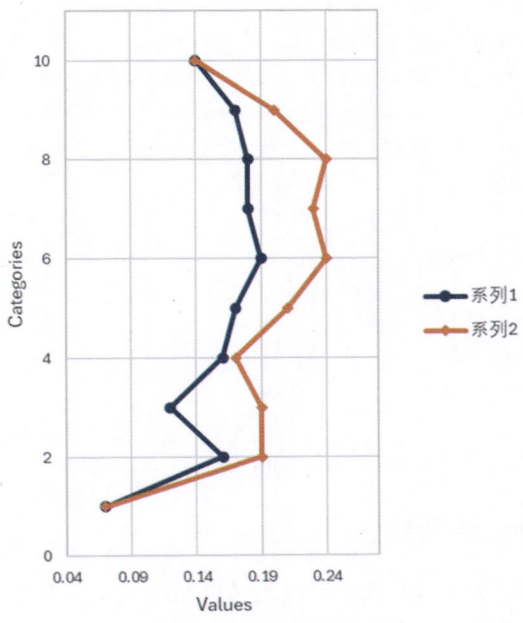

图 6-14　纵向线形图

【Python xlwings】

　　下面用 data.xlsx 文件中的数据绘制纵向线形图。完整代码见 "Samples\ch06 分类型图表\13 纵向线形图\py.py" 文件。

```
# 省略部分代码
sht.api.Range('B2:D11').Select()                    #获取数据
shp=sht.api.Shapes.AddChart2(-1, xw.constants.ChartType.xlXYScatterLines,
30, 20, 270, 350, True)
cht=shp.Chart                                       #获取图表
#清空系列
count=cht.SeriesCollection().Count
if count>0:
    for i in range(count,0,-1):
        cht.SeriesCollection(i).Delete()

cht.SeriesCollection().NewSeries()                  #新建系列
cht.SeriesCollection(1).ChartType=xw.constants.ChartType.xlXYScatterLines
cht.SeriesCollection(1).XValues=sht.api.Range("B2:B12")     #设置横轴数据
cht.SeriesCollection(1).Values=sht.api.Range("D2:D12")      #设置纵轴数据

cht.SeriesCollection().NewSeries()                          #新建系列
cht.SeriesCollection(2).ChartType=xw.constants.ChartType.xlXYScatterLines
cht.SeriesCollection(2).XValues=sht.api.Range("C2:C12")     #设置横轴数据
cht.SeriesCollection(2).Values=sht.api.Range("D2:D12")      #设置纵轴数据
cht.SeriesCollection(2).MarkerStyle=xw.constants.MarkerStyle.
xlMarkerStyleDiamond

#设置横轴与纵轴的最小值和最大值
cht.Axes(1).MinimumScale=0.04
cht.Axes(1).MaximumScale=0.28
cht.Axes(2).MinimumScale=0
cht.Axes(2).MaximumScale=12
cht.HasLegend=True
```

　　运行上述代码，生成如图 6-14 所示的图表。

6.2.5　线形图+渐变色背景

　　如果觉得线形图有点单调，那么可以给线形图添加背景。要给图表添加背景，对绘图区用单色或渐变色填充即可。下面介绍如何用渐变色填充绘图区。

【Excel】

打开"Samples\ch06 分类型图表\14 线形图+渐变色背景\excel.xlsx"文件。参照
6.2.2 节绘制复合线形图。双击绘图区，在右侧面板的"填充"区域中选中"渐变填充"
单选按钮并设置颜色。单击图表，根据需要单击右上角的图标可以添加所需的图表元
素。图 6-15 所示为创建并编辑后得到的图表。

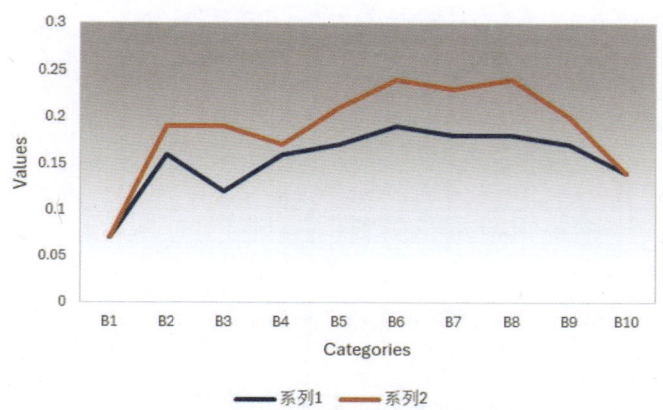

图 6-15　给线形图添加渐变色背景

【Python xlwings】

下面用 data.xlsx 文件中的数据绘制复合线形图，并给该图表添加渐变色背景。完
整代码见"Samples\ch06 分类型图表\14 线形图+渐变色背景\py.py"文件。

```
# 省略部分代码
sht.api.Range('A2:C11').Select()                #获取数据
shp=sht.api.Shapes.AddChart2(-
1,xw.constants.ChartType.xlLine,20,20,350,250,True)
cht=shp.Chart                                   #获取图表
#对绘图区进行渐变色填充
cht.PlotArea.Format.Fill.ForeColor.RGB=xw.utils.rgb_to_int((0,0,255))
cht.PlotArea.Format.Fill.OneColorGradient(1, 1, 1)
```

运行上述代码，生成如图 6-15 所示的图表。

6.2.6　带形图

带形图用带形在三维坐标系中表现一维数组或多个一维数组的数据。

【Excel】

打开"Samples\ch06 分类型图表\15 带形图\excel.xlsx"文件。选择单元格区域

A2:B11，单击"插入"功能区的"图表"区中的"线形图"图标，在弹出的下拉面板中单击 ◇ 图标，生成带形图。单击该图表，根据需要单击右上角的图标可以添加所需的图表元素。双击该图表，可以用右侧面板中的控件进行编辑。图 6-16 所示为创建并编辑后得到的图表。

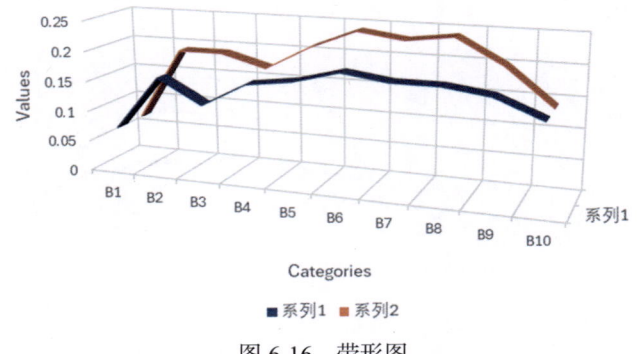

图 6-16　带形图

【Python xlwings】

下面用 data.xlsx 文件中的数据绘制带形图。完整代码见 "Samples\ch06 分类型图表\15 带形图\py.py"。

```
# 省略部分代码
sht.api.Range('A2:C11').Select()     #获取数据
shp=sht.api.Shapes.AddChart2(-1,xw.constants.ChartType.xl3DLine,20,20,
350,250,True)
cht=shp.Chart                        #获取图表
```

运行上述代码，生成如图 6-16 所示的图表。

6.3　柱状图

点图和线形图以比较简洁的形式表现数据，柱状图、面积图和饼图则以大色块表现数据，其更加饱满，更有表现张力。柱状图包括简单柱状图、复合柱状图、堆叠柱状图、百分比堆叠柱状图、重叠柱状图和三维柱状图等，表现形式丰富。第 5 章介绍了柱状图的各种绘制方法，读者可根据需要自行参阅。

6.3.1　简单柱状图

简单柱状图用一组柱面表现一组数据。

【Excel】

打开"Samples\ch06 分类型图表\16 简单柱状图\excel.xlsx"文件。选择单元格区域 A2:B9，单击"插入"功能区的"图表"区中的"柱状图"图标，在弹出的下拉面板中单击 图标，生成简单柱状图。单击该图表，根据需要单击右上角的图标可以添加所需的图表元素。双击该图表，可以用右侧面板中的控件进行编辑。图 6-17 所示为创建并编辑后得到的图表。

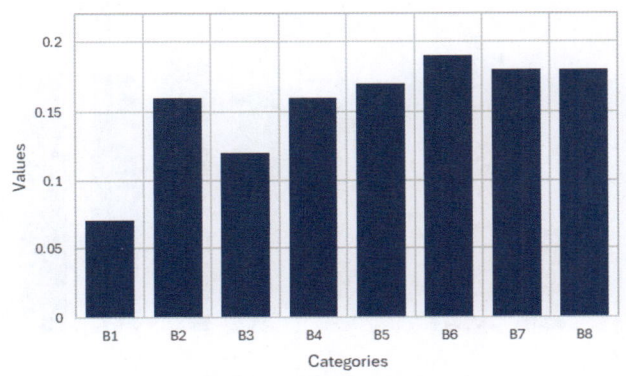

图 6-17　简单柱状图

【Python xlwings】

下面用 data.xlsx 文件中的数据绘制简单柱状图。完整代码见"Samples\ch06 分类型图表\16 简单柱状图\py.py"文件。

```
# 省略部分代码
sht.api.Range('A2:B9').Select()    #获取数据
shp=sht.api.Shapes.AddChart2(-1,xw.constants.ChartType.xlColumnClustered,
20,20,350,250,True)
cht=shp.Chart                        #获取图表
cht.ChartGroups(1).GapWidth=40
```

运行上述代码，生成如图 6-17 所示的图表。

6.3.2　不同色简单柱状图

在学术期刊中经常可以看到柱面的颜色不同的简单柱状图，在 Excel 中，可以通过绘制简单柱状图后逐个修改柱面的颜色来实现。该图表涉及一组多个对象的颜色设置，要注意配色问题。

【Excel】

打开"Samples\ch06 分类型图表\17 不同色简单柱状图\excel.xlsx"文件。选择单

元格区域 **A2:B9**，单击"插入"功能区的"图表"区中的"柱状图"图标，在弹出的下拉面板中单击 图标，生成简单柱状图。双击系列，在右侧面板中单击一个柱面，将状态从选择整个系列变为选择一个柱面，在右侧面板的"填充"区域中选中"纯色填充"单选按钮，设置颜色。重复此过程，给各柱面设置颜色。单击简单柱状图，根据需要单击右上角的图标可以添加所需的图表元素。图 6-18 所示为创建并编辑后得到的图表。

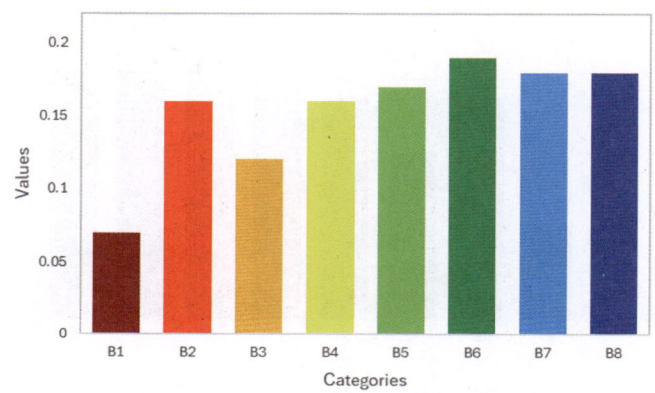

图 6-18　不同色简单柱状图

【**Python xlwings**】

下面用 **data.xlsx** 文件中的数据绘制不同色简单柱状图。完整代码见"Samples\ch06 分类型图表\17 不同色简单柱状图\py.py"文件。

```
# 省略部分代码
sht.api.Range('A2:B9').Select()            #获取数据
shp=sht.api.Shapes.AddChart2(-1,xw.constants.ChartType.xlColumnClustered,
20,20,350,250,True)
cht=shp.Chart                              #获取图表
cht.ChartGroups(1).GapWidth=50
#逐个设置各柱面的颜色
cht.SeriesCollection(1).Points(1).Format.Fill.ForeColor.RGB=xw.utils.rgb
_to_int((192,0,0))
cht.SeriesCollection(1).Points(2).Format.Fill.ForeColor.RGB=xw.utils.rgb
_to_int((255,0,0))
cht.SeriesCollection(1).Points(3).Format.Fill.ForeColor.RGB=xw.utils.rgb
_to_int((255,192,0))
cht.SeriesCollection(1).Points(4).Format.Fill.ForeColor.RGB=xw.utils.rgb
_to_int((255,255,0))
```

```
cht.SeriesCollection(1).Points(5).Format.Fill.ForeColor.RGB=xw.utils.rgb
_to_int((146,208,80))
cht.SeriesCollection(1).Points(6).Format.Fill.ForeColor.RGB=xw.utils.rgb
_to_int((0,176,0))
cht.SeriesCollection(1).Points(7).Format.Fill.ForeColor.RGB=xw.utils.rgb
_to_int((0,176,240))
cht.SeriesCollection(1).Points(8).Format.Fill.ForeColor.RGB=xw.utils.rgb
_to_int((0,112,192))
```

运行上述代码，生成如图 6-18 所示的图表。

6.3.3　渐变色填充简单柱状图

对于简单柱状图的柱面，可以进行垂向渐变色填充，也可以进行水平向渐变色填充。在 Excel 中可以设置填充的渐变色为单色、双色或多色，还可以控制渐变方向。这在第 4 章中有比较详细的介绍。

【Excel】

打开"Samples\ch06 分类型图表\18 渐变色填充简单柱状图\excel.xlsx"文件。选择单元格区域 A2:B9，单击"插入"功能区的"图表"区中的"柱状图"图标，在弹出的下拉面板中单击 图标，生成简单柱状图。双击系列，在右侧面板的"填充"区域中选中"渐变填充"单选按钮，设置颜色。单击简单柱状图，根据需要单击右上角的图标可以添加所需的图表元素。图 6-19 所示为创建并编辑后得到的图表。

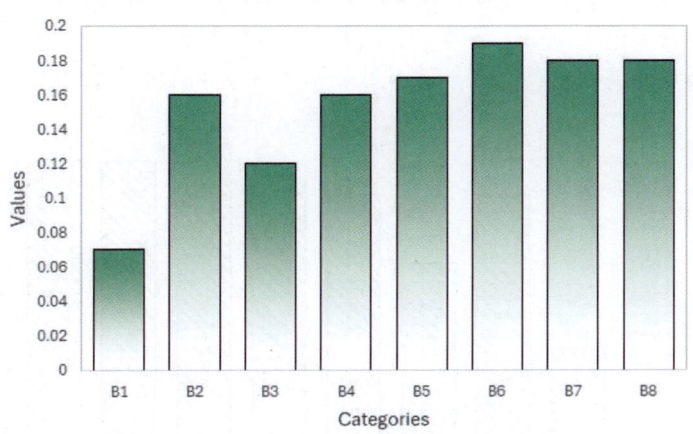

图 6-19　渐变色填充简单柱状图

【Python xlwings】

下面用 data.xlsx 文件中的数据绘制渐变色填充简单柱状图。完整代码见"Samples\

ch06 分类型图表\18 渐变色填充简单柱状图\py.py"文件。

```
#省略部分代码
sht.api.Range('A2:B9').Select()          #获取数据
shp=sht.api.Shapes.AddChart2(-1,xw.constants.ChartType.xlColumnClustered,
20,20,350,250,True)
cht=shp.Chart                            #获取图表
cht.ChartGroups(1).GapWidth=50
#对柱面进行垂向渐变色填充
cht.SeriesCollection(1).Format.Fill.ForeColor.RGB=xw.utils.rgb_to_int((76,
200,132))
cht.SeriesCollection(1).Format.Fill.OneColorGradient(1,1,1)
cht.SeriesCollection(1).Format.Line.ForeColor.RGB=xw.utils.rgb_to_int((0,0,0))
```

运行上述代码，生成如图 6-19 所示的图表。

6.3.4　图案填充简单柱状图

在 Excel 中可以很方便地用图案填充简单柱状图。一些图案是 Excel 预定义的花纹。每种花纹都有一个编号，在使用时指定编号即可。

【Excel】

打开"Samples\ch06 分类型图表\19 图案填充简单柱状图\excel.xlsx"文件。选择单元格区域 A2:B9，单击"插入"功能区的"图表"区中的"柱状图"图标，在弹出的下拉面板中单击 ▮▮ 图标，生成简单柱状图。双击系列，在右侧面板的"填充"区域中选中"图案填充"单选按钮，选择一种图案。单击简单柱状图，根据需要单击右上角的图标可以添加所需的图表元素。图 6-20 所示为创建并编辑后得到的图表。

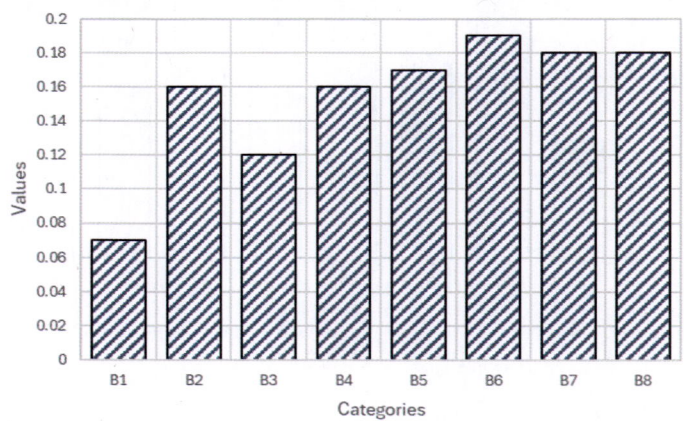

图 6-20　图案填充简单柱状图

【Python xlwings】

下面用 data.xlsx 文件中的数据绘制图案填充简单柱状图。完整代码见 "Samples\ch06 分类型图表\19 图案填充简单柱状图\py.py" 文件。

```
#省略部分代码
sht.api.Range('A2:B9').Select()          #获取数据
shp=sht.api.Shapes.AddChart2(-1,xw.constants.ChartType.xlColumnClustered,
20,20,350,250,True)
cht=shp.Chart                            #获取图表
cht.ChartGroups(1).GapWidth=40
cht.SeriesCollection(1).Format.Fill.Patterned(26)     #对柱面进行图案填充
cht.SeriesCollection(1).Format.Line.ForeColor.RGB=xw.utils.rgb_to_int((0,
0,0))
```

运行上述代码，生成如图 6-20 所示的图表。

6.3.5　图片填充简单柱状图

在 Excel 中还可以用图片填充简单柱状图，以实现一些特殊的效果。

【Excel】

打开 "Samples\ch06 分类型图表\20 图片填充简单柱状图\excel.xlsx" 文件。选择单元格区域 A2:B9，单击 "插入" 功能区的 "图表" 区中的 "柱状图" 图标，在弹出的下拉面板中单击 图标，生成简单柱状图。双击系列，在右侧面板的 "填充" 区域中选中 "图片或纹理填充" 单选按钮，导入要填充的图片，或选择一种预定义的纹理。所谓预定义的纹理，实际上是 Excel 内置的图片。图片可以拉伸显示，也可以堆叠显示。单击简单柱状图，根据需要单击右上角的图标可以添加所需的图表元素。图 6-21 所示为创建并编辑后得到的图表。

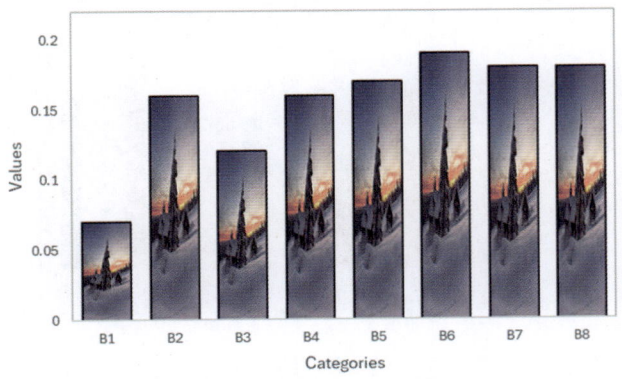

图 6-21　图片填充简单柱状图

【Python xlwings】

下面用 data.xlsx 文件中的数据绘制图片填充简单柱状图。完整代码见 "Samples\ch06 分类型图表\20 图片填充简单柱状图\py.py" 文件。

```
# 省略部分代码
sht.api.Range('A2:B9').Select()            #获取数据
shp=sht.api.Shapes.AddChart2(-1,xw.constants.ChartType.xlColumnClustered,
20,20,350,250,True)
cht=shp.Chart                              #获取图表
cht.ChartGroups(1).GapWidth=40
#对柱面进行图片填充
cht.SeriesCollection(1).Format.Fill.UserPicture('D:/pic.jpg')
cht.SeriesCollection(1).Format.Line.ForeColor.RGB=xw.utils.rgb_to_int((0,
0,0))
```

运行上述代码，生成如图 6-21 所示的图表。

6.3.6 复合柱状图

复合柱状图用于将同一个分组内部的柱面在水平方向上紧凑排列，分组之间的距离较大。

【Excel】

打开 "Samples\ch06 分类型图表\21 复合柱状图\excel.xlsx" 文件。选择单元格区域 A2:C7，单击 "插入" 功能区的 "图表" 区中的 "柱状图" 图标，在弹出的下拉面板中单击 图标，生成复合柱状图。单击该图表，根据需要单击右上角的图标可以添加所需的图表元素。双击该图表，可以用右侧面板中的控件进行编辑。图 6-22 所示为创建并编辑后得到的图表。

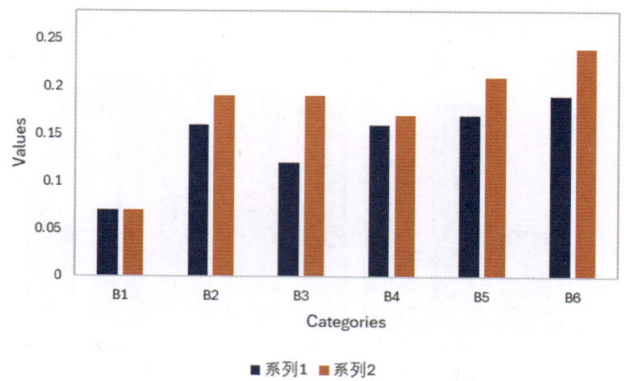

图 6-22 复合柱状图

【Python xlwings】

下面用 data.xlsx 文件中的数据绘制复合柱状图。完整代码见"Samples\ch06 分类型图表\21 复合柱状图\py.py"文件。

```
# 省略部分代码
sht.api.Range('A2:C7').Select()          #获取数据
shp=sht.api.Shapes.AddChart2(-1,xw.constants.ChartType.xlColumnClustered,
20,20,350,250,True)
cht=shp.Chart                             #获取图表
```

运行上述代码，生成如图 6-22 所示的图表。

6.3.7　堆叠柱状图

堆叠柱状图用于将同一个分组内部的柱面在垂直方向上堆叠排列，可以被看作复合柱状图的另一种表现形式。

【Excel】

打开"Samples\ch06 分类型图表\22 堆叠柱状图\excel.xlsx"文件。选择单元格区域 A2:C7，单击"插入"功能区的"图表"区中的"柱状图"图标，在弹出的下拉面板中单击 图标，生成堆叠柱状图。单击该图表，根据需要单击右上角的图标可以添加所需的图表元素。双击该图表，可以用右侧面板中的控件进行编辑。图 6-23 所示为创建并编辑后得到的图表。

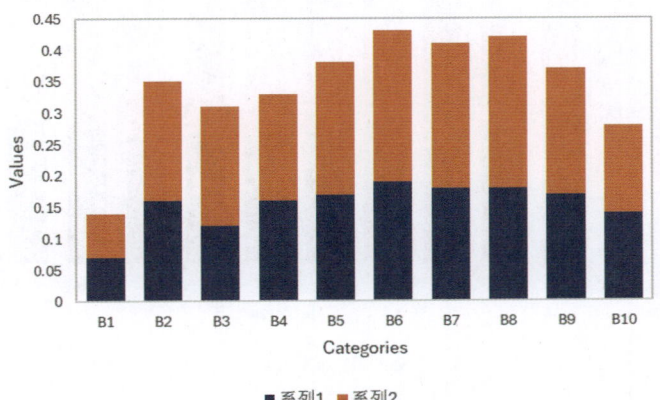

图 6-23　堆叠柱状图

【Python xlwings】

下面用 data.xlsx 文件中的数据绘制堆叠柱状图。完整代码见"Samples\ch06 分类型图表\22 堆叠柱状图\py.py"文件。

```
# 省略部分代码
sht.api.Range('A2:C11').Select()                    #获取数据
shp=sht.api.Shapes.AddChart2(-1,xw.constants.ChartType.xlColumnStacked,
20,20,350,250,True)
cht=shp.Chart                                       #获取图表
cht.ChartGroups(1).GapWidth=50                      #修改分组之间的距离
```
　　运行上述代码，生成如图 6-23 所示的图表。

6.3.8　百分比堆叠柱状图

　　百分比堆叠柱状图也是常见的复合柱状图，它是根据各柱面占其所在分组各柱面高度总和的百分比绘制得到的。因为各分组的百分比总和都是 100%，所以它们对应的堆叠柱面的高度相等。

　　【Excel】

　　打开"Samples\ch06 分类型图表\23 百分比堆叠柱状图\excel.xlsx"文件。选择单元格区域 A2:B11，单击"插入"功能区的"图表"区中的"柱状图"图标，在弹出的下拉面板中单击 图标，生成百分比堆叠柱状图。单击该图表，根据需要单击右上角的图标可以添加所需的图表元素。双击该图表，可以用右侧面板中的控件进行编辑。图6-24 所示为创建并编辑后得到的图表。

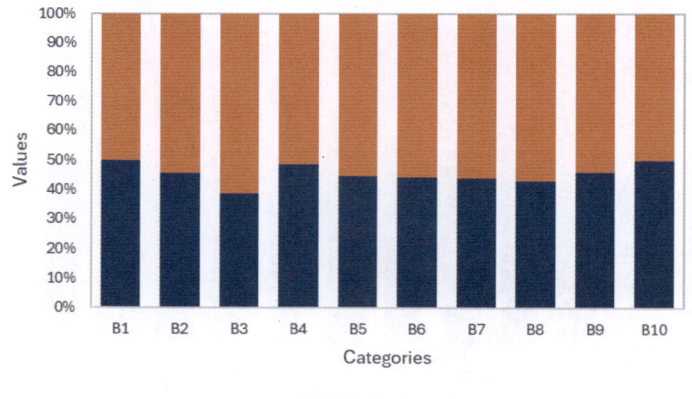

图 6-24　百分比堆叠柱状图

　　【Python xlwings】

　　下面用 data.xlsx 文件中的数据绘制百分比堆叠柱状图。完整代码见"Samples\ch06 分类型图表\23 百分比堆叠柱状图\py.py"文件。

#省略部分代码

```
sht.api.Range('A2:C11').Select()                    #获取数据
shp=sht.api.Shapes.AddChart2(-1,xw.constants.ChartType.xlColumnStacked100,
20,20,350,250,True)
cht=shp.Chart                                       #获取图表
cht.ChartGroups(1).GapWidth=50                      #修改分组之间的距离
```

　　运行上述代码，生成如图 6-24 所示的图表。

6.3.9　重叠柱状图

　　重叠柱状图是特殊的复合柱状图，当分组内部相邻柱面之间的距离为负数时，不同柱面发生重叠。在重叠柱状图中常将柱面设置为半透明样式。

【Excel】

　　打开"Samples\ch06 分类型图表\24 重叠柱状图\excel.xlsx"文件。选择单元格区域 A2:B10，单击"插入"功能区的"图表"区中的"柱状图"图标，在弹出的下拉面板中单击 图标，生成重叠柱状图。双击系列，在右侧面板的"系列选项"区域的"系列重叠"部分中设置柱面重叠的宽度。单击重叠柱状图，根据需要单击右上角的图标可以添加所需的图表元素。图 6-25 所示为创建并编辑后得到的图表。

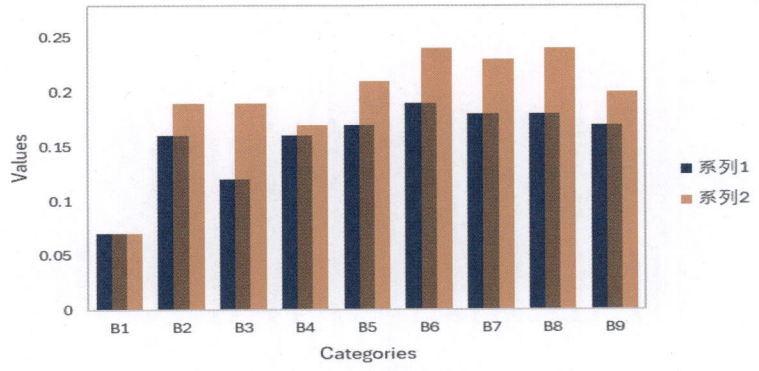

图 6-25　重叠柱状图

【Python xlwings】

　　下面用 data.xlsx 文件中的数据绘制重叠柱状图。完整代码见"Samples\ch06 分类型图表\24 重叠柱状图\py.py"文件。

```
# 省略部分代码
sht.api.Range('A2:C10').Select()                    #获取数据
shp=sht.api.Shapes.AddChart2(-1,xw.constants.ChartType.xlColumnClustered,
20,20,350,250,True)
cht=shp.Chart                                       #获取图表
```

```
cht.ChartGroups(1).GapWidth=50              #修改分组之间的距离
cht.ChartGroups(1).Overlap=50               #修改分组内部柱面重叠的宽度
clr2=cht.SeriesCollection(2).Format.Fill.ForeColor
cht.SeriesCollection(2).Format.Fill.ForeColor=clr2
cht.SeriesCollection(2).Format.Fill.Transparency=0.3

set_style(cht)                              #设置样式
cht.HasLegend=True                          #显示图例
```
运行上述代码，生成如图 6-25 所示的图表。

6.3.10　水平向渐变色填充复合柱状图

6.3.3 节介绍了如何对简单柱状图进行垂向渐变色填充，下面介绍如何对复合柱状图进行水平向渐变色填充。

【Excel】

打开"Samples\ch06 分类型图表\25 水平向渐变色填充复合柱状图\excel.xlsx"文件。选择单元格区域 A2:C10，参照 6.3.6 节绘制复合柱状图，参照 6.3.3 节对各系列进行水平向渐变色填充。图 6-26 所示为创建并编辑后得到的图表。

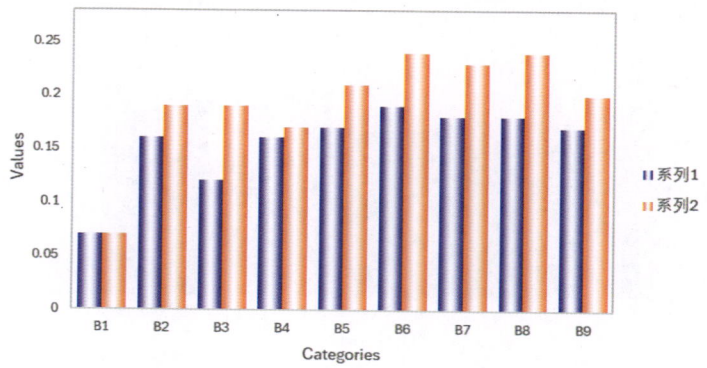

图 6-26　水平向渐变色填充复合柱状图

【Python xlwings】

下面用 data.xlsx 文件中的数据绘制水平向渐变色填充复合柱状图。完整代码见"Samples\ch06 分类型图表\25 水平向渐变色填充复合柱状图\py.py"文件。

```
#省略部分代码
sht.api.Range('A2:C10').Select()            #获取数据
shp=sht.api.Shapes.AddChart2(-1,xw.constants.ChartType.xlColumnClustered,
20,20,400,250,True)
```

```
cht=shp.Chart                           #获取图表
cht.ChartGroups(1).GapWidth=50          #修改分组之间的距离

#设置系列 1 水平向渐变色填充
cht.SeriesCollection(1).Format.Fill.ForeColor.RGB=xw.utils.rgb_to_int((0,
0,255))
cht.SeriesCollection(1).Format.Fill.OneColorGradient(2,1,1)
cht.SeriesCollection(1).Format.Fill.GradientStops.Insert(xw.utils.rgb_to
_int((255,255,255)),0.5)
cht.SeriesCollection(1).Format.Fill.GradientStops.Delete(2)
cht.SeriesCollection(1).Format.Fill.GradientStops.Insert(xw.utils.rgb_to
_int((0,0,255)),1)

#设置系列 2 水平向渐变色填充
cht.SeriesCollection(2).Format.Fill.ForeColor.RGB=xw.utils.rgb_to_int((255,
128,0))
cht.SeriesCollection(2).Format.Fill.OneColorGradient(2,1,1)
cht.SeriesCollection(2).Format.Fill.GradientStops.Insert(xw.utils.rgb_to
_int((255,255,255)),0.5)
cht.SeriesCollection(2).Format.Fill.GradientStops.Delete(2)
cht.SeriesCollection(2).Format.Fill.GradientStops.Insert(xw.utils.rgb_to
_int((255,128,0)),1)

cht.HasLegend=True    #显示图例
```

运行上述代码，生成如图 6-26 所示的图表。

6.3.11　三维柱状图

在 Excel 中可以轻松地绘制多种三维柱状图，如三维简单柱状图、三维复合柱状图、三维堆叠柱状图和三维百分比堆叠柱状图等。根据柱体形状的不同，三维柱状图包括三维圆锥柱状图、三维圆柱柱状图和三维棱锥柱状图等。

【Excel】

打开 "Samples\ch06 分类型图表\26 三维柱状图\excel.xlsx" 文件。选择单元格区域 A1:D7，单击"插入"功能区的"图表"区中的"柱状图"图标，在弹出的下拉面板中单击▥图标，生成三维简单柱状图，如图 6-27（a）所示。重复上面的过程，单击▥图标，生成三维复合柱状图，如图 6-27（b）所示。重复上面的过程，单击▥图标，生成三维堆叠柱状图，如图 6-27（c）所示。重复上面的过程，单击▥图标，生成三维百分比堆叠柱状图，如图 6-27（d）所示。单击图表，根据需要单击右上角的图标可以添加所需的图表元素。双击图表，可以用右侧面板中的控件进行编辑。

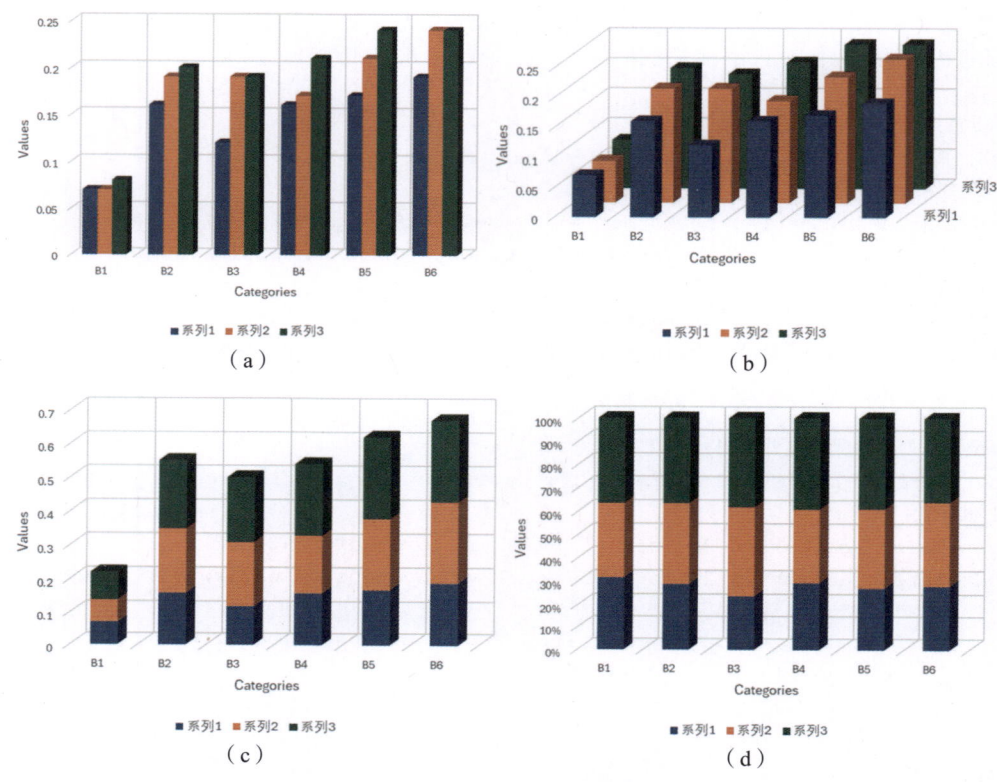

图 6-27　三维柱状图

【Python xlwings】

下面用 **data.xlsx** 文件中的数据绘制不同类型的三维柱状图。完整代码见 "Samples\ch06 分类型图表\26 三维柱状图\py.py" 文件。

```
# 省略部分代码
sht.api.Range('A2:D7').Select()              #获取数据
shp=sht.api.Shapes.AddChart2(-1,xw.constants.ChartType.xl3DColumn,20,20,
350,250,True)
cht=shp.Chart                                #获取图表

# 省略部分代码
sht.api.Range('A2:D7').Select()              #获取数据
shp=sht.api.Shapes.AddChart2(-1,xw.constants.ChartType.xl3DColumnClustered,
20,20,350,250,True)
cht=shp.Chart                                #获取图表

#省略部分代码
```

```
sht.api.Range('A2:D7').Select()          #获取数据
shp=sht.api.Shapes.AddChart2(-1,xw.constants.ChartType.xl3DColumnStacked,
20,20,350,280,True)
cht=shp.Chart                            #获取图表

# 省略部分代码
sht.api.Range('A2:D7').Select()          #获取数据
shp=sht.api.Shapes.AddChart2(-1,\
xw.constants.ChartType.xl3DColumnStacked100,20,20,350,250,True)
cht=shp.Chart                            #获取图表
```

　　运行上述代码，生成如图 6-27 所示的图表。

6.3.12　三维圆锥柱状图

【Excel】

　　打开"Samples\ch06 分类型图表\30 三维圆锥柱状图\excel.xlsx"文件。参照 6.3.11
节生成对应类型的图表。对于各图表，双击系列，在右侧面板的"系列选项"区域的"柱
体形状"部分中选中"完整圆锥"单选按钮。图 6-28 所示为创建并编辑后得到的图表。

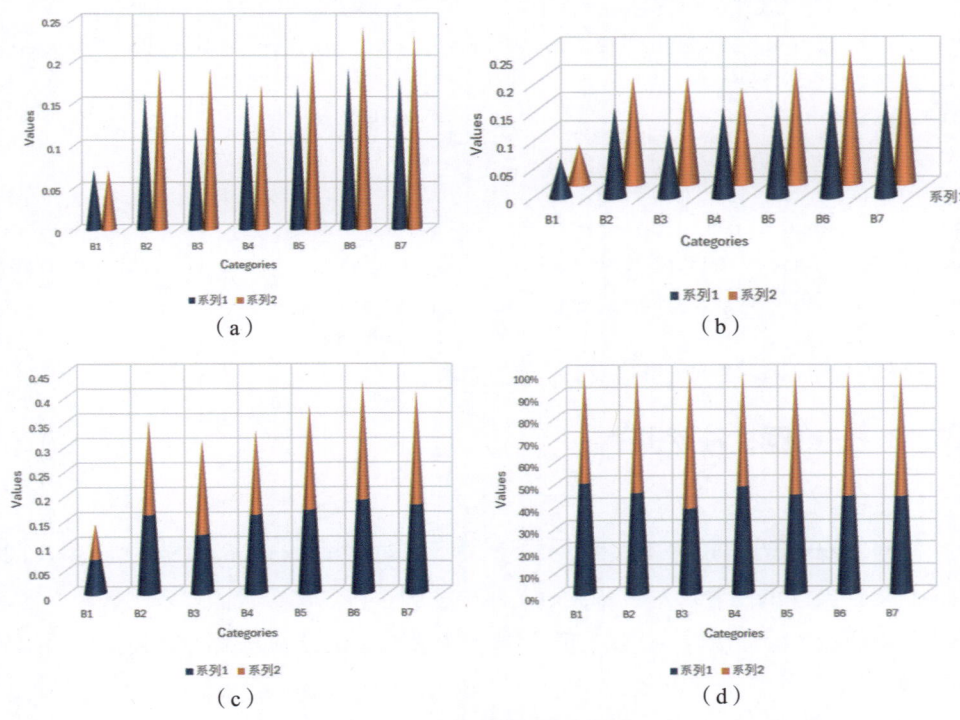

图 6-28　三维圆锥柱状图

【 Python xlwings 】

下面用 **data.xlsx** 文件中的数据绘制三维圆锥柱状图。完整代码见 "Samples\ch06 分类型图表\30 三维圆锥柱状图\py.py" 文件。

```
# 省略部分代码
sht.api.Range('A2:C8').Select()              #获取数据
shp=sht.api.Shapes.AddChart2(-1,xw.constants.ChartType.xlConeCol,20,20,
350,280,True)
cht=shp.Chart                                #获取图表
```

```
# 省略部分代码
sht.api.Range('A2:C8').Select()              #获取数据
shp=sht.api.Shapes.AddChart2(-1,xw.constants.ChartType.xlConeColClustered,
20,20,350,250,True)
cht=shp.Chart                                #获取图表
```

```
# 省略部分代码
sht.api.Range('A2:C8').Select()              #获取数据
shp=sht.api.Shapes.AddChart2(-1,xw.constants.ChartType.xlConeColStacked,
20,20,350,250,True)
cht=shp.Chart                                #获取图表
```

```
# 省略部分代码
sht.api.Range('A2:C8').Select()              #获取数据
shp=sht.api.Shapes.AddChart2(-1,xw.constants.ChartType.xlConeColStacked100,
20,20,350,250,True)
cht=shp.Chart                                #获取图表
```

运行上述代码，生成如图 6-28 所示的图表。

6.3.13　三维圆柱柱状图

【 Excel 】

打开"Samples\ch06 分类型图表\34 三维圆柱柱状图\excel.xlsx"文件。参照 6.3.11 节生成对应类型的图表。对于各图表，双击系列，在右侧面板的"系列选项"区域的"柱体形状"部分中选中"圆柱形"单选按钮。图 6-29 所示为创建并编辑后得到的图表。

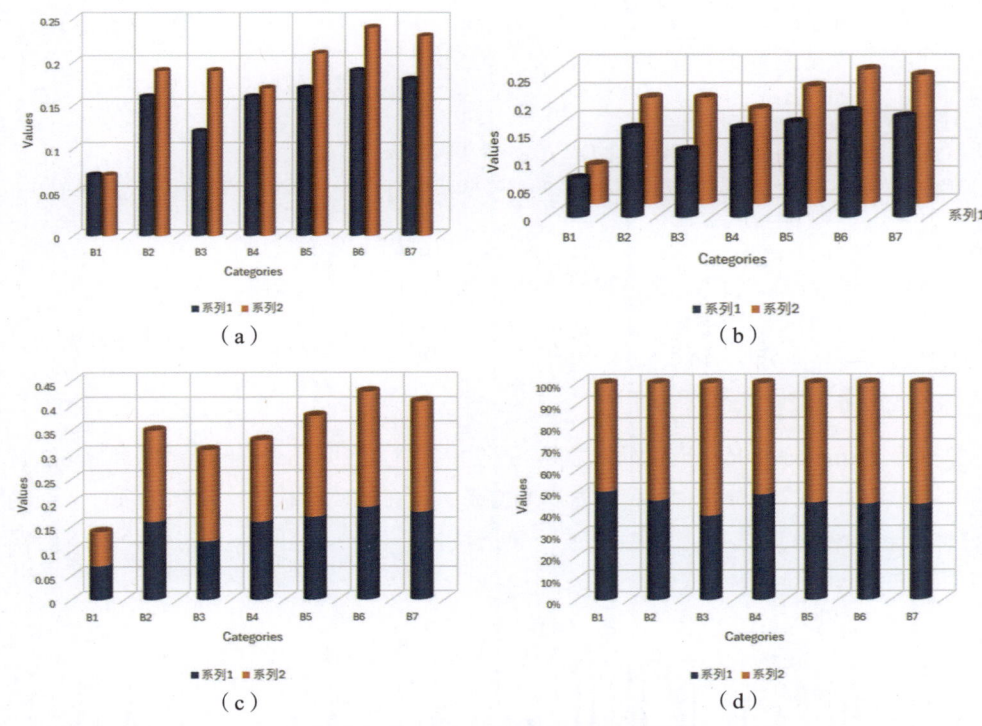

图 6-29　三维圆柱柱状图

【Python xlwings】

下面用 **data.xlsx** 文件中的数据绘制三维圆柱柱状图。完整代码见 "Samples\ch06 分类型图表\34 三维圆柱柱状图\py.py" 文件。

```
# 省略部分代码
sht.api.Range('A2:C8').Select()          #获取数据
shp=sht.api.Shapes.AddChart2(-1,xw.constants.ChartType.xlCylinderCol,20,20,
350,250,True)
cht=shp.Chart                            #获取图表


# 省略部分代码
sht.api.Range('A2:C8').Select()          #获取数据
shp=sht.api.Shapes.AddChart2(-1,xw.constants.ChartType.xlCylinderColClustered,
20,20,350,250,True)
cht=shp.Chart                            #获取图表


# 省略部分代码
sht.api.Range('A2:C8').Select()          #获取数据
shp=sht.api.Shapes.AddChart2(-1,xw.constants.ChartType.xlCylinderColStacked,
```

```
20,20,350,250,True)
cht=shp.Chart                              #获取图表

# 省略部分代码
sht.api.Range('A2:C8').Select()            #获取数据
shp=sht.api.Shapes.AddChart2(-1,xw.constants.ChartType.xlCylinderColStacked100,
20,20,350,250,True)
cht=shp.Chart                              #获取图表
```

　　运行上述代码，生成如图 6-29 所示的图表。

6.3.14　三维棱锥柱状图

【 Excel 】

　　打开"Samples\ch06 分类型图表\38 三维棱锥柱状图\excel.xlsx"文件。参照 6.3.11
节生成对应类型的图表。对于各图表，双击系列，在右侧面板的"系列选项"区域的
"柱体形状"部分中选中"完整棱锥"单选按钮。图 6-30 所示为创建并编辑后得
到的图表。

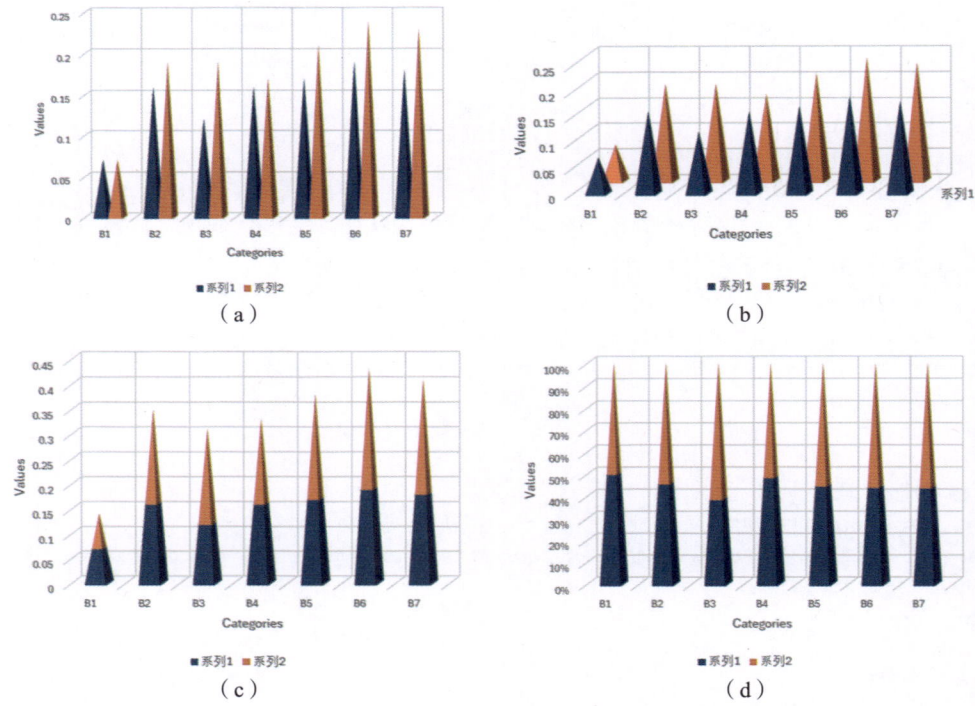

图 6-30　三维棱锥柱状图

【Python xlwings】

下面用 data.xlsx 文件中的数据绘制三维棱锥柱状图。完整代码见"Samples\ch06 分类型图表\38 三维棱锥柱状图\py.py"文件。

```
# 省略部分代码
sht.api.Range('A2:C8').Select()            #获取数据
shp=sht.api.Shapes.AddChart2(-1,xw.constants.ChartType.xlPyramidCol,20,20,
350,250,True)
cht=shp.Chart                              #获取图表


# 省略部分代码
sht.api.Range('A2:C8').Select()            #获取数据
shp=sht.api.Shapes.AddChart2(-1,xw.constants.ChartType.xlPyramidColClustered,
20,20,350,250,True)
cht=shp.Chart                              #获取图表

# 省略部分代码
sht.api.Range('A2:C8').Select()            #获取数据
shp=sht.api.Shapes.AddChart2(-1,xw.constants.ChartType.xlPyramidColStacked,
20,20,350,250,True)
cht=shp.Chart                              #获取图表

# 省略部分代码
sht.api.Range('A2:C8').Select()            #获取数据
shp=sht.api.Shapes.AddChart2(-1,xw.constants.ChartType.xlPyramidColStacked100,
20,20,350,250,True)
cht=shp.Chart                              #获取图表
```

运行上述代码，生成如图 6-30 所示的图表。

6.4　条形图

交换柱状图的横轴和纵轴，得到条形图。柱状图中的柱面是垂直放置的，条形图中的条形则是水平放置的。条形图中的纵轴是分类轴。

6.4.1　二维条形图与三维条形图

【Excel】

打开"Samples\ch06 分类型图表\42 简单条形图\excel.xlsx"文件。选择单元格区域 A2:B8，单击"插入"功能区的"图表"区中的"条形图"图标，在弹出的下拉面板中单击 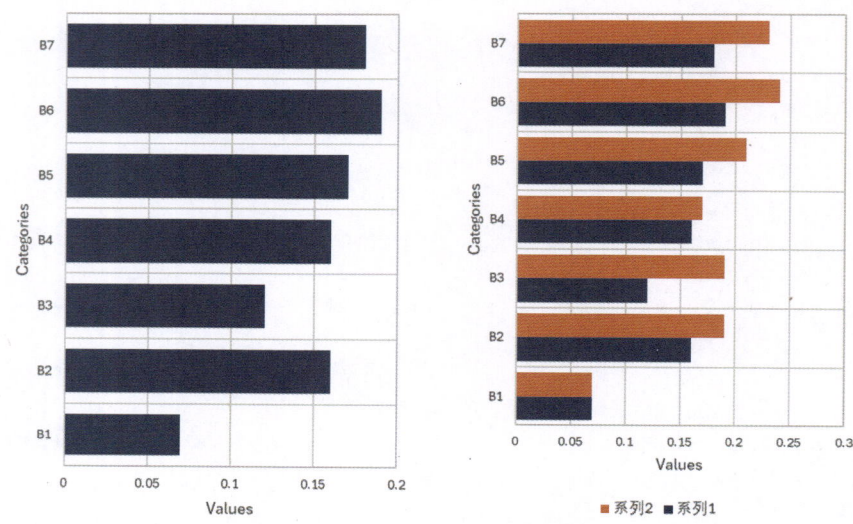 图标，生成简单条形图。选择单元格区域 A2:C8，重复上面的操作，生成复合条形图。单击图表，根据需要单击右上角的图标可以添加所需的图表元素。双击图表，可以用右侧面板中的控件进行编辑。图 6-31 所示为创建并编辑后得到的图表。

图 6-31 二维条形图

【Python xlwings】

下面用 data.xlsx 文件中的数据绘制二维条形图。完整代码见"Samples\ch06 分类型图表\42 简单条形图\py.py"文件。

```
# 省略部分代码
sht.api.Range('A2:B8').Select()              #获取数据
shp=sht.api.Shapes.AddChart2(-1,xw.constants.ChartType.xlBarClustered,20,
20,250,350,True)
cht=shp.Chart                                #获取图表
cht.ChartGroups(1).GapWidth=50               #修改分组之间的距离

# 省略部分代码
sht.api.Range('A2:C8').Select()              #获取数据
shp=sht.api.Shapes.AddChart2(-1,xw.constants.ChartType.xlBarClustered,20,
20,250,350,True)
cht=shp.Chart                                #获取图表
cht.ChartGroups(1).GapWidth=50               #修改分组之间的距离
```

运行上述代码，生成如图 6-31 所示的图表。

【Excel】

打开"Samples\ch06 分类型图表\46 复合条形图 3\excel.xlsx"文件。选择单元格区域 A2:C8，单击"插入"功能区的"图表"区中的"条形图"图标，在弹出的下拉面板中单击█图标，生成三维条形图。参照 6.3.12 节和 6.3.13 节，分别修改长方体为圆锥和圆柱。单击图表，根据需要单击右上角的图标可以添加所需的图表元素。双击图表，可以用右侧面板中的控件进行编辑。图 6-32 所示为创建并编辑后得到的图表。

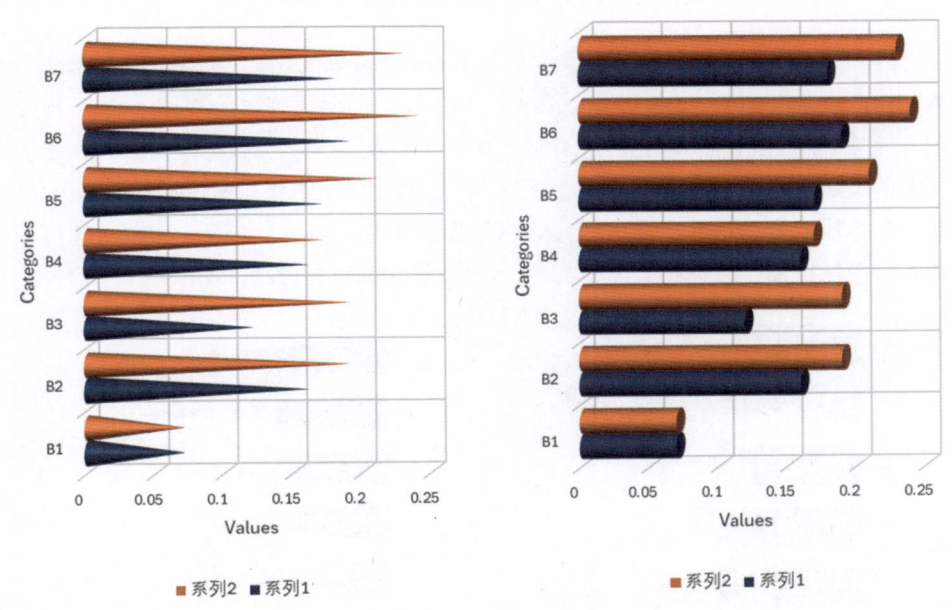

图 6-32　三维条形图

【Python xlwings】

下面用 data.xlsx 文件中的数据绘制复合圆锥条形图。完整代码见"Samples\ch06 分类型图表\45 复合条形图 2\py.py"文件。

```
#省略部分代码
sht.api.Range('A2:C8').Select()                    #获取数据
shp=sht.api.Shapes.AddChart2(-1,xw.constants.ChartType.xlConeBarClustered,
20,20,250,350,True)
cht=shp.Chart                                      #获取图表
cht.ChartGroups(1).GapWidth=50                     #修改分组之间的距离
```

下面用 data.xlsx 文件中的数据绘制复合圆柱条形图。完整代码见"Samples\ch06 分类型图表\46 复合条形图 3\py.py"文件。

```
#省略部分代码
```

```
sht.api.Range('A2:C8').Select()                    #获取数据
shp=sht.api.Shapes.AddChart2(-1,xw.constants.ChartType.xlCylinderBarClustered,\
20,20,250,350,True)
cht=shp.Chart                                      #获取图表
cht.ChartGroups(1).GapWidth=50                     #修改分组之间的距离
```

6.4.2　堆叠条形图

【Excel】

打开"Samples\ch06 分类型图表\48 堆叠条形图\excel.xlsx"文件。选择单元格区域 A2:B8，单击"插入"功能区的"图表"区中的"条形图"图标，在弹出的下拉面板中单击 图标，生成堆叠条形图（参照三维圆锥柱状图、三维圆柱柱状图和三维棱锥柱状图的绘制方法，绘制三维圆锥条形图、三维圆柱条形图和三维棱锥条形图）。单击该图表，根据需要单击右上角的图标可以添加所需的图表元素。双击该图表，可以用右侧面板中的控件进行编辑。图 6-33 所示为创建并编辑后得到的图表。

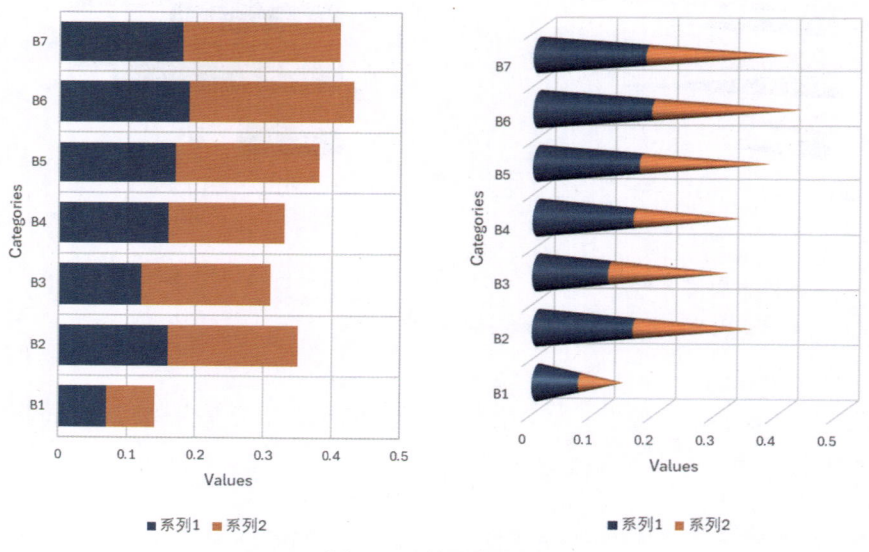

图 6-33　堆叠条形图

【Python xlwings】

下面用 data.xlsx 文件中的数据绘制二维堆叠条形图。完整代码见"Samples\ch06 分类型图表\48 堆叠条形图\py.py"文件。

```
# 省略部分代码
sht.api.Range('A2:D7').Select()                    #获取数据
```

```
shp=sht.api.Shapes.AddChart2(-1,xw.constants.ChartType.xlBarStacked,20,20,
250,350,True)
cht=shp.Chart                          #获取图表
cht.ChartGroups(1).GapWidth=50         #修改分组之间的距离
```

　　下面用 **data.xlsx** 文件中的数据绘制堆叠圆锥条形图。完整代码见 "Samples\ch06 分类型图表\49 堆叠条形图 2\py.py"。

```
# 省略部分代码
sht.api.Range('A2:D7').Select()        #获取数据
shp=sht.api.Shapes.AddChart2(-1,xw.constants.ChartType.xlConeBarStacked,20,
20,250,350,True)
cht=shp.Chart                          #获取图表
cht.ChartGroups(1).GapWidth=50         #修改分组之间的距离
```

6.4.3　百分比堆叠条形图

【Excel】

　　打开 "Samples\ch06 分类型图表\52 百分比堆叠条形图\excel.xlsx" 文件。选择单元格区域 A2:B8，单击 "插入" 功能区的 "图表" 区中的 "条形图" 图标，在弹出的下拉面板中单击 ▤ 图标，生成百分比堆叠条形图。单击该图表，根据需要单击右上角的图标可以添加所需的图表元素。双击该图表，可以用右侧面板中的控件进行编辑。图 6-34 所示为创建并编辑后得到的图表。

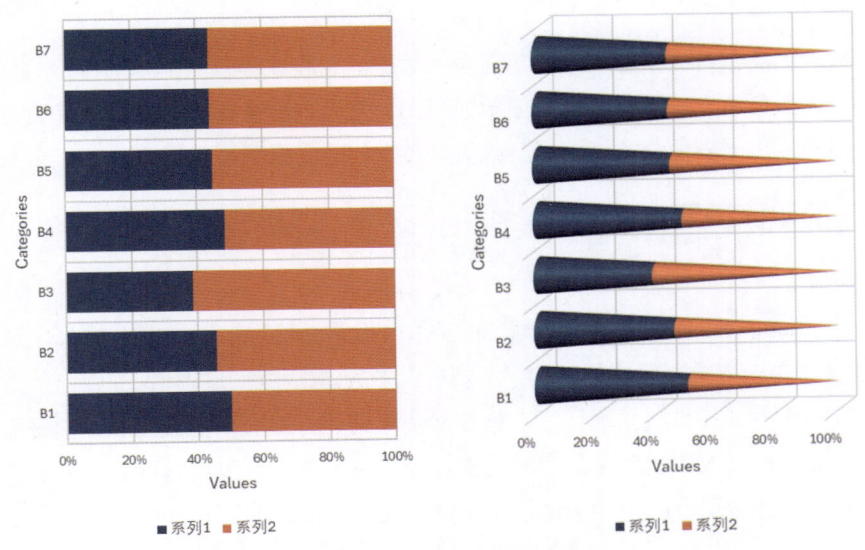

图 6-34　百分比堆叠条形图

【Python xlwings】

下面用 data.xlsx 文件中的数据绘制二维百分比堆叠条形图。完整代码见 "Samples\ch06 分类型图表\52 百分比堆叠条形图\py.py" 文件。

```
# 省略部分代码
sht.api.Range('A2:D7').Select()          #获取数据
shp=sht.api.Shapes.AddChart2(-1,xw.constants.ChartType.xlBarStacked100,20,
20,250,350,True)
cht=shp.Chart                            #获取图表
cht.ChartGroups(1).GapWidth=50           #修改分组之间的距离
```

下面用 data.xlsx 文件中的数据绘制百分比堆叠圆锥条形图。完整代码见 "Samples\ch06 分类型图表\53 百分比堆叠条形图 2\py.py" 文件。

```
# 省略部分代码
sht.api.Range('A2:D7').Select()          #获取数据
shp=sht.api.Shapes.AddChart2(-1,xw.constants.ChartType.xlConeBarStacked100,
20,20,250,350,True)
cht=shp.Chart                            #获取图表
cht.ChartGroups(1).GapWidth=50           #修改分组之间的距离
```

6.5　面积图

与柱状图类似，面积图也主要用面表示数据。它将连接各点得到的线段与横轴围成的区域用颜色填充。面积图包括简单面积图、复合面积图、堆叠面积图和百分比堆叠面积图等，用于表现分类型数据、数值型数据和时间系列型数据等。

6.5.1　简单面积图

【Excel】

打开 "Samples\ch06 分类型图表\56 简单面积图\excel.xlsx" 文件。选择单元格区域 A1:B10，单击"插入"功能区的"图表"区中的"面积图"图标，在弹出的下拉面板中单击 图标，生成简单面积图。设置面为半透明样式。单击该图表，根据需要单击右上角的图标可以添加所需的图表元素。双击该图表，可以用右侧面板中的控件进行编辑。图 6-35 所示为创建并编辑后得到的图表。

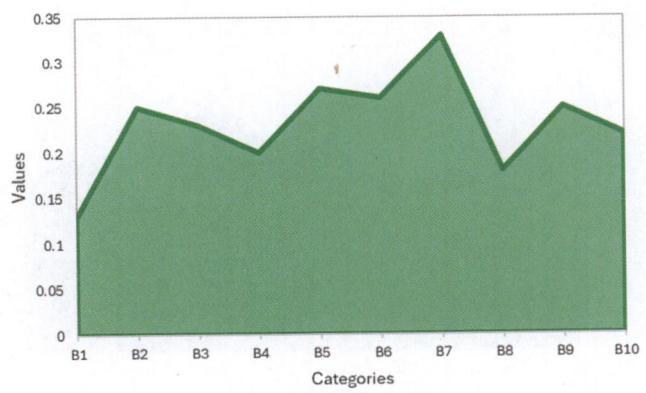

图 6-35 简单面积图

【Python xlwings】

下面用 **data.xlsx** 文件中的数据绘制简单面积图。完整代码见"Samples\ch06 分类型图表\56 简单面积图\py.py"文件。

```
# 省略部分代码
sht.api.Range('A1:B10').Select()                    #获取数据
shp=sht.api.Shapes.AddChart2(-1,xw.constants.ChartType.xlArea,20,20,350,
250,True)
cht=shp.Chart                                       #获取图表
#单色填充
cht.SeriesCollection(1).Format.Fill.ForeColor.RGB=xw.utils.rgb_to_int((0,
176,80))
cht.SeriesCollection(1).Format.Fill.Transparency=0.5
#设置边线的颜色
cht.SeriesCollection(1).Format.Line.ForeColor.RGB=xw.utils.rgb_to_int((0,
176,80))
cht.SeriesCollection(1).Format.Line.Weight=3        #设置线宽
```

运行上述代码，生成如图 6-35 所示的图表。

6.5.2 复合面积图

【Excel】

打开"Samples\ch06 分类型图表\57 复合面积图\excel.xlsx"文件。选择单元格区域 A1:C10，单击"插入"功能区的"图表"区中的"面积图"图标，在弹出的下拉面板中单击图标，生成复合面积图。设置两个系列的面均为半透明样式。单击该图表，根据需要单击右上角的图标可以添加所需的图表元素。双击该图表，可以用右侧面板中的控件进行编辑。图 6-36 所示为创建并编辑后得到的图表。

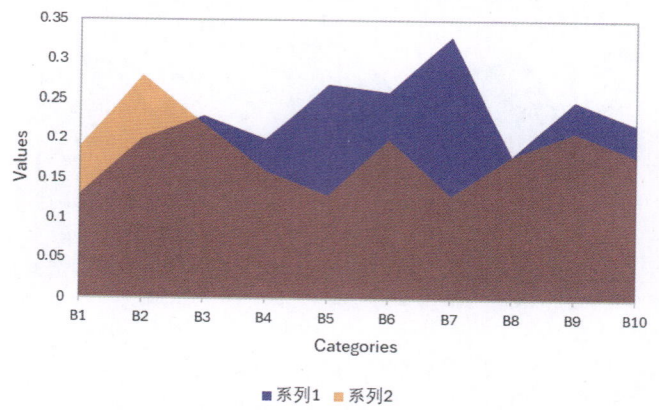

图 6-36　复合面积图

【Python xlwings】

下面用 data.xlsx 文件中的数据绘制复合面积图。完整代码见"Samples\ch06 分类型图表\57 复合面积图\py.py"文件。

```
# 省略部分代码
sht.api.Range('A1:C10').Select()               #获取数据
shp=sht.api.Shapes.AddChart2(-1,xw.constants.ChartType.xlArea,20,20,350,
250,True)
cht=shp.Chart                                   #获取图表
#设置系列 1 的颜色
cht.SeriesCollection(1).Format.Fill.ForeColor.RGB=xw.utils.rgb_to_int ((0,
0,255))
#设置系列 2 的颜色
cht.SeriesCollection(2).Format.Fill.ForeColor.RGB=xw.utils.rgb_to_int
((255,128,0))
cht.SeriesCollection(1).Format.Fill.Transparency=0.5 #设置系列 1 的面为半透明样式
cht.SeriesCollection(2).Format.Fill.Transparency=0.5 #设置系列 2 的面为半透明样式
```

运行上述代码，生成如图 6-36 所示的图表。

6.5.3　堆叠面积图

【Excel】

打开"Samples\ch06 分类型图表\58 堆叠面积图\excel.xlsx"文件。选择单元格区域 A1:C10，单击"插入"功能区的"图表"区中的"面积图"图标，在弹出的下拉面

板中单击 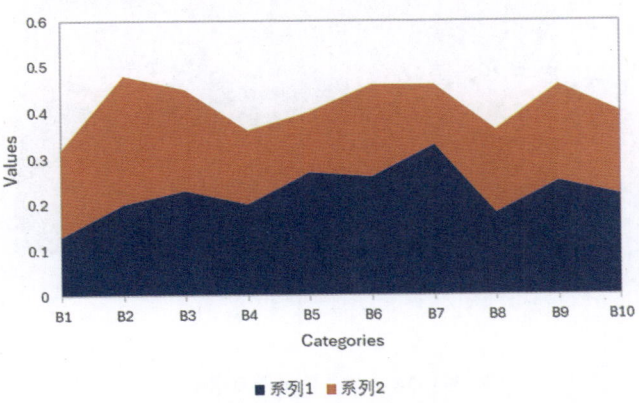图标，生成堆叠面积图。单击该图表，根据需要单击右上角的图标可以添加所需的图表元素。双击该图表，可以用右侧面板中的控件进行编辑。图 6-37 所示为创建并编辑后得到的图表。

图 6-37　堆叠面积图

【Python xlwings】

下面用 data.xlsx 文件中的数据绘制堆叠面积图。完整代码见 "Samples\ch06 分类型图表\58 堆叠面积图\py.py" 文件。

```
# 省略部分代码
sht.api.Range('A1:C10').Select()              #获取数据
shp=sht.api.Shapes.AddChart2(-1,xw.constants.ChartType.xlAreaStacked,20,20,
350,250,True)
cht=shp.Chart                                 #获取图表
```

运行上述代码，生成如图 6-37 所示的图表。

6.5.4　百分比堆叠面积图

绘制百分比堆叠面积图之前，需要先转换绘图数据。在面积图中，由各面顶部对应的线构成一个系列，由横轴各分类处不同系列的点构成一个分组。数据转换就是计算分组内部的各值与所在分组所有值的和的百分比。利用百分比可以绘制百分比堆叠面积图。

【Excel】

打开 "Samples\ch06 分类型图表\59 百分比堆叠面积图\excel.xlsx" 文件。选择单元格区域 A1:C10，单击 "插入" 功能区的 "图表" 区中的 "面积图" 图标，在弹出的下拉面板中单击 图标，生成百分比堆叠面积图。单击该图表，根据需要单击右上角的图标可以添加所需的图表元素。双击该图表，可以用右侧面板中的控件进行编辑。
图 6-38 所示为创建并编辑后得到的图表。

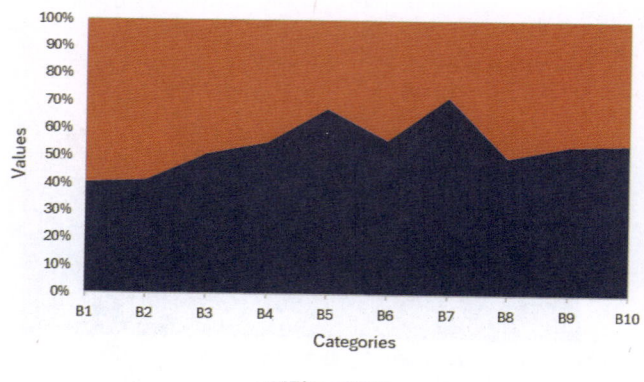

图 6-38　百分比堆叠面积图

【Python xlwings】

　　下面用 **data.xlsx** 文件中的数据绘制百分比堆叠面积图。完整代码见 "Samples\ch06
分类型图表\59 百分比堆叠面积图\py.py" 文件。

```
#省略部分代码
sht.api.Range('A1:C10').Select()          #获取数据
shp=sht.api.Shapes.AddChart2(-1,xw.constants.ChartType.xlAreaStacked100,
20,20,350,250,True)
cht=shp.Chart                             #获取图表
```

　　运行上述代码，生成如图 6-38 所示的图表。

6.5.5　渐变色堆叠面积图

　　如果觉得面积图的颜色过于单一，那么可以考虑用渐变色填充面积图，此时即可
得到渐变色堆叠面积图。

【Excel】

　　打开 "Samples\ch06 分类型图表\60 渐变色堆叠面积图\excel.xlsx" 文件。选择单
元格区域 A1:D10，单击 "插入" 功能区的 "图表" 区中的 "面积图" 图标，在弹出的
下拉面板中单击 图标，生成堆叠面积图。双击系列，在右侧面板中设置用渐变色填
充。重复上述操作，填充另外两个系列。单击该图表，根据需要单击右上角的图标可
以添加所需的图表元素。双击该图表，可以用右侧面板中的控件进行编辑。图 6-39 所
示为创建并编辑后得到的图表。

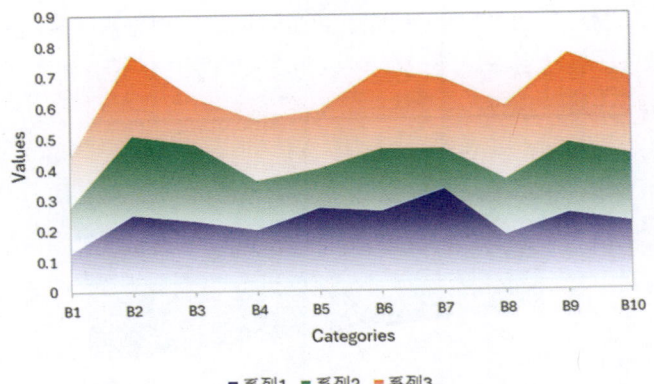

图 6-39　渐变色堆叠面积图

【Python xlwings】

下面用 data.xlsx 文件中的数据绘制渐变色堆叠面积图。完整代码见 "Samples\ch06 分类型图表\60 渐变色堆叠面积图\py.py" 文件。

```
# 省略部分代码
sht.api.Range('A2:D10').Select()          #获取数据
shp=sht.api.Shapes.AddChart2(-1,xw.constants.ChartType.xlAreaStacked,20,
20,350,250,True)
cht=shp.Chart                             #获取图表
#对各系列进行垂向单色渐变色填充
cht.SeriesCollection(1).Format.Fill.ForeColor.RGB=xw.utils.rgb_to_int((0,
0,255))
cht.SeriesCollection(1).Format.Fill.OneColorGradient(1,1,1)
cht.SeriesCollection(2).Format.Fill.ForeColor.RGB=xw.utils.rgb_to_int((0,
176,80))
cht.SeriesCollection(2).Format.Fill.OneColorGradient(1,1,1)
cht.SeriesCollection(3).Format.Fill.ForeColor.RGB=xw.utils.rgb_to_int((255,
128,0))
cht.SeriesCollection(3).Format.Fill.OneColorGradient(1,1,1)
```

运行上述代码，生成如图 6-39 所示的图表。

6.5.6　三维面积图

【Excel】

打开 "Samples\ch06 分类型图表\61 三维面积图\excel.xlsx" 文件。选择单元格区域 A1:B10，单击 "插入" 功能区的 "图表" 区中的 "面积图" 图标，在弹出的下拉面

板中单击 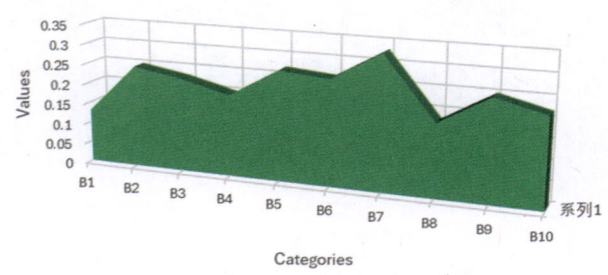 图标，生成三维简单面积图。单击该图表，根据需要单击右上角的图标可以添加所需的图表元素。双击该图表，可以用右侧面板中的控件进行编辑。图 6-40 所示为创建并编辑后得到的图表。

图 6-40　三维简单面积图

【Python xlwings】

下面用 data.xlsx 文件中的数据绘制三维简单面积图。完整代码见"Samples\ch06 分类型图表\61 三维面积图\py.py"文件。

```
# 省略部分代码
sht.api.Range('A2:B10').Select()            #获取数据
shp=sht.api.Shapes.AddChart2(-1,xw.constants.ChartType.xl3DArea,20, 20,
350,250,True)
cht=shp.Chart                               #获取图表
cht.SeriesCollection(1).Format.Fill.ForeColor.RGB=xw.utils.rgb_to_int ((0,
176,80))
```

运行上述代码，生成如图 6-40 所示的图表。

【Excel】

打开"Samples\ch06 分类型图表\62 三维面积图 2\excel.xlsx"文件。选择单元格区域 A1:D10，单击"插入"功能区的"图表"区中的"面积图"图标，在弹出的下拉面板中单击 图标，生成三维堆叠面积图。单击该图表，根据需要单击右上角的图标可以添加所需的图表元素。双击该图表，可以用右侧面板中的控件进行编辑。图 6-41 所示为创建并编辑后得到的图表。

【Python xlwings】

下面用 data.xlsx 文件中的数据绘制三维堆叠面积图。完整代码见"Samples\ch06 分类型图表\62 三维面积图 2\py.py"文件。

```
# 省略部分代码
sht.api.Range('A2:D10').Select()            #获取数据
```

```
shp=sht.api.Shapes.AddChart2(-1,xw.constants.ChartType.xl3DAreaStacked,
20,20,350,250,True)
cht=shp.Chart                    #获取图表
```

运行上述代码，生成如图 6-41 所示的图表。

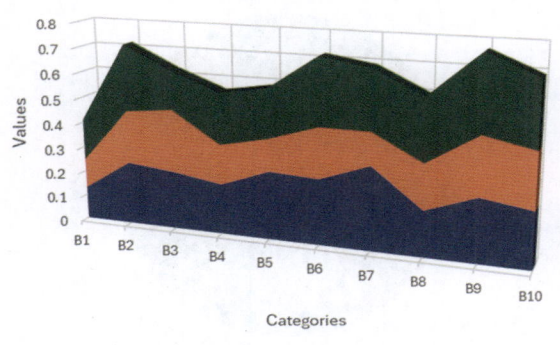

图 6-41　三维堆叠面积图

6.6　饼图

饼图常用于表示分类变量的唯一值占总体的百分比。用 Excel 可以绘制二维饼图和三维饼图。可以对饼图进行美化，如改变配色、设置透明度等。

6.6.1　二维饼图

【Excel】

打开"Samples\ch06 分类型图表\64 二维饼图\excel.xlsx"文件。选择单元格区域 A2:B7，单击"插入"功能区的"图表"区中的"饼图"图标，在弹出的下拉面板中单击 图标，生成二维饼图。单击该图表，根据需要单击右上角的图标可以添加所需的图表元素。双击该图表，可以用右侧面板中的控件进行编辑。图 6-42 所示为创建并编辑后得到的图表。

【Python xlwings】

下面用 data.xlsx 文件中的数据绘制二维饼图。完整代码见"Samples\ch06 分类型图表\64 二维饼图\py.py"文件。

```
#省略部分代码
sht.api.Range('A2:B7').Select()        #获取数据
```

```
shp=sht.api.Shapes.AddChart2(-1,xw.constants.ChartType.xlPie,20,20,250,
250,True)
cht=shp.Chart                    #获取图表
```

运行上述代码，生成如图 6-42 所示的图表。

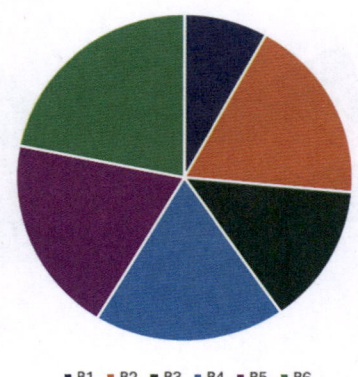

图 6-42　二维饼图

下面用 Excel 绘制分离型二维饼图。

【Excel】

打开"Samples\ch06 分类型图表\65 二维饼图 2\excel.xlsx"文件。选择单元格区域 A2:B7，单击"插入"功能区的"图表"区中的"饼图"图标，在弹出的下拉面板中单击◔图标，生成二维饼图。双击要分离的扇区，在右侧面板的"系列选项"区域中设置"点分离"为 10%。单击该图表，根据需要单击右上角的图标可以添加所需的图表元素。双击该图表，可以用右侧面板中的控件进行编辑。图 6-43 所示为创建并编辑后得到的图表。

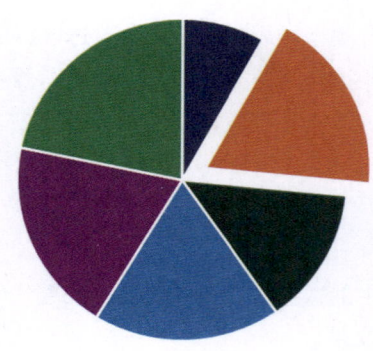

图 6-43　分离型二维饼图

【Python xlwings】

下面用 data.xlsx 文件中的数据绘制分离型二维饼图。完整代码见"Samples\ch06 分类型图表\65 二维饼图 2\py.py"文件。

```
# 省略部分代码
sht.api.Range('A2:B7').Select()              #获取数据
shp=sht.api.Shapes.AddChart2(-1,xw.constants.ChartType.xlPie,20,20,250,
250,True)
cht=shp.Chart                               #获取图表
cht.SeriesCollection(1).Points(2).Explosion=16      #分离扇区
```

运行上述代码，生成如图 6-43 所示的图表。

6.6.2　饼图扇区明细图

在 Excel 中，可以用另一个饼图或一个堆叠柱状图表示饼图扇区明细。

【Excel】

打开"Samples\ch06 分类型图表\66 饼图扇区明细\excel.xlsx"文件。选择单元格区域 A2:B11，单击"插入"功能区的"图表"区中的"饼图"图标，在弹出的下拉面板中单击 图标，生成饼图扇区明细图。双击图 6-44 左图中需要表示明细的扇区，在右侧面板的"系列选项"区域中，将"第二绘图区内的值"设置为 4。单击该图表，根据需要单击右上角的图标可以添加所需的图表元素。双击该图表，可以用右侧面板中的控件进行编辑。图 6-44 所示为创建并编辑后得到的图表。

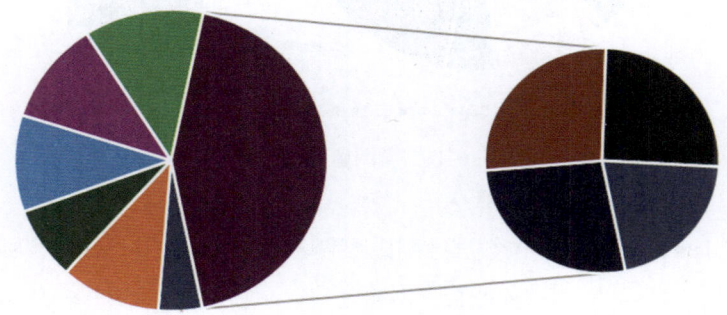

■ B1　■ B2　■ B3　■ B4　■ B5　■ B6　■ B7　■ B8　■ B9　■ B10

图 6-44　饼图扇区明细 1

【Python xlwings】

下面用 data.xlsx 文件中的数据绘制饼图扇区明细图。完整代码见"Samples\ch06

分类型图表\66 饼图扇区明细\py.py"文件。

```
# 省略部分代码
sht.api.Range('A2:B11').Select()              #获取数据
shp=sht.api.Shapes.AddChart2(-1,xw.constants.ChartType.xlPieOfPie,20,20,
350,250,True)
cht=shp.Chart                                 #获取图表
```

运行上述代码，生成如图 6-44 所示的图表。

【Excel】

打开"Samples\ch06 分类型图表\67 饼图扇区明细 2\excel.xlsx"文件。选择单元格区域 A2:B11，单击"插入"功能区的"图表"区中的"饼图"图标，在弹出的下拉面板中单击 图标，生成饼图扇区明细图。参照上例进行设置。单击该图表，根据需要单击右上角的图标可以添加所需的图表元素。双击该图表，可以用右侧面板中的控件进行编辑。图 6-45 所示为创建并编辑后得到的图表。

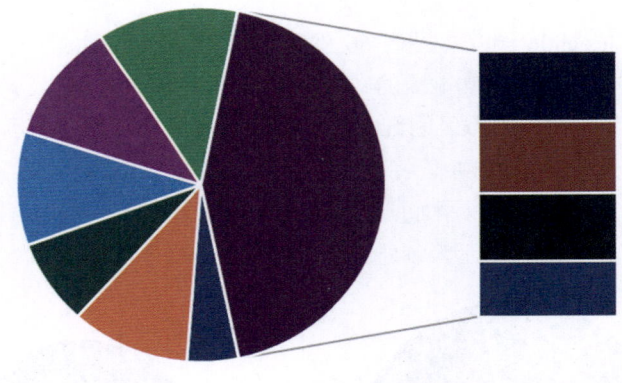

■ B1 ■ B2 ■ B3 ■ B4 ■ B5 ■ B6 ■ B7 ■ B8 ■ B9 ■ B10

图 6-45　饼图扇区明细 2

【Python xlwings】

下面用 data.xlsx 文件中的数据绘制饼图扇区明细图。完整代码见"Samples\ch06 分类型图表\67 饼图扇区明细 2\py.py"文件。

```
# 省略部分代码
sht.api.Range('A2:C11').Select()              #获取数据
shp=sht.api.Shapes.AddChart2(-1,xw.constants.ChartType.xlBarOfPie,20,20,
350,250,True)
cht=shp.Chart                                 #获取图表
```

运行上述代码，生成如图 6-45 所示的图表。

6.6.3　三维饼图

用 Excel 可以轻松地绘制三维饼图。

【Excel】

打开"Samples\ch06 分类型图表\68 三维饼图\excel.xlsx"文件。选择单元格区域 A2:B9，单击"插入"功能区的"图表"区中的"饼图"图标，在弹出的下拉面板中单击 图标，生成三维饼图。单击该图表，根据需要单击右上角的图标可以添加所需的图表元素。双击该图表，可以用右侧面板中的控件进行编辑。图 6-46 所示为创建并编辑后得到的图表。

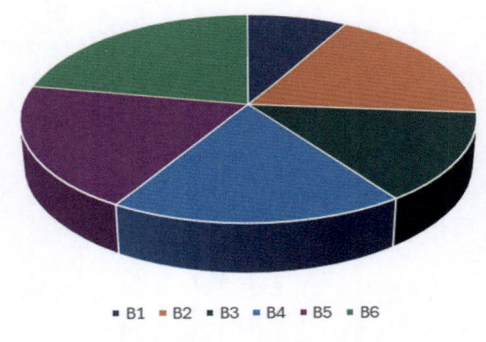

图 6-46　三维饼图

【Python xlwings】

下面用 data.xlsx 文件中的数据绘制三维饼图。完整代码见"Samples\ch06 分类型图表\68 三维饼图\py.py"文件。

```
# 省略部分代码
sht.api.Range('A2:B7').Select()          #获取数据
shp=sht.api.Shapes.AddChart2(-1,xw.constants.ChartType.xl3DPie,20,20,250,
250,True)
cht=shp.Chart                            #获取图表
```

运行上述代码，生成如图 6-46 所示的图表。

【Excel】

打开"Samples\ch06 分类型图表\69 三维饼图-分离\excel.xlsx"文件。选择单元格区域 A2:B9，单击"插入"功能区的"图表"区中的"饼图"图标，在弹出的下拉面板中单击 图标，生成三维饼图。参照 6.6.1 节设置分离扇区。单击该图表，根据需要单击右上角的图标可以添加所需的图表元素。双击该图表，可以用右侧面板中的控件进行编辑。图 6-47 所示为创建并编辑后得到的图表。

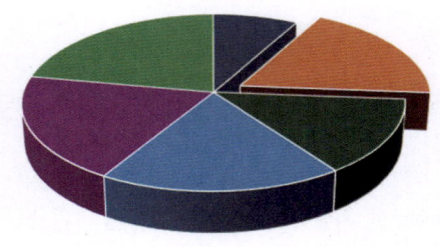

■ B1 ■ B2 ■ B3 ■ B4 ■ B5 ■ B6

图 6-47　分离型三维饼图

【Python xlwings】

下面用 data.xlsx 文件中的数据绘制分离型三维饼图。完整代码见"Samples\ch06
分类型图表\69 三维饼图-分离\py.py"文件。

```
# 省略部分代码
sht.api.Range('A2:B7').Select()            #获取数据
shp=sht.api.Shapes.AddChart2(-1,xw.constants.ChartType.xl3DPie,20,20,250,
250,True)
cht=shp.Chart                              #获取图表
cht.SeriesCollection(1).Points(2).Explosion=16      #分离扇区
```

运行上述代码，生成如图 6-47 所示的图表。

6.7　环状图

环状图的功能与饼图的功能类似，可以表示部分占整体的比例。

【Excel】

打开"Samples\ch06 分类型图表\70 环状图\excel.xlsx"文件。选择单元格区域
A2:B11，单击"插入"功能区的"图表"区中的"环状图"图标，在弹出的下拉面板
中单击◉图标，生成环状图。单击该图表，根据需要单击右上角的图标可以添加所需
的图表元素。双击该图表，可以用右侧面板中的控件进行编辑。图 6-48 所示为创建并
编辑后得到的图表。

【Python xlwings】

下面用 data.xlsx 文件中的数据绘制环状图。完整代码见"Samples\ch06 分类型图
表\70 环状图\py.py"文件。

```
#省略部分代码
sht.api.Range('A2:B11').Select()           #获取数据
```

```
shp=sht.api.Shapes.AddChart2(-1,xw.constants.ChartType.xlDoughnut,20,20,
250,250,True)
cht=shp.Chart          #获取图表
```

运行上述代码，生成如图 6-48 所示的图表。

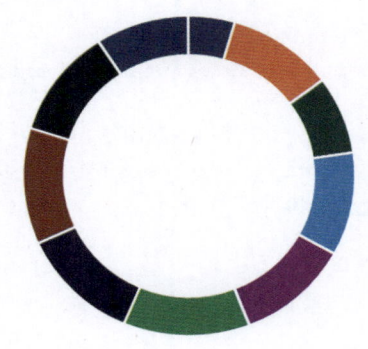

图 6-48　环状图

注意，考虑有分离扇区的情况。

【Excel】

打开"Samples\ch06 分类型图表\71 环状图 2\excel.xlsx"文件。选择单元格区域 A2:B11，单击"插入"功能区的"图表"区中的"环状图"图标，在弹出的下拉面板中单击⊙图标，生成环状图。参照 6.6.1 节设置分离扇区。单击该图表，根据需要单击右上角的图标可以添加所需的图表元素。双击该图表，可以用右侧面板中的控件进行编辑。图 6-49 所示为创建并编辑后得到的图表。

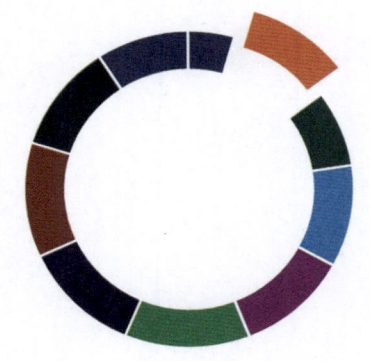

图 6-49　分离型环状图

【Python xlwings】

下面用 data.xlsx 文件中的数据绘制分离型环状图。完整代码见 "Samples\ch06 分类型图表\71 环状图 2\py.py" 文件。

```
# 省略部分代码
sht.api.Range('A2:B11').Select()         #获取数据
shp=sht.api.Shapes.AddChart2(-1,xw.constants.ChartType.xlDoughnut,20,20,
250,250,True)
cht=shp.Chart                                    #获取图表
cht.SeriesCollection(1).Points(2).Explosion=16       #分离扇区
```

运行上述代码，生成如图 6-49 所示的图表。

第 7 章

数值型图表

　　如果某图表坐标系中的所有坐标轴都是数值轴，那么其为数值型图表。常见的数值型图表包括直方图、核密度估计图、散点图、气泡图、热力图和曲面图等。

7.1 直方图

直方图常用于表现数值型数据的分布特征。其外观与柱状图、条形图的外观类似，如都用矩形或长方体表示数据，但是直方图与柱状图、条形图存在区别。首先，从外观上看，直方图的矩形或长方体之间没有间隔；其次，直方图与柱状图、条形图中的图形所表示的数据有完全不同的意义。常见的直方图有一元直方图和二元直方图。

7.1.1 一元直方图的绘制方法

直方图的绘制方法是，将数据从小到大排列后，在最小值和最大值之间设定等间隔的区间（又称分箱），统计各分箱中的数据个数或其他统计量，并根据数据个数或其他统计量绘制相应长度的矩形面。因此，直方图是表示频数分析结果的图表，可以根据各分箱中的数据绘制。图 7-1 所示为根据各分箱中的数据绘制的直方图，用矩形的长度表示数据个数。

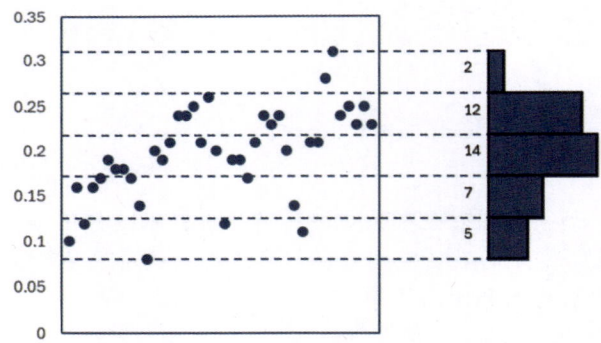

图 7-1 一元数据的散点图和直方图

实现图 7-1 所示图表的部分 Python xlwings 代码如下。完整代码见 "Samples\ch07 数值型图表\01 直方图的绘制方法\py.py" 文件。

```
# 省略部分代码

root=os.getcwd()                            #获取当前工作路径
app=xw.App(visible=True,add_book=False)     #创建 Excel 应用
app.ScreenUpdating=False
#打开数据文件并返回工作簿对象
wb=app.books.open(root+r'/data.xlsx',read_only=False)
sht=wb.sheets('Sheet1')                     #获取指定工作表
```

```
shp=sht.api.Shapes.AddChart2()                    #添加图表
shp.Left=20
cht=shp.Chart                                     #获取图表
cht.ChartType=xw.constants.ChartType.xlXYScatter    #设置图表类型
ax1=cht.Axes(1)                                   #获取横轴
ax2=cht.Axes(2)                                   #获取纵轴
ax1.MinimumScale=0                                #设置横轴的最小值
ax1.MaximumScale=81
ax2.MinimumScale=0                                #设置纵轴的最小值
ax2.MaximumScale=0.35

y=sht.range('A2:A41').value                       #获取数据
x=range(40)
cht.SeriesCollection().NewSeries()                #新建系列
cht.SeriesCollection(1).XValues=x                 #设置横轴数据
cht.SeriesCollection(1).Values=y                  #设置纵轴数据
ax1.Delete()                                      #删除横轴
ax2.HasMajorGridlines=False                       #不显示纵轴的主网格线
cht.ChartArea.Format.Line.Visible=False           #设置图表区的外框不可见

#计算统计量
minv=app.api.WorksheetFunction.Min(y)             #计算最小值
maxv=app.api.WorksheetFunction.Max(y)             #计算最大值
rng=maxv-minv                                     #计算极差
step=rng/5                                        #计算增量
xi=[0 for _ in range(6)]                          #初始化
count=[0 for _ in range(5)]
xi[0]=minv
#计算分箱的边界值，初始化各分箱中的数据个数
for i in range(5):
    xi[i+1]=xi[i]+step
    count[i]=0
#频数统计，统计各分箱中的数据个数
for i in range(39):
    for j in range(5):
      if y[i]>=xi[j] and y[i]<xi[j+1]:
          count[j]+=1
count[4]+=1

#绘制横线和标注
```

```
accu=0
for i in range(6):
    accu=minv+step*i
    draw_line(cht,0,accu,55,accu,2)                    #绘制分箱界线
accu=0
for i in range(5):
    accu=minv+step*(i+1)
    draw_rect(cht,55,accu,count[i],step,str(count[i])) #用频数绘制直方图

#绘制外框
draw_line(cht,0,0,0,0.35,1)
draw_line(cht,41,0,41,0.35,1)
draw_line(cht,0,0,41,0,1)
draw_line(cht,0,0.35,41,0.35,1)
```

7.1.2　绘制一元直方图

Excel 提供了绘制一元直方图的方法，也可以用 VBA 或 Python 编程绘制一元直方图。

【Excel】

用 Excel 可以直接绘制一元直方图。打开"Samples\ch07 数值型图表\02 一元直方图\excel.xlsx"文件。选择单元格区域 A1:A1000，在"插入"功能区的"图表"区中单击 按钮，生成一元直方图。双击该图表，可以用右侧面板中的控件进行编辑。图 7-2 所示为创建并编辑后得到的图表。

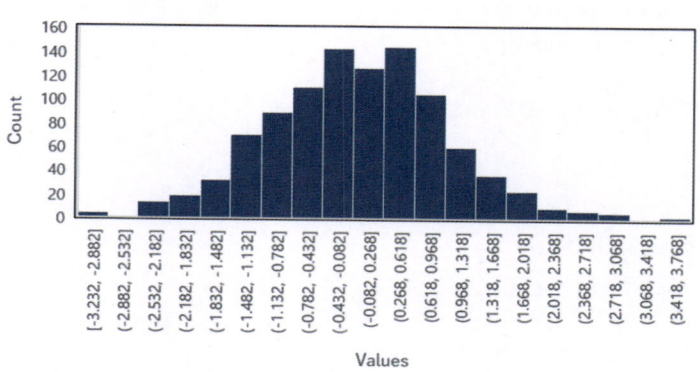

图 7-2　用 Excel 直接绘制的一元直方图

上面介绍了如何用 Excel 直接绘制一元直方图，不需要用编程实现。接下来介绍的很多图表是 Excel 没有提供的，需要用 VBA 或 Python xlwings 编程实现。为了让不

懂编程的人也能将图表绘制出来，笔者提供了定制好的 VBA 代码。读者可以直接使用该代码，不必懂代码细节，只需要在 Excel 工作表的公式栏中按照指定格式使用自定义函数就可以绘图。下面介绍如何用自定义函数绘制一元直方图。

打开"Samples\ch07 数值型图表\02 一元直方图\excel.xlsx"文件。单击"开发工具"功能区中的"Visual Basic"图标，打开 VBA 编程环境。在"插入"菜单中单击"模块"图标，添加一个模块。打开相同路径下的 excel.txt 文件，将该文件中的全部代码复制到模块中，如图 7-3 所示。

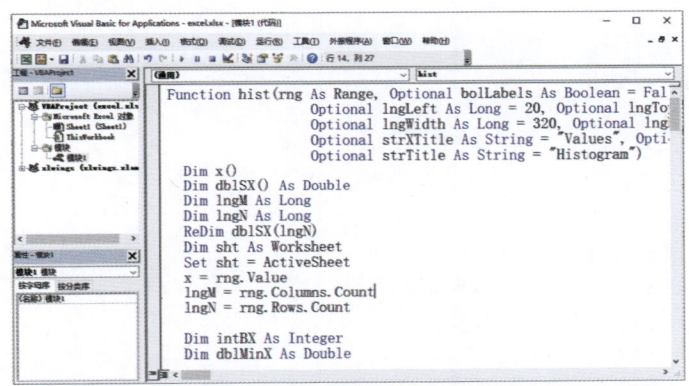

图 7-3 在 VBA 编程环境中添加准备好的代码

回到工作表，单击 D2 单元格，在公式栏中输入公式"=hist(A1:A1000)"，按 Enter 键，生成一元直方图，如图 7-4 所示。

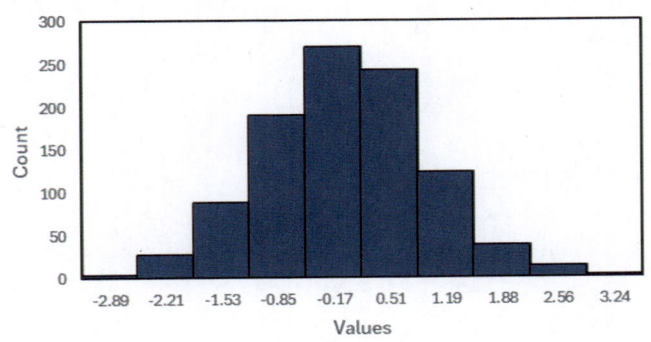

图 7-4 用自定义函数绘制的一元直方图

【Python xlwings】

要用 Python xlwings 绘制一元直方图，需要先将数据升序排列后等间隔分成若干分箱，然后遍历数据，统计各分箱中的数据个数，最后根据数据个数绘制零间隔的柱状图。完整代码见"Samples\ch07 数值型图表\02 一元直方图\py.py"文件。

```python
def draw_hist(sht,n):
    #频数分析
    x=sht.range('A1:A1000').value      #获取数据
    xi=[0 for _ in range(11)]
    xi2=[0 for _ in range(10)]
    count=[0 for _ in range(10)]
    bx=10
    minx=9999
    maxx=-9999
    #计算最小值和最大值
    for i in range(n):
        if minx>x[i]:
            minx=x[i]
        if maxx<x[i]:
            maxx=x[i]
    difx=maxx-minx          #计算极差
    stepx=difx/bx           #计算增量
    #初始化各分箱中的数据个数
    for i in range(10):
        count[i]=0
    xi[0]=minx
    xi2[0]=minx+stepx/2
    #计算各分箱的边界值
    for i in range(1,11):
        xi[i]=xi[i-1]+stepx
        if i!=10:
            xi2[i]=xi[i]+stepx/2
    #统计各分箱中的数据个数
    for i in range(n):
        for j in range(10):
            if x[i]>=xi[j] and x[i]<xi[j+1]:
                count[j]+=1

    #用频数绘制一元直方图
    sht.api.Range('D3').Select()
    shp=sht.api.Shapes.AddChart2()      #添加图表
    shp.Left=20
    cht=shp.Chart    #获取图表
```

```
#清空系列
for i in range(cht.SeriesCollection().Count,0,-1):
    cht.SeriesCollection(i).Delete()

cht.SeriesCollection().NewSeries()        #新建系列
cht.SeriesCollection(1).ChartType=xw.constants.ChartType.xlColumnClustered
cht.SeriesCollection(1).XValues=xi2
cht.SeriesCollection(1).Values=count
cht.ChartGroups(1).GapWidth=0             #修改分组之间的距离

#设置柱面属性
fl=cht.SeriesCollection(1).Format.Fill
fl.ForeColor.ObjectThemeColor=5    #msoThemeColorAccent1
fl.ForeColor.Brightness=0
fl.Solid()
#设置边线属性
ln=cht.SeriesCollection(1).Format.Line
ln.Visible=True
ln.ForeColor.ObjectThemeColor=13   #msoThemeColorText1
ln.ForeColor.Brightness=0.05

    return cht

root=os.getcwd()       #获取当前工作路径
app=xw.App(visible=True,add_book=False)     #创建 Excel 应用
#打开数据文件并返回工作簿对象
wb=app.books.open(root+r'/data.xlsx',read_only=False)
sht=wb.sheets('Sheet1')    #获取指定工作表
cht=draw_hist(sht,1000)    #绘制一元直方图
set_style(cht)             #设置样式
```

　　运行上述代码，生成如图 7-4 所示的图表。注意，在上述代码中，根据频数绘制一元直方图，将柱面之间的距离设置为 0，显示柱面的边线，将各分箱的分界值作为横轴的刻度标签，数值保留两位小数。

7.1.3　二元直方图的绘制方法

　　二元直方图是一元直方图的扩展形式，可以根据两个数值型变量的数据进行绘制。在二元直方图中，分箱的位置是由两个变量在升序排列后的数据分区所对应的区间交

叉点来确定的，落在分箱中的数据个数或其他统计量由两个变量共同决定。在如图 7-5 所示的工作表中，A 列和 B 列给出了用于绘图的两个变量的数据，即二元数据。

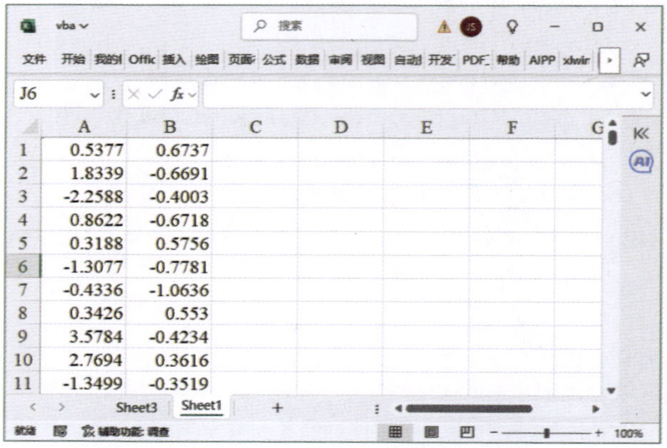

	A	B
1	0.5377	0.6737
2	1.8339	-0.6691
3	-2.2588	-0.4003
4	0.8622	-0.6718
5	0.3188	0.5756
6	-1.3077	-0.7781
7	-0.4336	-1.0636
8	0.3426	0.553
9	3.5784	-0.4234
10	2.7694	0.3616
11	-1.3499	-0.3519

图 7-5　二元数据

对两个变量的数据分别进行升序排列，并等间隔分成 N 个区间，如 10 个区间。用第 1 个数据和第 2 个数据分别定义横轴、纵轴，得到 10 行 10 列的网格，共 100 个分箱。遍历排序前的原始数据，将各行数据中的第 1 个作为横坐标，将第 2 个作为纵坐标，判断它落在哪个分箱中，该分箱中的数据个数加 1。遍历完成后，得到各分箱中的数据个数，如图 7-6 所示。

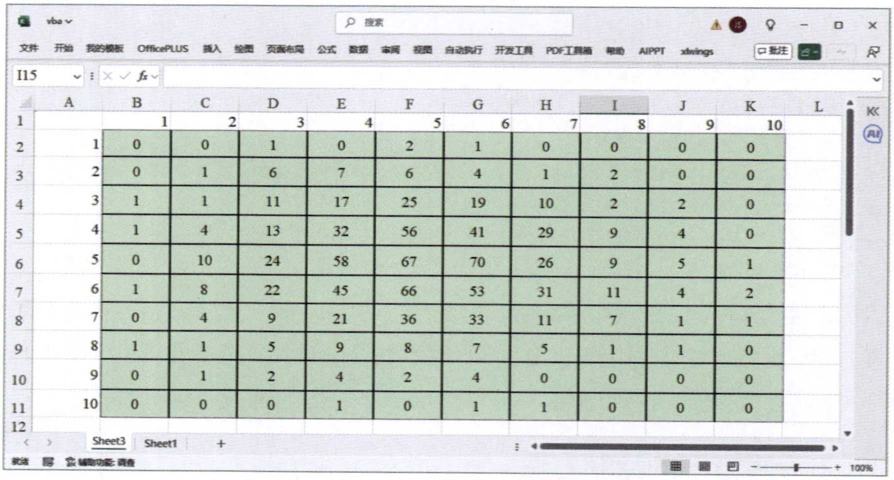

	1	2	3	4	5	6	7	8	9	10
1	0	0	1	0	2	1	0	0	0	0
2	0	1	6	7	6	4	1	2	0	0
3	1	1	11	17	25	19	10	2	2	0
4	1	4	13	32	56	41	29	9	4	0
5	0	10	24	58	67	70	26	9	5	1
6	1	8	22	45	66	53	31	11	4	2
7	0	4	9	21	36	33	11	7	1	1
8	1	1	5	9	8	7	5	1	1	0
9	0	1	2	4	2	4	0	0	0	0
10	0	0	0	1	0	1	1	0	0	0

图 7-6　进行数据排序、分箱和频数分析

根据各分箱中的数据个数绘制二元直方图，用长方体的长短表示数据个数的大小，如图 7-7 所示。

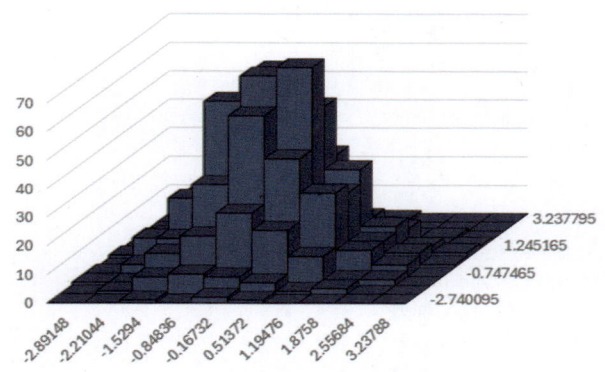

图 7-7　用频数绘制二元直方图

7.1.4　绘制二元直方图

7.1.3 节介绍了二元直方图的绘制方法，下面介绍绘制二元直方图的具体操作。

【Excel】

打开"Samples\ch07 数值型图表\03 二元直方图\excel.xlsx"文件。单击"开发工具"功能区中的"Visual Basic"图标，打开 VBA 编程环境。在"插入"菜单中单击"模块"图标，添加一个模块。打开相同路径下的 excel.txt 文件，将该文件中的全部代码复制到模块中。回到工作表，单击 D2 单元格，在公式栏中输入公式"=hist2d(A1:A1000,B1:B1000)"，按 Enter 键，生成二元直方图，如图 7-7 所示。

【Python xlwings】

要用 Python xlwings 绘制二元直方图，需要先按照 7.1.3 节介绍的方法进行数据排序、分箱和频数分析，然后用频数绘制零间隔的三维柱状图。完整代码见"Samples\ch07 数值型图表\03 二元直方图\py.py"文件。

```
root=os.getcwd()                          #获取当前工作路径
app=xw.App(visible=True,add_book=False)   #创建 Excel 应用
#打开数据文件并返回工作簿对象
wb=app.books.open(root+r'/data.xlsx',read_only=False)
sht=wb.sheets('Sheet1')                   #获取指定工作表
x=sht.range('A1:A1000').value             #获取数据
y=sht.range('B1:B1000').value

#频数分析
bx=10
by=10
minx=9999
```

```
maxx=-9999
miny=9999
maxy=-9999
#计算两个方向上的最小值和最大值
for i in range(1000):
    if minx>x[i]: minx=x[i]
    if maxx<x[i]: maxx=x[i]
    if miny>y[i]: miny=y[i]
    if maxy<y[i]: maxy=y[i]
difx=maxx-minx          #计算x极差
dify=maxy-miny          #计算y极差
stepx=difx/bx           #计算x增量
stepy=dify/by           #计算y增量
count=[[0 for _ in range(10)] for _ in range(10)]       #初始化
xi=[0 for _ in range(11)]
xi2=[0 for _ in range(11)]
xi[0]=minx
xi2[0]=minx+stepx/2
#计算两个方向上的边界值
for i in range(1,11):
    xi[i]=xi[i-1]+stepx
    if i!=10:
        xi2[i]=xi[i]+stepx/2
yi=[0 for _ in range(11)]
yi2=[0 for _ in range(11)]
yi[0]=miny
yi2[0]=miny+stepy/2
for i in range(1,11):
    yi[i]=yi[i-1]+stepy
    if i!=10:
        yi2[i]=yi[i]+stepy/2
#统计各分箱中的数据个数
for k in range(1000):
    for i in range(10):
        if x[k]>=xi[i] and x[k]<xi[i+1]:
            for j in range(10):
                if y[k]>=yi[j] and y[k]<yi[j+1]:
                    count[i][j]+=1

#输出频数
sht2=wb.sheets.add()
for i in range(1,11):
```

```
    for j in range(1,11):
        sht2.api.Cells(i+1,j+1).Value=count[i-1][j-1]

#用频数绘制二元直方图
shp=sht2.api.Shapes.AddChart2(286,xw.constants.ChartType.xl3DColumn)
shp.Left=20
cht=shp.Chart      #获取图表
#清空系列
if cht.SeriesCollection().Count>0:
    for i in range(cht.SeriesCollection().Count,0,-1):
        cht.SeriesCollection(i).Delete()
cht.Legend.Delete()

countj=[0 for _ in range(10)]
for i in range(10):
    countj[i]=count[i][:]
    cht.SeriesCollection().NewSeries()                    #新建系列
    cht.SeriesCollection(i+1).Name=str(yi2[i])
    cht.SeriesCollection(i+1).XValues=xi2
    cht.SeriesCollection(i+1).Values=countj[i]

cht.ChartGroups(1).GapWidth=0                          #修改分组之间的距离
cht.GapDepth=0
for i in range(10):
    fl=cht.SeriesCollection(i+1).Format.Fill
    fl.ForeColor.ObjectThemeColor=5    #msoThemeColorAccent1
    fl.ForeColor.Brightness=0
    fl.Solid()

    ln=cht.SeriesCollection(i+1).Format.Line
    ln.Visible=True      #显示边线
    ln.ForeColor.ObjectThemeColor=13     #msoThemeColorText1
    ln.ForeColor.Brightness=0.05
```

运行上述代码，生成如图 7-7 所示的图表。

7.1.5　分箱散点图

分箱散点图可以被看作二元直方图的俯视图，用不同颜色表示各分箱中的数据个数，如图 7-8 所示。在分箱散点图中，当数据个数为 0 时常常不绘制分箱。将一个分箱看作一个点，整个图表可以被看作一个散点图。

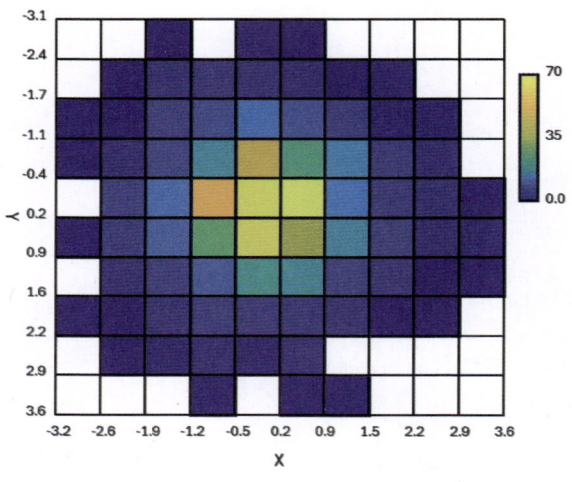

图 7-8　分箱散点图

【Excel】

打开"Samples\ch07 数值型图表\04 分箱散点图\excel.xlsx"文件。单击"开发工具"功能区中的"Visual Basic"图标，打开 VBA 编程环境。在"插入"菜单中单击"模块"图标，添加一个模块。打开相同路径下的 excel.txt 文件，将该文件中的全部代码复制到模块中。回到工作表，单击 D2 单元格，在公式栏中输入公式"=binscatter(A1:A1000,B1:B1000)"，按 Enter 键，生成分箱散点图，如图 7-8 所示。

将公式修改为"=binscatter(A1:A1000,B1:B1000,,,,,,TRUE)"，按 Enter 键，给各分箱添加数据标签，如图 7-9 所示。

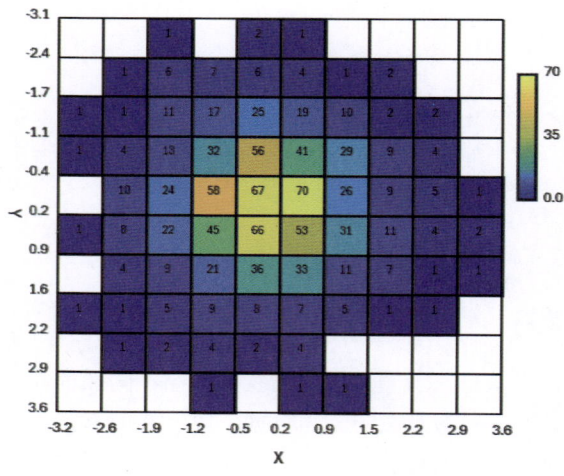

图 7-9　给各分箱添加数据标签

【Python xlwings】

　　要用 Python xlwings 绘制分箱散点图，需要先按照 7.1.3 节介绍的方法进行数据排序、分箱和频数分析，然后用频数绘制分箱散点图。完整代码见"Samples\ch07 数值型图表\04 分箱散点图\py.py"文件。

```python
import xlwings as xw              #导入 Python xlwings
import os                         #导入 os 包

def draw_bi_scatter(wb):
    #绘制分箱散点图
    sht=wb.sheets('plot')
    shp=sht.api.Shapes.AddChart2()        #添加图表
    shp.Left=20                           #设置图表位置和大小
    shp.Top=20
    shp.Width=420
    shp.Height=400
    cht=shp.Chart                         #获取图表
    cht.ChartType=xw.constants.ChartType.xlXYScatter    #设置图表类型
    #清空系列
    for i in range(cht.SeriesCollection().Count,0,-1):
        cht.SeriesCollection(i).Delete()


    ax1=cht.Axes(1)      #获取横轴
    ax2=cht.Axes(2)      #获取纵轴
    #设置横轴与纵轴的最小值和最大值
    ax1.MinimumScale=-1
    ax1.MaximumScale=11.3
    ax2.MinimumScale=-1
    ax2.MaximumScale=10
    ax2.ReversePlotOrder=True       #反转纵轴
    #清空图形
    if cht.Shapes.Count>0:
        for i in range(cht.Shapes.Count,0,-1):
            cht.Shapes(i).Delete()


    #归一化数据
    data2=[[0 for _ in range(10)] for _ in range(10)]
    data3=[[0 for _ in range(10)] for _ in range(10)]
    data=wb.sheets('plot').range('B2:K11').value
    minv=1000
```

```
maxv=-1000
for i in range(10):
    for j in range(10):
        if minv>data[i][j]: minv=data[i][j]
        if maxv<data[i][j]: maxv=data[i][j]
difv=maxv-minv
for i in range(10):
    for j in range(10):
        data2[i][j]=(data[i][j]-minv)/difv
for i in range(10):
    for j in range(10):
        data3[i][j]=data2[9-i][j]
```

#获取颜色查找表中的颜色
```
cm=wb.sheets('colormap').range('A1:C256').value
```

#绘制网格
```
for i in range(11):
    for j in range(11):
        sx1=shape_x(cht,i)
        sy1=shape_y(cht,0)
        sx2=shape_x(cht,i)
        sy2=shape_y(cht,j)
        shp1=cht.Shapes.AddLine(sx1,sy1,sx2,sy2)
        shp1.Line.ForeColor.RGB=xw.utils.rgb_to_int((200,200,200))
        shp1.Line.Weight=1
        sx1=shape_x(cht,0)
        sy1=shape_y(cht,j)
        sx2=shape_x(cht,i)
        sy2=shape_y(cht,j)
        shp2=cht.Shapes.AddLine(sx1,sy1,sx2,sy2)
        shp2.Line.ForeColor.RGB=xw.utils.rgb_to_int((200,200,200))
        shp2.Line.Weight=1
```

#用颜色填充网格
```
for i in range(10):
    for j in range(9,-1,-1):
        w=data3[i][j]
        count=int(w*255)      #用该序号从颜色查找表中获取颜色
        if w-0>0.00000001:
```

```
        if count>255:
            r=int(cm[255][0])
            g=int(cm[255][1])
            b=int(cm[255][2])
        else:
            r=int(cm[count][0])
            g=int(cm[count][1])
            b=int(cm[count][2])

        lf=shape_x(cht,i)
        tp=shape_y(cht,j+1)
        wd=cht.PlotArea.InsideWidth/(cht.Axes(1).MaximumScale-\
        cht.Axes(1).MinimumScale)*1
        ht=cht.PlotArea.InsideHeight/(cht.Axes(2).MaximumScale-\
        cht.Axes(2).MinimumScale)*1
        shp3=cht.Shapes.AddShape(1,lf,tp,wd,ht)
        shp3.Fill.ForeColor.RGB=xw.utils.rgb_to_int((r,g,b))

#绘制色条
lf=shape_x(cht,10.5)
tp=shape_y(cht,9)
wd=cht.PlotArea.InsideWidth/(cht.Axes(1).MaximumScale-cht.Axes(1).
MinimumScale) * 0.4
ht=cht.PlotArea.InsideHeight/(cht.Axes(2).MaximumScale-cht.Axes(2).
MinimumScale) * 3
shp4=cht.Shapes.AddShape(1,lf,tp,wd,ht)
#垂向多色渐变色填充
shp4.Fill.ForeColor.RGB=xw.utils.rgb_to_int((255,255,26))
shp4.Fill.OneColorGradient(1,1,1)
shp4.Fill.GradientStops.Insert(xw.utils.rgb_to_int((255,204,51)),0.25)
shp4.Fill.GradientStops.Delete(2)
shp4.Fill.GradientStops.Insert(xw.utils.rgb_to_int((204,204,51)),0.5)
shp4.Fill.GradientStops.Insert(xw.utils.rgb_to_int((0,179,179)),0.75)
shp4.Fill.GradientStops.Insert(xw.utils.rgb_to_int((51,128,255)),0.85)
shp4.Fill.GradientStops.Insert(xw.utils.rgb_to_int((0,0,255)),1)

#给色条添加标签
label_pos=[0 for _ in range(3)]
labels=[0 for _ in range(3)]
label_pos[0]=9.2
```

```
    label_pos[1]=7.9
    label_pos[2]=6.3
    labels[0]=maxv
    labels[1]=(maxv+minv)/2
    labels[2]=minv
    for i in range(3):
        lf=shape_x(cht,10.9)
        tp=shape_y(cht,label_pos[i])
        wd=cht.PlotArea.InsideWidth/(cht.Axes(1).MaximumScale-
cht.Axes(1).MinimumScale)*0.9
        ht=cht.PlotArea.InsideHeight/(cht.Axes(2).MaximumScale-
cht.Axes(2).MinimumScale)*0.6
        shp5=cht.Shapes.AddLabel(1,lf,tp,wd,ht)      #添加标签
        shp5.TextFrame2.TextRange.Characters.Text=labels[i]
        shp5.TextFrame2.TextRange.Characters.Font.Size=8
        #shp5.TextFrame2.AutoSize= msoAutoSizeTextToFitShape

    #绘制纵轴的刻度标签
    ylabel_pos=[0 for _ in range(10)]
    ylabels=[0 for _ in range(10)]
    for i in range(10):
        ylabel_pos[i]=9-i
    for i in range(10):
        ylabels[i]=str(i+1)
    for i in range(10):
        lf=shape_x(cht,-0.6)
        tp=shape_y(cht,ylabel_pos[i]+1- 0.2)
        wd=cht.PlotArea.InsideWidth/(cht.Axes(1).MaximumScale-cht.Axes(1).
MinimumScale)*1.5
        ht=cht.PlotArea.InsideHeight/(cht.Axes(2).MaximumScale-cht.Axes(2).
MinimumScale)*0.4
        shp6=cht.Shapes.AddLabel(1,lf,tp,wd,ht)
        shp6.TextFrame2.TextRange.Characters.Text=ylabels[i]
        shp6.TextFrame2.TextRange.Characters.Font.Size=8
        #shp6.TextFrame2.AutoSize=msoAutoSizeTextToFitShape

    #绘制横轴的刻度标签
    xlabel_pos=[0 for _ in range(10)]
    xlabels=[0 for _ in range(10)]
    for i in range(10):
```

```
        xlabel_pos[i]=i
    for i in range(10):
        xlabels[i]=str(i+1)
    for i in range(10):
        lf=shape_x(cht,xlabel_pos[i]+0.2)
        tp=shape_y(cht,-0.07)
        wd=cht.PlotArea.InsideWidth/(cht.Axes(1).MaximumScale-cht.Axes(1).
MinimumScale)*1.5
        ht=cht.PlotArea.InsideHeight/(cht.Axes(2).MaximumScale-cht.Axes(2).
MinimumScale)*0.4
        shp7=cht.Shapes.AddLabel(1,lf,tp,wd,ht)
        shp7.TextFrame2.TextRange.Characters.Text=xlabels[i]
        shp7.TextFrame2.TextRange.Characters.Font.Size=8
        #shp7.TextFrame2.AutoSize=msoAutoSizeTextToFitShape

    #绘制横轴标题
    lf=shape_x(cht,4)
    tp=shape_y(cht,-0.5)
    wd=cht.PlotArea.InsideWidth/(cht.Axes(1).MaximumScale-cht.Axes(1).
MinimumScale)*2.5
    ht=cht.PlotArea.InsideHeight/(cht.Axes(2).MaximumScale-cht.Axes(2).
MinimumScale)*0.6
    shp8=cht.Shapes.AddLabel(1,lf,tp,wd,ht)
    shp8.TextFrame2.TextRange.Characters.Text='X Axis Label'
    shp8.TextFrame2.TextRange.Characters.Font.Size=10
    #shp8.TextFrame2.AutoSize=msoAutoSizeTextToFitShape

    #绘制纵轴标题
    lf=shape_x(cht,-1.2)
    tp=shape_y(cht,6)
    wd=cht.PlotArea.InsideWidth/(cht.Axes(1).MaximumScale-cht.Axes(1).
MinimumScale)*0.6
    ht=cht.PlotArea.InsideHeight/(cht.Axes(2).MaximumScale-cht.Axes(2).
MinimumScale)*2.5
    shp9=cht.Shapes.AddLabel(2,lf,tp,wd,ht)
    shp9.TextFrame2.TextRange.Characters.Text='Y Axis Label'
    shp9.TextFrame2.TextRange.Characters.Font.Size=10
    #shp9.TextFrame2.AutoSize=msoAutoSizeTextToFitShape

    return cht
```

```
root=os.getcwd()                            #获取当前工作路径
app=xw.App(visible=True,add_book=False)     #创建 Excel 应用
#打开数据文件并返回工作簿对象
wb=app.books.open(root+r'/data.xlsx',read_only=False)
sht=wb.sheets('Sheet1')                     #获取指定工作表
x=sht.range('A1:A1000').value               #获取数据
y=sht.range('B1:B1000').value

#频数分析，同二元直方图
bx=10
by=10
minx=9999
maxx=-9999
miny=9999
maxy=-9999
for i in range(1000):
    if minx>x[i]: minx=x[i]
    if maxx<x[i]: maxx=x[i]
    if miny>y[i]: miny=y[i]
    if maxy<y[i]: maxy=y[i]
difx=maxx-minx
dify=maxy-miny
stepx=difx/bx
stepy=dify/by
count=[[0 for _ in range(10)] for _ in range(10)]
xi=[0 for _ in range(11)]
xi2=[0 for _ in range(11)]
xi[0]=minx
xi2[0]=minx+stepx/2
for i in range(1,11):
    xi[i]=xi[i-1]+stepx
    if i!=10:
        xi2[i]=xi[i]+stepx/2
yi=[0 for _ in range(11)]
yi2=[0 for _ in range(11)]
yi[0]=miny
yi2[0]=miny+stepy/2
for i in range(1,11):
    yi[i]=yi[i-1]+stepy
    if i!=10:
        yi2[i]=yi[i]+stepy/2
```

```
for k in range(1000):
    for i in range(10):
        if x[k]>=xi[i] and x[k]<xi[i+1]:
            for j in range(10):
                if y[k]>=yi[j] and y[k]<yi[j+1]:
                    count[i][j]+=1
```

```
#输出频数
sht2=wb.sheets.add()
sht2.name='plot'
for i in range(1,11):
    for j in range(1,11):
        sht2.api.Cells(i+1,j+1).Value=count[i-1][j-1]
```

```
#用频数绘制分箱散点图
cht=draw_bi_scatter(wb)
```
　　运行上述代码，生成类似于如图 7-9 所示的图表。

7.2　核密度估计图

　　直方图是根据指定数据进行频数分析后用各分箱中的频数等统计量绘制的，核密度估计图则是根据指定的有限样本对总体进行估计，得到描述总体的概率密度函数后绘制的。

7.2.1　一元核密度估计曲线图

　　一元核密度估计曲线图如图 7-10 所示。

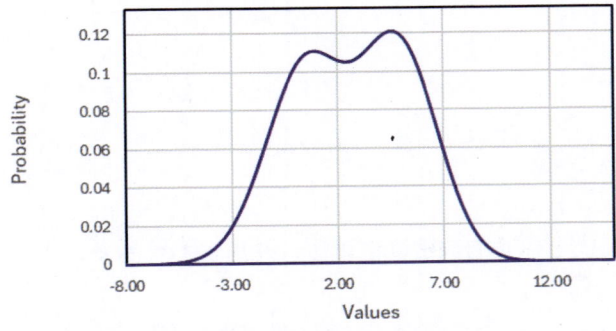

图 7-10　一元核密度估计曲线图

7.1 节中绘制的直方图使用的是各分箱中的点数，即频数，将频数换成频率（各分箱中的点数除以总数据个数），会得到频率直方图。采用极限思维，将数据区间无限细分，频率直方图将变成一条曲线，即概率密度曲线。

一元核密度估计的概率密度函数为

$$f(x) = \frac{1}{nh}\sum_{i=1}^{n} K\left(\frac{x - x_i}{h}\right)$$

其中，x 表示自变量，n 表示样本个数，h 表示带宽，K 表示核函数，x_i 表示样本中的一个点。可见，用核密度估计得到的概率密度函数是用各点处的核函数加权平均得到的，与正态分布、指数分布等的参数表示不同。

常用的核函数有高斯核函数、Box 函数、三角函数等。核函数必须是对称的，值大于 0，且曲线下的面积为 1。

【Excel】

打开"Samples\ch07 数值型图表\05 一元核密度估计曲线图\excel.xlsx"文件。单击"开发工具"功能区中的"Visual Basic"图标，打开 VBA 编程环境。在"插入"菜单中单击"模块"图标，添加一个模块。打开相同路径下的 excel.txt 文件，将该文件中的全部代码复制到模块中。回到工作表，单击 D2 单元格，在公式栏中输入公式"=kde(A1:A60,,,,,,,,FALSE)"，按 Enter 键，生成一元核密度估计曲线图，如图 7-10 所示。

【Python xlwings】

用 Python xlwings 绘制一元核密度估计曲线图的关键在于核密度估计值的计算。下面用 kde 函数实现一元核密度估计值的计算公式。kde 函数使用的核函数为一元高斯核函数，用标准正态分布的概率密度函数进行计算。完整代码见"Samples\ch07 数值型图表\05 一元核密度估计曲线图\py.py"文件。

```
def kde(data,x,h):
  my_sum=0
  count=0
  for i in data:
      my_sum+=(1/np.sqrt(2*3.1415926))*np.exp(-0.5*((x-i)/h)*((x-i)/h))
      count+=1
  return my_sum/count/h
```

下面计算指定横坐标处的核密度估计值，并用它们绘制多义线，表示核密度估计曲线。

```
root=os.getcwd()                          #获取当前工作路径
app=xw.App(visible=True,add_book=False)   #创建 Excel 应用
```

```
#打开数据文件并返回工作簿对象
wb=app.books.open(root+r'/data.xlsx',read_only=False)
sht=wb.sheets('Sheet1')              #获取指定工作表
data=sht.range('A2:A61').value       #获取数据
app.kill()                           #退出 Excel 应用


#从 comtypes 包中导入 CreateObject 函数
from comtypes.client import CreateObject
app2=CreateObject("Excel.Application")    #创建 Excel 应用
app2.Visible=True                         #显示应用窗口
app2.ScreenUpdating=False
wb2=app2.Workbooks.Open(root+r'/data.xlsx')   #添加工作簿
sht2=wb2.Sheets('Sheet1')                 #获取第 1 个工作表

shp=sht2.Shapes.AddChart2()               #添加图表
shp.Left=20
cht=shp.Chart                             #获取图表
cht.ChartType=-4169                       #设置图表类型
ax1=cht.Axes(1)                           #获取横轴
ax2=cht.Axes(2)                           #获取纵轴
ax1.MinimumScale=-5.9                     #设置横轴的最小值
ax1.MaximumScale=12
ax2.MinimumScale=0                        #设置纵轴的最小值
ax2.MaximumScale=0.15
ax1.CrossesAt=ax1.MinimumScale            #设置两个坐标轴相交于最小值处
ax2.CrossesAt=ax2.MinimumScale


set_style(cht)                            #设置样式


kdex=[0 for _ in range(180)]
kdef=[0 for _ in range(180)]
#计算指定横坐标处的核密度估计值
for i in range(180):
    kdex[i]=(i-59)/10
    kdef[i]=kde(data,(i-59)/10,1.5)


cht.SeriesCollection().NewSeries()        #新建系列

#绘制多义线，表示核密度估计曲线
pt=[[0 for _ in range(2)] for _ in range(183)]
for i in range(180):
```

```
    pt[i][0]=shape_x(cht,kdex[179-i])
    pt[i][1]=shape_y(cht,kdef[179-i])
pt[180][0]=pt[179][0]
pt[180][1]=shape_y(cht,0)
pt[181][0]=pt[0][0]
pt[181][1]=shape_y(cht,0)
pt[182][0]=pt[0][0]
pt[182][1]=pt[0][1]
shp2=cht.Shapes.AddPolyline(pt)              #绘制多义线
shp2.Fill.Visible=False                      #隐藏面
shp2.Line.ForeColor.RGB=xw.utils.rgb_to_int((0,0,255))     #设置边线的颜色
shp2.Line.Weight=1.5                         #设置线宽

app2.ScreenUpdating=True
```

　　运行上述代码，生成如图 7-10 所示的图表。

7.2.2　单色填充核密度估计曲线图

　　如果觉得图 7-10 过于单调，那么可以考虑对核密度估计曲线与横轴围成的区域用颜色填充。可以用单色填充，也可以用渐变色填充。单色填充核密度估计曲线图如图 7-11 所示。

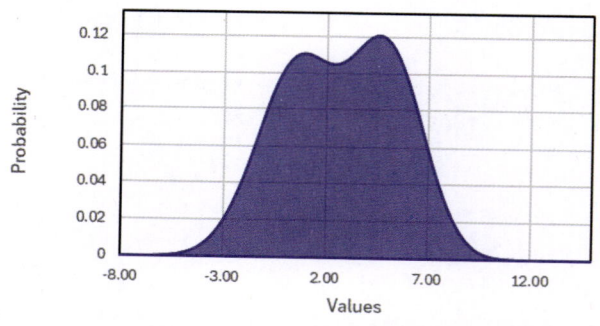

图 7-11　单色填充核密度估计曲线图

【Excel】

　　打开"Samples\ch07 数值型图表\ 06 单色填充核密度估计曲线图\excel.xlsx"文件。单击"开发工具"功能区中的"Visual Basic"图标，打开 VBA 编程环境。在"插入"菜单中单击"模块"图标，添加一个模块。打开相同路径下的 excel.txt 文件，将该文件中的全部代码复制到模块中。回到工作表，单击 D2 单元格，在公式栏中输入公式"=kde(A1:A60)"，按 Enter 键，生成单色填充核密度估计曲线图，如图 7-11 所示。

【Python xlwings】

与单色填充核密度估计曲线图相关的计算和 7.2.1 节介绍的相同。不同的是,最后绘制的是多边形,而非多义线。多边形的顶点按逆时针方向排列,最后一个顶点与第一个顶点重合。完整代码见"Samples\ch07 数值型图表\06 单色填充核密度估计曲线图\py.py"文件。

```python
# 省略部分代码
kdex=[0 for _ in range(180)]
kdef=[0 for _ in range(180)]
#计算指定横坐标处的核密度估计值
for i in range(180):
    kdex[i]=(i-59)/10
    kdef[i]=kde(data,(i-59)/10,1.5)


cht.SeriesCollection().NewSeries()        #新建系列


#填充核密度估计曲线与横轴围成的区域
pt=[[0 for _ in range(2)] for _ in range(183)]
#设置多边形的顶点坐标
for i in range(180):
    pt[i][0]=shape_x(cht,kdex[179-i])
    pt[i][1]=shape_y(cht,kdef[179-i])
pt[180][0]=pt[179][0]
pt[180][1]=shape_y(cht,0)
pt[181][0]=pt[0][0]
pt[181][1]=shape_y(cht,0)
pt[182][0]=pt[0][0]
pt[182][1]=pt[0][1]
shp2=cht.Shapes.AddPolyline(pt)            #绘制多边形
shp2.Fill.ForeColor.RGB=xw.utils.rgb_to_int((0,0,255))    #单色填充
shp2.Fill.Transparency=0.5
shp2.Line.ForeColor.RGB=xw.utils.rgb_to_int((0,0,255))    #设置边线的颜色
shp2.Line.Weight=2                         #设置线宽
```

运行上述代码,生成如图 7-11 所示的图表。

7.2.3 渐变色填充核密度估计曲线图

7.2.2 节介绍了如何用单色填充核密度估计曲线与横轴围成的区域,下面介绍如何用渐变色填充,这里就用到了多边形渐变色填充的相关知识。渐变色填充核密度估计曲线图如图 7-12 所示。

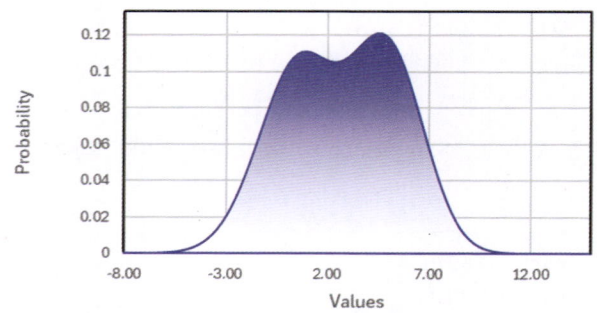

图 7-12　渐变色填充核密度估计曲线图

【Excel】

　　打开"Samples\ch07 数值型图表\ 07 渐变色填充核密度估计曲线图\excel.xlsx"文件，单击"开发工具"功能区中的"Visual Basic"图标，打开 VBA 编程环境。在"插入"菜单中单击"模块"图标，添加一个模块。打开相同路径下的 excel.txt 文件，将该文件中的全部代码复制到模块中。回到工作表，单击 D2 单元格，在公式栏中输入公式"=kde2g(A1:A60)"，按 Enter 键，生成渐变色填充核密度估计曲线图，如图 7-12 所示。

【Python xlwings】

　　与渐变色填充核密度估计曲线图相关的计算和 7.2.1 节介绍的相同。不同的是，最后绘制的是多边形，而非多义线。多边形的顶点按逆时针方向排列，最后一个顶点与第一个顶点重合。这里用 FillFormat 对象的 OneColorGradient 方法实现单色渐变色填充，也可以实现双色渐变色填充或多色渐变色填充。完整代码见"Samples\ch07 数值型图表\07 渐变色填充核密度估计曲线图\py.py"文件。

```
#省略部分代码

#单色渐变色填充核密度估计曲线与横轴围成的区域
pt=[[0 for _ in range(2)] for _ in range(183)]
for i in range(180):
    pt[i][0]=shape_x(cht,kdex[179-i])
    pt[i][1]=shape_y(cht,kdef[179-i])
pt[180][0]=pt[179][0]
pt[180][1]=shape_y(cht,0)
pt[181][0]=pt[0][0]
pt[181][1]=shape_y(cht,0)
pt[182][0]=pt[0][0]
pt[182][1]=pt[0][1]
```

```
shp2=cht.Shapes.AddPolyline(pt)
shp2.Fill.Transparency=0.5
shp2.Fill.ForeColor.RGB=xw.utils.rgb_to_int((0,0,255))      #渐变色填充
shp2.Fill.OneColorGradient(1,1,1)
shp2.Line.ForeColor.RGB=xw.utils.rgb_to_int((0,0,255))      #设置边线的颜色
shp2.Line.Weight=1.5                        #设置线宽
```

运行上述代码，生成如图 7-12 所示的图表。

7.2.4　多色渐变色填充核密度估计曲线图

7.2.3 节介绍了如何用单色渐变色填充核密度估计曲线与横轴围成的区域，下面介绍如何用多色渐变色填充，这里涉及多边形多色渐变色填充的相关知识。多色渐变色填充核密度估计曲线图如图 7-13 所示。

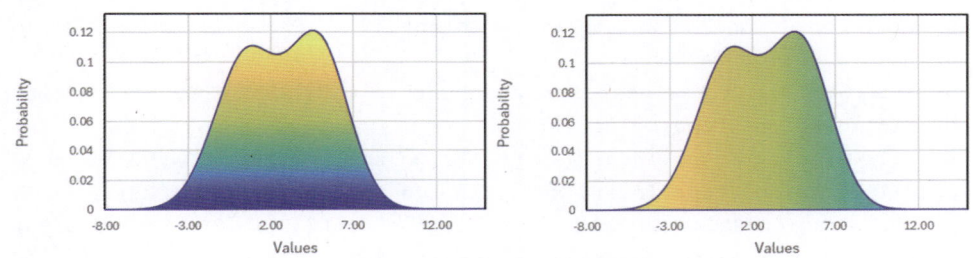

图 7-13　多色渐变色填充核密度估计曲线图

【Excel】

打开 "Samples\ch07 数值型图表\08 多色渐变色填充核密度估计曲线图\excel.xlsx" 文件。单击 "开发工具" 功能区中的 "Visual Basic" 图标，打开 VBA 编程环境。在 "插入" 菜单中单击 "模块" 图标，添加一个模块。打开相同路径下的 excel.txt 文件，将该文件中的全部代码复制到模块中。回到工作表，单击 D2 单元格，在公式栏中输入公式 "=kdemg(A1:A60,,,,,,,,,2)"，按 Enter 键，生成如图 7-13 左图所示的图表，填充色从下往上渐变。将公式修改为 "=kdemg(A1:A60,,,,,,,,,2,,2)"，按 Enter 键，生成如图 7-13 右图所示的图表，填充色从右向左渐变。

【Python xlwings】

下面在 Excel 中对多边形进行多色渐变色填充。完整代码见 "Samples\ch07 数值型图表\08 多色渐变色填充核密度估计曲线图\py.py" 文件和 "Samples\ch07 数值型图表\08 多色渐变色填充核密度估计曲线图\py2.py" 文件。

#省略部分代码

```
#多色渐变色填充核密度估计曲线与横轴围成的区域
pt=[[0 for _ in range(2)] for _ in range(183)]
for i in range(180):
    pt[i][0]=shape_x(cht,kdex[179-i])
    pt[i][1]=shape_y(cht,kdef[179-i])
pt[180][0]=pt[179][0]
pt[180][1]=shape_y(cht,0)
pt[181][0]=pt[0][0]
pt[181][1]=shape_y(cht,0)
pt[182][0]=pt[0][0]
pt[182][1]=pt[0][1]

shp2=cht.Shapes.AddPolyline(pt)
shp2.Fill.Transparency=0.5
shp2.Fill.ForeColor.RGB=xw.utils.rgb_to_int((255, 255, 26))  #多色渐变色填充
shp2.Fill.OneColorGradient(1,1,1)
shp2.Fill.GradientStops.Insert(xw.utils.rgb_to_int((255, 204, 51)), 0.25)
shp2.Fill.GradientStops.Delete(2)
shp2.Fill.GradientStops.Insert(xw.utils.rgb_to_int((204, 204, 51)), 0.5)
shp2.Fill.GradientStops.Insert(xw.utils.rgb_to_int((0, 179, 179)), 0.75)
shp2.Fill.GradientStops.Insert(xw.utils.rgb_to_int((51, 128, 255)), 0.85)
shp2.Fill.GradientStops.Insert(xw.utils.rgb_to_int((0, 0, 255)), 1)

shp2.Line.ForeColor.RGB=xw.utils.rgb_to_int((0,0,255))      #设置边线的颜色
shp2.Line.Weight=1.5                    #设置线宽
```

运行上述代码生成如图 7-13 左图所示的图表。将上述代码中的 **OneColorGradient** 函数中第 1 个参数的值修改为 2，即

```
shp2.Fill.OneColorGradient(2,1,1)
```

运行上述代码，生成如图 7-13 右图所示的图表。

7.2.5　复合一元核密度估计曲线图

复合一元核密度估计曲线图是在同一个图表中绘制多个向量数据的一元核密度估计曲线图，如图 7-14 所示。通常将曲线下的区域设置为半透明样式，这样可以看到区域下方的其他曲线。

【Excel】

打开"Samples\ch07 数值型图表\08 复合一元核密度估计曲线图\excel.xlsx"文件。单击"开发工具"功能区中的"**Visual Basic**"图标，打开 **VBA** 编程环境。在"插入"

菜单中单击"模块"图标,添加一个模块。打开相同路径下的 excel.txt 文件,将该文件中的全部代码复制到模块中。回到工作表,单击 **D2** 单元格,在公式栏中输入公式"=kdem(A1:B100)",按 **Enter** 键,生成复合一元核密度估计曲线图,如图 7-14 所示。

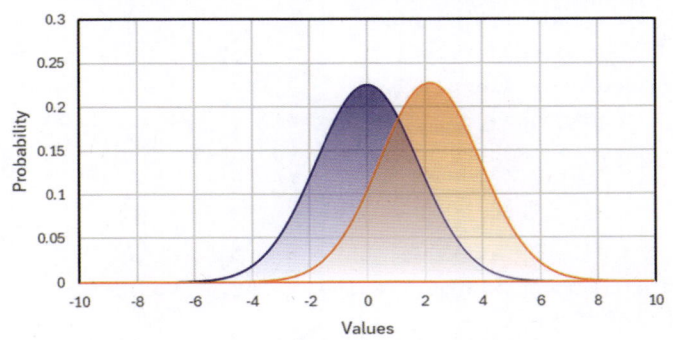

图 7-14　复合一元核密度估计曲线图

【Python xlwings】

在绘制复合一元核密度估计曲线图时,一个一个地绘制即可。为了使代码更简洁,这里将绘制单个一元核密度估计曲线图的代码用 draw_kde 函数编写,以便重复调用。完整代码见"Samples\ch07 数值型图表\08 复合一元核密度估计曲线图\py.py"文件。

```
def draw_kde(cht,data,y,r,g,b,minx,maxx):
    #将绘制单个一元核密度估计曲线图的代码用 draw_kde 函数编写,以便重复调用
    kdex=[0 for _ in range(180)]
    kdef=[0 for _ in range(180)]
    step=(maxx-minx)/180
    #计算指定横坐标处的核密度估计值
    for i in range(180):
        kdex[i]=minx+i*step
        kdef[i]=y+kde(data,kdex[i],1.5)

    cht.SeriesCollection().NewSeries()    #新建系列

    #渐变色填充核密度估计曲线与横轴围成的区域
    pt=[[0 for _ in range(2)] for _ in range(183)]
    for i in range(180):
        pt[i][0]=shape_x(cht,kdex[179-i])
        pt[i][1]=shape_y(cht,kdef[179-i])
    pt[180][0]=pt[179][0]
    pt[180][1]=shape_y(cht,0)
```

```
    pt[181][0]=pt[0][0]
    pt[181][1]=shape_y(cht,0)
    pt[182][0]=pt[0][0]
    pt[182][1]=pt[0][1]
    shp=cht.Shapes.AddPolyline(pt)
    shp.Fill.ForeColor.RGB=xw.utils.rgb_to_int((r,g,b))        #渐变色填充
    shp.Fill.OneColorGradient(1,1,1)
    shp.Fill.Transparency=0.5
    shp.Line.ForeColor.RGB=xw.utils.rgb_to_int((r,g,b))
    shp.Line.Weight=1.5


root=os.getcwd()        #获取当前工作路径
app=xw.App(visible=True,add_book=False)        #创建 Excel 应用
#打开数据文件并返回工作簿对象
wb=app.books.open(root+r'/data.xlsx',read_only=False)
sht=wb.sheets('Sheet1')        #获取指定工作表
data1=sht.range('A1:A100').value
data2=sht.range('B1:B100').value
app.kill()


#从 comtypes 包中导入 CreateObject 函数
from comtypes.client import CreateObject
app2=CreateObject("Excel.Application")           #创建 Excel 应用
app2.Visible=True                                #显示应用窗口
app2.ScreenUpdating=False
wb2=app2.Workbooks.Open(root+r'/data.xlsx')      #添加工作簿
sht2=wb2.Sheets('Sheet1')                        #获取第 1 个工作表

shp=sht2.Shapes.AddChart2()                      #添加图表
shp.Left=20
cht=shp.Chart                                    #获取图表
cht.ChartType=-4169                              #设置图表类型
ax1=cht.Axes(1)                                  #获取横轴
ax2=cht.Axes(2)                                  #获取纵轴
ax1.MinimumScale=-10                             #设置横轴的最小值
ax1.MaximumScale=10
ax2.MinimumScale=0                               #设置纵轴的最小值
ax2.MaximumScale=0.3
ax1.CrossesAt=ax1.MinimumScale
ax2.CrossesAt=ax2.MinimumScale
```

```
set_style(cht)                              #设置样式

#绘制复合一元核密度估计曲线图
draw_kde(cht,data1,0,0,0,255,-10,10)
draw_kde(cht,data2,0,255,128,0,-10,10)

app2.ScreenUpdating=True
```

运行上述代码，生成如图 7-14 所示的图表。

7.2.6　单色填充山脊图

山脊图是用核密度估计图表现多个一元数据的分布特征，以及不同数据之间整体差异的图表。单色填充山脊图如图 7-15 所示。

图 7-15　单色填充山脊图

【Excel】

打开"Samples\ch07 数值型图表\09 山脊图\excel.xlsx"文件。单击"开发工具"

功能区中的"Visual Basic"图标，打开 VBA 编程环境。在"插入"菜单中单击"模块"图标，添加一个模块。打开相同路径下的 excel.txt 文件，将该文件中的全部代码复制到模块中。回到工作表，单击 J2 单元格，在公式栏中输入公式"=mountain(A1:H100)"，按 Enter 键，生成单色填充山脊图。

【Python xlwings】

与绘制复合一元核密度估计曲线图类似，在绘制单色填充山脊图时也是一个一个地绘制。下面使用颜色查找表对图表进行着色，相关内容参见第 4 章。完整代码见"Samples\ch07 数值型图表\09 山脊图\py.py"文件。

```
root=os.getcwd()                          #获取当前工作路径
app=xw.App(visible=True,add_book=False)   #创建 Excel 应用
#打开数据文件并返回工作簿对象
wb=app.books.open(root+r'/data.xlsx',read_only=False)
sht=wb.sheets('Sheet1')                   #获取指定工作表
data=sht.range('A1:H100').value           #获取数据
cm=wb.sheets('colormap').range('A1:C256').value   #获取颜色查找表中的颜色
app.kill()                                #退出 Excel 应用

#从 comtypes 包中导入 CreateObject 函数
from comtypes.client import CreateObject
app2=CreateObject("Excel.Application")    #创建 Excel 应用
app2.Visible=True                         #显示应用窗口
app2.ScreenUpdating=False
wb2=app2.Workbooks.Open(root+r'/data.xlsx')       #添加工作簿
sht2=wb2.Sheets('Sheet1')                 #获取第 1 个工作表

shp=sht2.Shapes.AddChart2()               #添加图表
shp.Left=20                               #设置图表位置和大小
shp.Left=300
shp.Top=20
shp.Width=350
shp.Height=400
cht=shp.Chart                             #获取图表
cht.ChartType=-4169                       #设置图表类型
ax1=cht.Axes(1)                           #获取横轴
ax2=cht.Axes(2)                           #获取纵轴
ax1.MinimumScale=-10                      #设置横轴的最小值
ax1.MaximumScale=10
ax2.MinimumScale=0                        #设置纵轴的最小值
```

```
ax2.MaximumScale=1.8
ax1.CrossesAt=ax1.MinimumScale
ax2.CrossesAt=ax2.MinimumScale

set_style(cht)                               #设置样式

#cht.SeriesCollection().NewSeries()          #新建系列

dd=np.transpose(data)                        #转置
dt=[0 for _ in range(8)]
#获取转置矩阵的行数据，也就是原始数据的列数据
for i in range(8):
    dt[i]=list(dd[i][:])

#绘制单色填充山脊图
for i in range(7,-1,-1):
    count=int(i/7 * 256)                     #用该序号从颜色查找表中获取颜色
    if count==256:
        r=cm[255][0]
        g=cm[255][1]
        b=cm[255][2]
    else:
        r=cm[count][0]
        g=cm[count][1]
        b=cm[count][2]
    draw_kde(cht,dt[i],0.2*i,r,g,b,-10,10)    #单色填充

#绘制纵轴的刻度标签
label_pos=[0 for _ in range(8)]
for i in range(8):
    label_pos[i]=i*0.2
labels=['A','B','C','D','E','F','G','H']
for i in range(8):
    lf=shape_x(cht,-11)
    tp=shape_y(cht,label_pos[i]+0.08)
    wd=cht.PlotArea.InsideWidth/(cht.Axes(1).MaximumScale-cht.Axes(1).
MinimumScale)*1.6
    ht=cht.PlotArea.InsideHeight/(cht.Axes(2).MaximumScale-cht.Axes(2).
MinimumScale)*0.1
    shp2=cht.Shapes.AddLabel(1,lf,tp,wd,ht)
```

```
    shp2.TextFrame2.TextRange.Characters().Text=labels[i]
    shp2.TextFrame2.TextRange.Characters().Font.Size=8
    shp2.TextFrame2.AutoSize=1    #msoAutoSizeTextToFitShape

#绘制横轴的刻度标签
xlabel_pos=[0 for _ in range(11)]
xlabels=[0 for _ in range(11)]
for i in range(11):
    xlabel_pos[i]=i*2-10
    xlabels[i]=str(i*2-10)
for i in range(11):
    lf=shape_x(cht,xlabel_pos[i]-0.5)
    tp=shape_y(cht,-0.03)
    wd=cht.PlotArea.InsideWidth/(cht.Axes(1).MaximumScale-
cht.Axes(1).MinimumScale)*1.8
    ht=cht.PlotArea.InsideHeight/(cht.Axes(2).MaximumScale-
cht.Axes(2).MinimumScale)*0.1
    shp3=cht.Shapes.AddLabel(1,lf,tp,wd,ht)
    shp3.TextFrame2.TextRange.Characters().Text=xlabels[i]
    shp3.TextFrame2.TextRange.Characters().Font.Size=8
    shp3.TextFrame2.AutoSize=1    #msoAutoSizeTextToFitShape

#绘制外框
lf=shape_x(cht,-10)
tp=shape_y(cht,1.8)
wd=cht.PlotArea.InsideWidth/(cht.Axes(1).MaximumScale-
cht.Axes(1).MinimumScale)*20
ht=cht.PlotArea.InsideHeight/(cht.Axes(2).MaximumScale-
cht.Axes(2).MinimumScale)*1.8
shp4=cht.Shapes.AddShape(1,lf,tp,wd,ht)
shp4.Fill.Visible=False
shp4.Line.Weight=1
shp4.Line.ForeColor.RGB=xw.utils.rgb_to_int((200,200,200))

app2.ScreenUpdating=True
```

运行上述代码，生成类似于如图 7-15 所示的图表。

7.2.7　渐变色填充山脊图

渐变色填充山脊图如图 7-16 所示。

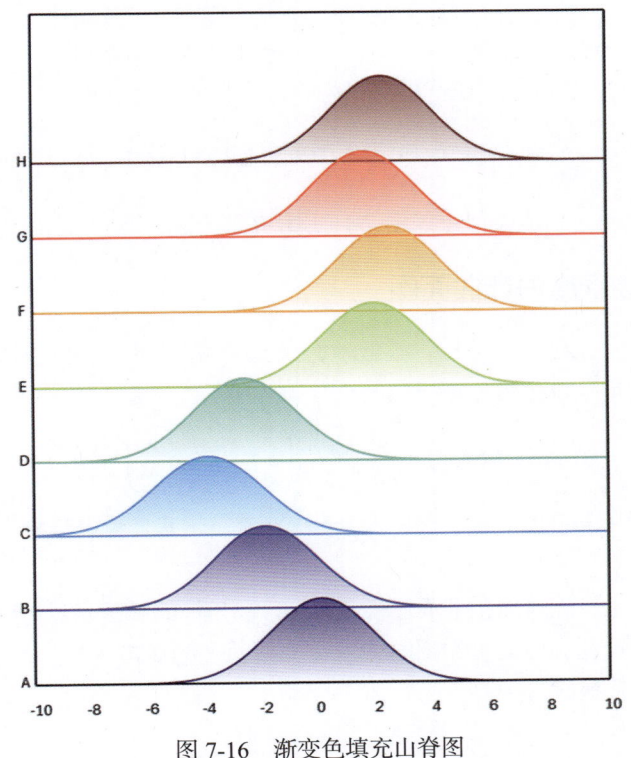

图 7-16　渐变色填充山脊图

【Excel】

打开"Samples\ch07 数值型图表\10 山脊图 2\excel.xlsx"文件。单击"开发工具"功能区中的"Visual Basic"图标，打开 VBA 编程环境。在"插入"菜单中单击"模块"图标，添加一个模块。打开相同路径下的 excel.txt 文件，将该文件中的全部代码复制到模块中。回到工作表，单击 D2 单元格，在公式栏中输入公式"=mountain(A1:H100,,,,,,,,,,3,,TRUE)"，按 Enter 键，生成渐变色填充山脊图，如图 7-16 所示。

【Python xlwings】

7.2.3 节介绍了渐变色填充核密度估计曲线图，读者可参阅。下面使用颜色查找表对图表进行着色，相关内容参见第 4 章。完整代码见"Samples\ch07 数值型图表\10 山脊图 2\py.py"文件。

```
def draw_kde(cht,data,y,r,g,b,minx,maxx):
    #省略部分代码
```

```
shp=cht.Shapes.AddPolyline(pt)
shp.Fill.ForeColor.RGB=xw.utils.rgb_to_int((r,g,b))       #渐变色填充
shp.Fill.OneColorGradient(1,1,1)
shp.Fill.Transparency=0.1
shp.Line.ForeColor.RGB=xw.utils.rgb_to_int((r,g,b))       #设置边线的颜色
shp.Line.Weight=1                                         #设置线宽
```

运行上述代码，生成类似于如图 7-16 所示的图表。

7.2.8 二元核密度估计曲面图

前面介绍了一元核密度估计，类似地，二元核密度估计也是用样本对总体进行估计的。二元核密度估计的概率密度函数为

$$f(x,y) = \frac{1}{nh^2}\sum_{i=1}^{n}K_h\left(\frac{x-x_i}{h},\frac{y-y_i}{h}\right)$$

其中，x、y 均表示自变量，n 表示样本个数，h 表示带宽，K 表示核函数，x_i、y_i 均表示样本中的一个点。

二元核密度估计图可以用曲面图表示，也可以用等值线图表示。用 **Python xlwings** 绘制的二元核密度估计曲面图如图 7-17 所示。曲面上的环带表示用单色填充相邻三维等值线之间的曲面区域。

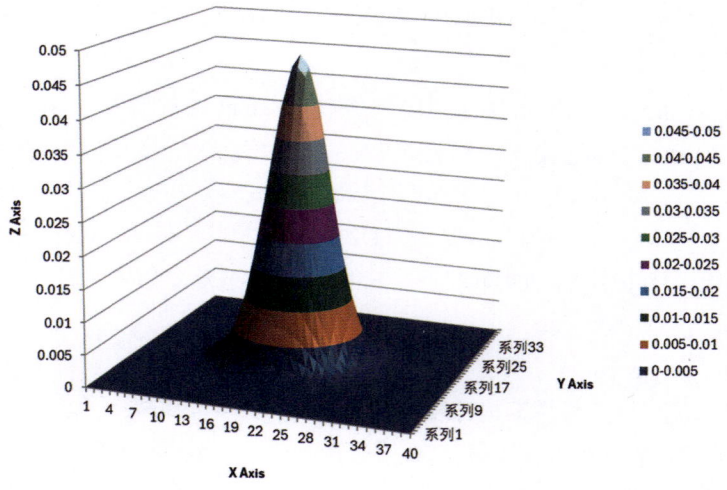

图 7-17 二元核密度估计曲面图

【Excel】

在 Excel 中不能直接绘制二元核密度估计曲面图。

【Python xlwings】

　　用 Python xlwings 绘制二元核密度估计曲面图的关键在于核密度估计值的计算。下面用 kde2 函数实现二元核密度估计值的计算公式。kde2 函数使用的核函数为二元高斯核函数，用标准二元正态分布的概率密度函数进行计算。完整代码见 "Samples\ch07 数值型图表\11 二元核密度估计曲面图\py.py" 文件。

```python
def kde2(dt1,dt2,x,y,w):
    my_sum=0
    count=0
    for i in dt1:
        for j in dt2:
            my_sum+=np.exp(-((x-i)**2+(y-j)**2)/(2*w**2))/\
            (2*3.1416*w**2)
            count+=1
    return my_sum/count
```

　　下面计算指定横坐标、纵坐标处的核密度估计值，用它们绘制二元核密度估计曲面图。

```python
root=os.getcwd()                                    #获取当前工作路径
app=xw.App(visible=True,add_book=False)             #创建 Excel 应用
#打开数据文件并返回工作簿对象
wb=app.books.open(root+r'/data.xlsx',read_only=False)
sht=wb.sheets('Sheet1')                             #获取指定工作表
dt1=sht.range('A1:A200').value                      #获取数据
dt2=sht.range('B1:B200').value

kdex=[0 for _ in range(40)]
kdey=[0 for _ in range(40)]
kdef=[[0 for _ in range(40)] for _ in range(40)]
#计算横坐标和纵坐标
for i in range(40):
    kdex[i]=(i- 20)/2
    kdey[i]=(i- 20)/2
#二元核密度估计
for i in range(40):
    for j in range(40):
        kdef[i][j]=kde2(dt1,dt2,kdex[i],kdey[j],1.5)

sht2=wb.sheets.add()            #新建工作表，输出计算结果
sht2.name='plot'                #设置工作表的名称
#将数据输出到新工作表中
for i in range(40):
```

```
    sht2.api.Cells(1, i+2).Value=kdex[i]
    sht2.api.Cells(i+2, 1).Value=kdey[i]
    for j in range(40):
        sht2.api.Cells(i+2,j+2).Value=kdef[i][j]
```

```
#用计算数据绘制二元核密度估计曲面图
shp=sht2.api.Shapes.AddChart2()                #添加图表
shp.Left=20                                    #设置图表位置和大小
shp.Top=50
shp.Width=500
shp.Height=400
cht=shp.Chart                                  #获取图表
#指定图表的源数据区域
cht.SetSourceData(sht2.api.Range(sht2.api.Cells(2, 2),sht2.api.Cells(41, 41)))
#设置图表类型
cht.ChartType=xw.constants.ChartType.xlSurface
#设置图表标题
cht.HasTitle=True
cht.ChartTitle.Text='Surface'
#设置坐标轴标题
cht.Axes(1,1).HasTitle=True
cht.Axes(1,1).AxisTitle.Text='X Axis'
cht.Axes(3,1).HasTitle=True
cht.Axes(3,1).AxisTitle.Text='Y Axis'
cht.Axes(2,1).HasTitle=True
cht.Axes(2,1).AxisTitle.Text='Z Axis'
```

　　运行上述代码，生成如图 7-17 所示的图表。将计算结果输出到新建的工作表中。二元核密度估计的计算结果如图 7-18 所示。

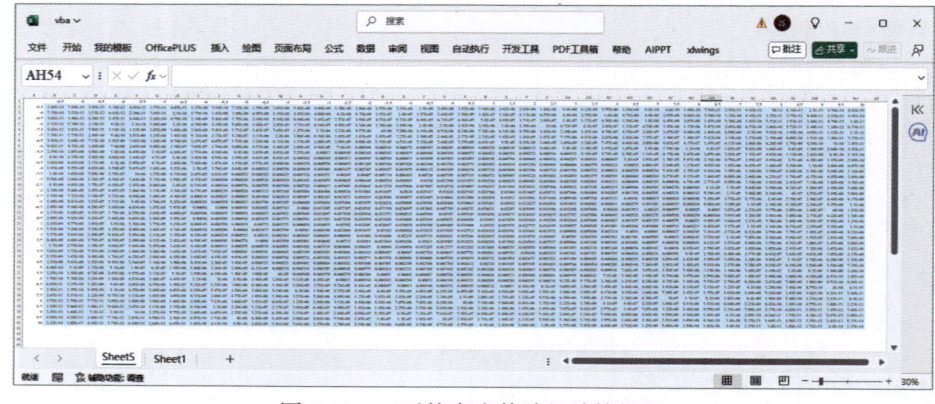

图 7-18　二元核密度估计的计算结果

7.2.9　二元核密度估计等值线图

二元核密度估计等值线图如图 7-19 所示。因该图表中将相邻等值线之间的区域用单色进行了填充，故该图表也称填充等值线图。等值线图可以用二维图形表示三维数据。

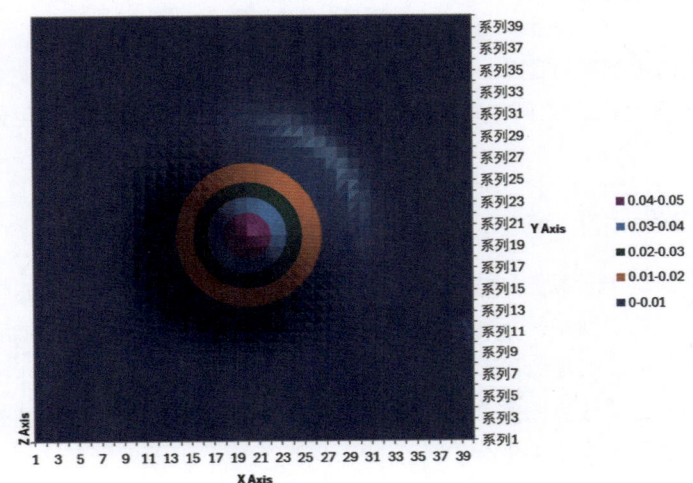

图 7-19　二元核密度估计等值线图

【Excel】

在 Excel 中不能直接绘制二元核密度估计等值线图。

【Python xlwings】

与二元核密度估计等值线图相关的计算和与二元核密度估计曲面图相关的计算基本相同。完整代码见"Samples\ch07 数值型图表\12 二元核密度估计等值线图\py.py"文件。

```python
shp=sht2.api.Shapes.AddChart2()        #添加图表
shp.Left=20                            #设置图表位置和大小
shp.Top=50
shp.Width=500
shp.Height=400
cht=shp.Chart                          #获取图表
#指定图表的源数据区域
cht.SetSourceData(sht2.api.Range(sht2.api.Cells(2, 2),sht2.api.Cells(41, 41)))
#设置图表类型
cht.ChartType=xw.constants.ChartType.xlSurfaceTopView
#设置图表标题
cht.HasTitle=True
cht.ChartTitle.Text='Surface'
```

运行上述代码，生成如图 7-19 所示的图表。

7.3 散点图

散点图是常见的统计图表，其中散点的坐标用两个或三个数值型变量定义。如果有多个分组，那么可以用不同颜色、类型、大小的标记进行区分，或用分面表示。散点图用于探查不同变量之间的相关关系。

7.3.1 二维散点图

二维散点图常用于探查和描述原始数据，或查看两个数值型变量的相关关系。残差散点图常用于判断回归分析等统计分析结果的好坏。本节将介绍二维散点图（包括二维简单散点图和二维复合散点图）的绘制。

要绘制二维简单散点图需要指定两组数据，一组数据用于表示散点的横坐标，另一组数据用于表示散点的纵坐标。

【Excel】

下面用 Excel 直接绘制二维散点图。打开"Samples\ch07 数值型图表\13 二维散点图\excel.xlsx"文件。选择单元格区域 A1:B100，单击"插入"功能区的"图表"区中的"散点图"图标，在弹出的下拉面板中单击 图标，生成二维简单散点图。双击该图表，可以用右侧面板中的控件进行编辑。图 7-20 所示为创建并编辑后得到的图表。

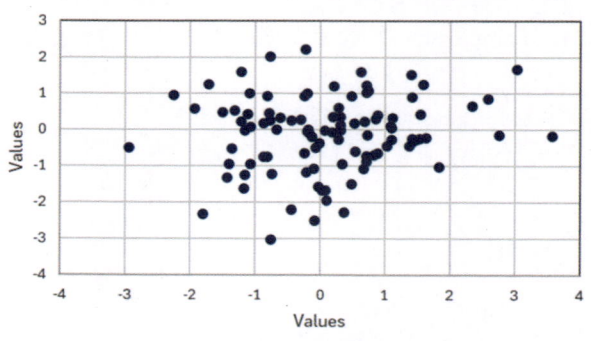

图 7-20　二维简单散点图

【Python xlwings】

下面用指定数据绘制二维简单散点图。完整代码见"Samples\ch07 数值型图表\13 二维散点图\py.py"文件。

```
root=os.getcwd()                          #获取当前工作路径
app=xw.App(visible=True,add_book=False)   #创建 Excel 应用
#打开数据文件并返回工作簿对象
wb=app.books.open(root+r'/data.xlsx',read_only=False)
sht=wb.sheets('Sheet1')                   #获取指定工作表

sht.api.Range('A1:B100').Select()         #获取数据
shp=sht.api.Shapes.AddChart2(-1,xw.constants.ChartType.xlXYScatter,20,20,
300,200,True)
cht=shp.Chart                             #获取图表

set_style(cht)                            #设置样式
```

　　运行上述代码，生成如图 7-20 所示的图表。

　　要绘制二维复合散点图需要为各简单散点图指定两组数据，一组数据用于表示散点的横坐标，另一组数据用于表示散点的纵坐标。

　　【Excel】

　　下面用 Excel 绘制二维复合散点图。打开"Samples\ch07 数值型图表\14 二维复合散点图\excel.xlsx"文件。选择单元格区域 A1:B100，单击"插入"功能的"图表"区中的"散点图"图标，在弹出的下拉面板中单击 图标，生成二维简单散点图。

　　右击一个散点，在弹出的快捷菜单中选择"选择数据"命令，弹出"选择数据源"对话框，单击左侧的"添加"按钮，切换到"编辑数据系列"对话框。将光标放到"X 轴系列值"文本框中，在工作表中选择单元格区域 C1:C100；删除"Y 轴系列值"文本框中的内容，将光标放到"Y 轴系列值"文本框中，在工作表中选择单元格区域 D1:D100，单击"确定"按钮。继续单击"确定"按钮，生成二维复合散点图。双击该图表，可以用右侧面板中的控件进行编辑。图 7-21 所示为创建并编辑后得到的图表。

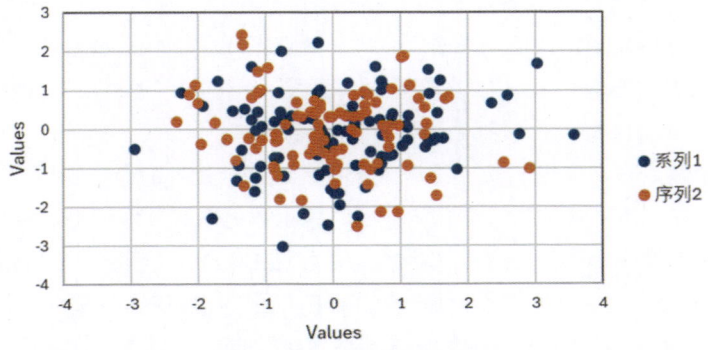

图 7-21　二维复合散点图

275

【Python xlwings】

下面用指定数据绘制二维复合散点图。完整代码见"Samples\ch07 数值型图表\14 二维复合散点图\py.py"文件。

```
root=os.getcwd()                              #获取当前工作路径
app=xw.App(visible=True,add_book=False)     #创建 Excel 应用
#打开数据文件并返回工作簿对象
wb=app.books.open(root+r'/data.xlsx',read_only=False)
sht=wb.sheets('Sheet1')                       #获取指定工作表

sht.api.Range('A1:B100').Select()             #获取数据
shp=sht.api.Shapes.AddChart2(-1,xw.constants.ChartType.xlXYScatter,20,
20,300,200,True)
cht=shp.Chart                                 #获取图表

ser=cht.SeriesCollection().NewSeries()        #新建系列
ser.ChartType=xw.constants.ChartType.xlXYScatter    #设置图表类型
ser.XValues=sht.api.Range('C1:C100')
ser.Values=sht.api.Range('D1:D100')

set_style(cht)      #设置样式
```

运行上述代码，生成如图 7-21 所示的图表。

7.3.2 抖动散点图

用具有共同分类的一组数据绘制散点图时，在不抖动的情况下，分组散点沿一条竖线分布，它们具有相同的横坐标，其中有些位置上有重复的散点。

【Excel】

打开"Samples\ch07 数值型图表\16 抖动散点图-没抖动\excel.xlsx"文件。选择单元格区域 B2:C11，单击"插入"功能区的"图表"区中的"散点图"图标，在弹出的下拉面板中单击 图标，生成第 1 列数据的散点图。

右击一个散点，在弹出的快捷菜单中选择"选择数据"命令，弹出"选择数据源"对话框，单击左侧的"添加"按钮，切换到"编辑数据系列"对话框。将光标放到"X 轴系列值"文本框中，在工作表中选择单元格区域 D2:D11；删除"Y 轴系列值"文本框中的内容，将光标放到"Y 轴系列值"文本框中，在工作表中选择单元格区域 E2:E11，单击"确定"按钮。重复上面的操作，添加后两列数据的散点图。继续单击"确定"按钮，生成不抖动散点图。双击该图表，可以用右侧面板中的控件进行编辑。图 7-22 所示

为不抖动散点图。

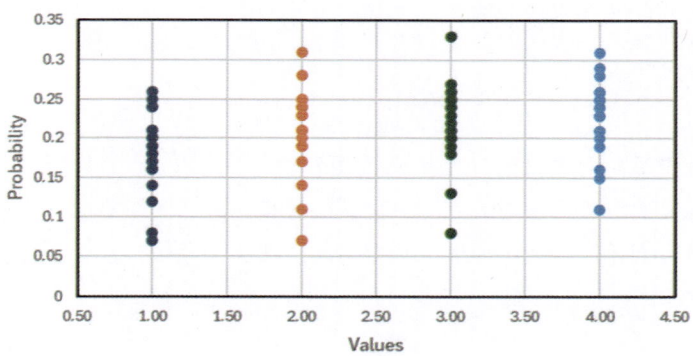

图 7-22　不抖动散点图

【Python xlwings】

下面用 Python xlwings 绘制不抖动散点图。完整代码见"Samples\ch07 数值型图表\15 抖动散点图-没抖动\py.py"文件。

```
root=os.getcwd()                               #获取当前工作路径
app=xw.App(visible=True,add_book=False)        #创建 Excel 应用
#打开数据文件并返回工作簿对象
wb=app.books.open(root+r'/data.xlsx',read_only=False)
sht=wb.sheets('Sheet1')                        #获取指定工作表

shp=sht.api.Shapes.AddChart2()                 #添加图表
shp.Left=20
cht=shp.Chart                                  #获取图表
cht.ChartType=xw.constants.ChartType.xlXYScatter    #设置图表类型
ax1=cht.Axes(1)                                #获取横轴
ax2=cht.Axes(2)                                #获取纵轴
ax1.MinimumScale=0                             #设置横轴的最小值
ax1.MaximumScale=4.5
ax2.MinimumScale=0                             #设置纵轴的最小值
ax2.MaximumScale=0.35

set_style(cht)                                 #设置样式

data=sht.range('B2:E21').value                 #获取数据
rd=[0 for _ in range(20)]
y=[0 for _ in range(20)]
#逐个绘制各列数据的散点图
for i in range(4):
```

```
cht.SeriesCollection().NewSeries()          #新建系列
for j in range(20):
    rd[j]=i+1
    y[j]=data[j][i]
cht.SeriesCollection(i+1).XValues=rd
cht.SeriesCollection(i+1).Values=y
```

运行上述代码，生成如图 7-22 所示的图表。

用同一分类的散点绘制成散点图时呈直线分布，散点大量重叠。为了表示这些重叠的散点，将它们在指定范围内进行水平抖动。如果为随机抖动，那么得到的散点图被称为抖动散点图。

【Excel】

打开"Samples\ch07 数值型图表\16 抖动散点图-已抖动\excel.xlsx"文件。单击"开发工具"功能区中的"Visual Basic"图标，打开 VBA 编程环境。在"插入"菜单中单击"模块"图标，添加一个模块。打开相同路径下的 excel.txt 文件，将该文件中的全部代码复制到模块中。回到工作表，单击 D2 单元格，在公式栏中输入公式"=jitterscatter(A2:A41,B2:B41)"，按 Enter 键，生成抖动散点图，如图 7-23 所示。

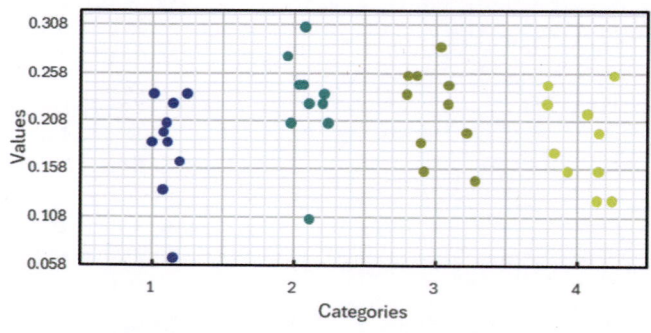

图 7-23　抖动散点图

【Python xlwings】

下面用 Python xlwings 绘制抖动散点图。各列散点在其横坐标轴线两侧 $w/2$ 范围内随机抖动，纵坐标不变。其中，w 表示抖动宽度。完整代码见"Samples\ch07 数值型图表\16 抖动散点图-已抖动\py.py"文件。

```
# 省略部分代码
data=sht.range('B2:E21').value
rd=[0 for _ in range(20)]
y=[0 for _ in range(20)]
#逐个绘制各列散点的抖动散点图
```

```
for i in range(4):
    cht.SeriesCollection().NewSeries()                    #新建系列
    for j in range(20):
        rd[j]=i+0.75+0.5*np.random.rand(1)[0]
        y[j]=data[j][i]
    cht.SeriesCollection(i+1).XValues=rd                  #设置横轴数据
    cht.SeriesCollection(i+1).Values=y                    #设置纵轴数据
```

运行上述代码,生成类似于如图 7-23 所示的图表。

【Excel】

打开"Samples\ch07 数值型图表\17 抖动散点图-已抖动-横向\excel.xlsx"文件。单击"开发工具"功能区中的"Visual Basic"图标,打开 VBA 编程环境。在"插入"菜单中单击"模块"图标,添加一个模块。打开相同路径下的 excel.txt 文件,将该文件中的全部代码复制到模块中。回到工作表,单击 D2 单元格,在公式栏中输入公式"=jitterscatterh(A2:A41,B2:B41)",按 Enter 键,生成水平抖动散点图,如图 7-24 所示。

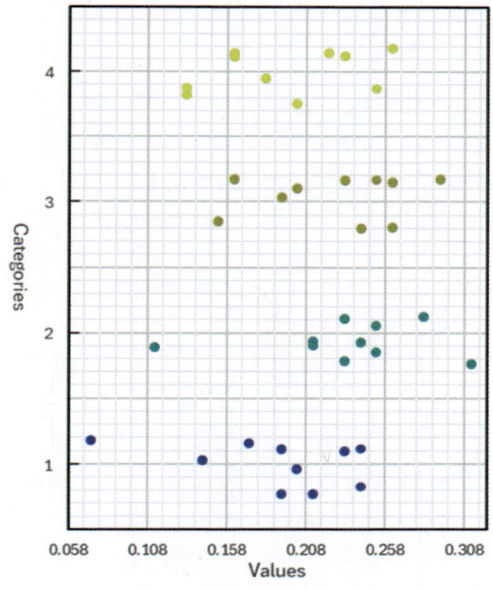

图 7-24　水平抖动散点图

【Python xlwings】

下面用 Python xlwings 绘制水平抖动散点图。各列散点在其纵坐标轴线两侧 $w/2$ 范围内随机抖动,横坐标不变。其中,w 表示抖动宽度。完整代码见"Samples\ch07 数值型图表\17 抖动散点图-已抖动-横向\py.py"文件。

```
data=sht.range('B2:E21').value
rd=[0 for _ in range(20)]
y=[0 for _ in range(20)]
for i in range(4):
    cht.SeriesCollection().NewSeries()              #新建系列
    for j in range(20):
        rd[j]=i+0.75+0.5*np.random.rand(1)[0]
        y[j]=data[j][i]
    cht.SeriesCollection(i+1).XValues=y             #设置横轴数据
    cht.SeriesCollection(i+1).Values=rd             #设置纵轴数据
```

运行上述代码，生成类似于如图 7-24 所示的图表。

7.3.3　规则散点图

规则散点图与普通二维散点图的根本区别在于，它是根据分类变量的数据绘制的，而普通二维散点图的两个坐标轴都是数值轴。规则散点图在规则网格的节点上绘制散点，可以指定变量定义散点的颜色和大小。通过变量的数据映射颜色查找表来获取颜色。

【Excel】

打开"Samples\ch07 数值型图表\18 规则散点图\excel.xlsx"文件。单击"开发工具"功能区中的"Visual Basic"图标，打开 VBA 编程环境。在"插入"菜单中单击"模块"图标，添加一个模块。打开相同路径下的 excel.txt 文件，将该文件中的全部代码复制到模块中。回到工作表，单击 L2 单元格，在公式栏中输入公式"=regscatter(A1:G11,,,,,,,,,3)"，按 Enter 键，生成规则散点图，如图 7-25 所示。

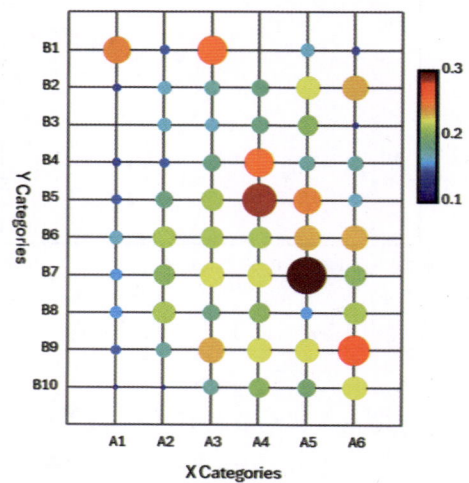

图 7-25　规则散点图

【Python xlwings 】

下面用 Python xlwings 绘制规则散点图，绘制网格，根据数据大小在网格节点处绘制相应大小和颜色的圆。这里使用颜色查找表进行着色，相关内容参见第 4 章。完整代码见 "Samples\ch07 数值型图表\18 规则散点图\py.py" 文件。

```python
import xlwings as xw        #导入 Python xlwings
import os                   #导入 os 包

def draw_reg_scatter(wb):
    sht=wb.sheets('Sheet1')                 #获取指定工作表
    shp=sht.api.Shapes.AddChart2()          #添加图表
    shp.Left=20                             #设置图表位置和大小
    shp.Top=20
    shp.Width=330
    shp.Height=400
    cht=shp.Chart                           #获取图表
    cht.ChartType=xw.constants.ChartType.xlXYScatter    #设置图表类型
    #清空系列
    for i in range(cht.SeriesCollection().Count,0,-1):
        cht.SeriesCollection(i).Delete()

    ax1=cht.Axes(1)                         #获取横轴
    ax2=cht.Axes(2)                         #获取纵轴
    ax1.MinimumScale=-1                     #设置横轴的最小值
    ax1.MaximumScale=8
    ax2.MinimumScale=-1                     #设置纵轴的最小值
    ax2.MaximumScale=9
    ax2.ReversePlotOrder=True               #反转纵轴
    #清空图形
    if cht.Shapes.Count>0:
        for i in range(cht.Shapes.Count,0,-1):
            cht.Shapes(i).Delete()

    #归一化数据
    data2=[[0 for _ in range(5)] for _ in range(8)]
    data3=[[0 for _ in range(5)] for _ in range(8)]
    data=sht.range('B2:F9').value
    minv=1000
    maxv=-1000
    for i in range(8):
```

```
    for j in range(5):
        if minv>data[i][j]: minv=data[i][j]
        if maxv<data[i][j]: maxv=data[i][j]
difv=maxv-minv
for i in range(8):
    for j in range(5):
        data2[i][j]=(data[i][j]-minv)/difv
for i in range(8):
    for j in range(5):
        data3[i][j]=data2[7-i][j]
```

```
#获取颜色查找表中的颜色
cm=wb.sheets('Sheet2').range('A1:C256').value
```

```
#绘制网格
for i in range(7):
    for j in range(10):
        sx1=shape_x(cht,i)
        sy1=shape_y(cht,0)
        sx2=shape_x(cht,i)
        sy2=shape_y(cht,j)
        shp1=cht.Shapes.AddLine(sx1,sy1,sx2,sy2)
        shp1.Line.ForeColor.RGB=xw.utils.rgb_to_int((200,200,200))
        shp1.Line.Weight=1
        sx1=shape_x(cht,0)
        sy1=shape_y(cht,j)
        sx2=shape_x(cht,i)
        sy2=shape_y(cht,j)
        shp2=cht.Shapes.AddLine(sx1,sy1,sx2,sy2)
        shp2.Line.ForeColor.RGB=xw.utils.rgb_to_int((200,200,200))
        shp2.Line.Weight=1
```

```
#绘制圆
for i in range(5):
    for j in range(7,-1,-1):
        w=data3[j][i]
        count=int(w*255)
        if count>255:
            r=int(cm[255][0])
            g=int(cm[255][1])
```

```
            b=int(cm[255][2])
        else:
            r=int(cm[count][0])
            g=int(cm[count][1])
            b=int(cm[count][2])

        lf=shape_x(cht,i+1-w/2)
        tp=shape_y(cht,j+1+w/2)
        wd=cht.PlotArea.InsideWidth/(cht.Axes(1).MaximumScale-\
        cht.Axes(1).MinimumScale)*w
        ht=cht.PlotArea.InsideHeight/(cht.Axes(2).MaximumScale-\
        cht.Axes(2).MinimumScale)*w
        shp3=cht.Shapes.AddShape(9,lf,tp,wd,ht)
        shp3.Fill.ForeColor.RGB=xw.utils.rgb_to_int((r,g,b))
        shp3.Line.Visible=False

    #绘制色条
    lf=shape_x(cht,6.5)
    tp=shape_y(cht,8)
    wd=cht.PlotArea.InsideWidth/(cht.Axes(1).MaximumScale-cht.Axes(1).
MinimumScale) * 0.4
    ht=cht.PlotArea.InsideHeight/(cht.Axes(2).MaximumScale-cht.Axes(2).
MinimumScale) * 3
    shp4=cht.Shapes.AddShape(1,lf,tp,wd,ht)
    shp4.Fill.ForeColor.RGB=xw.utils.rgb_to_int((128,0,0))    #多色渐变色填充
    shp4.Fill.OneColorGradient(1,1,1)
    shp4.Fill.GradientStops.Insert(xw.utils.rgb_to_int((255,0,0)),0.1)
    shp4.Fill.GradientStops.Delete(2)
    shp4.Fill.GradientStops.Insert(xw.utils.rgb_to_int((255,255,0)),0.38)
    shp4.Fill.GradientStops.Insert(xw.utils.rgb_to_int((0,255,255)),0.63)
    shp4.Fill.GradientStops.Insert(xw.utils.rgb_to_int((0,0,255)),0.88)
    shp4.Fill.GradientStops.Insert(xw.utils.rgb_to_int((0,51,255)),1)

#给色条添加标签
label_pos=[0 for _ in range(3)]
labels=[0 for _ in range(3)]
label_pos[0]=8.2
label_pos[1]=6.9
label_pos[2]=5.3
labels[0]=maxv
```

```
    labels[1]=(maxv+minv)/2
    labels[2]=minv
    for i in range(3):
        lf=shape_x(cht,8)
        tp=shape_y(cht,label_pos[i])
        wd=cht.PlotArea.InsideWidth/(cht.Axes(1).MaximumScale-cht.Axes(1).
MinimumScale)*1.6
        ht=cht.PlotArea.InsideHeight/(cht.Axes(2).MaximumScale-cht.Axes(2).
MinimumScale)*0.6
        shp5=cht.Shapes.AddLabel(1,lf,tp,wd,ht)
        shp5.TextFrame2.TextRange.Characters.Text=str(labels[i])
        shp5.TextFrame2.TextRange.Characters.Font.Size=8
        #shp5.TextFrame2.AutoSize= msoAutoSizeTextToFitShape

    #绘制纵轴的刻度标签
    ylabel_pos=[0 for _ in range(8)]
    ylabels=[0 for _ in range(8)]
    for i in range(8):
        ylabel_pos[i]=8-i
    for i in range(8):
        ylabels[i]=str(i+1)
    for i in range(8):
        lf=shape_x(cht,-0.6)
        tp=shape_y(cht,ylabel_pos[i]+0.2)
        wd=cht.PlotArea.InsideWidth/(cht.Axes(1).MaximumScale-cht.Axes(1).
MinimumScale)*1.5
        ht=cht.PlotArea.InsideHeight/(cht.Axes(2).MaximumScale-cht.Axes(2).
MinimumScale)*0.4
        shp6=cht.Shapes.AddLabel(1,lf,tp,wd,ht)
        shp6.TextFrame2.TextRange.Characters.Text=ylabels[i]
        shp6.TextFrame2.TextRange.Characters.Font.Size=8
        #shp6.TextFrame2.AutoSize=msoAutoSizeTextToFitShape

    #绘制横轴的刻度标签
    xlabel_pos=[0 for _ in range(5)]
    xlabels=[0 for _ in range(5)]
    for i in range(5):
        xlabel_pos[i]=i
    for i in range(5):
        xlabels[i]=str(i+1)
```

```
    for i in range(5):
        lf=shape_x(cht,xlabel_pos[i]+0.7)
        tp=shape_y(cht,-0.07)
        wd=cht.PlotArea.InsideWidth/(cht.Axes(1).MaximumScale-cht.Axes(1).
MinimumScale)*1.5
        ht=cht.PlotArea.InsideHeight/(cht.Axes(2).MaximumScale-cht.Axes(2).
MinimumScale)*0.4
        shp7=cht.Shapes.AddLabel(1,lf,tp,wd,ht)
        shp7.TextFrame2.TextRange.Characters.Text=xlabels[i]
        shp7.TextFrame2.TextRange.Characters.Font.Size=8
        #shp7.TextFrame2.AutoSize=msoAutoSizeTextToFitShape

    #绘制横轴标题
    lf=shape_x(cht,1.8)
    tp=shape_y(cht,-0.5)
    wd=cht.PlotArea.InsideWidth/(cht.Axes(1).MaximumScale-cht.Axes(1).
MinimumScale)*2.5
    ht=cht.PlotArea.InsideHeight/(cht.Axes(2).MaximumScale-cht.Axes(2).
MinimumScale)*0.6
    shp8=cht.Shapes.AddLabel(1,lf,tp,wd,ht)
    shp8.TextFrame2.TextRange.Characters.Text='X Axis Label'
    shp8.TextFrame2.TextRange.Characters.Font.Size=10
    #shp8.TextFrame2.AutoSize=msoAutoSizeTextToFitShape

    #绘制纵轴标题
    lf=shape_x(cht,-1.2)
    tp=shape_y(cht,5.5)
    wd=cht.PlotArea.InsideWidth/(cht.Axes(1).MaximumScale-cht.Axes(1).
MinimumScale)*0.6
    ht=cht.PlotArea.InsideHeight/(cht.Axes(2).MaximumScale-cht.Axes(2).
MinimumScale)*2.5
    shp9=cht.Shapes.AddLabel(2,lf,tp,wd,ht)
    shp9.TextFrame2.TextRange.Characters.Text='Y Axis Label'
    shp9.TextFrame2.TextRange.Characters.Font.Size=10

    return cht

root=os.getcwd()                              #获取当前工作路径
app=xw.App(visible=True,add_book=False)       #创建 Excel 应用
#打开数据文件并返回工作簿对象
wb=app.books.open(root+r'/data.xlsx',read_only=False)
```

```
sht=wb.sheets('Sheet1')      #获取指定工作表
```

```
#绘制规则散点图
cht=draw_reg_scatter(wb)
```
　　运行上述代码，生成类似于如图 7-25 所示的图表。

7.4　气泡图

　　气泡图本质上还是散点图。与散点图不同的是，气泡图中的气泡较大。对于气泡图，既可以设置气泡是半透明的，又可以设置气泡边线的颜色和线宽。在 Excel 中可以绘制二维气泡图和三维气泡图。

7.4.1　二维气泡图

　　二维气泡图包括二维简单气泡图和二维复合气泡图。
　　二维简单气泡图默认气泡是半透明的。
　　【Excel】
　　打开"Samples\ch07 数值型图表\19 二维气泡图\excel.xlsx"文件。选择单元格区域 A1:C10，单击"插入"功能区的"图表"区中的"散点图"图标，在弹出的下拉面板中单击 图标，生成二维简单气泡图。双击该图表，可以用右侧面板中的控件进行编辑。图 7-26 所示为创建并编辑后得到的图表。

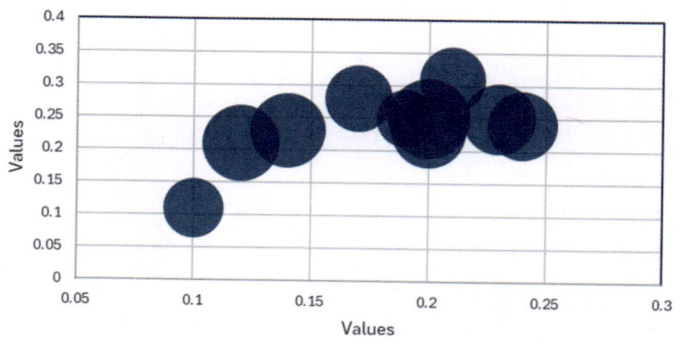

图 7-26　二维简单气泡图

　　【Python xlwings】
　　下面用指定数据绘制二维简单气泡图。完整代码见"Samples\ch07 数值型图表\19 二维气泡图\py.py"文件。

```
root=os.getcwd()                              #获取当前工作路径
app=xw.App(visible=True,add_book=False)       #创建 Excel 应用
#打开数据文件并返回工作簿对象
wb=app.books.open(root+r'/data.xlsx',read_only=False)
sht=wb.sheets('Sheet1')                       #获取指定工作表

sht.api.Range('A1:C10').Select()              #获取数据
shp=sht.api.Shapes.AddChart2(-1,xw.constants.ChartType.xlBubble,20,20,
300,200,True)
cht=shp.Chart                                 #获取图表

set_style(cht)                                #设置样式
```

运行上述代码，生成如图 7-26 所示的图表。

对于二维复合气泡图，不同组数据用不同颜色的气泡表示。

【Excel】

打开"Samples\ch07 数值型图表\19 二维气泡图\excel.xlsx"文件，选择单元格区域 A1:C10，单击"插入"功能区的"图表"区中的"散点图"按钮，在弹出的下拉面板中单击 图标，生成二维简单气泡图。

右击一个气泡，在弹出的快捷菜单中选择"选择数据"命令，弹出"选择数据源"对话框，单击左侧的"添加"按钮，切换到"编辑数据系列"对话框。将光标放到"X 轴系列值"文本框中，在工作表中选择单元格区域 D1:D10；删除"Y 轴系列值"文本框中的内容，将光标放到"Y 轴系列值"文本框中，在工作表中选择单元格区域 E1:E10，删除"系列气泡大小"文本框中的内容，将光标放到"系列气泡大小"文本框中，在工作表中选择单元格区域 F1:F10，单击"确定"按钮。继续单击"确定"按钮，生成二维复合气泡图。双击该图表，可以用右侧面板中的控件进行编辑。图 7-27 所示为创建并编辑后得到的图表。

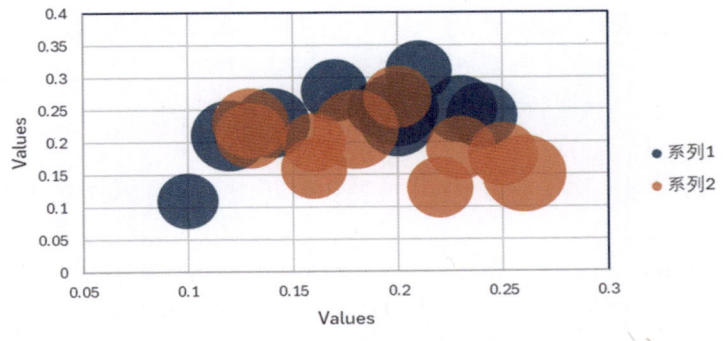

图 7-27　二维复合气泡图

【Python xlwings】

下面用指定数据绘制二维复合气泡图。完整代码见"Samples\ch07 数值型图表\19 二维气泡图\py2.py"文件。

```
root=os.getcwd()                              #获取当前工作路径
app=xw.App(visible=True,add_book=False)       #创建 Excel 应用
#打开数据文件并返回工作簿对象
wb=app.books.open(root+r'/data.xlsx',read_only=False)
sht=wb.sheets('Sheet1')                       #获取指定工作表

sht.api.Range('A1:C10').Select()              #获取数据
shp=sht.api.Shapes.AddChart2(-1,xw.constants.ChartType.xlBubble,20,20,
300,200,True)
cht=shp.Chart                                 #获取图表

ser=cht.SeriesCollection().NewSeries()        #新建系列
ser.ChartType=xw.constants.ChartType.xlBubble #设置图表类型
ser.XValues=sht.api.Range('D1:D10')           #设置横轴数据
ser.Values=sht.api.Range('E1:E10')            #设置纵轴数据
ser.BubbleSizes=sht.api.Range('F1:F10')       #定义气泡大小

set_style(cht)                                #设置样式
```

运行上述代码,生成如图 7-27 所示的图表。

7.4.2　三维气泡图

在 Excel 中可以绘制三维气泡图。

【Excel】

打开"Samples\ch07 数值型图表\20 三维气泡图\excel.xlsx"文件。选择单元格区域 A1:C10,单击"插入"功能区的"图表"区中的"散点图"图标,在弹出的下拉面板中单击 图标,生成三维气泡图。双击该图表,可以用右侧面板中的控件进行编辑。图 7-28 所示为创建并编辑后得到的图表。

【Python xlwings】

下面用指定数据绘制三维气泡图。完整代码见"Samples\ch07 数值型图表\20 三维气泡图\py.py"文件。

```
root=os.getcwd()                              #获取当前工作路径
app=xw.App(visible=True,add_book=False)       #创建 Excel 应用
#打开数据文件并返回工作簿对象
wb=app.books.open(root+r'/data.xlsx',read_only=False)
```

```
sht=wb.sheets('Sheet1')                    #获取指定工作表

sht.api.Range('A1:C10').Select()           #获取数据
shp=sht.api.Shapes.AddChart2(-1,xw.constants.ChartType.xlBubble3DEffect,
20,20,300,200,True)
cht=shp.Chart                              #获取图表

set_style(cht)                             #设置样式
```

运行上述代码，生成如图 7-28 所示的图表。

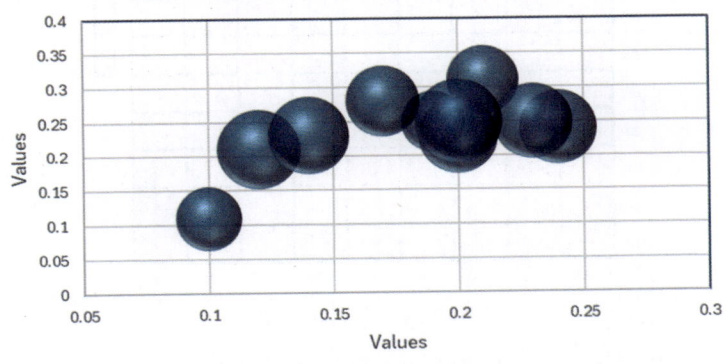

图 7-28　三维气泡图

7.5　热力图

热力图根据矩阵数据与指定的颜色查找表建立映射关系，并对各单元进行索引着色。常见的热力图包括普通热力图、圆圈热力图、方块热力图和三角形方块热力图等。

7.5.1　普通热力图

普通热力图常用于矩阵数据的可视化。普通热力图用一个矩形面表示一个矩阵数据。为矩阵数据与指定的颜色查找表建立映射关系，将最小值对应色条中最下端的红色，将最大值对应色条中最上端的黄色，而对于中间的值，通过线性插值得到颜色并绘制对应的矩形面，这样就得到了普通热力图。

【Excel】

打开"Samples\ch07 数值型图表\21 热力图\excel.xlsx"文件。单击"开发工具"

功能区中的"Visual Basic"图标，打开 VBA 编程环境。在"插入"菜单中单击"模块"图标，添加一个模块。打开相同路径下的 excel.txt 文件，将该文件中的全部代码复制到模块中。回到工作表，单击 L2 单元格，在公式栏中输入公式"=heatmap(A1:J11)"，按 Enter 键，生成普通热力图，如图 7-29 所示。

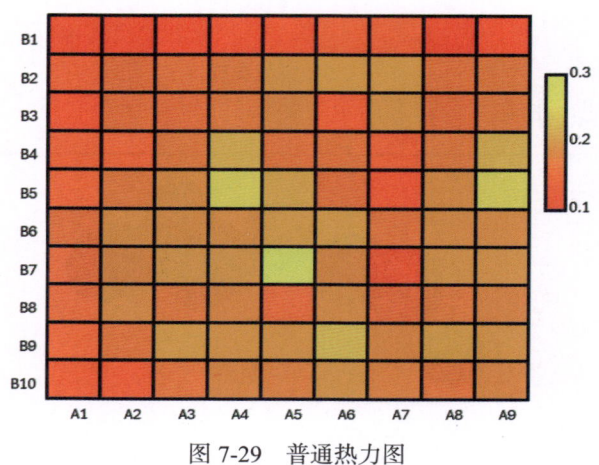

图 7-29　普通热力图

将公式修改为"=heatmap(A1:J11,,,,,,,,,,TRUE)"，按 Enter 键，给普通热力图添加数据标签，如图 7-30 所示。

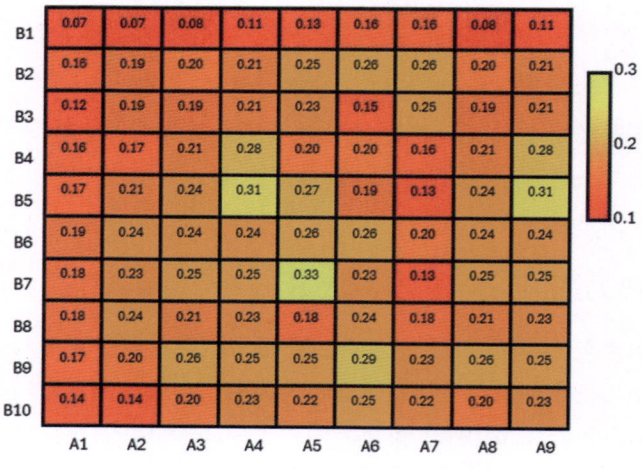

图 7-30　给普通热力图添加数据标签

将公式修改为"=heatmap(A1:J11,,,,,,,,,,2,TRUE)"，按 Enter 键，给普通热力图添加数据标签并设置颜色查找表为第 2 种，如图 7-31 所示。

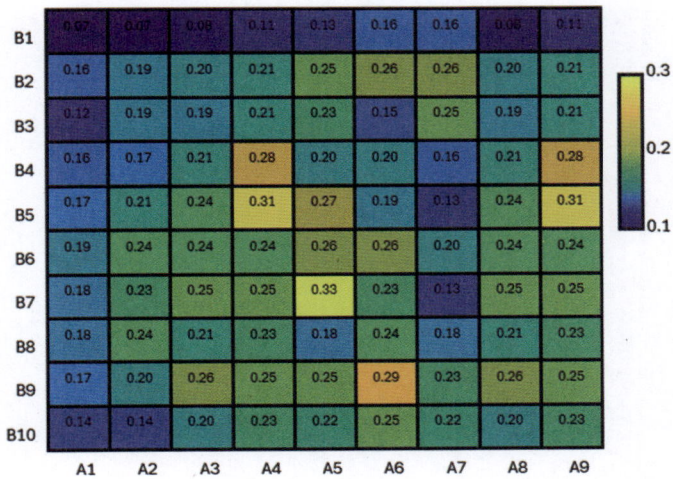

图 7-31　给普通热力图添加数据标签并设置颜色查找表为第 2 种

【Python xlwings】

　　下面用 Python xlwings 绘制普通热力图，绘制网格，根据数据大小在网格中绘制相应颜色的矩形面。这里使用颜色查找表进行着色，相关内容参见第 4 章。完整代码见 "Samples\ch07 数值型图表\21 热力图\py.py" 文件。

```python
import xlwings as xw              #导入 Python xlwings
import os                         #导入 os 包


def draw_hot(wb):
    sht=wb.sheets('Sheet1')                        #获取指定工作表
    shp=sht.api.Shapes.AddChart2()                 #添加图表
    shp.Left=20                                    #设置图表位置和大小
    shp.Top=20
    shp.Width=380
    shp.Height=400
    cht=shp.Chart                                  #获取图表
    cht.ChartType=xw.constants.ChartType.xlXYScatter   #设置图表类型
    #清空系列
    for i in range(cht.SeriesCollection().Count,0,-1):
        cht.SeriesCollection(i).Delete()

    ax1=cht.Axes(1)                                #获取横轴
    ax2=cht.Axes(2)                                #获取纵轴
    ax1.MinimumScale=-1                            #设置横轴的最小值
    ax1.MaximumScale=10.3
```

```
ax2.MinimumScale=-1              #设置纵轴的最小值
ax2.MaximumScale=10
ax2.ReversePlotOrder=True        #反转纵轴
#清空图形
if cht.Shapes.Count>0:
    for i in range(cht.Shapes.Count,0,-1):
        cht.Shapes(i).Delete()


#归一化数据
data2=[[0 for _ in range(9)] for _ in range(9)]
data3=[[0 for _ in range(9)] for _ in range(9)]
data=sht.range('B2:J10').value
minv=1000
maxv=-1000
for i in range(9):
    for j in range(9):
        if minv>data[i][j]: minv=data[i][j]
        if maxv<data[i][j]: maxv=data[i][j]
difv=maxv-minv
for i in range(9):
    for j in range(9):
        data2[i][j]=(data[i][j]-minv)/difv
for i in range(8):
    for j in range(5):
        data3[i][j]=data2[7-i][j]


#获取颜色查找表中的颜色
cm=wb.sheets('Sheet2').range('A1:C256').value


#单色填充
for i in range(9):
    for j in range(8,-1,-1):
        w=data3[j][i]
        count=int(w*255)        #用该序号从颜色查找表中获取颜色
        if count>255:
            r=int(cm[255][0])
            g=int(cm[255][1])
            b=int(cm[255][2])
        else:
            r=int(cm[count][0])
            g=int(cm[count][1])
            b=int(cm[count][2])
```

```
        lf=shape_x(cht,i)
        tp=shape_y(cht,j+1)
        wd=cht.PlotArea.InsideWidth/(cht.Axes(1).MaximumScale-\
        cht.Axes(1).MinimumScale)*1
        ht=cht.PlotArea.InsideHeight/(cht.Axes(2).MaximumScale-\
        cht.Axes(2).MinimumScale)*1
        shp3=cht.Shapes.AddShape(1,lf,tp,wd,ht)
        shp3.Fill.ForeColor.RGB=xw.utils.rgb_to_int((r,g,b))
        shp3.Line.Visible=False                    #隐藏边线

#绘制网格
for i in range(10):
    for j in range(10):
        sx1=shape_x(cht,i)
        sy1=shape_y(cht,0)
        sx2=shape_x(cht,i)
        sy2=shape_y(cht,j)
        shp1=cht.Shapes.AddLine(sx1,sy1,sx2,sy2)
        shp1.Line.ForeColor.RGB=xw.utils.rgb_to_int((200,200,200))
        shp1.Line.Weight=1
        sx1=shape_x(cht,0)
        sy1=shape_y(cht,j)
        sx2=shape_x(cht,i)
        sy2=shape_y(cht,j)
        shp2=cht.Shapes.AddLine(sx1,sy1,sx2,sy2)
        shp2.Line.ForeColor.RGB=xw.utils.rgb_to_int((200,200,200))
        shp2.Line.Weight=1

#绘制色条
lf=shape_x(cht,9.5)
tp=shape_y(cht,8)
wd=cht.PlotArea.InsideWidth/(cht.Axes(1).MaximumScale-cht.Axes(1).
MinimumScale) * 0.4
ht=cht.PlotArea.InsideHeight/(cht.Axes(2).MaximumScale-cht.Axes(2).
MinimumScale) * 3
shp4=cht.Shapes.AddShape(1,lf,tp,wd,ht)
shp4.Fill.ForeColor.RGB=xw.utils.rgb_to_int((255,255,26)) #多色渐变色填充
shp4.Fill.OneColorGradient(1,1,1)
shp4.Fill.GradientStops.Insert(xw.utils.rgb_to_int((255,0,0)),1)
shp4.Fill.GradientStops.Delete(2)
```

```
#给色条添加标签
label_pos=[0 for _ in range(3)]
labels=[0 for _ in range(3)]
label_pos[0]=8.2
label_pos[1]=6.9
label_pos[2]=5.3
labels[0]=maxv
labels[1]=(maxv+minv)/2
labels[2]=minv
for i in range(3):
    lf=shape_x(cht,10.9)
    tp=shape_y(cht,label_pos[i])
    wd=cht.PlotArea.InsideWidth/(cht.Axes(1).MaximumScale-cht.Axes(1).
MinimumScale)*1.2
    ht=cht.PlotArea.InsideHeight/(cht.Axes(2).MaximumScale-cht.Axes(2).
MinimumScale)*0.6
    shp5=cht.Shapes.AddLabel(1,lf,tp,wd,ht)
    shp5.TextFrame2.TextRange.Characters.Text=str(labels[i])
    shp5.TextFrame2.TextRange.Characters.Font.Size=8
    #shp5.TextFrame2.AutoSize= msoAutoSizeTextToFitShape

#绘制纵轴的刻度标签
ylabel_pos=[0 for _ in range(9)]
ylabels=[0 for _ in range(9)]
for i in range(9):
    ylabel_pos[i]=9-i
for i in range(9):
    ylabels[i]=str(i+1)
for i in range(9):
    lf=shape_x(cht,-0.6)
    tp=shape_y(cht,ylabel_pos[i]-0.2)
    wd=cht.PlotArea.InsideWidth/(cht.Axes(1).MaximumScale-cht.Axes(1).
MinimumScale)*1.5
    ht=cht.PlotArea.InsideHeight/(cht.Axes(2).MaximumScale-cht.Axes(2).
MinimumScale)*0.4
    shp6=cht.Shapes.AddLabel(1,lf,tp,wd,ht)
    shp6.TextFrame2.TextRange.Characters.Text=ylabels[i]
    shp6.TextFrame2.TextRange.Characters.Font.Size=8
    #shp6.TextFrame2.AutoSize=msoAutoSizeTextToFitShape

#绘制横轴的刻度标签
xlabel_pos=[0 for _ in range(9)]
```

```
    xlabels=[0 for _ in range(9)]
    for i in range(9):
        xlabel_pos[i]=i
    for i in range(9):
        xlabels[i]=str(i+1)
    for i in range(9):
        lf=shape_x(cht,xlabel_pos[i]+0.2)
        tp=shape_y(cht,-0.07)
        wd=cht.PlotArea.InsideWidth/(cht.Axes(1).MaximumScale-cht.Axes(1).
MinimumScale)*1.5
        ht=cht.PlotArea.InsideHeight/(cht.Axes(2).MaximumScale-cht.Axes(2).
MinimumScale)*0.4
        shp7=cht.Shapes.AddLabel(1,lf,tp,wd,ht)
        shp7.TextFrame2.TextRange.Characters.Text=xlabels[i]
        shp7.TextFrame2.TextRange.Characters.Font.Size=8
        #shp7.TextFrame2.AutoSize=msoAutoSizeTextToFitShape

    #绘制横轴标题
    lf=shape_x(cht,3.5)
    tp=shape_y(cht,-0.5)
    wd=cht.PlotArea.InsideWidth/(cht.Axes(1).MaximumScale-cht.Axes(1).
MinimumScale)*2.5
    ht=cht.PlotArea.InsideHeight/(cht.Axes(2).MaximumScale-cht.Axes(2).
MinimumScale)*0.6
    shp8=cht.Shapes.AddLabel(1,lf,tp,wd,ht)
    shp8.TextFrame2.TextRange.Characters.Text='X Axis Label'
    shp8.TextFrame2.TextRange.Characters.Font.Size=10
    #shp8.TextFrame2.AutoSize=msoAutoSizeTextToFitShape

    #绘制纵轴标题
    lf=shape_x(cht,-1.2)
    tp=shape_y(cht,5.5)
    wd=cht.PlotArea.InsideWidth/(cht.Axes(1).MaximumScale-cht.Axes(1).
MinimumScale)*0.6
    ht=cht.PlotArea.InsideHeight/(cht.Axes(2).MaximumScale-cht.Axes(2).
MinimumScale)*2.5
    shp9=cht.Shapes.AddLabel(2,lf,tp,wd,ht)
    shp9.TextFrame2.TextRange.Characters.Text='Y Axis Label'
    shp9.TextFrame2.TextRange.Characters.Font.Size=10
    #shp9.TextFrame2.AutoSize=msoAutoSizeTextToFitShape

    return cht
```

```
root=os.getcwd()                                    #获取当前工作路径
app=xw.App(visible=True,add_book=False)             #创建 Excel 应用
#打开数据文件并返回工作簿对象
wb=app.books.open(root+r'/data.xlsx',read_only=False)
sht=wb.sheets('Sheet1')                             #获取指定工作表

#绘制普通热力图
cht=draw_hot(wb)
```

运行上述代码，生成类似于如图 7-29 所示的图表。

7.5.2　圆圈热力图

圆圈热力图用颜色和大小不一的圆面表示矩阵数据的大小。

【Excel】

打开"Samples\ch07 数值型图表\22 圆圈热力图\excel.xlsx"文件。单击"开发工具"功能区中的"Visual Basic"图标，打开 VBA 编程环境。在"插入"菜单中单击"模块"图标，添加一个模块。打开相同路径下的 excel.txt 文件，将该文件中的全部代码复制到模块中。回到工作表，单击 L2 单元格，在公式栏中输入公式"=heatmap(A1:J10,,,,,,,,,2,1)"，按 Enter 键，生成圆圈热力图，如图 7-32 所示。

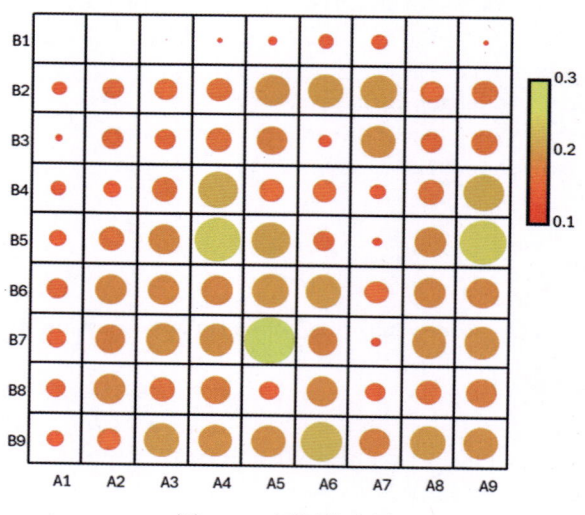

图 7-32　圆圈热力图

【Python xlwings】

下面用 Python xlwings 绘制圆圈热力图，绘制网格，根据数据大小在网格中绘制

相应颜色和大小的圆面。这里使用颜色查找表进行着色，相关内容参见第 4 章。完整代码见 "Samples\ch07 数值型图表\22 圆圈热力图\py.py" 文件。

```python
import xlwings as xw                    #导入 Python xlwings
import os                               #导入 os 包

def draw_hot(wb):
    sht=wb.sheets('Sheet1')             #获取指定工作表
    shp=sht.api.Shapes.AddChart2()      #添加图表
    shp.Left=20                         #设置图表位置和大小
    shp.Top=20
    shp.Width=380
    shp.Height=400
    cht=shp.Chart                       #获取图表
    cht.ChartType=xw.constants.ChartType.xlXYScatter    #设置图表类型
    #清空系列
    for i in range(cht.SeriesCollection().Count,0,-1):
        cht.SeriesCollection(i).Delete()

    ax1=cht.Axes(1)                     #获取横轴
    ax2=cht.Axes(2)                     #获取纵轴
    ax1.MinimumScale=-1                 #设置横轴的最小值
    ax1.MaximumScale=10.3
    ax2.MinimumScale=-1                 #设置纵轴的最小值
    ax2.MaximumScale=10
    ax2.ReversePlotOrder=True #反转纵轴
    #清空图形
    if cht.Shapes.Count>0:
        for i in range(cht.Shapes.Count,0,-1):
            cht.Shapes(i).Delete()

    #归一化数据
    data2=[[0 for _ in range(9)] for _ in range(9)]
    data3=[[0 for _ in range(9)] for _ in range(9)]
    data=sht.range('B2:J10').value
    minv=1000
    maxv=-1000
    for i in range(9):
        for j in range(9):
            if minv>data[i][j]: minv=data[i][j]
            if maxv<data[i][j]: maxv=data[i][j]
```

```
difv=maxv-minv
for i in range(9):
    for j in range(9):
        data2[i][j]=(data[i][j]-minv)/difv
for i in range(9):
    for j in range(9):
        data3[i][j]=data2[8-i][j]
```

```
#获取颜色查找表中的颜色
cm=wb.sheets('Sheet2').range('A1:C256').value
```

```
#绘制圆面
for i in range(9):
    for j in range(8,-1,-1):
        w=data3[j][i]
        mg=(1-w)/2
        count=int(w*255)
        if count>255:
            r=int(cm[255][0])
            g=int(cm[255][1])
            b=int(cm[255][2])
        else:
            r=int(cm[count][0])
            g=int(cm[count][1])
            b=int(cm[count][2])

        lf=shape_x(cht,i+mg)
        tp=shape_y(cht,j+1-mg)
        wd=cht.PlotArea.InsideWidth/(cht.Axes(1).MaximumScale-\
        cht.Axes(1).MinimumScale)*w
        ht=cht.PlotArea.InsideHeight/(cht.Axes(2).MaximumScale-\
        cht.Axes(2).MinimumScale)*w
        shp3=cht.Shapes.AddShape(9,lf,tp,wd,ht)
        shp3.Fill.ForeColor.RGB=xw.utils.rgb_to_int((r,g,b))
        shp3.Line.Visible=False
```

```
#绘制网格
for i in range(10):
    for j in range(10):
        sx1=shape_x(cht,i)
```

```
        sy1=shape_y(cht,0)
        sx2=shape_x(cht,i)
        sy2=shape_y(cht,j)
        shp1=cht.Shapes.AddLine(sx1,sy1,sx2,sy2)
        shp1.Line.ForeColor.RGB=xw.utils.rgb_to_int((100,100,100))
        shp1.Line.Weight=1
        sx1=shape_x(cht,0)
        sy1=shape_y(cht,j)
        sx2=shape_x(cht,i)
        sy2=shape_y(cht,j)
        shp2=cht.Shapes.AddLine(sx1,sy1,sx2,sy2)
        shp2.Line.ForeColor.RGB=xw.utils.rgb_to_int((100,100,100))
        shp2.Line.Weight=1

    #绘制色条
    lf=shape_x(cht,9.5)
    tp=shape_y(cht,8)
    wd=cht.PlotArea.InsideWidth/(cht.Axes(1).MaximumScale-cht.Axes(1).
MinimumScale) * 0.4
    ht=cht.PlotArea.InsideHeight/(cht.Axes(2).MaximumScale-cht.Axes(2).
MinimumScale) * 3
    shp4=cht.Shapes.AddShape(1,lf,tp,wd,ht)
    shp4.Fill.ForeColor.RGB=xw.utils.rgb_to_int((255,255,26))
    shp4.Fill.OneColorGradient(1,1,1)
    shp4.Fill.GradientStops.Insert(xw.utils.rgb_to_int((255,0,0)),1)
    shp4.Fill.GradientStops.Delete(2)

    #给色条添加标签
    label_pos=[0 for _ in range(3)]
    labels=[0 for _ in range(3)]
    label_pos[0]=8.2
    label_pos[1]=6.9
    label_pos[2]=5.3
    labels[0]=maxv
    labels[1]=(maxv+minv)/2
    labels[2]=minv
    for i in range(3):
        lf=shape_x(cht,10.9)
        tp=shape_y(cht,label_pos[i])
```

```
        wd=cht.PlotArea.InsideWidth/(cht.Axes(1).MaximumScale-cht.Axes(1).
MinimumScale)*1.2
        ht=cht.PlotArea.InsideHeight/(cht.Axes(2).MaximumScale-cht.Axes(2).
MinimumScale)*0.6
        shp5=cht.Shapes.AddLabel(1,lf,tp,wd,ht)
        shp5.TextFrame2.TextRange.Characters.Text=str(labels[i])
        shp5.TextFrame2.TextRange.Characters.Font.Size=8
        #shp5.TextFrame2.AutoSize= msoAutoSizeTextToFitShape

    #绘制纵轴的刻度标签
    ylabel_pos=[0 for _ in range(9)]
    ylabels=[0 for _ in range(9)]
    for i in range(9):
        ylabel_pos[i]=9-i
    for i in range(9):
        ylabels[i]=str(i+1)
    for i in range(9):
        lf=shape_x(cht,-0.6)
        tp=shape_y(cht,ylabel_pos[i]-0.2)
        wd=cht.PlotArea.InsideWidth/(cht.Axes(1).MaximumScale-cht.Axes(1).
MinimumScale)*1.5
        ht=cht.PlotArea.InsideHeight/(cht.Axes(2).MaximumScale-cht.Axes(2).
MinimumScale)*0.4
        shp6=cht.Shapes.AddLabel(1,lf,tp,wd,ht)
        shp6.TextFrame2.TextRange.Characters.Text=ylabels[i]
        shp6.TextFrame2.TextRange.Characters.Font.Size=8
        #shp6.TextFrame2.AutoSize=msoAutoSizeTextToFitShape

    #绘制横轴的刻度标签
    xlabel_pos=[0 for _ in range(9)]
    xlabels=[0 for _ in range(9)]
    for i in range(9):
        xlabel_pos[i]=i
    for i in range(9):
        xlabels[i]=str(i+1)
    for i in range(9):
        lf=shape_x(cht,xlabel_pos[i]+0.2)
        tp=shape_y(cht,-0.07)
```

```
    wd=cht.PlotArea.InsideWidth/(cht.Axes(1).MaximumScale-cht.Axes(1).
MinimumScale)*1.5
    ht=cht.PlotArea.InsideHeight/(cht.Axes(2).MaximumScale-cht.Axes(2).
MinimumScale)*0.4
    shp7=cht.Shapes.AddLabel(1,lf,tp,wd,ht)
    shp7.TextFrame2.TextRange.Characters.Text=xlabels[i]
    shp7.TextFrame2.TextRange.Characters.Font.Size=8
    #shp7.TextFrame2.AutoSize=msoAutoSizeTextToFitShape

  #绘制横轴标题
  lf=shape_x(cht,3.5)
  tp=shape_y(cht,-0.5)
  wd=cht.PlotArea.InsideWidth/(cht.Axes(1).MaximumScale-cht.Axes(1).
MinimumScale)*2.5
  ht=cht.PlotArea.InsideHeight/(cht.Axes(2).MaximumScale-cht.Axes(2).
MinimumScale)*0.6
  shp8=cht.Shapes.AddLabel(1,lf,tp,wd,ht)
  shp8.TextFrame2.TextRange.Characters.Text='X Axis Label'
  shp8.TextFrame2.TextRange.Characters.Font.Size=10
  #shp8.TextFrame2.AutoSize=msoAutoSizeTextToFitShape

  #绘制纵轴标题
  lf=shape_x(cht,-1.2)
  tp=shape_y(cht,5.5)
  wd=cht.PlotArea.InsideWidth/(cht.Axes(1).MaximumScale-cht.Axes(1).
MinimumScale)*0.6
  ht=cht.PlotArea.InsideHeight/(cht.Axes(2).MaximumScale-cht.Axes(2).
MinimumScale)*2.5
  shp9=cht.Shapes.AddLabel(2,lf,tp,wd,ht)
  shp9.TextFrame2.TextRange.Characters.Text='Y Axis Label'
  shp9.TextFrame2.TextRange.Characters.Font.Size=10
  #shp9.TextFrame2.AutoSize=msoAutoSizeTextToFitShape

  return cht

root=os.getcwd()                                #获取当前工作路径
app=xw.App(visible=True,add_book=False)         #创建 Excel 应用
#打开数据文件并返回工作簿对象
wb=app.books.open(root+r'/data.xlsx',read_only=False)
```

```
sht=wb.sheets('Sheet1')      #获取指定工作表
```

```
#绘制圆圈热力图
cht=draw_hot(wb)
```

运行上述代码，生成类似于如图 7-32 所示的图表。

7.5.3　方块热力图

方块热力图用颜色和大小不同的矩形面表示矩阵数据的大小。

【Excel】

打开"Samples\ch07 数值型图表\23 方块热力图\excel.xlsx"文件。单击"开发工具"功能区中的"Visual Basic"图标，打开 VBA 编程环境。在"插入"菜单中单击"模块"图标，添加一个模块。打开相同路径下的 excel.txt 文件，将该文件中的全部代码复制到模块中。回到工作表，单击 L2 单元格，在公式栏中输入公式"=heatmap(A1:J10,,,,,,,,3,3)"，按 Enter 键，生成方块热力图，如图 7-33 所示。

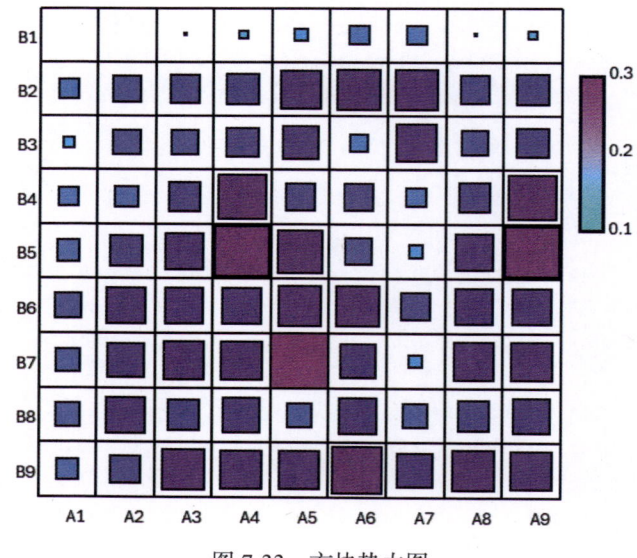

图 7-33　方块热力图

【Python xlwings】

下面用 Python xlwings 绘制方块热力图，绘制网格，根据数据大小在网格中绘制相应颜色和大小的矩形面。下面使用颜色查找表进行着色，相关内容参见第 4 章。完整代码见"Samples\ch07 数值型图表\23 方块热力图\py.py"文件。

```
#省略部分代码
#绘制矩形面
for i in range(9):
        for j in range(8,-1,-1):
            w=data3[j][i]
            mg=(1-w)/2
            count=int(w*255)
            if count>255:
                r=int(cm[255][0])
                g=int(cm[255][1])
                b=int(cm[255][2])
            else:
                r=int(cm[count][0])
                g=int(cm[count][1])
                b=int(cm[count][2])

            lf=shape_x(cht,i+mg)
            tp=shape_y(cht,j+1-mg)
            wd=cht.PlotArea.InsideWidth/(cht.Axes(1).MaximumScale-\
            cht.Axes(1).MinimumScale)*w
            ht=cht.PlotArea.InsideHeight/(cht.Axes(2).MaximumScale-\
            cht.Axes(2).MinimumScale)*w
            shp3=cht.Shapes.AddShape(1,lf,tp,wd,ht)
            shp3.Fill.ForeColor.RGB=xw.utils.rgb_to_int((r,g,b))   #设置颜色
            shp3.Line.Visible=False       #隐藏边线
```

运行上述代码，生成类似于如图 7-33 所示的图表。

7.5.4　三角形方块热力图

因为对称矩阵关于对角线对称，上三角的数据和下三角的数据完全相同，所以在绘制三角形方块热力图时常常只绘制一半，要么绘制上三角，要么绘制下三角。

【Excel】

打开 "Samples\ch07 数值型图表\24 三角形方块热力图\excel.xlsx" 文件。单击 "开发工具" 功能区中的 "Visual Basic" 图标，打开 VBA 编程环境。在 "插入" 菜单中单击 "模块" 图标，添加一个模块。打开相同路径下的 excel.txt 文件，将该文件中的全部代码复制到模块中。回到工作表，单击 L2 单元格，在公式栏中输入公式 "=heatmap(A1:J10,,,,,,,4,2)"，按 Enter 键，生成三角形方块热力图，如图 7-34 所示。

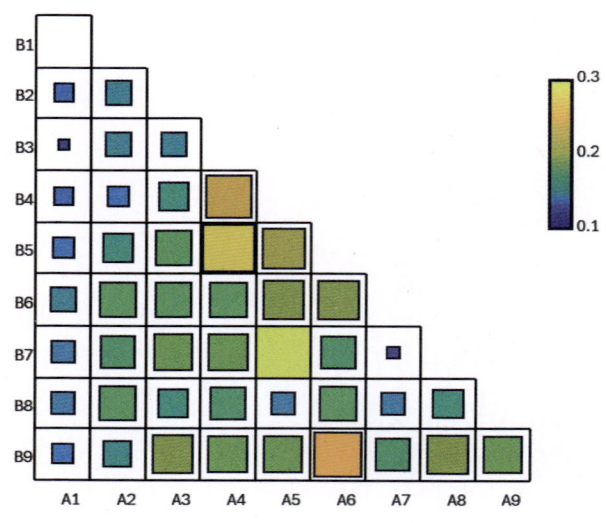

图 7-34　三角形方块热力图

【Python xlwings】

　　下面用 Python xlwings 绘制三角形方块热力图，绘制网格，根据数据大小在网格中绘制相应颜色和大小的矩形面。这里使用颜色查找表进行着色，相关内容参见第 4 章。完整代码见"Samples\ch07 数值型图表\24 三角形方块热力图\py.py"文件。

```
#省略部分代码
#绘制矩形面
for i in range(9):
    for j in range(8-i,-1,-1):
        w=data3[j][i]
        mg=(1-w)/2
        count=int(w*255)
        if count>255:
            r=int(cm[255][0])
            g=int(cm[255][1])
            b=int(cm[255][2])
        else:
            r=int(cm[count][0])
            g=int(cm[count][1])
            b=int(cm[count][2])

        lf=shape_x(cht,i+mg)
        tp=shape_y(cht,j+1-mg)
```

```
        wd=cht.PlotArea.InsideWidth/(cht.Axes(1).MaximumScale-\
        cht.Axes(1).MinimumScale)*w
        ht=cht.PlotArea.InsideHeight/(cht.Axes(2).MaximumScale-\
        cht.Axes(2).MinimumScale)*w
        shp3=cht.Shapes.AddShape(1,lf,tp,wd,ht)
        shp3.Fill.ForeColor.RGB=xw.utils.rgb_to_int((r,g,b))
        shp3.Line.Visible=False

#绘制网格
sx1=shape_x(cht,0)
sy1=shape_y(cht,0)
sx2=shape_x(cht,0)
sy2=shape_y(cht,9)
shp1=cht.Shapes.AddLine(sx1,sy1,sx2,sy2)
shp1.Line.ForeColor.RGB=xw.utils.rgb_to_int((100,100,100))
shp1.Line.Weight=1
for i in range(1,10):
    for j in range(10-i,-1,-1):
        sx1=shape_x(cht,i)
        sy1=shape_y(cht,0)
        sx2=shape_x(cht,i)
        sy2=shape_y(cht,j)
        shp1=cht.Shapes.AddLine(sx1,sy1,sx2,sy2)
        shp1.Line.ForeColor.RGB=xw.utils.rgb_to_int((100,100,100))
        shp1.Line.Weight=1
        sx1=shape_x(cht,0)
        sy1=shape_y(cht,j)
        sx2=shape_x(cht,i)
        sy2=shape_y(cht,j)
        shp2=cht.Shapes.AddLine(sx1,sy1,sx2,sy2)
        shp2.Line.ForeColor.RGB=xw.utils.rgb_to_int((100,100,100))
        shp2.Line.Weight=1

#省略部分代码
```

运行上述代码，生成类似于如图 7-34 所示的图表。

7.6　曲面图

曲面图是常见的数值型图表。要用 Excel 绘制曲面图，需要提供规则网格数据。用

Excel 可以对曲面图的曲面进行着色、设置透明度和添加光照。

7.6.1 曲面+三维填充等值线图

用 Excel 可以直接绘制曲面图，这要求按照指定格式给出绘图数据。如图 7-35 所示，在工作表中输入数据或打开数据文件。先将行数据和列数据从小到大排列，然后将其等间隔分成指定个数的区间，将间隔值显示在第 1 行和第 1 列。图 7-34 中根据行数据和列数据等间隔取了 100 个数，以它们为横坐标和纵坐标构造网格，在各节点处输入数据，该数据可能是横坐标和纵坐标的函数值。

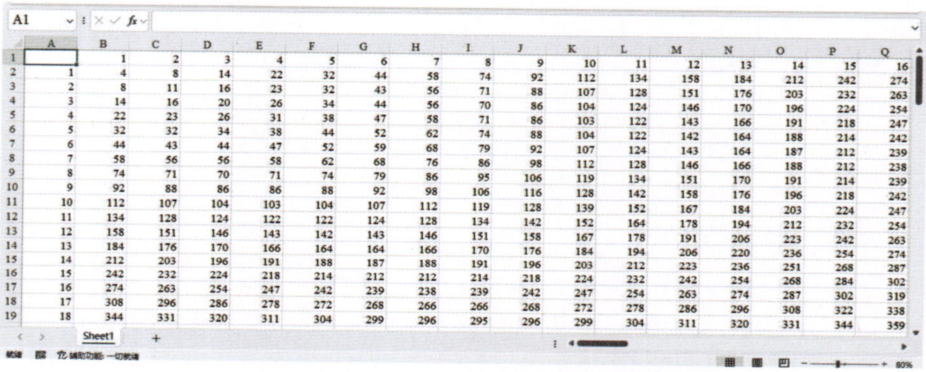

	A	B	C	D	E	F	G	H	I	J	K	L	M	N	O	P	Q
1		1	2	3	4	5	6	7	8	9	10	11	12	13	14	15	16
2	1	4	8	14	22	32	44	58	74	92	112	134	158	184	212	242	274
3	2	8	11	16	23	32	43	56	71	88	107	128	151	176	203	232	263
4	3	14	16	20	26	34	44	56	70	86	104	124	146	170	196	224	254
5	4	22	23	26	31	38	47	58	71	86	103	122	143	166	191	218	247
6	5	32	32	34	38	44	52	62	74	88	104	122	142	164	188	214	242
7	6	44	43	44	47	52	59	68	79	92	107	124	143	164	187	212	239
8	7	58	56	56	58	62	68	76	86	98	112	128	146	166	188	212	238
9	8	74	71	70	71	74	79	86	95	106	119	134	151	170	191	214	239
10	9	92	88	86	86	88	92	98	106	116	128	142	158	176	196	218	242
11	10	112	107	104	103	104	107	112	119	128	139	152	167	184	203	224	247
12	11	134	128	124	122	122	124	128	134	142	152	164	178	194	212	232	254
13	12	158	151	146	143	142	143	146	151	158	167	178	191	206	223	242	263
14	13	184	176	170	166	164	164	166	170	176	184	194	206	220	236	254	274
15	14	212	203	196	191	188	187	188	191	196	203	212	223	236	251	268	287
16	15	242	232	224	218	214	212	212	214	218	224	232	242	254	268	284	302
17	16	274	263	254	247	242	239	238	239	242	247	254	263	274	287	302	319
18	17	308	296	286	278	272	268	266	266	268	272	278	286	296	308	322	338
19	18	344	331	320	311	304	299	296	295	296	299	304	311	320	331	344	359

图 7-35 绘制曲面+三维填充等值线图的数据

【Excel】

打开“Samples\ch07 数值型图表\25 曲面图+三维等值线图\excel.xlsx”文件。选择 A1 单元格，单击“插入”功能区的“图表”区中的“曲面图”图标，在弹出的下拉面板中单击图标，生成曲面图。默认用 Excel 绘制的曲面图叠加了三维填充等值线图，如图 7-36 所示。单击该图表，根据需要单击右上角的图标可以添加所需的图表元素。双击该图表，可以用右侧面板中的控件进行编辑。

【Python xlwings】

下面用指定数据绘制曲面+三维填充等值线图。完整代码见“Samples\ch07 数值型图表\25 曲面图\py.py”文件。

```
root=os.getcwd()                                    #获取当前工作路径
app=xw.App(visible=True,add_book=False)             #创建 Excel 应用
#打开数据文件并返回工作簿对象
wb=app.books.open(root+r'/data.xlsx',read_only=False)
sht=wb.sheets('Sheet1')                             #获取指定工作表

sht.api.Range('A1:CW100').Select()                  #获取数据
```

```
shp=sht.api.Shapes.AddChart2(-1,xw.constants.ChartType.xlSurface,20,20,
300,300,True)
cht=shp.Chart          #获取图表

set_style(cht)          #设置样式
```
运行上述代码，生成如图 7-36 所示的图表。

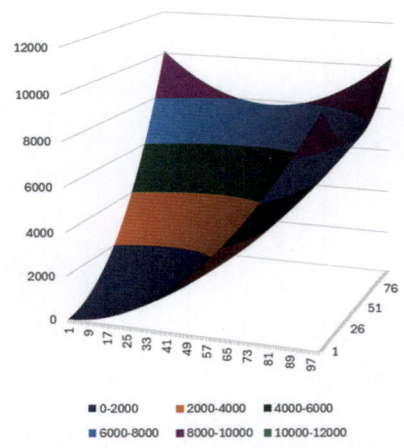

图 7-36　曲面+三维填充等值线图

7.6.2　曲面模型

用 Excel 可以绘制两种形式的曲面模型，即曲面模型和线框模型。图 7-36 所示为曲面模型，线框模型只包括曲面的网格线，不包括面，如图 7-37 所示。

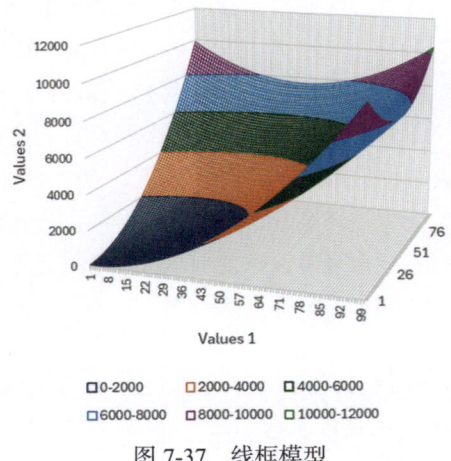

图 7-37　线框模型

【Excel】

打开"Samples\ch07 数值型图表\26 曲面模型\excel.xlsx"文件。选择 A1 单元格，单击"插入"功能区的"图表"区中的"曲面图"图标，在弹出的下拉面板中单击 图标，生成线框模型，如图 7-37 所示。单击该图表，根据需要单击右上角的图标可以添加所需的图表元素。双击该图表，可以用右侧面板中的控件进行编辑。

【Python xlwings】

下面用指定数据绘制线框模型。完整代码见"Samples\ch07 数值型图表\26 曲面模型\py.py"文件。

```
root=os.getcwd()                                    #获取当前工作路径
app=xw.App(visible=True,add_book=False)            #创建 Excel 应用
#打开数据文件并返回工作簿对象
wb=app.books.open(root+r'/data.xlsx',read_only=False)
sht=wb.sheets('Sheet1')                            #获取指定工作表

sht.api.Range('A1:CW100').Select()                 #获取数据
shp=sht.api.Shapes.AddChart2(-1,xw.constants.ChartType.xlSurfaceWireframe,
20,20,300,300,True)
cht=shp.Chart                                       #获取图表

set_style(cht)                                      #设置样式
```

运行上述代码，生成如图 7-37 所示的图表。

7.6.3　曲面的颜色、透明度和光照

对于生成的曲面图，可以设置曲面的颜色、透明度和光照。

【Excel】

打开"Samples\ch07 数值型图表\27 曲面着色\excel.xlsx"文件。选择 A1 单元格，单击"插入"功能区的"图表"区中的"曲面图"图标，在弹出的下拉面板中单击 图标，生成曲面图。默认曲面图如图 7-36 所示。现在希望将整个曲面的颜色设置为橙黄色，将透明度设置为 0.3。双击该图表，打开右侧面板，逐个选择图例中的单个选项，选择对应的颜色区域。在右侧面板中设置曲面的颜色和透明度。单击该图表，根据需要单击右上角的图标可以添加所需的图表元素。图 7-38 所示为创建并编辑后得到的图表。

【Python xlwings】

下面用指定数据绘制曲面图并设置曲面的颜色、透明度和光照。完整代码见"Samples\ch07 数值型图表\27 曲面着色\py.py"文件。

```
root=os.getcwd()                                    #获取当前工作路径
app=xw.App(visible=True,add_book=False)             #创建 Excel 应用
#打开数据文件并返回工作簿对象
wb=app.books.open(root+r'/data.xlsx',read_only=False)
sht=wb.sheets('Sheet1')                             #获取指定工作表

sht.api.Range('A1:CW100').Select()                  #获取数据
shp=sht.api.Shapes.AddChart2(-1,xw.constants.ChartType.xlSurface,20,20,
300,300,True)
cht=shp.Chart                                       #获取图表
n=cht.SeriesCollection().Count                      #获取系列个数
#获取并修改系列
for i in range(n):
    fl=cht.SeriesCollection(i+1).Format.Fill
    fl.Visible=True
    fl.ForeColor.RGB=xw.utils.rgb_to_int((255,128,0))  #修改系列的颜色
    fl.ForeColor.Brightness=0.2                     #修改系列的亮度
    fl.Transparency=0.3                             #修改系列的透明度

set_style(cht)                                      #设置样式
cht.HasLegend=False                                 #不显示图例
```

运行上述代码，生成如图 7-38 所示的图表。

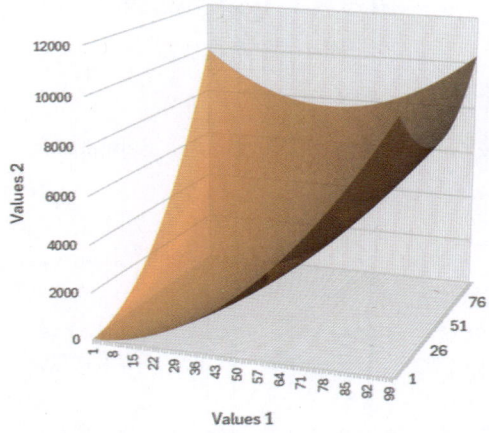

图 7-38　设置曲面的颜色、透明度和光照

7.6.4　等值线图和填充等值线图

用 Excel 中的曲面数据可以绘制等值线图和填充等值线图。等值线图是根据数据

绘制等值线，并将相邻等值线之间的网格线用同一种颜色绘制的图表。填充等值线图是将相邻等值线之间的区域用同一种颜色填充的图表。

【Excel】

打开"Samples\ch07 数值型图表\28 等值线图\excel.xlsx"文件。选择 A1 单元格，单击"插入"功能区的"图表"区中的"曲面图"图标，在弹出的下拉面板中单击▦图标，生成等值线图，如图 7-39 所示。单击该图表，根据需要单击右上角的图标可以添加所需的图表元素。双击该图表，可以用右侧面板中的控件进行编辑。

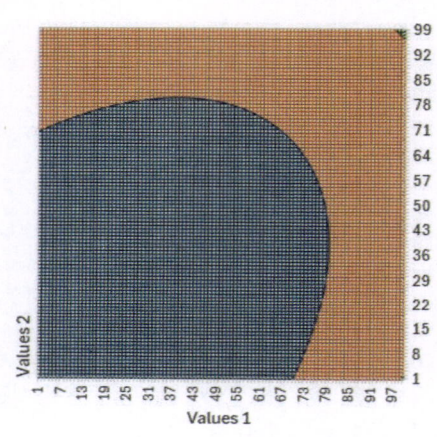

图 7-39 等值线图

【Python xlwings】

下面用指定数据绘制等值线图。完整代码见"Samples\ch07 数值型图表\28 等值线图\py2.py"文件。

```
root=os.getcwd()                              #获取当前工作路径
app=xw.App(visible=True,add_book=False)       #创建 Excel 应用
#打开数据文件并返回工作簿对象
wb=app.books.open(root+r'/data.xlsx',read_only=False)
sht=wb.sheets('Sheet1')                       #获取指定工作表

sht.api.Range('A1:CW100').Select()            #获取数据
shp=sht.api.Shapes.AddChart2(-1,xw.constants.ChartType.xlSurfaceTopViewWireframe,
20,20,300,300,True)
cht=shp.Chart                                 #获取图表

set_style(cht)                                #设置样式
```

运行上述代码，生成如图 7-39 所示的图表。

【Excel】

打开"Samples\ch07 数值型图表\28 等值线图\excel.xlsx"文件。选择 A1 单元格，单击"插入"功能区的"图表"区中的"曲面图"图标，在弹出的下拉面板中单击 图标，生成填充等值线图，如图 7-40 所示。单击该图表，根据需要单击右上角的图标可以添加所需的图表元素。双击该图表，可以用右侧面板中的控件进行编辑。

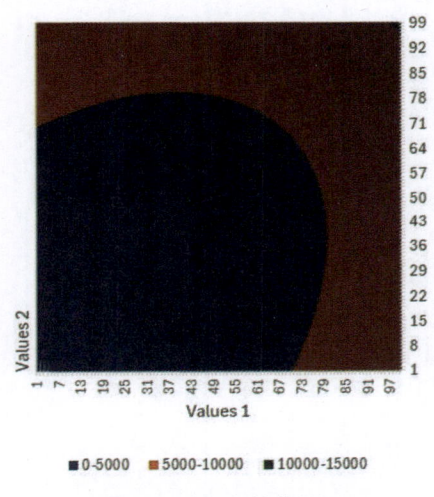

图 7-40　填充等值线图

【Python xlwings】

下面用指定数据绘制填充等值线图。完整代码见"Samples\ch07 数值型图表\28 等值线图\py.py"文件。

```
root=os.getcwd()                              #获取当前工作路径
app=xw.App(visible=True,add_book=False)       #创建 Excel 应用
#打开数据文件并返回工作簿对象
wb=app.books.open(root+r'/data.xlsx',read_only=False)
sht=wb.sheets('Sheet1')                       #获取指定工作表

sht.api.Range('A1:CW100').Select()            #获取数据
shp=sht.api.Shapes.AddChart2(-1,xw.constants.ChartType.xlSurfaceTopView,
20,20,300,300,True)
cht=shp.Chart                                 #获取图表

set_style(cht)                                #设置样式
```

运行上述代码，生成如图 7-40 所示的图表。

第 8 章

统计图表

统计分析中使用统计图表可以对数据进行探查和预处理，也可以进行分布检验，以及表现均数比较和回归分析结果等。前面介绍的线形图、柱状图、面积图、饼图、直方图、核密度估计图、散点图、气泡图等都属于统计图表，本章侧重介绍更多更专业的统计图表，如箱形图、小提琴图和组合图等。在 Excel 中，这些统计图表中的绝大部分需要自行编程实现。

8.1　数据探查

采集到原始数据后，通常用图表或统计量探查数据的分布特征，并对有问题或不满足统计要求的数据进行预处理。

8.1.1　描述性统计

采集到大量样本以后，通常用统计量描述数据的集中程度和离散程度，并通过这些指标对数据的总体特征进行归纳。常见的描述性统计量如表 8-1 所示，假设样本为 $x_1, x_2, \cdots, x_n$。注意，"工作表函数"列的工作表函数用于计算对应统计量，表中只给出简单的函数名，完整的写法为 app.api.WorksheetFunction.FunctionName，其中 FunctionName 为函数名。

表 8-1　常见的描述性统计量

分类	统计量	说　明	工作表函数
集中程度	均值	$\bar{x} = \dfrac{1}{n}\sum_{i=1}^{n} x_i$	Average
	中值	50%分位数	Median
	几何平均值	$m = \left[\prod_{i=1}^{n} x_i\right]^{\frac{1}{n}}$	GeoMean
	调和平均值	$m = \dfrac{n}{\sum_{i=1}^{n} \frac{1}{x_i}}$	HarMean
	截尾平均值	对样本进行排序以后，去掉两端的部分极值，对剩下的数据求算术平均值	TrimMean
	分位数	对于升序排列的数据，计算处于 N%处的值	Percentile
离散程序	极差	最大值减去最小值	
	内四分极差	75%分位数减去 25%分位数	
	方差	$s = \dfrac{1}{n-1}\sum_{i=1}^{n}(x_i - \bar{x})^2$	Var
	标准差	$\sigma = \sqrt{s}$	StDev

图 8-1 所示为一元数据的描述性统计，用一组数据绘制散点图，并在散点图中标注各种统计量对应的位置。在实际应用中，算术平均值容易受异常值的影响，中值和截尾平均值更加稳健。

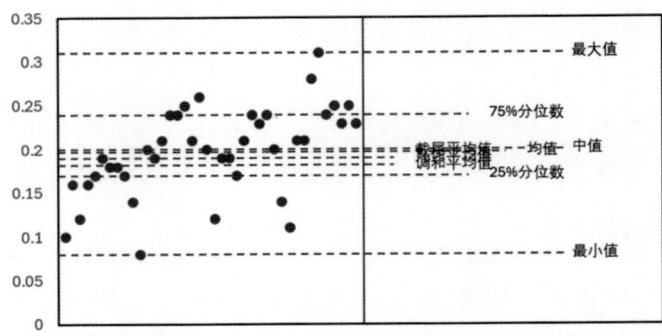

图 8-1　一元数据的描述性统计

　　下面的代码用于实现图 8-1。完整代码见 "Samples\ch08 统计图表\01 描述性统计\py" 文件。

```
#省略部分代码

#计算统计量
minv=app.api.WorksheetFunction.Min(y)                    #计算最小值
maxv=app.api.WorksheetFunction.Max(y)                    #计算最大值
meanv=app.api.WorksheetFunction.Average(y)               #计算均值
median=app.api.WorksheetFunction.Median(y)               #计算中值
rng=maxv-minv                                            #极差
gmean=app.api.WorksheetFunction.GeoMean(y)               #计算几何平均值
hmean=app.api.WorksheetFunction.HarMean(y)               #计算调和平均值
tmean=app.api.WorksheetFunction.TrimMean(y,0.05)         #计算截尾平均值
pt25=app.api.WorksheetFunction.Percentile(y,0.25)        #计算 25%分位数
pt75=app.api.WorksheetFunction.Percentile(y,0.75)        #计算 75%分位数
iqr=pt75-pt25                                            #计算内四分极差

#绘制横线和标注
draw_line(cht,0,minv,68,minv,'最小值')
draw_line(cht,0,maxv,68,maxv,'最大值')
draw_line(cht,0,meanv,60,meanv,'均值')
draw_line(cht,0,median,68,median,'中值')
draw_line(cht,0,gmean,45,gmean,'几何平均值')
draw_line(cht,0,hmean,45,hmean,'调和平均值')
draw_line(cht,0,tmean,45,tmean,'截尾平均值')
draw_line(cht,0,pt25,55,pt25,'25%分位数')
draw_line(cht,0,pt75,55,pt75,'75%分位数')

#省略部分代码
```

8.1.2　频数分析和直方图

在对一元数据进行频数分析时，应先将一元数据从小到大排列，根据最小值和最大值计算极差，将极差等间隔分成指定个数的分箱，如 10 个分箱。各分箱中数据的下边界和上边界是可以计算出来的；然后将各原始数据根据大小投放到对应的分箱中，最终得到各分箱中的数据。7.1 节介绍了用频数分析结果绘制直方图的方法。

一元直方图用于探查数据的分布形状，根据一元直方图的形态可以将数据的分布形状分为陡峭、矮胖、左偏、右偏及正态等几种。

常用峰度和偏度描述与判断数据的分布形状。当峰度>3 时，称分布形状为高尖，具有过度的峰度，如图 8-2（a）所示；当峰度<3 时，称分布形状为矮胖，具有不足的峰度，如图 8-2（b）所示；当偏度>0 时，称分布形状为右偏，如图 8-2（c）所示；当偏度<0 时，称分布形状为左偏，如图 8-2（d）所示。

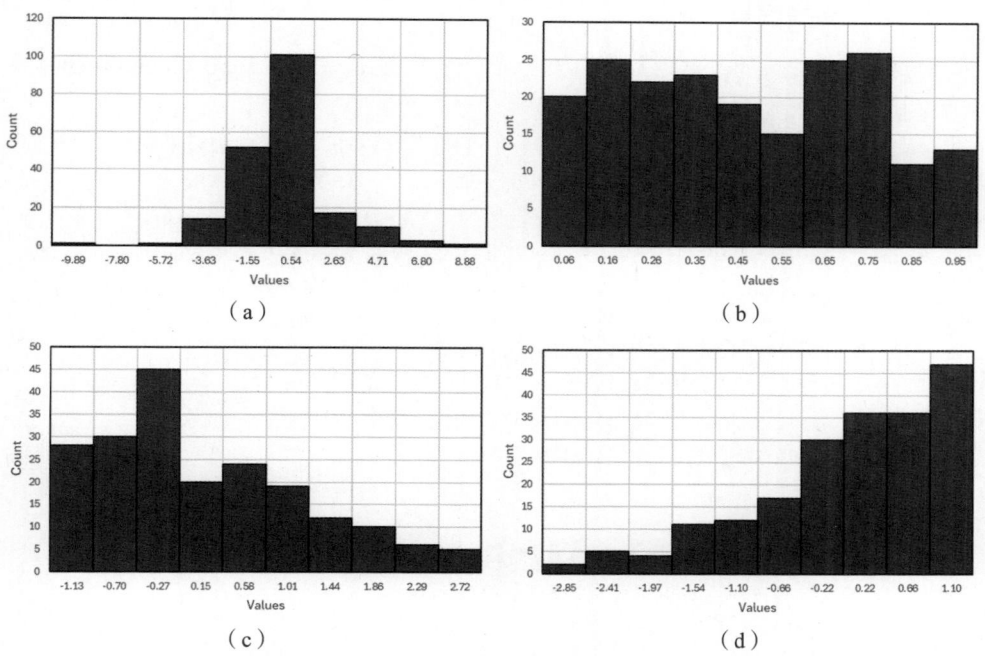

图 8-2　不同峰度和偏度的直方图

下面的代码用于实现图 8-2。完整代码见 "Samples\ch08 统计图表\02 数据的分布形状\py.py" 文件。

```
root=os.getcwd()                    #获取当前工作路径
```

```
app=xw.App(visible=True,add_book=False)          #创建 Excel 应用
#打开数据文件并返回工作簿对象
wb=app.books.open(root+r'/data.xlsx',read_only=False)
sht=wb.sheets('Sheet1')                          #获取指定工作表

rng=[0 for _ in range(4)]
rng[0]=sht.range('A2:A201')
rng[1]=sht.range('B2:B201')
rng[2]=sht.range('C2:C201')
rng[3]=sht.range('D2:D201')

for i in range(4):
    cht=draw_hist(rng[i],200)                    #绘制直方图
    set_style(cht)                               #设置样式
```

8.1.3 核密度估计

下面用 8.1.2 节的数据绘制一元核密度估计曲线图。完整代码见 "Samples\ch08 统计图表\03 核密度估计\py.py" 文件。

```
root=os.getcwd()                                 #获取当前工作路径
app=xw.App(visible=True,add_book=False)          #创建 Excel 应用
#打开数据文件并返回工作簿对象
wb=app.books.open(root+r'/data.xlsx',read_only=False)
sht=wb.sheets('Sheet1')                          #获取指定工作表
data=[0 for _ in range(4)]
data[0]=sht.range('A2:A201').value
data[1]=sht.range('B2:B201').value
data[2]=sht.range('C2:C201').value
data[3]=sht.range('D2:D201').value
app.kill()                                       #退出 Excel 应用

#从 comtypes 包中导入 CreateObject 函数
from comtypes.client import CreateObject
app2=CreateObject("Excel.Application")           #创建 Excel 应用
app2.Visible=True                                #显示应用窗口
app2.ScreenUpdating=False
wb2=app2.Workbooks.Open(root+r'/data.xlsx')      #添加工作簿
sht2=wb2.Sheets('Sheet1')                        #获取第 1 个工作表

minx=[0 for _ in range(4)]
```

```
maxx=[0 for _ in range(4)]
miny=[0 for _ in range(4)]
maxy=[0 for _ in range(4)]
minx[0]=-30                              #设置 4 个图表的横轴与纵轴的最小值和最大值
maxx[0]=30
minx[1]=0
maxx[1]=1
minx[2]=-3
maxx[2]=4
minx[3]=-6
maxx[3]=4
maxy[0]=0.4
maxy[1]=1.1
maxy[2]=0.5
maxy[3]=0.5


for i in range(4):
    shp=sht2.Shapes.AddChart2()          #添加图表
    shp.Left=20+(i+1)*10
    cht=shp.Chart                        #获取图表
    cht.ChartType=-4169                  #设置图表类型
    ax1=cht.Axes(1)                      #获取横轴
    ax2=cht.Axes(2)                      #获取纵轴
    ax1.MinimumScale=minx[i]             #设置横轴与纵轴的最小值与最大值
    ax1.MaximumScale=maxx[i]
    ax2.MinimumScale= 0
    ax2.MaximumScale=maxy[i]
    cht.HasLegend=False                  #不显示图例

    set_style(cht)                       #设置样式

    ax1.CrossesAt=ax1.MinimumScale
    ax2.CrossesAt=ax2.MinimumScale

    #绘制一元核密度估计曲线图
    draw_kde(cht,data[i],0,0,0,255,minx[i],maxx[i])
```

运行上述代码，生成如图 8-3 所示的图表。核密度估计图的更多绘制方法请参见
7.2 节。

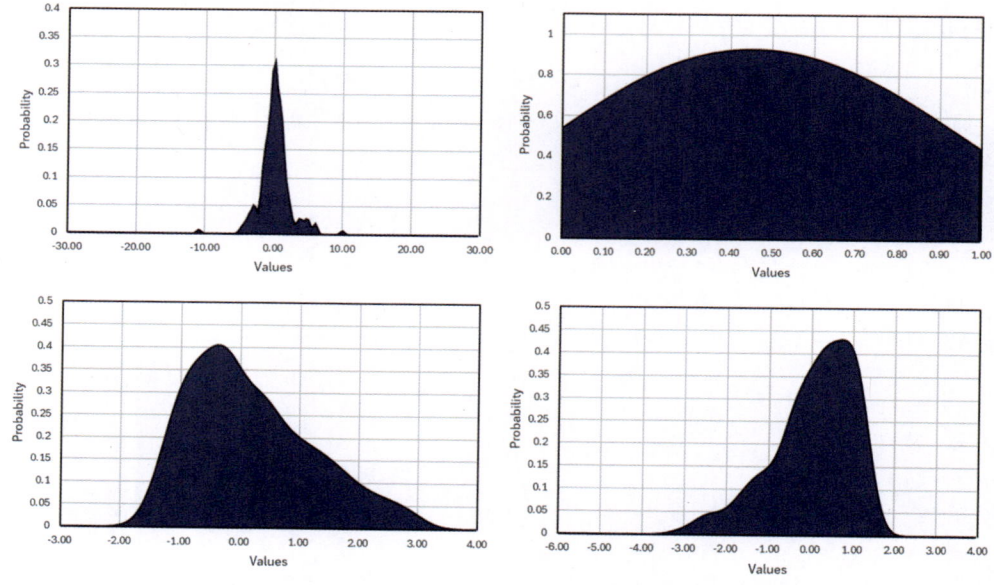

图 8-3　不同数据分布形状的一元核密度估计曲线图

8.2　箱形图

箱形图常用于探查数据的分布特征，或发现异常值。异常值是因某种原因而造成的数据中出现的统计上过大或过小的值，将它们纳入数据分析会影响分析结果。箱形图包括简单箱形图、多色简单箱形图、单色渐变简单箱形图、多色渐变简单箱形图、复合箱形图等。

8.2.1　箱形图简介

图 8-4 所示为常见的箱形图，由中间的矩形箱体、箱体中的横线、箱体的上下触须和表示异常值的点标记组合而成。矩形箱体的上边界对应指定数据的 75%分位数，下边界对应指定数据的 25%分位数，横线表示中值，即 50%分位数；上触须和下触须的位置分别表示 75%分位数+1.5×IQR 和 25%分位数-1.5×IQR，其中 IQR 表示 75%分位数-25%分位数，也称内四分极差；触须以外的点标记被判断为异常值。在图 8-4 中，两组数据共有 3 个异常值。

注意，上触须和下触须的位置不能高于最大值或低于最小值。因此，在绘制箱形图时，如果 75%分位数+1.5×IQR 的结果大于最大值，那么上触须的位置取最大值；如果

25%分位数-1.5×IQR 的结果小于最小值，那么下触须的位置取最小值。

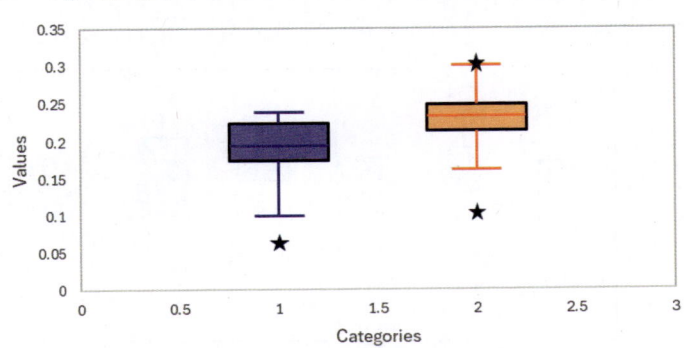

图 8-4 常见的箱形图

对于箱形图，如果箱体比较长，那么说明数据比较分散；反之，则说明数据比较紧凑。如果表示中值的横线位于箱体中间，那么说明数据呈正态分布；反之，则说明数据呈偏态分布。

8.2.2 简单箱形图

简单箱形图用一个箱体表示一组数据的分布特征。从简单箱形图中可以看到单组数据的分布状态，以及各组数据之间的整体波动状态。

【Excel】

打开"Samples\ch08 统计图表\05 简单箱形图\excel.xlsx"文件。选择单元格区域 B2:B101，单击"插入"功能区的"图表"区中的"箱形图"图标，在弹出的下拉面板中单击 ▥ 图标，生成只有一个箱体的箱形图，它是根据选定区域内的所有数据绘制的。

现在需要将所有数据根据 C 列数据进行分类，并根据各类别的数据分别绘制箱体。将鼠标指针移动到刚才生成的箱形图的上方并右击，在弹出的快捷菜单中选择"选择数据"命令，在弹出的对话框中，单击右侧列表框上方的"编辑"按钮，切换到"轴标签"对话框。选择单元格区域 C2:C101，单击"确定"按钮。继续单击"确定"按钮，生成由 6 个箱形组成的简单箱形图。双击一个箱体，可以用右侧面板中的控件进行编辑。图 8-5 所示为创建并编辑后得到的图表。

下面用自定义函数绘制简单箱形图。

打开"Samples\ch08 统计图表\06 简单箱形图-自定义\excel.xlsx"文件。单击"开发工具"功能区中的"Visual Basic"图标，打开 VBA 编程环境。在"插入"菜单中单击"模块"图标，添加一个模块。打开相同路径下的 excel.txt 文件，将该文件中的全

部代码复制到模块中。回到工作表，单击 E2 单元格，在公式栏中输入公式
"=boxplot(B2:B101,C2:C101)"，按 Enter 键，生成简单箱形图，如图 8-6 所示。

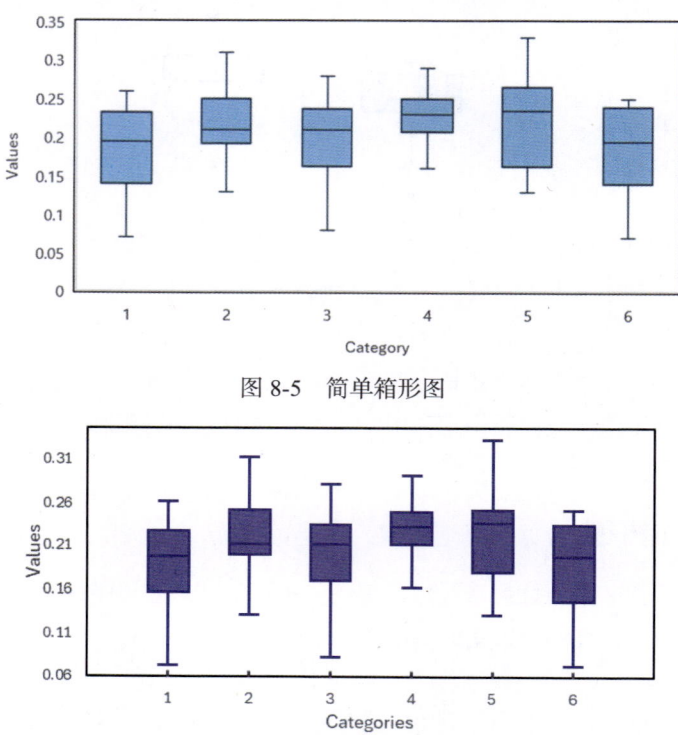

图 8-5　简单箱形图

图 8-6　用自定义函数绘制的简单箱形图

【Python xlwings】

　　Python xlwings 无法用 Shapes 对象的 AddChart2 函数直接生成简单箱形图，应考虑自行绘制简单箱形图。完整代码见"Samples\ch08 统计图表\06 简单箱形图-自定义\py"文件。

```
root=os.getcwd()                              #获取当前工作路径
app=xw.App(visible=True,add_book=False)       #创建 Excel 应用
#打开数据文件并返回工作簿对象
wb=app.books.open(root+r'/data.xlsx',read_only=False)
sht=wb.sheets('Sheet1')                       #获取指定工作表

shp=sht.api.Shapes.AddChart2()                #添加图表
shp.Left=20
cht=shp.Chart                                 #获取图表
```

```
cht.ChartType=xw.constants.ChartType.xlXYScatter        #设置图表类型
ax1=cht.Axes(1)                        #获取横轴
ax2=cht.Axes(2)                        #获取纵轴
ax1.MinimumScale=0                     #设置横轴的最小值
ax1.MaximumScale=7
ax2.MinimumScale=0                     #设置纵轴的最小值
ax2.MaximumScale=0.35
ax1.CrossesAt=ax1.MinimumScale
ax2.CrossesAt=ax2.MinimumScale

set_style(cht)                         #设置样式

cht.SeriesCollection().NewSeries()     #新建系列

data=sht.range('B2:C101').value        #获取数据
count1=0
count2=0
count3=0
count4=0
count5=0
count6=0
d1=[]
d2=[]
d3=[]
d4=[]
d5=[]
d6=[]
#根据第 2 列数据对第 1 列数据进行筛选
for i in range(100):
    if data[i][1]==1:
        count1+=1
        d1.append(data[i][0])
    elif data[i][1]== 2:
        count2+=1
        d2.append(data[i][0])
    elif data[i][1]== 3:
        count3+=1
        d3.append(data[i][0])
    elif data[i][1]== 4:
        count4+=1
```

```
        d4.append(data[i][0])
    elif data[i][1]== 5:
        count5+=1
        d5.append(data[i][0])
    elif data[i][1]== 6:
        count6+=1
        d6.append(data[i][0])
```

```
#根据分组数据绘制简单箱形图
draw_boxplot(app,cht,d1,count1,1,0,0,255,0.5,False)
draw_boxplot(app,cht,d2,count2,2,0,0,255,0.5,False)
draw_boxplot(app,cht,d3,count3,3,0,0,255,0.5,False)
draw_boxplot(app,cht,d4,count4,4,0,0,255,0.5,False)
draw_boxplot(app,cht,d5,count5,5,0,0,255,0.5,False)
draw_boxplot(app,cht,d6,count6,6,0,0,255,0.5,False)
```

draw_boxplot 函数用于根据指定数据绘制箱形图，下面是实现其的完整代码。需要给该函数指定应用对象、所属 **Chart** 对象、绘图数据、数据个数、横坐标位置、颜色分量、宽度和是否用渐变色填充等。

```
def draw_boxplot(app,cht,data,n,x,r,g,b,w,grad):
    p25=app.api.WorksheetFunction.Percentile(data,0.25)    #设置25%分位数
    p50=app.api.WorksheetFunction.Percentile(data,0.5)     #设置50%分位数
    p75=app.api.WorksheetFunction.Percentile(data,0.75)    #设置75%分位数
    iqr=p75-p25                #设置内四分极差
    pu=p75+1.5*iqr             #设置上触须的位置
    pl=p25-1.5*iqr             #设置下触须的位置
    minv=app.api.WorksheetFunction.Min(data)               #设置最小值
    maxv=app.api.WorksheetFunction.Max(data)               #设置最大值
    if minv>pl: pl=minv        #如果下触须的位置比最小值小，那么下触须的位置取最小值
    if maxv<pu: pu=maxv        #如果上触须的位置比最大值大，那么上触须的位置取最大值

    #绘制箱体
    bx=shape_x(cht,x-w/2)
    by=shape_y(cht,p75)
    ex=cht.PlotArea.InsideWidth/(cht.Axes(1).MaximumScale-cht.Axes(1).
MinimumScale)*w
    ey=cht.PlotArea.InsideHeight/(cht.Axes(2).MaximumScale-cht.Axes(2).
MinimumScale)*iqr
    shp=cht.Shapes.AddShape(1,bx,by,ex,ey)
    if grad:
```

```
        shp.Fill.ForeColor.RGB=xw.utils.rgb_to_int((r,g,b))
        shp.Fill.OneColorGradient(1, 1, 1)
        shp.Line.ForeColor.RGB=xw.utils.rgb_to_int((r,g,b))
        shp.Line.Weight=1.5
else:
        shp.Fill.ForeColor.RGB=xw.utils.rgb_to_int((r,g,b))
        shp.Fill.Transparency=0.5
        shp.Line.ForeColor.RGB=xw.utils.rgb_to_int((r,g,b))
        shp.Line.Weight=1.5


#绘制箱体中的横线
bx=shape_x(cht,x-w/2)
ex=shape_x(cht,x+w/2)
by=shape_y(cht,p50)
ey=shape_y(cht,p50)
shp2=cht.Shapes.AddLine(bx,by,ex,ey)
shp2.Line.Weight=1.5
shp2.Line.ForeColor.RGB=xw.utils.rgb_to_int((r,g,b))


#绘制触须
bx=shape_x(cht,x)
ex=shape_x(cht,x)
by=shape_y(cht,p75)
ey=shape_y(cht,pu)
shp2=cht.Shapes.AddLine(bx,by,ex,ey)
shp2.Line.Weight=1.5
shp2.Line.ForeColor.RGB=xw.utils.rgb_to_int((r,g,b))


bx=shape_x(cht,x)
ex=shape_x(cht,x)
by=shape_y(cht,p25)
ey=shape_y(cht,pl)
shp2=cht.Shapes.AddLine(bx,by,ex,ey)
shp2.Line.Weight=1.5
shp2.Line.ForeColor.RGB=xw.utils.rgb_to_int((r,g,b))


bx=shape_x(cht,x-w/4)
ex=shape_x(cht,x+w/4)
by=shape_y(cht,pu)
ey=shape_y(cht,pu)
```

```
shp2=cht.Shapes.AddLine(bx,by,ex,ey)
shp2.Line.Weight=1.5
shp2.Line.ForeColor.RGB=xw.utils.rgb_to_int((r,g,b))

bx=shape_x(cht,x-w/4)
ex=shape_x(cht,x+w/4)
by=shape_y(cht,pl)
ey=shape_y(cht,pl)
shp2=cht.Shapes.AddLine(bx,by,ex,ey)
shp2.Line.Weight=1.5
shp2.Line.ForeColor.RGB=xw.utils.rgb_to_int((r,g,b))

#绘制异常点
for i in range(n):
    xx=shape_x(cht,x-w/20)
    yy=shape_y(cht,data[i])
    ww=cht.PlotArea.InsideWidth/(cht.Axes(1).MaximumScale-\
    cht.Axes(1).MinimumScale)*w/10
    hh=ww
    if data[i]>pu or data[i]<pl:
        shp2=cht.Shapes.AddShape(92,xx,yy,ww,hh)
```
运行上述代码，生成类似于如图 8-6 所示的图表。

8.2.3　多色简单箱形图

多色简单箱形图中各箱体的颜色都不一样。这种箱形图在各种学术期刊中很常见。

【Excel】

打开"Samples\ch08 统计图表\07 多色简单箱形图\excel.xlsx"文件，单击"开发工具"功能区中的"Visual Basic"图标，打开 VBA 编程环境。在"插入"菜单中单击"模块"图标，添加一个模块。打开相同路径下的 excel.txt 文件，将该文件中的全部代码复制到模块中。回到工作表，单击 E2 单元格，在公式栏中输入公式"=boxplotmc(B2:B101,C2:C101)"，按 Enter 键，生成多色简单箱形图，如图 8-7 所示。

【Python xlwings】

8.2.2 节介绍了用自定义函数绘制简单箱形图的方法，通过自定义函数，可以对简单箱形图进行更多调整。下面在用 draw_boxplot 函数绘制简单箱形图时，为各箱体指定不同的颜色。完整代码见"Samples\ch08 统计图表\07 多色简单箱形图\py.py"文件。

```
#省略部分代码
draw_boxplot(app,cht,d1,count1,1,102,188,152,0.5,False)
```

```
draw_boxplot(app,cht,d2,count2,2,170,208,157,0.5,False)
draw_boxplot(app,cht,d3,count3,3,227,234,150,0.5,False)
draw_boxplot(app,cht,d4,count4,4,252,220,137,0.5,False)
draw_boxplot(app,cht,d5,count5,5,224,106,68,0.5,False)
draw_boxplot(app,cht,d6,count6,6,138,35,63,0.5,False)
#省略部分代码
```

　　运行上述代码，生成类似于如图 8-7 所示的图表。

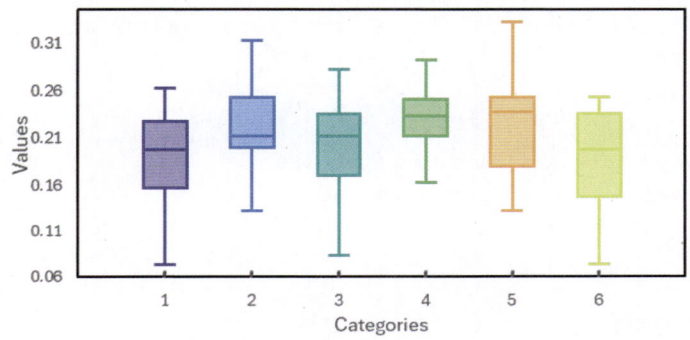

图 8-7　多色简单箱形图

8.2.4　水平多色简单箱形图

【Excel】

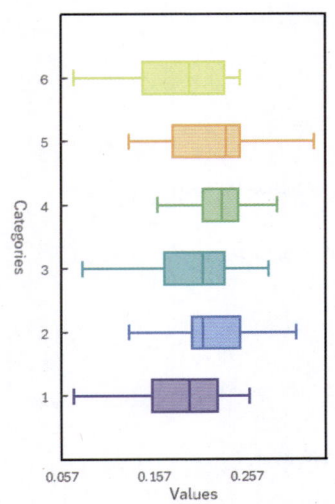

图 8-8　水平多色简单箱形图

　　打开"Samples\ch08 统计图表\08 多色简单箱形图-水平\excel.xlsx"文件。单击"开发工具"功能区中的"Visual Basic"图标，打开 VBA 编程环境。在"插入"菜单中单击"模块"图标，添加一个模块。打开相同路径下的 excel.txt 文件，将该文件中的全部代码复制到模块中。回到工作表，单击 E2 单元格，在公式栏中输入公式"=boxploth(B2:B101,C2:C101)"，按 Enter 键，生成水平多色简单箱形图，如图 8-8 所示。

【Python xlwings】

　　下面编写 draw_boxplot_h 函数，绘制水平多色简单箱形图。完整代码见"Samples\ch08 统计图表\08 多色简单箱形图-水平\py.py"文件。

```
def draw_boxplot_h(app,cht,data,n,x,r,g,b,w,grad):
    '''
    绘制箱形图
    data 为一维数组，r,g,b 为颜色，[255 0 0]
    x 为中心横坐标，w 为宽度，grad 为是否用渐变色填充，n 为数据个数
    '''
    p25=app.api.WorksheetFunction.Percentile(data,0.25)
    p50=app.api.WorksheetFunction.Percentile(data,0.5)
    p75=app.api.WorksheetFunction.Percentile(data,0.75)
    iqr=p75-p25
    pu=p75+1.5*iqr
    pl=p25-1.5*iqr
    minv=app.api.WorksheetFunction.Min(data)
    maxv=app.api.WorksheetFunction.Max(data)
    if minv>pl: pl=minv
    if maxv<pu: pu=maxv

    #绘制箱体中的横线
    by=shape_y(cht,x-w/2)
    ey=shape_y(cht,x+w/2)
    bx=shape_x(cht,p50)
    ex=shape_x(cht,p50)
    shp2=cht.Shapes.AddLine(bx,by,ex,ey)
    shp2.Line.Weight=1.5
    shp2.Line.ForeColor.RGB=xw.utils.rgb_to_int((r,g,b))

    #绘制箱体
    bx=shape_x(cht,p25)
    by=shape_y(cht,x+w/2)
    ex=cht.PlotArea.InsideWidth/(cht.Axes(1).MaximumScale-cht.Axes(1).
MinimumScale)*iqr
    ey=cht.PlotArea.InsideHeight/(cht.Axes(2).MaximumScale-cht.Axes(2).
MinimumScale)*w
    shp=cht.Shapes.AddShape(1,bx,by,ex,ey)
    if grad:
        shp.Fill.ForeColor.RGB=xw.utils.rgb_to_int((r,g,b))
        shp.Fill.OneColorGradient(1, 1, 1)
        shp.Line.ForeColor.RGB=xw.utils.rgb_to_int((r,g,b))
        shp.Line.Weight=1.5
    else:
```

```
    shp.Fill.ForeColor.RGB=xw.utils.rgb_to_int((r,g,b))
    shp.Fill.Transparency=0.5
    shp.Line.ForeColor.RGB=xw.utils.rgb_to_int((r,g,b))
    shp.Line.Weight=1.5

#绘制触须
by=shape_y(cht,x)
ey=shape_y(cht,x)
bx=shape_x(cht,p75)
ex=shape_x(cht,pu)
shp2=cht.Shapes.AddLine(bx,by,ex,ey)
shp2.Line.Weight=1.5
shp2.Line.ForeColor.RGB=xw.utils.rgb_to_int((r,g,b))

by=shape_y(cht,x)
ey=shape_y(cht,x)
bx=shape_x(cht,p25)
ex=shape_x(cht,pl)
shp2=cht.Shapes.AddLine(bx,by,ex,ey)
shp2.Line.Weight=1.5
shp2.Line.ForeColor.RGB=xw.utils.rgb_to_int((r,g,b))

by=shape_y(cht,x-w/4)
ey=shape_y(cht,x+w/4)
bx=shape_x(cht,pu)
ex=shape_x(cht,pu)
shp2=cht.Shapes.AddLine(bx,by,ex,ey)
shp2.Line.Weight=1.5
shp2.Line.ForeColor.RGB=xw.utils.rgb_to_int((r,g,b))

by=shape_y(cht,x-w/4)
ey=shape_y(cht,x+w/4)
bx=shape_x(cht,pl)
ex=shape_x(cht,pl)
shp2=cht.Shapes.AddLine(bx,by,ex,ey)
shp2.Line.Weight=1.5
shp2.Line.ForeColor.RGB=xw.utils.rgb_to_int((r,g,b))

#绘制异常点
for i in range(n):
```

```
yy=shape_y(cht,x-w/20)
xx=shape_x(cht,data[i])
ww=cht.PlotArea.InsideWidth/(cht.Axes(1).MaximumScale-\
cht.Axes(1).MinimumScale)*w/10
hh=ww
if data[i]>pu or data[i]<pl:
    shp2=cht.Shapes.AddShape(92,xx,yy,ww,hh)
```

```
# 省略部分代码
#绘制水平多色简单箱形图
draw_boxplot_h(app,cht,d1,count1,1,102,188,152,0.5,False)
draw_boxplot_h(app,cht,d2,count2,2,170,208,157,0.5,False)
draw_boxplot_h(app,cht,d3,count3,3,227,234,150,0.5,False)
draw_boxplot_h(app,cht,d4,count4,4,252,220,137,0.5,False)
draw_boxplot_h(app,cht,d5,count5,5,224,106,68,0.5,False)
draw_boxplot_h(app,cht,d6,count6,6,138,35,63,0.5,False)
# 省略部分代码
```

8.2.5 单色渐变简单箱形图

在多色简单箱形图中，虽然各箱体的颜色不同，但各箱体都是单色的。本节将介绍如何绘制用渐变色填充箱体的箱形图。下面介绍比较简单的情况，即用相同的渐变色填充箱体的情况。

【Excel】

单色渐变简单箱形图可以用 Excel 直接绘制。先按照 8.2.2 节介绍的方法生成单色简单箱形图，然后双击一个箱体，在右侧面板中设置填充色为渐变色，并设置渐变色的颜色。用 Excel 直接绘制的单色渐变简单箱形图如图 8-9 所示。

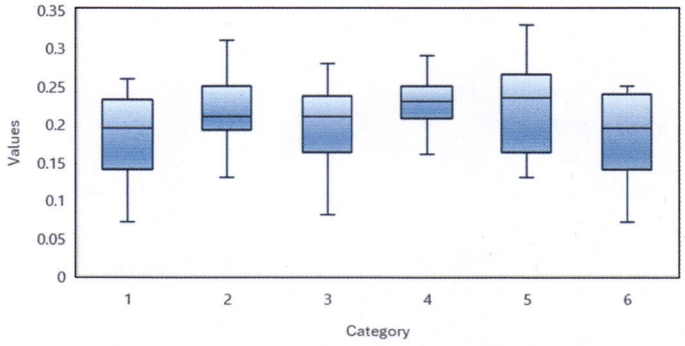

图 8-9　用 Excel 直接绘制的单色渐变简单箱形图

为了实现更复杂的效果，可以编写自定义函数。下面用自定义函数绘制单色渐变简单箱形图。

打开"Samples\ch08 统计图表\09 单色渐变简单箱形图\excel.xlsx"文件。单击"开发工具"功能区中的"Visual Basic"图标，打开 VBA 编程环境。在"插入"菜单中单击"模块"图标，添加一个模块。打开相同路径下的 excel.txt 文件，将该文件中的全部代码复制到模块中。回到工作表，单击 E2 单元格，在公式栏中输入公式"=boxplot(B2:B101,C2:C101,,,,,,,,,,TRUE)"，按 Enter 键，生成单色渐变简单箱形图，如图 8-10 所示。

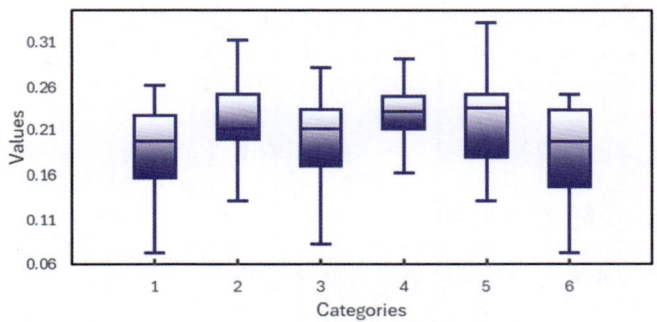

图 8-10　用自定义函数绘制的单色渐变简单箱形图

【Python xlwings】

下面为 draw_boxplot 函数中对箱体进行渐变色填充的代码，使用了 FillFormat 对象的 OneColorGradient 方法，用 grad 参数指定是否用渐变色填充。完整代码见"Samples\ch08 统计图表\09 单色渐变简单箱形图\py.py"文件。

```
def draw_boxplot(app,cht,data,n,x,r,g,b,w,grad):
    # 省略部分代码
    #绘制箱体
    bx=shape_x(cht,x-w/2)
    by=shape_y(cht,p75)
    ex=cht.PlotArea.InsideWidth/(cht.Axes(1).MaximumScale-cht.Axes(1).
MinimumScale)*w
    ey=cht.PlotArea.InsideHeight/(cht.Axes(2).MaximumScale-cht.Axes(2).
MinimumScale)*iqr
    shp=cht.Shapes.AddShape(1,bx,by,ex,ey)
    if grad:
        shp.Fill.ForeColor.RGB=xw.utils.rgb_to_int((r,g,b))
        shp.Fill.OneColorGradient(1, 1, 1)
```

```
    shp.Line.ForeColor.RGB=xw.utils.rgb_to_int((r,g,b))
    shp.Line.Weight=1.5
else:
    # 省略部分代码
```

在调用 draw_boxplot 函数时应给各箱体指定相同的颜色，设置最后一个参数的值为 True，表示用渐变色填充。

```
# 省略部分代码
#绘制单色渐变简单箱形图
draw_boxplot(app,cht,d1,count1,1,0,0,255,0.5,True)
draw_boxplot(app,cht,d2,count2,2,0,0,255,0.5,True)
draw_boxplot(app,cht,d3,count3,3,0,0,255,0.5,True)
draw_boxplot(app,cht,d4,count4,4,0,0,255,0.5,True)
draw_boxplot(app,cht,d5,count5,5,0,0,255,0.5,True)
draw_boxplot(app,cht,d6,count6,6,0,0,255,0.5,True)
```

运行上述代码，生成类似于如图 8-10 所示的图表。

8.2.6　多色渐变简单箱形图

多色渐变简单箱形图用不同的渐变色填充各箱体。

【Excel】

打开 "Samples\ch08 统计图表\10 多色渐变简单箱形图\excel.xlsx" 文件。单击 "开发工具" 功能区中的 "Visual Basic" 图标，打开 VBA 编程环境。在 "插入" 菜单中单击 "模块" 图标，添加一个模块。打开相同路径下的 excel.txt 文件，将该文件中的全部代码复制到模块中。回到工作表，单击 E2 单元格，在公式栏中输入公式 "=boxplotmc(B2:B101,C2:C101,,,,,,3,TRUE)"，按 Enter 键，生成多色渐变简单箱形图，如图 8-11 所示。

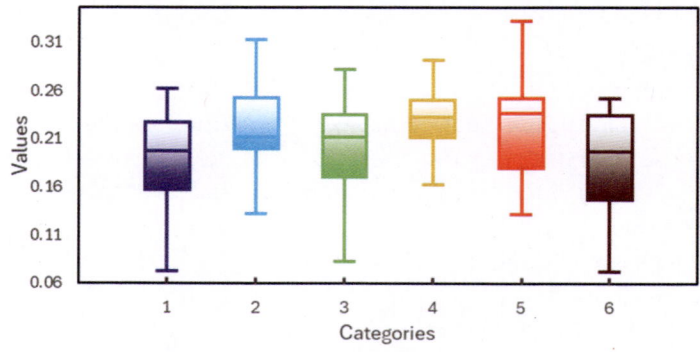

图 8-11　多色渐变简单箱形图

【Python xlwings 】

在用 Python xlwings 绘制多色渐变简单箱形图时，用 draw_boxplot 函数绘制使用渐变色填充的箱体，并给各箱体指定不同的颜色即可。完整代码见 "Samples\ch08 统计图表\10 多色渐变简单箱形图\py.py" 文件。

```
# 省略部分代码
#绘制多色渐变简单箱形图
draw_boxplot(app,cht,d1,count1,1,102,188,152,0.5,True)
draw_boxplot(app,cht,d2,count2,2,170,208,157,0.5,True)
draw_boxplot(app,cht,d3,count3,3,227,234,150,0.5,True)
draw_boxplot(app,cht,d4,count4,4,252,220,137,0.5,True)
draw_boxplot(app,cht,d5,count5,5,224,106,68,0.5,True)
draw_boxplot(app,cht,d6,count6,6,138,35,63,0.5,True)
```

8.2.7　简单箱形图叠加均值连线

箱形图中没有均值信息，常常在简单箱形图上叠加均值连线。

【Excel 】

用 Excel 可以在绘制简单箱形图后很方便地叠加均值连线。例如，在 8.2.2 节介绍的简单箱形图中双击一个箱体，在右侧面板中勾选 "显示中线" 复选框，生成简单箱形图叠加均值连线，如图 8-12 所示。

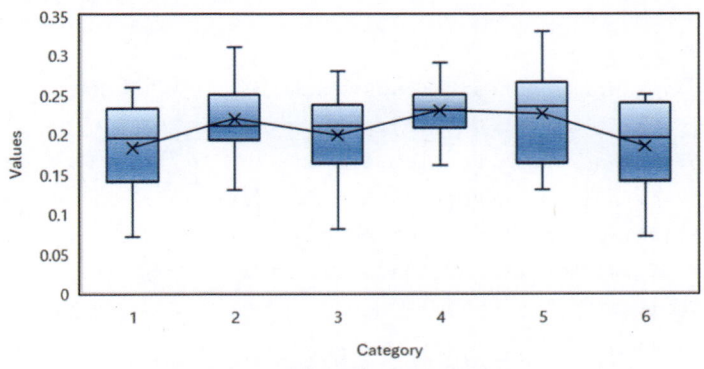

图 8-12　简单箱形图叠加均值连线 1

下面用自定义函数绘制简单箱形图叠加均值连线。

打开 "Samples\ch08 统计图表\11 简单箱形图叠加均值连线\excel.xlsx" 文件。单击 "开发工具" 功能区中的 "Visual Basic" 图标，打开 VBA 编程环境。在 "插入" 菜单中单击 "模块" 图标，添加一个模块。打开相同路径下的 excel.txt 文件，将该文件

中的全部代码复制到模块中。回到工作表，单击 E2 单元格，在公式栏中输入公式
"=boxplotmc(B2:B101,C2:C101,,,,,,3,TRUE,TRUE)"，按 Enter 键，生成简单箱形图叠加
均值连线，如图 8-13 所示。

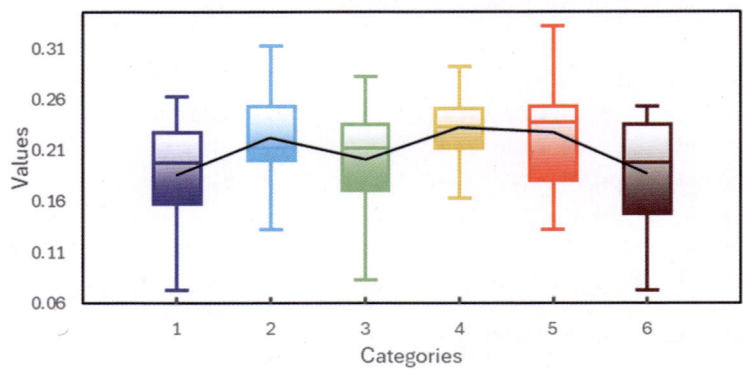

图 8-13　简单箱形图叠加均值连线 2

【Python xlwings】

在用 Python xlwings 绘制简单箱形图叠加均值连线时应先计算各组数据的均值，
然后绘制均值连线。完整代码见 "Samples\ch08 统计图表\11 简单箱形图叠加均值连
线\py.py" 文件。

```
#绘制均值连线
meanv=[0 for _ in range(6)]
meanv[0]=app.api.WorksheetFunction.Average(d1)      #计算均值
meanv[1]=app.api.WorksheetFunction.Average(d2)
meanv[2]=app.api.WorksheetFunction.Average(d3)
meanv[3]=app.api.WorksheetFunction.Average(d4)
meanv[4]=app.api.WorksheetFunction.Average(d5)
meanv[5]=app.api.WorksheetFunction.Average(d6)
for i in range(5):
    bx=shape_x(cht,i+1)
    by=shape_y(cht,meanv[i])
    ex=shape_x(cht,i+2)
    ey=shape_y(cht,meanv[i+1])
    shp2=cht.Shapes.AddLine(bx,by,ex,ey)
    shp2.Line.ForeColor.RGB=xw.utils.rgb_to_int((100,100,100))
    shp2.Line.Weight=1.5
```

运行上述代码，生成类似于如图 8-13 所示的图表。

8.2.8　复合箱形图

在复合箱形图中由颜色相同的箱体构成一个系列，由相邻的颜色不同的箱体构成一个分组。

【Excel】

打开"Samples\ch08 统计图表\12 复合箱形图\excel.xlsx"文件。选择单元格区域 B2:C51，单击"插入"功能区的"图表"区中的"箱形图"图标，在弹出的下拉面板中单击 ▥ 图标，生成一个只有两个箱体的箱形图。

现在需要将所有数据根据 D 列数据进行分类，并根据各类别的数据分别绘制箱体。将鼠标指针移动到刚才生成的箱形图的上方并右击，在弹出的快捷菜单中选择"选择数据"命令，在弹出的对话框中，单击右侧列表框上方的"编辑"按钮，切换到"轴标签"对话框。选择单元格区域 D2:D51，单击"确定"按钮。继续单击"确定"按钮，生成由 6 组箱体组成的复合箱形图。双击一个箱体，可以用右侧面板中的控件进行编辑。图 8-14 所示为创建并编辑后得到的图表。

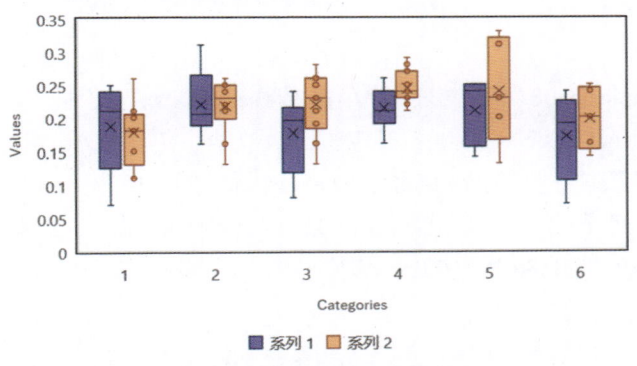

图 8-14　复合箱形图

【Python xlwings】

用 Python xlwings 无法直接绘制复合箱形图，需要按照 8.2.2 节介绍的方法自行绘制。按照该方法自行绘制两组简单箱形图即可，注意计算好它们的显示位置。

8.3　小提琴图

小提琴图由两个核密度估计曲线图拼接而成，经常叠加箱形图。其因外观像小提琴而得名。小提琴图的功能与箱形图的功能类似，都可以显示数据的分布特征。不同的是，箱形图用多个统计量进行描述，而小提琴图用连续的概率密度进行描述。

8.3.1 小提琴图样式 1

简单小提琴图是直接用两个核密度估计曲线图拼接而成的，如图 8-15 所示。7.2 节详细介绍了核密度估计曲线图的绘制，读者可根据需要自行参阅。

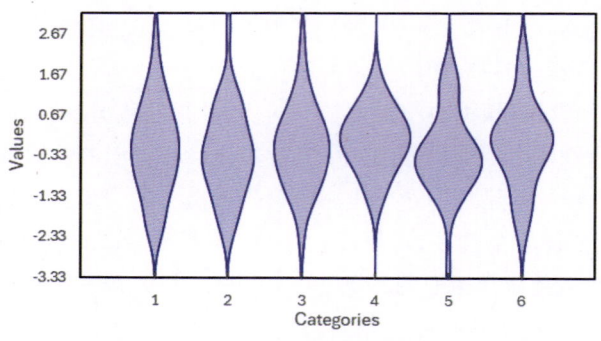

图 8-15　小提琴图样式 1

【Excel】

打开"Samples\ch08 统计图表\13 小提琴图\excel.xlsx"文件。单击"开发工具"功能区中的"Visual Basic"图标，打开 VBA 编程环境。在"插入"菜单中单击"模块"图标，添加一个模块。打开相同路径下的 excel.txt 文件，将该文件中的全部代码复制到模块中。回到工作表，单击 D2 单元格，在公式栏中输入公式"=violin(A1:A180,B1:B180)"，按 Enter 键，生成小提琴图，如图 8-15 所示。

【Python xlwings】

将核密度估计曲线图立起来，与它关于基线的镜像曲线图拼接，就得到小提琴图。

要用 draw_violin 函数绘制指定数据的小提琴图，需要指定 Chart 对象、绘图数据、数据个数、横坐标、颜色分量等。完整代码见"Samples\ch08 统计图表\13 小提琴图\py"文件。

```
def draw_violin(cht,y,n,x,r,g,b,miny,maxy):
    kdey=[0 for _ in range(180)]
    kdef=[0 for _ in range(180)]
    kdef2=[0 for _ in range(180)]
    kdep=[[0 for _ in range(2)] for _ in range(182)]
    kdep2=[[0 for _ in range(2)] for _ in range(182)]
    step=(maxy-miny)/180
    for i in range(180):
```

```
        kdey[i]=miny+(i+1)*step
        kdef[i]=x+kde(y,kdey[i],0.5)
        kdef2[i]=x-kde(y,kdey[i],0.5)

#绘制一个核密度估计曲线图
for i in range(1,181):
        kdep[i][0]=shape_x(cht,kdef[180-i])
        kdep[i][1]=shape_y(cht,kdey[180-i])
kdep[181][0]=shape_x(cht,x)
kdep[181][1]=kdep[180][1]
kdep[0][0]=shape_x(cht,x)
kdep[0][1]=kdep[1][1]
shp=cht.Shapes.AddPolyline(kdep)
shp.Fill.ForeColor.RGB=xw.utils.rgb_to_int((r,g,b))
shp.Fill.Transparency=0.8
shp.Line.ForeColor.RGB=xw.utils.rgb_to_int((r,g,b))
shp.Line.Weight=1

#绘制另一个核密度估计曲线图
for i in range(1,181):
        kdep2[i][0]=shape_x(cht,kdef2[180-i])
        kdep2[i][1]=shape_y(cht,kdey[180-i])
kdep2[181][0]=shape_x(cht,x)
kdep2[181][1]=kdep2[180][1]
kdep2[0][0]=shape_x(cht,x)
kdep2[0][1]=kdep2[1][1]
shp2=cht.Shapes.AddPolyline(kdep2)
shp2.Fill.ForeColor.RGB=xw.utils.rgb_to_int((r,g,b))
shp2.Fill.Transparency=0.8
shp2.Line.ForeColor.RGB=xw.utils.rgb_to_int((r,g,b))
shp2.Line.Weight=1
```

　　下面用 draw_violin 函数绘制小提琴图。

```
root=os.getcwd()                                      #获取当前工作路径
app=xw.App(visible=True,add_book=False)               #创建 Excel 应用
#打开数据文件并返回工作簿对象
wb=app.books.open(root+r'/data.xlsx',read_only=False)
sht=wb.sheets('Sheet1')                               #获取指定工作表
data=sht.range('A1:B180').value                       #获取数据
app.kill()                                            #退出 Excel 应用
```

```python
#从 comtypes 包中导入 CreateObject 函数
from comtypes.client import CreateObject
app2=CreateObject("Excel.Application")      #创建 Excel 应用
app2.Visible=True                           #显示应用窗口
app2.ScreenUpdating=False
wb2=app2.Workbooks.Open(root+r'/data.xlsx')     #添加工作簿
sht2=wb2.Sheets('Sheet1')                   #获取第 1 个工作表

shp=sht2.Shapes.AddChart2()                 #添加图表
shp.Left=20
cht=shp.Chart                               #获取图表
cht.ChartType=-4169                         #设置图表类型
ax1=cht.Axes(1)                             #获取横轴
ax2=cht.Axes(2)                             #获取纵轴
ax1.MinimumScale=0                          #设置横轴的最小值
ax1.MaximumScale=7
ax2.MinimumScale=-4                         #设置纵轴的最小值
ax2.MaximumScale=4
ax1.CrossesAt=ax1.MinimumScale
ax2.CrossesAt=ax2.MinimumScale

set_style(cht)                              #设置样式

cht.SeriesCollection().NewSeries()          #新建系列

count1=0
count2=0
count3=0
count4=0
count5=0
count6=0
d1=[]
d2=[]
d3=[]
d4=[]
d5=[]
d6=[]
#筛选数据
for i in range(180):
```

```
if data[i][1]==1:
    count1+=1
    d1.append(data[i][0])
elif data[i][1]== 2:
    count2+=1
    d2.append(data[i][0])
elif data[i][1]== 3:
    count3+=1
    d3.append(data[i][0])
elif data[i][1]== 4:
    count4+=1
    d4.append(data[i][0])
elif data[i][1]== 5:
    count5+=1
    d5.append(data[i][0])
elif data[i][1]== 6:
    count6+=1
    d6.append(data[i][0])
```

```
#绘制小提琴图
draw_violin(cht,d1,count1,1,0,0,255,-4,4)
draw_violin(cht,d2,count2,2,0,0,255,-4,4)
draw_violin(cht,d3,count3,3,0,0,255,-4,4)
draw_violin(cht,d4,count4,4,0,0,255,-4,4)
draw_violin(cht,d5,count5,5,0,0,255,-4,4)
draw_violin(cht,d6,count6,6,0,0,255,-4,4)
```

8.3.2　小提琴图样式 2

如图 8-16 所示的小提琴图更加常见。该样式的小提琴图在简单小提琴图的基础上叠加了箱形图，不仅能探查任意处数据分布的概率密度，还能通过箱形图查看数据的离散程度和偏态特征，以及是否有异常值等关键信息。

【Excel】

打开 "Samples\ch08 统计图表\14 小提琴图 2\excel.xlsx" 文件。单击 "开发工具" 功能区中的 "Visual Basic" 图标，打开 VBA 编程环境。在 "插入" 菜单中单击 "模块" 图标，添加一个模块。打开相同路径下的 excel.txt 文件，将该文件中的全部代码复制到模块中。回到工作表，单击 D2 单元格，在公式栏中输入公式 "=hist2d(A1:A1000,

B1:B1000)"，按 Enter 键，生成小提琴图，如图 8-16 所示。

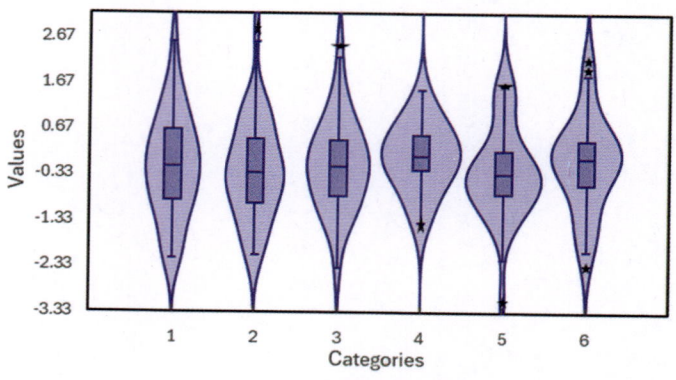

图 8-16　小提琴图样式 2

【Python xlwings】

用 **draw_violin** 函数可以绘制简单小提琴图，用 draw_boxplot 函数可以绘制叠加的箱形图，下面用这两个函数绘制小提琴图。完整代码见"Samples\ch08 统计图表\14 小提琴图 2\py.py"文件。

```
#省略部分代码
#绘制简单小提琴图
draw_violin(cht,d1,count1,1,0,0,255,-4,4)
draw_violin(cht,d2,count2,2,0,0,255,-4,4)
draw_violin(cht,d3,count3,3,0,0,255,-4,4)
draw_violin(cht,d4,count4,4,0,0,255,-4,4)
draw_violin(cht,d5,count5,5,0,0,255,-4,4)
draw_violin(cht,d6,count6,6,0,0,255,-4,4)


#绘制箱形图
draw_boxplot(app2,cht,d1,count1,1,0,0,255,0.1,False)
draw_boxplot(app2,cht,d2,count2,2,0,0,255,0.1,False)
draw_boxplot(app2,cht,d3,count3,3,0,0,255,0.1,False)
draw_boxplot(app2,cht,d4,count4,4,0,0,255,0.1,False)
draw_boxplot(app2,cht,d5,count5,5,0,0,255,0.1,False)
draw_boxplot(app2,cht,d6,count6,6,0,0,255,0.1,False)


#省略部分代码
```

运行上述代码，生成类似于如图 8-16 所示的小提琴图。

8.4　组合图

统计图表中常常把不同类型的图表组合在一起组成一个新图表，这个新图表兼具组成它的各图表的用途，可以为用户提供绘图数据的更多信息。例如，8.3.2 节介绍的小提琴图样式 2 就组合了简单小提琴图和箱形图，从而让用户对数据有了更多的了解。本节将介绍更多组合图，包括云雨图、误差柱状图、散点柱状图和散点箱形图等。

8.4.1　云雨图

云雨图是由核密度估计曲线图、箱形图和抖动散点图等图表组合而成的。基于参与组合的图表类型的不同，云雨图有不同的样式，下面介绍 3 种常见样式。

第 1 种样式的云雨图由核密度估计曲线图和抖动散点图组合而成，如图 8-17 所示。"上有云，下有雨"，很形象。抖动散点图直接表现了绘图数据的分布特征。

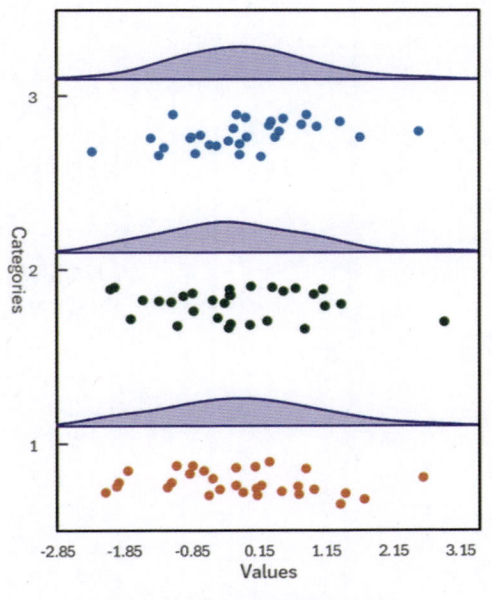

图 8-17　第 1 种样式的云雨图

【Excel】

打开"Samples\ch08 统计图表\15 云雨图\excel.xlsx"文件。单击"开发工具"功能区中的"Visual Basic"图标，打开 VBA 编程环境。在"插入"菜单中单击"模块"图标，添加一个模块。打开相同路径下的 excel.txt 文件，将该文件中的全部代码复制

到模块中。回到工作表，单击 D2 单元格，在公式栏中输入公式"=cloudrain(A1:A90,
B1:B90)"，按 Enter 键，生成云雨图，如图 8-17 所示。

【Python xlwings】

用 draw_rnd_scatter_h 函数可以绘制抖动散点图，用 draw_kde 函数可以绘制核密
度估计曲线图。下面用这两个函数绘制云雨图。完整代码见"Samples\ch08 统计图表\
15 云雨图\py.py"文件。

```
root=os.getcwd()                                        #获取当前工作路径
app=xw.App(visible=True,add_book=False)                 #创建 Excel 应用
#打开数据文件并返回工作簿对象
wb=app.books.open(root+r'/data.xlsx',read_only=False)
sht=wb.sheets('Sheet1')                                 #获取指定工作表
data=sht.range('A1:B90').value                          #获取数据
app.kill()                                              #退出 Excel 应用


#从 comtypes 包中导入 CreateObject 函数
from comtypes.client import CreateObject
app2=CreateObject("Excel.Application")                  #创建 Excel 应用
app2.Visible=True                                       #显示应用窗口
app2.ScreenUpdating=False
wb2=app2.Workbooks.Open(root+r'/data.xlsx')             #添加工作簿
sht2=wb2.Sheets('Sheet1')                               #获取第 1 个工作表


shp=sht2.Shapes.AddChart2()                             #添加图表
shp.Left=20                                             #设置图表位置和大小
shp.Top=20
shp.Width=250
shp.Height=300
cht=shp.Chart                                           #获取图表
cht.ChartType=-4169                                     #设置图表类型
ax1=cht.Axes(1)                                         #获取横轴
ax2=cht.Axes(2)                                         #获取纵轴
ax1.MinimumScale=-4                                     #设置横轴的最小值
ax1.MaximumScale=4
ax2.MinimumScale=0                                      #设置纵轴的最小值
ax2.MaximumScale=6
ax1.CrossesAt=ax1.MinimumScale
ax2.CrossesAt=ax2.MinimumScale


set_style(cht)                                          #设置样式
```

```
count1=0
count2=0
count3=0
d1=[]
d2=[]
d3=[]
#筛选数据
for i in range(90):
    if data[i][1]==1:
        count1+=1
        d1.append(data[i][0])
    elif data[i][1]== 2:
        count2+=1
        d2.append(data[i][0])
    elif data[i][1]== 3:
        count3+=1
        d3.append(data[i][0])


#绘图
draw_kde(cht,d1,1+0.2,0,0,255,-4,4)
draw_rnd_scatter_h(cht,d1,count1,1,0.5)

draw_kde(cht,d2,3+0.2,0,0,255,-4,4)
draw_rnd_scatter_h(cht,d2,count2,3,0.5)

draw_kde(cht,d3,5+0.2,0,0,255,-4,4)
draw_rnd_scatter_h(cht,d3,count3,5,0.5)

app2.ScreenUpdating=True
```

draw_rnd_scatter_h 函数的实现代码如下。

```
def draw_rnd_scatter_h(cht,x,n,y,w):
    rd=[0 for _ in range(n)]
    for i in range(n):
        rd[i]=y-0.2-w*np.random.rand(1)[0]
    ser=cht.SeriesCollection().NewSeries()    #新建系列
    ser.ChartType=-4169
    ser.XValues=x
    ser.Values=rd
```

```
    ser.MarkerSize=4
```
draw_kde 函数的实现代码如下。
```
def draw_kde(cht,data,y,r,g,b,minx,maxx):
    kdex=[0 for _ in range(180)]
    kdef=[0 for _ in range(180)]
    step=(maxx-minx)/180
    for i in range(180):
        kdex[i]=minx+(i+1)*step
        kdef[i]=y+kde(data,kdex[i],0.5)


    cht.SeriesCollection().NewSeries()      #新建系列


    #单色填充
    pt=[[0 for _ in range(2)] for _ in range(183)]
    for i in range(180):
        pt[i][0]=shape_x(cht,kdex[179-i])
        pt[i][1]=shape_y(cht,kdef[179-i])
    pt[180][0]=pt[179][0]
    pt[180][1]=shape_y(cht,y)
    pt[181][0]=pt[0][0]
    pt[181][1]=shape_y(cht,y)
    pt[182][0]=pt[0][0]
    pt[182][1]=pt[0][1]
    shp=cht.Shapes.AddPolyline(pt)
    shp.Fill.ForeColor.RGB=xw.utils.rgb_to_int((r,g,b))
    shp.Fill.Transparency=0.5
    shp.Line.ForeColor.RGB=xw.utils.rgb_to_int((r,g,b))
    shp.Line.Weight=1.5
```

第 2 种样式的云雨图由核密度估计曲线图和箱形图组合而成，如图 8-18 所示。该样式的作用跟前面介绍的小提琴图样式 2 的作用一样。

【Excel】

打开 "Samples\ch08 统计图表\16 云雨图 2 \excel.xlsx" 文件。单击 "开发工具" 功能区中的 "Visual Basic" 图标，打开 VBA 编程环境。在 "插入" 菜单中单击 "模块" 图标，添加一个模块。打开相同路径下的 excel.txt 文件，将该文件中的全部代码复制到模块中。回到工作表，单击 D2 单元格，在公式栏中输入公式 "=cloudrain(A1:A90, B1:B90,,,,,,,,,2)"，按 Enter 键，生成云雨图，如图 8-18 所示。

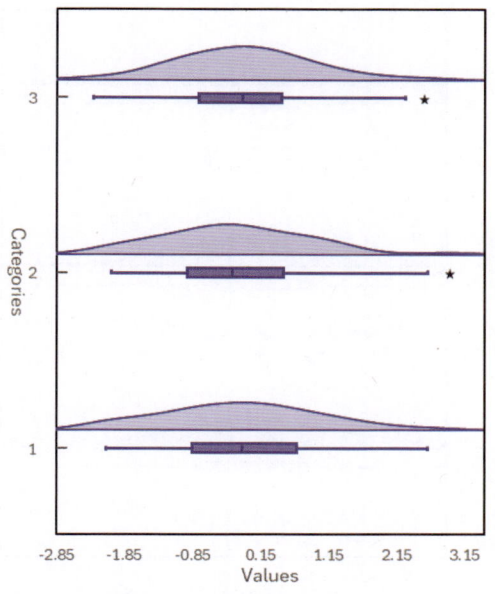

图 8-18　第 2 种样式的云雨图

【Python xlwings】

　　用 draw_kde 函数可以绘制核密度估计曲线图，用 draw_boxplot_h 函数可以绘制箱形图。下面用这两个函数绘制第 2 种样式的云雨图。完整代码见 "Samples\ch08 统计图表\16 云雨图 2\py.py" 文件。

```
# 省略部分代码

draw_kde(cht,d1,1+0.2,0,0,255,-4,4)
draw_boxplot_h(app2,cht,d1,count1,1,0,0,255,0.1,False)

draw_kde(cht,d2,3+0.2,0,0,255,-4,4)
draw_boxplot_h(app2,cht,d2,count2,3,0,0,255,0.1,False)

draw_kde(cht,d3,5+0.2,0,0,255,-4,4)
draw_boxplot_h(app2,cht,d3,count3,5,0,0,255,0.1,False)

# 省略部分代码
```

　　第 3 种样式的云雨图由核密度估计曲线图、箱形图和抖动散点图组合而成，如图 8-19 所示。该样式的云雨图兼具了 3 种图表的优点，可以直接探查原始数据的分布特征，也可以用统计量和概率密度了解原始数据的总体特征。

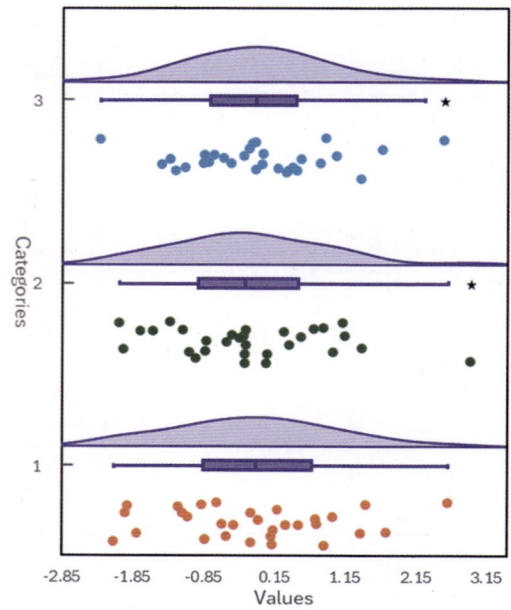

图 8-19　第 3 种样式的云雨图

【Excel】

打开"Samples\ch08 统计图表\17 云雨图 3\excel.xlsx"文件。单击"开发工具"功能区中的"Visual Basic"图标，打开 VBA 编程环境。在"插入"菜单中单击"模块"图标，添加一个模块。打开相同路径下的 excel.txt 文件，将该文件中的全部代码复制到模块中。回到工作表，单击 D2 单元格，在公式栏中输入公式"=cloudrain(A1:A90,B1:B90,,,,,,,,,,3)"，按 Enter 键，生成云雨图，如图 8-19 所示。

【Python xlwings】

用 draw_kde 函数可以绘制核密度估计曲线图，用 draw_boxplot_h 函数可以绘制箱形图，用 draw_rnd_scatter_h 函数可以绘制抖动散点图。下面用这 3 个函数绘制第 3 种样式的云雨图。完整代码见"Samples\ch08 统计图表\17 云雨图 3\py.py"文件。

```
#省略部分代码

draw_kde(cht,d1,1+0.2,0,0,255,-4,4)
draw_rnd_scatter_h(cht,d1,count1,1-0.2,0.5)
draw_boxplot_h(app2,cht,d1,count1,1,0,0,255,0.1,False)

draw_kde(cht,d2,3+0.2,0,0,255,-4,4)
draw_rnd_scatter_h(cht,d2,count2,3-0.2,0.5)
```

```
draw_boxplot_h(app2,cht,d2,count2,3,0,0,255,0.1,False)

draw_kde(cht,d3,5+0.2,0,0,255,-4,4)
draw_rnd_scatter_h(cht,d3,count3,5-0.2,0.5)
draw_boxplot_h(app2,cht,d3,count3,5,0,0,255,0.1,False)
```

\# 省略部分代码

8.4.2　误差柱状图

　　误差柱状图由柱状图和误差条图组合而成。柱状图一般用来表示各组数据均值的大小，误差条图一般用来表示置信区间或标准差等。误差柱状图如图 8-20 所示。

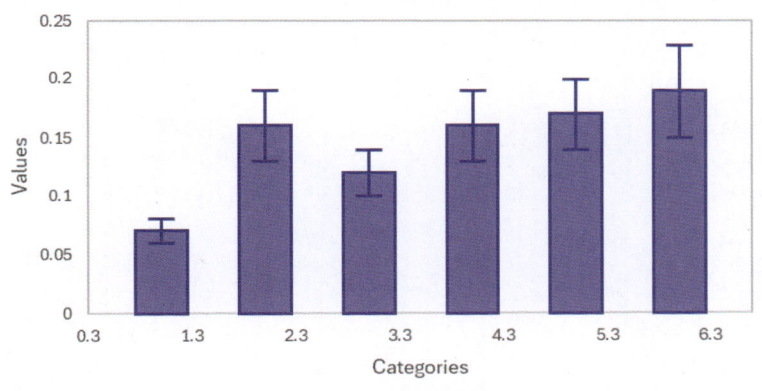

图 8-20　误差柱状图

【Excel】

　　打开 "Samples\ch08 统计图表\18 误差柱状图\excel.xlsx" 文件。选择单元格区域 B2:B7，单击 "插入" 功能区的 "图表" 区中的 "柱状图" 图标，在弹出的下拉面板中单击 ╷╷╷ 图标，生成柱状图。单击该图表，图表右上角会显示几个图标，单击加号图标，在 "误差线" 下拉面板中选择 "标准误差" 选项，会自动在柱状图上添加表示标准误差的误差条图。

　　如果误差条图中的各误差条的上触须和下触须的长度不一样，那么可以先指定长度，然后在图表中单击一个误差条，在右侧面板的设置误差条格式的控件中选中 "自定义" 单选按钮，单击其右侧的 "指定值" 按钮，在弹出的对话框中设置错误值。选择单元格区域 C2:C7 作为正错误值，选择单元格区域 D2:D7 作为负错误值。单击 "确定" 按钮，完成误差条图的修改。双击一个图表元素，可以用右侧面板中的控件进行编辑。

【Python xlwings】

在用 Python xlwings 绘制误差柱状图时，笔者试图先绘制柱状图，然后用系列的 Hasbars 属性、ErrorBars 属性和 ErrorBar 属性等添加误差条图，但操作没有成功，始终添加不上误差条图。

因此，笔者考虑自行绘制柱状图和误差条图。完整代码见"Samples\ch08 统计图表\18 误差柱状图\py.py"文件。

```
root=os.getcwd()                                    #获取当前工作路径
app=xw.App(visible=True,add_book=False)             #创建 Excel 应用
#打开数据文件并返回工作簿对象
wb=app.books.open(root+r'/data.xlsx',read_only=False)
sht=wb.sheets('Sheet1')                             #获取指定工作表

shp=sht.api.Shapes.AddChart2()                      #添加图表
shp.Left=20
cht=shp.Chart                                       #获取图表
cht.ChartType=xw.constants.ChartType.xlXYScatter    #设置图表类型
ax1=cht.Axes(1)                                     #获取横轴
ax2=cht.Axes(2)                                     #获取纵轴
ax1.MinimumScale=0                                  #设置横轴的最小值
ax1.MaximumScale=6.7
ax2.MinimumScale=0                                  #设置纵轴的最小值
ax2.MaximumScale=0.25

set_style(cht)                                      #设置样式

cht.SeriesCollection().NewSeries()                  #新建系列

#绘制柱状图
data=sht.range('B2:B7').value
up=sht.range('C2:C7').value
dn=sht.range('D2:D7').value
for i in range(6):
    draw_bar(cht,data[i],i+1,0,0,255,0.5,False)
    draw_error(cht,data[i],up[i],dn[i],i+1,0,0,255)
```

在上面的代码中，用多边形面绘制柱面。当然，也可以用矩形面绘制柱面。

```
def draw_bar(cht,y,x,r,g,b,w,grad):
    #绘制柱面
    bx=shape_x(cht,x-w/2)
```

```
    by=shape_y(cht,y)
    ex=cht.PlotArea.InsideWidth/(cht.Axes(1).MaximumScale-cht.Axes(1).
MinimumScale)*w
    ey=cht.PlotArea.InsideHeight/(cht.Axes(2).MaximumScale-cht.Axes(2).
MinimumScale)*y
    shp=cht.Shapes.AddShape(1,bx,by,ex,ey)
    if grad:
        shp.Fill.ForeColor.RGB=xw.utils.rgb_to_int((r,g,b))
        shp.Fill.OneColorGradient(1, 1, 1)
        shp.Line.ForeColor.RGB=xw.utils.rgb_to_int((r,g,b))
        shp.Line.Weight=1.5
    else:
        shp.Fill.ForeColor.RGB=xw.utils.rgb_to_int((r,g,b))
        shp.Fill.Transparency=0.5
        shp.Line.ForeColor.RGB=xw.utils.rgb_to_int((r,g,b))
        shp.Line.Weight=1.5
```

下面用 **draw_error** 函数绘制误差条图。误差条图包括上触须、下触须和触须末端的短横线。

```
def draw_error(cht,y,eu,el,x,r,g,b):
    #绘制误差条图
    bx=shape_x(cht,x)
    ex=shape_x(cht,x)
    by=shape_y(cht,y)
    ey=shape_y(cht,y+eu)
    shp=cht.Shapes.AddLine(bx,by,ex,ey)
    shp.Line.ForeColor.RGB=xw.utils.rgb_to_int((r,g,b))
    shp.Line.Weight=1.5

    bx=shape_x(cht,x)
    ex=shape_x(cht,x)
    by=shape_y(cht,y)
    ey=shape_y(cht,y-el)
    shp=cht.Shapes.AddLine(bx,by,ex,ey)
    shp.Line.ForeColor.RGB=xw.utils.rgb_to_int((r,g,b))
    shp.Line.Weight=1.5

    bx=shape_x(cht,x-0.5/4)
    ex=shape_x(cht,x+0.5/4)
    by=shape_y(cht,y+eu)
    ey=shape_y(cht,y+eu)
```

```
shp=cht.Shapes.AddLine(bx,by,ex,ey)
shp.Line.ForeColor.RGB=xw.utils.rgb_to_int((r,g,b))
shp.Line.Weight=1.5

bx=shape_x(cht,x-0.5/4)
ex=shape_x(cht,x+0.5/4)
by=shape_y(cht,y-el)
ey=shape_y(cht,y-el)
shp=cht.Shapes.AddLine(bx,by,ex,ey)
shp.Line.ForeColor.RGB=xw.utils.rgb_to_int((r,g,b))
shp.Line.Weight=1.5
```

运行上述代码，生成如图 8-20 所示的图表。

8.4.3　散点柱状图

散点柱状图在柱状图的基础上叠加了抖动散点图，如图 8-21 所示。该图表给出了各组数据的均值和点本身。

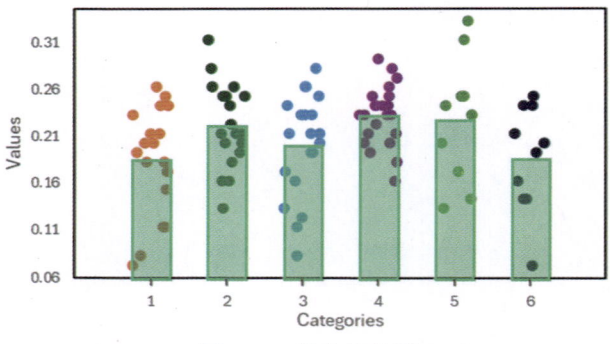

图 8-21　散点柱状图

【Excel】

打开"Samples\ch08 统计图表\19 散点柱状图\excel.xlsx"文件。单击"开发工具"功能区中的"Visual Basic"图标，打开 VBA 编程环境。在"插入"菜单中单击"模块"图标，添加一个模块。打开相同路径下的 excel.txt 文件，将该文件中的全部代码复制到模块中。回到工作表，单击 E2 单元格，在公式栏中输入公式"=scatterbar(B2:B101, C2:C101)"，按 Enter 键，生成散点柱状图，如图 8-21 所示。

【Python xlwings】

用 draw_bar 函数可以绘制柱状图，用 draw_rnd_scatter 函数可以绘制抖动散点图。下面用这两个函数绘制散点柱状图。完整代码见"Samples\ch08 统计图表\19 散点柱状图\py.py" 文件。

```
root=os.getcwd()                                            #获取当前工作路径
app=xw.App(visible=True,add_book=False)                     #创建 Excel 应用
#打开数据文件并返回工作簿对象
wb=app.books.open(root+r'/data.xlsx',read_only=False)
sht=wb.sheets('Sheet1')                                     #获取指定工作表

shp=sht.api.Shapes.AddChart2()                              #添加图表
shp.Left=20
cht=shp.Chart                                               #获取图表
cht.ChartType=-4169                                         #设置图表类型
ax1=cht.Axes(1)                                             #获取横轴
ax2=cht.Axes(2)                                             #获取纵轴
ax1.MinimumScale=0                                          #设置横轴的最小值
ax1.MaximumScale=4.5
ax2.MinimumScale=0                                          #设置纵轴的最小值
ax2.MaximumScale=0.35

set_style(cht)                                              #设置样式

cht.SeriesCollection().NewSeries()                          #新建系列

data=sht.range('B2:E21').value
dt1=[0 for _ in range(20)]
dt2=[0 for _ in range(20)]
dt3=[0 for _ in range(20)]
dt4=[0 for _ in range(20)]
for i in range(20):
    dt1[i]=data[i][0]
    dt2[i]=data[i][1]
    dt3[i]=data[i][2]
    dt4[i]=data[i][3]
#计算均值
mean1=app.api.WorksheetFunction.Average(dt1)
mean2=app.api.WorksheetFunction.Average(dt2)
mean3=app.api.WorksheetFunction.Average(dt3)
mean4=app.api.WorksheetFunction.Average(dt4)

#绘制柱状图
draw_bar(cht,mean1,1,76,200,132,0.5,False)
draw_bar(cht,mean2,2,76,200,132,0.5,False)
draw_bar(cht,mean3,3,76,200,132,0.5,False)
```

```
draw_bar(cht,mean4,4,76,200,132,0.5,False)

#绘制抖动散点图
draw_rnd_scatter(cht,1,dt1,20,0.5,192,0,0)
draw_rnd_scatter(cht,2,dt2,20,0.5,255,192,0)
draw_rnd_scatter(cht,3,dt3,20,0.5,146,208,80)
draw_rnd_scatter(cht,4,dt4,20,0.5,0,176,80)
```

运行上述代码，生成类似于如图 8-21 所示的图表。

8.4.4 散点箱形图

散点箱形图在箱形图的基础上叠加了抖动散点图。散点箱形图给出了各组数据的分位数和点本身。

【Excel】

用 Excel 可以直接绘制如图 8-22 所示的散点箱形图。该图表中的散点没有抖动，呈直线分布，这是因为它们的横坐标相同。

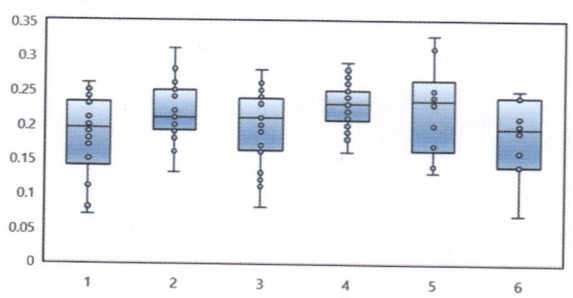

图 8-22　用 Excel 直接绘制的散点箱形图

打开 "Samples\ch08 统计图表\20 散点箱形图\excel.xlsx" 文件。选择单元格区域 B2:B101，单击 "插入" 功能区的 "图表" 区中的 "箱形图" 图标，在弹出的下拉面板中单击 ▥ 图标，生成一个只有一个箱体的箱形图，它是根据选定区域内的所有数据绘制的。

将鼠标指针移动到刚才生成的箱形图的上方并右击，在弹出的快捷菜单中选择 "选择数据" 命令，在弹出的对话框中，单击右侧列表框上方的 "编辑" 按钮，切换到 "轴标签" 对话框。选择单元格区域 C2:C101，单击 "确定" 按钮。继续单击 "确定" 按钮，生成由 6 个箱体组成的简单箱形图。

双击一个箱体，在右侧面板中勾选 "显示内部值点" 复选框，绘制点。图 8-22 所示为创建并编辑后得到的图表。双击一个图表元素，可以用右侧面板中的控件进行编辑。

下面用自定义函数绘制散点箱形图。

打开"Samples\ch08 统计图表\21 散点箱形图-自定义\excel.xlsx"文件。单击"开发工具"功能区中的"Visual Basic"图标，打开 VBA 编程环境。在"插入"菜单中单击"模块"图标，添加一个模块。打开相同路径下的 excel.txt 文件，将该文件中的全部代码复制到模块中。回到工作表，单击 E2 单元格，在公式栏中输入公式"=scatterboxplot(B2:B101, C2:C101)"，按 Enter 键，生成散点箱形图，如图 8-23 所示。

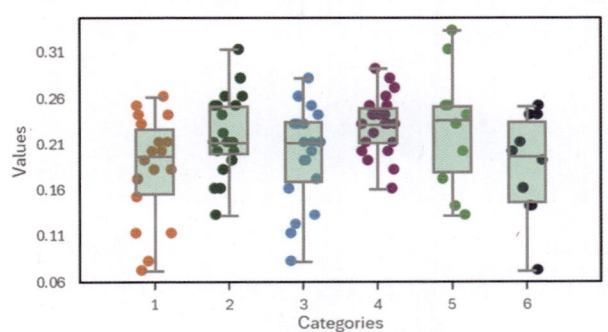

图 8-23   用自定义函数绘制的散点箱形图

【 Python xlwings 】

用 draw_boxplot 函数可以绘制箱形图，用 draw_rnd_scatter 函数可以绘制抖动散点图。下面用这两个函数绘制散点箱形图。完整代码见"Samples\ch08 统计图表\21 散点箱形图-自定义\py.py"文件。

```
root=os.getcwd()                                    #获取当前工作路径
app=xw.App(visible=True,add_book=False)             #创建 Excel 应用
#打开数据文件并返回工作簿对象
wb=app.books.open(root+r'/data.xlsx',read_only=False)
sht=wb.sheets('Sheet1')                             #获取指定工作表

shp=sht.api.Shapes.AddChart2()                      #添加图表
shp.Left=20
cht=shp.Chart                                       #获取图表
cht.ChartType=xw.constants.ChartType.xlXYScatter    #设置图表类型
ax1=cht.Axes(1)                                     #获取横轴
ax2=cht.Axes(2)                                     #获取纵轴
ax1.MinimumScale=0                                  #设置横轴的最小值
ax1.MaximumScale=7
ax2.MinimumScale=0                                  #设置纵轴的最小值
ax2.MaximumScale=0.35
```

```
ax1.CrossesAt=ax1.MinimumScale
ax2.CrossesAt=ax2.MinimumScale

set_style(cht)                        #设置样式

cht.SeriesCollection().NewSeries()    #新建系列

data=sht.range('B2:C101').value
count1=0
count2=0
count3=0
count4=0
count5=0
count6=0
d1=[]
d2=[]
d3=[]
d4=[]
d5=[]
d6=[]
#筛选数据
for i in range(100):
    if data[i][1]==1:
        count1+=1
        d1.append(data[i][0])
    elif data[i][1]== 2:
        count2+=1
        d2.append(data[i][0])
    elif data[i][1]== 3:
        count3+=1
        d3.append(data[i][0])
    elif data[i][1]== 4:
        count4+=1
        d4.append(data[i][0])
    elif data[i][1]== 5:
        count5+=1
        d5.append(data[i][0])
    elif data[i][1]== 6:
        count6+=1
        d6.append(data[i][0])
```

```
#绘制箱形图
draw_boxplot(app,cht,d1,count1,1,76,200,132,0.5,False)
draw_boxplot(app,cht,d2,count2,2,76,200,132,0.5,False)
draw_boxplot(app,cht,d3,count3,3,76,200,132,0.5,False)
draw_boxplot(app,cht,d4,count4,4,76,200,132,0.5,False)
draw_boxplot(app,cht,d5,count5,5,76,200,132,0.5,False)
draw_boxplot(app,cht,d6,count6,6,76,200,132,0.5,False)

#绘制抖动散点图
draw_rnd_scatter(cht,1,d1,count1,0.5,192,0,0)
draw_rnd_scatter(cht,2,d2,count2,0.5,255,192,0)
draw_rnd_scatter(cht,3,d3,count3,0.5,146,208,80)
draw_rnd_scatter(cht,4,d4,count4,0.5,0,176,80)
draw_rnd_scatter(cht,5,d5,count5,0.5, 0,176,240)
draw_rnd_scatter(cht,6,d6,count6,0.5,0,112,192)
```

用 **draw_rnd_scatter** 函数绘制抖动散点图的代码如下。

```
def draw_rnd_scatter(cht,x,y,n,w,r,g,b):
    rd=[]
    for i in range(n):
        rd.append(x-w/2+w*np.random.rand(1)[0])
    for i in range(n):
        bx=shape_x(cht,rd[i])
        by=shape_y(cht,y[i])
        ex=cht.PlotArea.InsideWidth/(cht.Axes(1).MaximumScale- \
        cht.Axes(1).MinimumScale)*0.09
        ey=ex
        shp=cht.Shapes.AddShape(9,bx,by,ex,ey)
        shp.Fill.ForeColor.RGB=xw.utils.rgb_to_int((r,g,b))
        shp.Line.Weight=1
        shp.Line.ForeColor.RGB=xw.utils.rgb_to_int((r,g,b))
```

运行上述代码，生成类似于如图 8-23 所示的图表。

8.5　与概率分布相关的图表

与概率分布相关的图表有很多。本节将介绍 **QQ** 图和 **PP** 图。

8.5.1　QQ 图

QQ 图可以用变量的分位数与所指定分布的分位数的关系曲线检验一元数据是否服从指定分布，也可以用两个一元数据的分位数的关系曲线检验两个是否来自相同分布。如果 QQ 图中的点在对角线附近呈直线分布，那么认为一元数据服从指定分布，或两个样本来自相同分布。QQ 图中的样本用点表示。

【Excel】

打开"Samples\ch08 统计图表\ 22 QQ 图\excel.xlsx"文件。单击"开发工具"功能区中的"Visual Basic"图标，打开 VBA 编程环境。在"插入"菜单中单击"模块"图标，添加一个模块。打开相同路径下的 excel.txt 文件，将该文件中的全部代码复制到模块中。回到工作表，单击 D2 单元格，在公式栏中输入公式"=qqplot(B2:B21)"，按 Enter 键，生成 QQ 图，如图 8-24 所示。

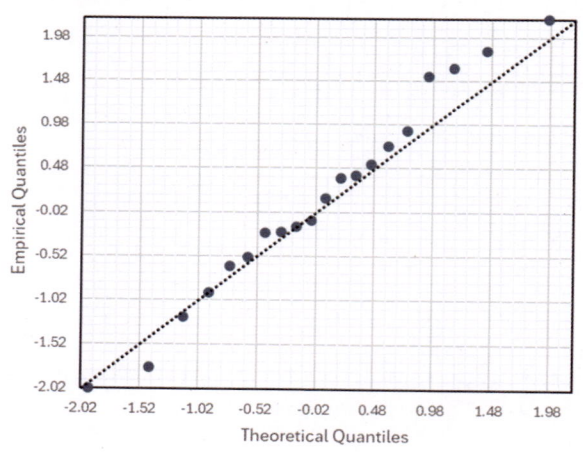

图 8-24　QQ 图

【Python xlwings】

绘制 QQ 图的核心代码如下。完整代码见"Samples\ch08 统计图表\22 QQ 图\py.py"文件。其重点在于理论分位数和经验分位数的计算，二者的计算结果用于绘制 QQ 图中的点。

```
root=os.getcwd()                                    #获取当前工作路径
app=xw.App(visible=True,add_book=False)             #创建 Excel 应用
#打开数据文件并返回工作簿对象
wb=app.books.open(root+r'/data.xlsx',read_only=False)
sht=wb.sheets('Sheet1')                             #获取指定工作表
```

```
data=sht.range('B2:B21').value
sorted_data=sort_array(data,20)

shp=sht.api.Shapes.AddChart2()                          #添加图表
shp.Left=20
cht=shp.Chart                                           #获取图表
cht.SetSourceData(Source=sht.api.Range('B2:B21'))
cht.ChartType=xw.constants.ChartType.xlXYScatter        #设置图表类型
ax1=cht.Axes(1)                                         #获取横轴
ax2=cht.Axes(2)                                         #获取纵轴
ax1.MinimumScale=sorted_data[0]                         #设置横轴的最小值
ax1.MaximumScale=sorted_data[19]
ax2.MinimumScale=sorted_data[0]                         #设置纵轴的最小值
ax2.MaximumScale=sorted_data[19]
ax1.CrossesAt=sorted_data[0]
ax2.CrossesAt=sorted_data[0]

set_style(cht)                                          #设置样式

tq=[0 for _ in range(20)]
eq=[0 for _ in range(20)]
#计算理论分位数
tq=tquantile(app,sorted_data)
#计算经验分位数
eq=equantile(sorted_data)

#绘制QQ图
cht.SeriesCollection().NewSeries()                      #新建系列
cht.SeriesCollection(1).XValues=tq
cht.SeriesCollection(1).Values=eq
cht.Axes(1,1).HasTitle=True
cht.Axes(1,1).AxisTitle.Text='Theoretical Quantiles'
cht.Axes(2,1).HasTitle=True
cht.Axes(2,1).AxisTitle.Text='Empirical Quantiles'

#绘制对角线
bx=shape_x(cht,sorted_data[0])
by=shape_y(cht,sorted_data[0])
ex=shape_x(cht,sorted_data[19])
ey=shape_y(cht,sorted_data[19])
```

```
shp2=cht.Shapes.AddLine(bx,by,ex,ey)
shp2.Line.DashStyle=1
shp2.Line.ForeColor.RGB=xw.utils.rgb_to_int((0,0,0))
shp2.Line.Weight=1
```

下面用 **sort_array** 函数使用冒泡排序法对指定数据进行排序。排序后的数据即经验分位数。

```
def sort_array(data,n):
    #使用冒泡排序法对指定数据进行排序
    for i in range(n):
        for j in range(i,n):
            if data[i]>data[j]:
                temp=data[i]
                data[i]=data[j]
                data[j]=temp
    return data
```

下面用 **tquantile** 函数计算理论分位数。这里用 Norm_S_Inv 函数计算分位数，假设理论分布为标准正态分布。

```
def tquantile(app,sorted_data):
    #计算理论分位数（假设使用标准正态分布的分位数）
    length=len(sorted_data)
    q=[0 for _ in range(length)]
    for i in range(length):
        q[i]=app.api.WorksheetFunction.Norm_S_Inv((i+1-0.5)/length)
    return q
```

下面用 **equantile** 函数计算经验分位数。

```
def equantile(sorted_data):
    #计算经验分位数
    #对于 QQ 图，排序后的数据即经验分位数
    return sorted_data
```

运行上述代码，生成类似于如图 8-24 所示的图表。该图表中用经验分位数和理论分位数绘制点，并绘制绘图区的对角线（从左下角到右上角的连线）。因为点被分布在对角线附近，所以认为数据服从正态分布。

8.5.2 PP 图

PP 图可以用变量的经验累积概率与所指定分布的理论累积概率的关系曲线检验一元数据是否服从指定分布，也可以用两个一元数据的分位数的关系曲线检验两个样

本是否来自相同分布。如果 PP 图中的点在对角线附近呈直线分布，那么认为一元数据服从指定分布，或两个样本来自相同分布。

【Excel】

　　打开"Samples\ch08 统计图表\ 23 PP 图\excel.xlsx"文件。单击"开发工具"功能区中的"Visual Basic"图标，打开 VBA 编程环境。在"插入"菜单中单击"模块"图标，添加一个模块。打开相同路径下的 excel.txt 文件，将该文件中的全部代码复制到模块中。回到工作表，单击 D2 单元格，在公式栏中输入公式"=ppplot(B2:B21)"，按 Enter 键，生成 PP 图，如图 8-25 所示。

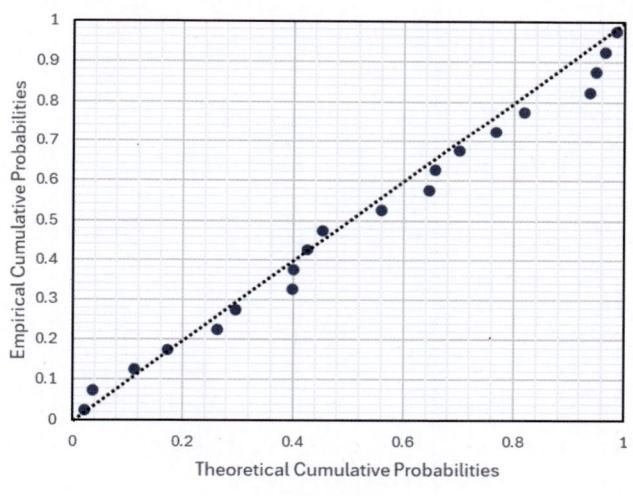

图 8-25　PP 图

【Python xlwings】

　　绘制 PP 图的核心代码如下。完整代码见"Samples\ch08 统计图表\23 PP 图\py.py"文件。其重点在于理论累积概率和经验累积概率的计算，二者的计算结果用于绘制 PP 图中的点。

```
root=os.getcwd()                                    #获取当前工作路径
app=xw.App(visible=True,add_book=False)             #创建 Excel 应用
#打开数据文件并返回工作簿对象
wb=app.books.open(root+r'/data.xlsx',read_only=False)
sht=wb.sheets('Sheet1')                             #获取指定工作表
data=sht.range('B2:B21').value                      #获取数据
sorted_data=sort_array(data,20)

shp=sht.api.Shapes.AddChart2()                      #添加图表
```

```
shp.Left=20
cht=shp.Chart                                          #获取图表
cht.SetSourceData(Source=sht.api.Range('B2:B21'))
cht.ChartType=xw.constants.ChartType.xlXYScatter       #设置图表类型
ax1=cht.Axes(1)                                        #获取横轴
ax2=cht.Axes(2)                                        #获取纵轴
ax1.MinimumScale=0                                     #设置横轴的最小值
ax1.MaximumScale=1
ax2.MinimumScale=0                                     #设置纵轴的最小值
ax2.MaximumScale=1
ax1.CrossesAt=0
ax2.CrossesAt=0


set_style(cht)                                         #设置样式


tp=[0 for _ in range(20)]
ep=[0 for _ in range(20)]
#计算理论累积概率
tp=tprob(app,sorted_data)
#计算经验累积概率
ep=eprob(sorted_data)

#绘制 PP 图
cht.SeriesCollection().NewSeries()                     #新建系列
cht.SeriesCollection(1).XValues=tp
cht.SeriesCollection(1).Values=ep
cht.Axes(1,1).HasTitle=True
cht.Axes(1,1).AxisTitle.Text='Theoretical Cumulative Probabilities'
cht.Axes(2,1).HasTitle=True
cht.Axes(2,1).AxisTitle.Text='Empirical Cumulative Probabilities'

#绘制对角线
bx=shape_x(cht,0)
by=shape_y(cht,0)
ex=shape_x(cht,1)
ey=shape_y(cht,1)
shp2=cht.Shapes.AddLine(bx,by,ex,ey)
shp2.Line.DashStyle=1
shp2.Line.ForeColor.RGB=xw.utils.rgb_to_int((0,0,0))
shp2.Line.Weight=1
```

sort_array 函数使用冒泡排序法对指定数据进行排序。

下面用 tprob 函数计算理论累积概率。这里使用 Norm_S_Dist 函数计算理论累积概率，假设理论分布为标准正态分布。

```
def tprob(app,sorted_data):
    #计算理论累积概率（假设使用标准正态分布的累积概率）
    length=len(sorted_data)
    tp=[0 for _ in range(length)]
    for i in range(length):
        tp[i]=app.api.WorksheetFunction.Norm_S_Dist(sorted_data[i],True)
    return tp
```

下面用 eprob 函数计算经验累积概率。

```
def eprob(sorted_data):
    #计算经验累积概率
    length=len(sorted_data)
    ep=[0 for _ in range(length)]
    for i in range(length):
        ep[i]=(i+1-0.5)/length
    return ep
```

运行上述代码，生成类似于如图 8-25 所示的图表。该图表中用理论累积概率和经验累积概率绘制点，并绘制对角线。因为点被分布在对角线附近，所以认为数据服从正态分布。

8.6　均值比较

本节将介绍假设检验和方差分析中可能遇到的数据可视化方法。假设检验讨论一个总体和两个总体的均值比较问题，方差分析则讨论多个总体的均值比较问题。如果样本满足参数分析的要求，如满足正态性、方差齐性等要求，那么使用参数分析方法；如果样本不满足参数分析的要求，那么使用非参数分析方法。

8.6.1　配对图

配对图可以有不同的样式。在如图 8-26 所示的配对图中有很多线段，它们是由两个样本中的配对点相连得到的。使用配对图可以用图形直观地表现两个样本中个别数据之间和总体数据之间的差异情况。

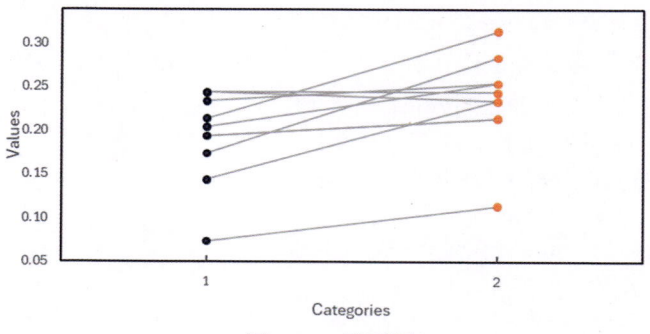

图 8-26　配对图

【Excel】

打开 "Samples\ch08 统计图表\ 24 配对图\excel.xlsx" 文件。单击 "开发工具" 功能区中的 "Visual Basic" 图标，打开 VBA 编程环境。在 "插入" 菜单中单击 "模块" 图标，添加一个模块。打开相同路径下的 excel.txt 文件，将该文件中的全部代码复制到模块中。回到工作表，单击 E2 单元格，在公式栏中输入公式 "=pair(B2:B11,C2:C11)"，按 Enter 键，生成配对图，如图 8-26 所示。

【Python xlwings】

要用 Python xlwings 绘制配对图，应先通过筛选得到两组数据，然后绘制两组数据中配对点的连线，最后绘制左侧和右侧的点。完整代码见 "Samples\ch08 统计图表\ 24 配对图\py.py" 文件。

```
root=os.getcwd()                                #获取当前工作路径
app=xw.App(visible=True,add_book=False)         #创建 Excel 应用
#打开数据文件并返回工作簿对象
wb=app.books.open(root+r'/data.xlsx',read_only=False)
sht=wb.sheets('Sheet1')                         #获取指定工作表

shp=sht.api.Shapes.AddChart2()                  #添加图表
shp.Left=20
cht=shp.Chart                                   #获取图表
cht.ChartType=xw.constants.ChartType.xlXYScatter   #设置图表类型
ax1=cht.Axes(1)                                 #获取横轴
ax2=cht.Axes(2)                                 #获取纵轴
ax1.MinimumScale=0                              #设置横轴的最小值
ax1.MaximumScale=3
ax2.MinimumScale=0                              #设置纵轴的最小值
ax2.MaximumScale=0.35
```

```
set_style(cht)                          #设置样式

cht.SeriesCollection().NewSeries()      #新建系列

data=sht.range('A2:B21').value          #获取数据
count1=0
count2=0
d1=[]
d2=[]
#筛选数据
for i in range(20):
    if data[i][1]==1:
        count1+=1
        d1.append(data[i][0])
    elif data[i][1]== 2:
        count2+=1
        d2.append(data[i][0])

#绘制配对点的连线
for i in range(10):
    bx=shape_x(cht,1)
    ex=shape_x(cht,2)
    by=shape_y(cht,d1[i])
    ey=shape_y(cht,d2[i])
    shp=cht.Shapes.AddLine(bx,by,ex,ey)
    shp.Line.Weight=1
    shp.Line.ForeColor.RGB=xw.utils.rgb_to_int((180,180,180))

#绘制左侧的点
for i in range(10):
    bx=shape_x(cht,1)
    by=shape_y(cht,d1[i])
    ex=cht.PlotArea.InsideWidth/(cht.Axes(1).MaximumScale-\
    cht.Axes(1).MinimumScale)*0.02
    ey=ex
    shp2=cht.Shapes.AddShape(9,bx,by,ex,ey)

#绘制右侧的点
for i in range(10):
```

```
bx=shape_x(cht,2)
by=shape_y(cht,d2[i])
ex=cht.PlotArea.InsideWidth/(cht.Axes(1).MaximumScale-\
cht.Axes(1).MinimumScale)*0.02
ey=ex
shp3=cht.Shapes.AddShape(1,bx,by,ex,ey)
shp3.Fill.ForeColor.RGB=xw.utils.rgb_to_int((255,128,0))
shp3.Line.ForeColor.RGB=xw.utils.rgb_to_int((255,128,0))
```

运行上述代码，生成类似于如图 8-26 所示的图表。

8.6.2 箱形图叠加配对图

在进行两个样本的均值比较时，常常绘制两个样本的箱形图，用于表现两组数据的整体差异。箱形图叠加配对图，用于表现数据的变化情况。

【Excel】

打开"Samples\ch08 统计图表\25 箱形图叠加配对图\excel.xlsx"文件。单击"开发工具"功能区中的"Visual Basic"图标，打开 VBA 编程环境。在"插入"菜单中单击"模块"图标，添加一个模块。打开相同路径下的 excel.txt 文件，将该文件中的全部代码复制到模块中。回到工作表，单击 E2 单元格，在公式栏中输入公式"=boxpair(B2:B11,C2:C11)"，按 Enter 键，生成箱形图叠加配对图，如图 8-27 所示。

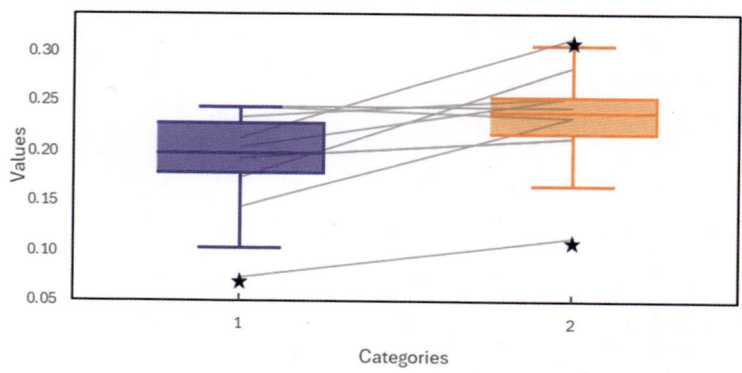

图 8-27　箱形图叠加配对图

【Python xlwings】

要用 Python xlwings 绘制箱形图叠加配对图，应先通过筛选得到两组数据，然后绘制两组数据中配对点的连线，最后绘制箱形图。完整代码见"Samples\ch08 统计图表\25 箱形图叠加配对图\py.py"文件。

```
root=os.getcwd()                                      #获取当前工作路径
app=xw.App(visible=True,add_book=False)               #创建 Excel 应用
#打开数据文件并返回工作簿对象
wb=app.books.open(root+r'/data.xlsx',read_only=False)
sht=wb.sheets('Sheet1')                               #获取指定工作表

shp=sht.api.Shapes.AddChart2()                        #添加图表
shp.Left=20
cht=shp.Chart                                         #获取图表
cht.ChartType=xw.constants.ChartType.xlXYScatter      #设置图表类型
ax1=cht.Axes(1)                                       #获取横轴
ax2=cht.Axes(2)                                       #获取纵轴
ax1.MinimumScale=0                                    #设置横轴的最小值
ax1.MaximumScale=3
ax2.MinimumScale=0                                    #设置纵轴的最小值
ax2.MaximumScale=0.35
ax1.CrossesAt=ax1.MinimumScale
ax2.CrossesAt=ax2.MinimumScale

set_style(cht)                                        #设置样式

cht.SeriesCollection().NewSeries()                    #新建系列

data=sht.range('A2:B21').value                        #获取数据
count1=0
count2=0
d1=[]
d2=[]
#筛选数据
for i in range(20):
    if data[i][1]==1:
        count1+=1
        d1.append(data[i][0])
    elif data[i][1]== 2:
        count2+=1
        d2.append(data[i][0])

#绘制配对点的连线
for i in range(10):
    bx=shape_x(cht,1)
```

```
ex=shape_x(cht,2)
by=shape_y(cht,d1[i])
ey=shape_y(cht,d2[i])
shp=cht.Shapes.AddLine(bx,by,ex,ey)
shp.Line.Weight=1
shp.Line.ForeColor.RGB=xw.utils.rgb_to_int((180,180,180))

#绘制箱形图
draw_boxplot(app,cht,d1,count1,1,0,0,255,0.5,False)
draw_boxplot(app,cht,d2,count2,2,255,128,0,0.5,False)
```

运行上述代码，生成类似于如图 8-27 所示的图表。

8.6.3 误差柱状图叠加配对图

误差柱状图叠加配对图用误差柱状图表现两组数据的整体差异，用配对图表现各配对个体之间的差异。

【Excel】

打开 "Samples\ch08 统计图表\26 误差柱状图叠加配对图\excel.xlsx" 文件。单击"开发工具"功能区中的"Visual Basic"图标，打开 VBA 编程环境。在"插入"菜单中单击"模块"图标，添加一个模块。打开相同路径下的 excel.txt 文件，将该文件中的全部代码复制到模块中。回到工作表，单击 E2 单元格，在公式栏中输入公式 "=errorbarpair(B2:B11,C2:C11)"，按 Enter 键，生成误差柱状图叠加配对图，如图 8-28 所示。

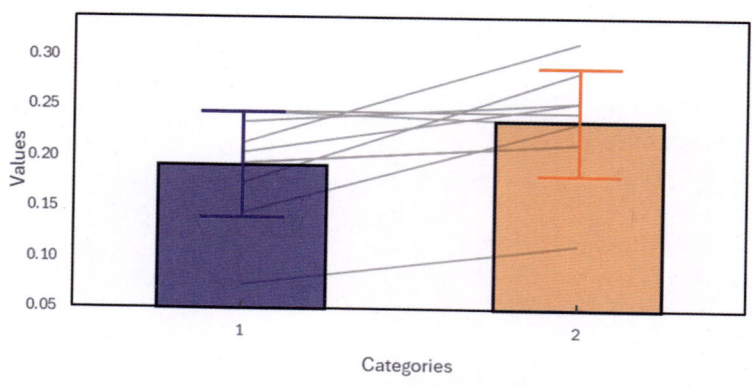

图 8-28　误差柱状图叠加配对图

【Python xlwings】

下面用 Python xlwings 绘制误差柱状图叠加配对图。完整代码见 "Samples\ch08 统计图表\26 误差柱状图叠加配对图\py.py"文件。

```
root=os.getcwd()                                   #获取当前工作路径
app=xw.App(visible=True,add_book=False)            #创建 Excel 应用
#打开数据文件并返回工作簿对象
wb=app.books.open(root+r'/data.xlsx',read_only=False)
sht=wb.sheets('Sheet1')                            #获取指定工作表

shp=sht.api.Shapes.AddChart2()                     #添加图表
shp.Left=20
cht=shp.Chart                                      #获取图表
cht.ChartType=xw.constants.ChartType.xlXYScatter   #设置图表类型
ax1=cht.Axes(1)                                    #获取横轴
ax2=cht.Axes(2)                                    #获取纵轴
ax1.MinimumScale=0                                 #设置横轴的最小值
ax1.MaximumScale=3
ax2.MinimumScale=0                                 #设置纵轴的最小值
ax2.MaximumScale=0.35

set_style(cht)                                     #设置样式

cht.SeriesCollection().NewSeries()                 #新建系列

data=sht.range('A2:B21').value                     #获取数据
count1=0
count2=0
d1=[]
d2=[]
#筛选数据
for i in range(20):
    if data[i][1]==1:
        count1+=1
        d1.append(data[i][0])
    elif data[i][1]== 2:
        count2+=1
        d2.append(data[i][0])
mean1=app.api.WorksheetFunction.Average(d1)
mean2=app.api.WorksheetFunction.Average(d2)

#绘制误差柱状图
std1=app.api.WorksheetFunction.StDev(d1)
```

```
std2=app.api.WorksheetFunction.StDev(d2)
draw_bar(cht,mean1,1,0,0,255,0.5,False)
draw_bar(cht,mean2,2,255,128,0,0.5,False)
draw_error(cht,mean1,std1,std1,1,0,0,255)
draw_error(cht,mean2,std2,std2,2,255,128,0)

#绘制配对图
for i in range(10):
    bx=shape_x(cht,1)
    ex=shape_x(cht,2)
    by=shape_y(cht,d1[i])
    ey=shape_y(cht,d2[i])
    shp=cht.Shapes.AddLine(bx,by,ex,ey)
    shp.Line.Weight=1
    shp.Line.ForeColor.RGB=xw.utils.rgb_to_int((180,180,180))
```
运行上述代码，生成类似于如图 8-28 所示的图表。

8.6.4　误差柱状图标注检验显著性

在进行假设检验或方差分析时，常常绘制误差柱状图、散点柱状图和箱形图等，用于比较各组数据，此时常常将均值比较的结果（包括假设检验的结果和方差分析多重比较的结果）显示在图表中，一般用"*"表示在 5%水平上显著，用"**"表示在 1%水平上显著。

【Excel】

先参照 8.4.2 节介绍的方法绘制误差柱状图，然后添加标注线和文本即可。

【Python xlwings】

下面先绘制误差柱状图，然后添加标注线和文本。完整代码见"Samples\ch08 统计图表\27 误差柱状图标注检验显著性\py.py"文件。

```
root=os.getcwd()                                    #获取当前工作路径
app=xw.App(visible=True,add_book=False)             #创建 Excel 应用
#打开数据文件并返回工作簿对象
wb=app.books.open(root+r'/data.xlsx',read_only=False)
sht=wb.sheets('Sheet1')                             #获取指定工作表

shp=sht.api.Shapes.AddChart2()                      #添加图表
shp.Left=20
cht=shp.Chart                                       #获取图表
cht.ChartType=xw.constants.ChartType.xlXYScatter    #设置图表类型
```

```
ax1=cht.Axes(1)                              #获取横轴
ax2=cht.Axes(2)                              #获取纵轴
ax1.MinimumScale=0                           #设置横轴的最小值
ax1.MaximumScale=3
ax2.MinimumScale=0                           #设置纵轴的最小值
ax2.MaximumScale=0.4


set_style(cht)                               #设置样式


cht.SeriesCollection().NewSeries()           #新建系列


data=sht.range('A2:B21').value               #获取数据
count1=0
count2=0
d1=[]
d2=[]
#筛选数据
for i in range(20):
    if data[i][1]==1:
        count1+=1
        d1.append(data[i][0])
    elif data[i][1]== 2:
        count2+=1
        d2.append(data[i][0])
mean1=app.api.WorksheetFunction.Average(d1)
mean2=app.api.WorksheetFunction.Average(d2)


#绘制误差柱状图
std1=app.api.WorksheetFunction.StDev(d1)
std2=app.api.WorksheetFunction.StDev(d2)
draw_bar(cht,mean1,1,0,0,255,0.5,False)
draw_bar(cht,mean2,2,255,128,0,0.5,False)
draw_error(cht,mean1,std1,std1,1,0,0,255)
draw_error(cht,mean2,std2,std2,2,255,128,0)


#添加标注线和文本
bx=shape_x(cht,1)
ex=shape_x(cht,2)
by=shape_y(cht,0.35)
ey=shape_y(cht,0.35)
```

```
shp2=cht.Shapes.AddLine(bx,by,ex,ey)
shp2.Line.Weight=1
shp2.Line.ForeColor.RGB=xw.utils.rgb_to_int((100,100,100))
bx=shape_x(cht,1)
ex=shape_x(cht,1)
by=shape_y(cht,0.35)
ey=shape_y(cht,0.27)
shp3=cht.Shapes.AddLine(bx,by,ex,ey)
shp3.Line.Weight=1
shp3.Line.ForeColor.RGB=xw.utils.rgb_to_int((100,100,100))
bx=shape_x(cht,2)
ex=shape_x(cht,2)
by=shape_y(cht,0.35)
ey=shape_y(cht,0.32)
shp4=cht.Shapes.AddLine(bx,by,ex,ey)
shp4.Line.Weight=1
shp4.Line.ForeColor.RGB=xw.utils.rgb_to_int((100,100,100))
bx=shape_x(cht,1.4)
by=shape_y(cht,0.39)
ex=cht.PlotArea.InsideWidth/(cht.Axes(1).MaximumScale-cht.Axes(1).
MinimumScale)*1
ey=cht.PlotArea.InsideHeight/(cht.Axes(2).MaximumScale-cht.Axes(2).
MinimumScale)*0.03
shp5=cht.Shapes.AddLabel(1,bx,by,ex,ey)
shp5.TextFrame2.TextRange.Characters.Text='**'
shp5.TextFrame2.TextRange.Characters.Font.Size=10
```

运行上述代码，生成如图 8-29 所示的图表。

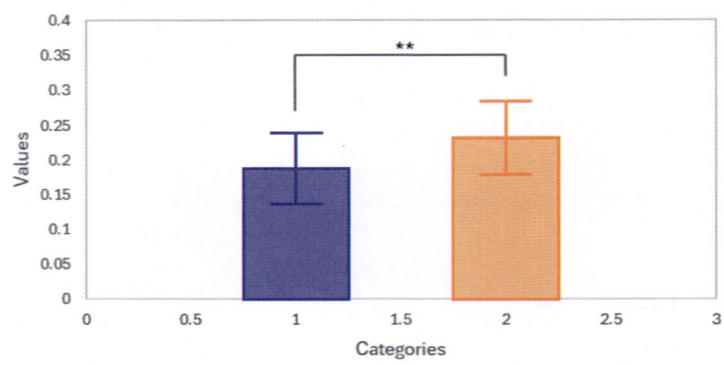

图 8-29　误差柱状图标注检验显著性

第 9 章

用 VBA 和 C#绘制 Excel 图表

　　第 8 章介绍了基于 Python xlwings 用 Excel 图形引擎绘图的方法。实际上，Python xlwings 是对 Excel 对象模型的二次封装，二者本质上是一样的。本章主要结合示例介绍用 VBA 和 C#绘制 Excel 图表的方法。

9.1　用 VBA 绘制 Excel 图表

传统上来说，Excel 使用内置的 VBA 结合 Excel 对象模型实现数据的自动化处理。本节将介绍如何用 VBA 绘制 Excel 图表。用 VBA 绘制 Excel 图表的方法与第 2～8 章介绍的方法基本相同。

9.1.1　用 VBA 创建 Excel 图表

3.2 节介绍了用 Python xlwings 创建图表的方法，可以用 ChartObjects 对象、Shapes 对象等提供的方法创建图表。下面用 Shapes 对象的 AddChart2 方法创建复合柱状图。

```
Sub CreateCharts()
    ActiveSheet.Range("A1").CurrentRegion.Select
    ActiveSheet.Shapes.AddChart2 -1, xlColumnClustered, 30, 150, 300, 200, True
End Sub
```

运行上述代码，生成如图 3-3 所示的图表。读者可以自行对比 VBA 和 Python xlwings 语法的区别。

9.1.2　用 VBA 美化 Excel 图表

4.3.5 节介绍了如何使用颜色查找表对简单柱状图进行整体渲染，这里用 VBA 实现。其实现原理与前面介绍的相同。实现效果如图 9-1 所示。

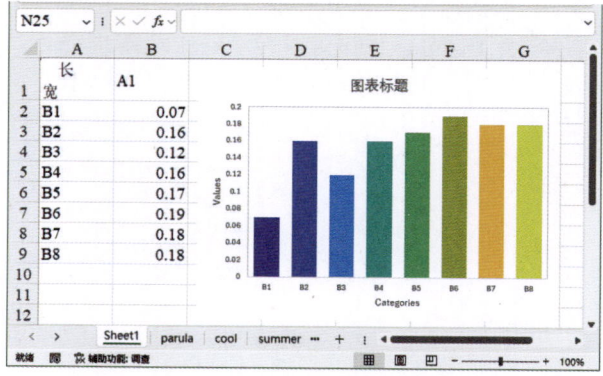

图 9-1　实现效果

下面列出部分实现代码。完整代码见 "Samples\ch09 用 VBA 和 C#绘制 Excel 图表\VBA\02 美化 Excel 图表\vba.xlsm" 文件。

```
Sub CreateChart()
    Dim cht As Chart
```

```
ActiveWorkbook.Sheets("Sheet1").Range("A2:B9").Select      '选择绘图数据
Set cht=ActiveWorkbook.Sheets("Sheet1").Shapes.AddChart2(-1, _
        xlColumnClustered, 200, 20, 350, 250, True).Chart      '添加图表
cht.ChartGroups(1).GapWidth=50      '修改分组之间的距离

'导入颜色查找表
Dim intI As Integer
Dim intR As Integer
Dim intG As Integer
Dim intB As Integer
Dim dblW As Double
Dim Count As Integer
Dim cm()
cm=ActiveWorkbook.Sheets("parula").Range("A1:C256").Value

'根据序号从颜色查找表中获取颜色，逐一修改各柱面的颜色
For intI=1 To 8
  dblW=intI / 8
  If CInt(dblW * 256)=0 Then      '如果序号为 0，那么将其改为 1
    Count=1
    intR=cm(1, 1)
    intG=cm(1, 2)
    intB=cm(1, 3)
  Else
    Count=CInt(dblW * 256)
    intR=cm(Count, 1)
    intG=cm(Count, 2)
    intB=cm(Count, 3)
  End If
  cht.SeriesCollection(1).Points(intI).Format.Fill. _
        ForeColor.RGB=RGB(intR, intG, intB)
Next

  SetStyle cht      '设置图表样式
End Sub
```

9.1.3　用 VBA 创建新图表

第 5 章介绍了创建新图表的方法，可以用基本图形元素搭建新图表，也可以修改已有图表创建新图表，还可以组合已有图表创建新图表。

下面用 VBA 实现 5.4 节的示例，在图表中用渐变色填充两条线之间的区域，如图 9-2 所示。

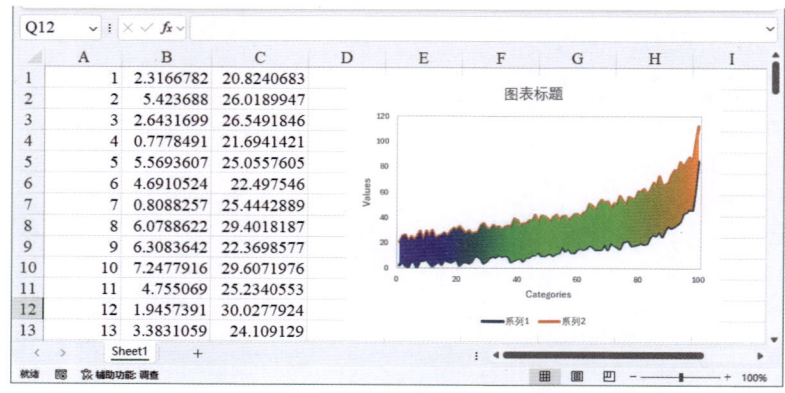

图 9-2　用渐变色填充两条线之间的区域

下面列出部分实现代码。完整代码见 "Samples\ch09 用 VBA 和 C#绘制 Excel 图表\VBA\ 03 创建新图表\vba.xlsm" 文件。

```vba
Sub CreateChart()
  Dim cht As Chart
  ActiveSheet.Range("A1:C100").Select                      '获取数据
  Set cht=ActiveSheet.Shapes.AddChart2(-1, _xlXYScatterLinesNoMarkers,
300, 20, 350, 250, True).Chart                             '绘制复合线形图
  cht.SeriesCollection(1).Format.Line.Weight=3             '设置系列 1 的线宽
  cht.SeriesCollection(2).Format.Line.Weight=3             '设置系列 2 的线宽

  '设置横轴与纵轴的最小值和最大值
  cht.Axes(1).MinimumScale=0
  cht.Axes(1).MaximumScale=101
  cht.Axes(2).MinimumScale=0
  cht.Axes(2).MaximumScale=120

  SetStyle cht       '设置图表样式

  Dim lngI As Long
  Dim data
  data=Range("A1:C100").Value      '获取数据

  '绘制两条线之间的区域
  Dim sngP(1 To 201, 1 To 2) As Single
```

```vba
'构造多边形面，顶点按逆时针方向排列
For lngI=1 To 100
  sngP(lngI, 1)=ShapeX(cht, 100 - lngI + 1)
  sngP(lngI, 2)=ShapeY(cht, CDbl(data(100 - lngI + 1, 2)))
Next
For lngI=101 To 200
  sngP(lngI, 1)=ShapeX(cht, lngI - 100)
  sngP(lngI, 2)=ShapeY(cht, CDbl(data(lngI - 100, 3)))
Next
sngP(201, 1)=sngP(1, 1)
sngP(201, 2)=sngP(1, 2)
Dim shp As Shape
Set shp=cht.Shapes.AddPolyline(sngP)
shp.Fill.ForeColor.RGB=RGB(0, 0, 255)      '水平向多色渐变色填充
shp.Fill.OneColorGradient msoGradientVertical, 1, 1
shp.Fill.GradientStops.Insert RGB(0, 255, 0), 0.5
shp.Fill.GradientStops.Delete 2
shp.Fill.GradientStops.Insert RGB(255, 128, 0), 1

shp.Line.Visible=False         '隐藏边线
End Sub
```

9.2　用 C# 绘制 Excel 图表

在前面的章节中已经探讨了如何用 Python 和 VBA 操作 Excel 对象模型，创建丰富而复杂的图表。然而在某些特定场景下，可能无法用 Excel。例如，在仅能用 WPS 表格，或需要在 macOS 或 Linux 等其他操作系统上操作，又或需要在其他程序中生成包含图表的 Excel 报告等情况下，仅掌握 Python xlwings 和 VBA 的绘图方法可能不足以应对需求。此时，用 .NET 语言（尤其是 C#）将是一个理想的选择。

9.2.1　用 C# 绘制 Excel 和 WPS 表格图表

学习一门新语言并非难事，尤其是在有特定场景需求的小功能的实现方面。如果读者有 Python xlwings 或 VBA 编程基础，且熟悉 Excel 对象模型，特别是本书涉及的图表模型，那么使用一门新语言来操控 Excel 模型对象并不难，其中只存在一些小的语法差异。

当前，通过编程实现 Excel 及其图表的自动化操作主要依赖两种技术：COM 接口

编程与基于 XML 的 Office OpenXML 编程。前者需要在本机上安装 Excel 或 WPS 表格，而后者则不依赖 Office 环境，其核心是对 XML 文件进行读写。

选择用 C#处理 Excel 图表是因为它是微软的原生语言，在 Excel 的 COM 接口编程方面能够完全使用 Excel 对象模型，几乎不存在兼容性问题。同时，在 Office OpenXML 编程方面，微软提供了 DocumentFormat.OpenXml 库和 EPPlus 库，这些都是处理 Excel 文件的强大工具。

在 WPS 表格中，可以通过新兴的 JSA 语言或安装独立的 VBA 模块来实现图表自动化。然而，由于 WPS 表格在图表 VBA 接口的兼容性上存在限制且伴随着诸多不容忽视的 Bug，因此推荐在无 Excel 环境及跨平台场景中优先使用 Office OpenXML 编程。

本章将重点探讨如何使用 Office OpenXML 编程实现 Excel 图表的自动化操作。而对于 COM 接口编程，因其与 VBA 中的 Excel 图表的自动化操作几乎一致，仅存在语法差异，故只简要提及。

图表对象模型与广为人知的单元格区域、工作表和工作簿等有所不同，关于其属性和方法大家可能较为陌生。从零开始使用编程技术创建一个 Excel 图表可能不划算，建议对图表对象进行抽象处理，将其分解为数据层和视图层。数据层主要由编程语言驱动，而视图层则可以通过界面操作快速生成所需图表并进行属性的微调，以达到预期效果。在通过编程修改图表引用的数据后，图表的视图层将被自动更新，从而生成最终所需的图表。因此，在接下来的内容中，将专注于讨论如何使用 C#更新图表数据系列。其余部分可通过界面操作完成并被保存为图表模板，以便重复使用，这样可以最大化模板的效用。

9.2.2　用 C#调用 COM 接口实现 Excel 图表的自动化

用 C#调用 COM 接口是一种有效的实现 Excel 图表自动化的方法。笔者曾开发了一款名为 EasyShu 的图表插件，其核心技术便是用 C#调用 COM 接口绘制 Excel 图表。本节的部分核心代码均源于 EasyShu 的源码。

为了便于读者理解，此处不以图表插件的方式来实现，仅以简单的控制台程序来实现，具体步骤如下。

安装并打开 Visual Studio 之后，单击"创建新项目"按钮，在打开的"创建新项目"窗口中选择"控制台应用（.NET Framework）"模板，单击"下一步"按钮，如图 9-3 所示。

在"配置新项目"窗口中输入项目名称及解决方案名称等，单击"创建"按钮，即可成功创建一个新项目。

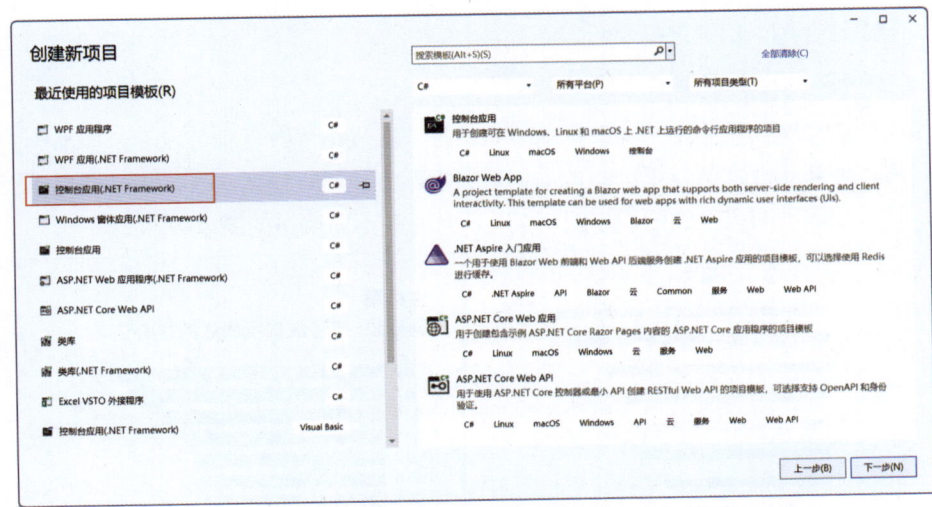

图 9-3　创建新项目

需要为该项目添加 Excel 的 COM 引用。在解决方案资源管理器中找到并右击当前项目中的"引用"选项，在弹出的快捷菜单中选择"添加引用"命令，在弹出的对话框中选择左侧的"程序集"→"扩展"选项，勾选右侧的"Microsoft.Office.Interop.Excel"复选框，单击"确定"按钮，如图 9-4 所示。添加 Excel 的 COM 引用后，可以在代码中导入相应的命名空间，并用 C# 调用 COM 接口以自动化 Excel 图表。

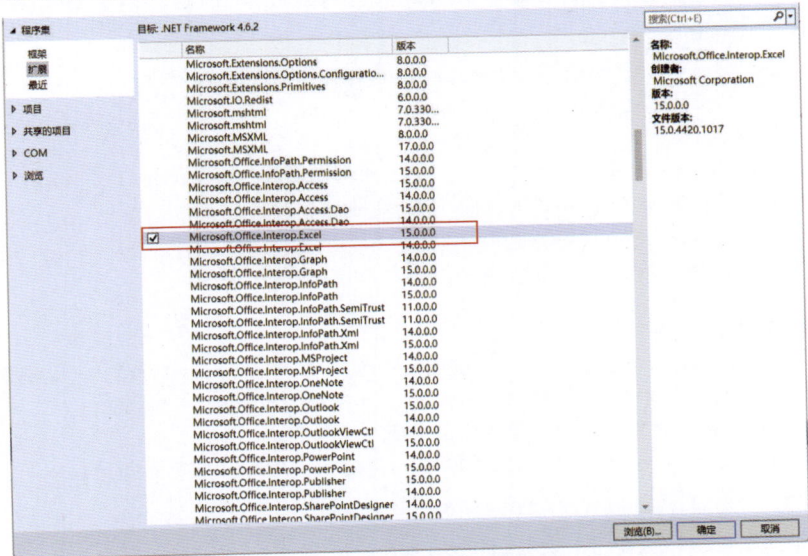

图 9-4　添加 Excel 的 COM 引用

下面结合两个示例进行介绍。

【例 1】 简单条形图的绘制

简单条形图用于表现一组数据的分布特征。图表中的数据标签仅显示当前绘图数据，如果更新了数据源，那么会自动刷新数据标签。通过使用图表模板并调整界面选项，可以生成不同风格的图表。图 9-5 所示为两种不同风格的简单条形图。

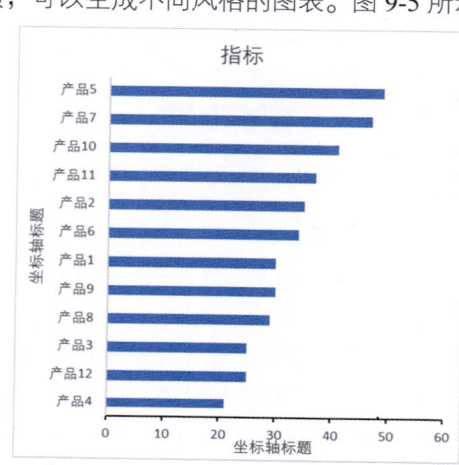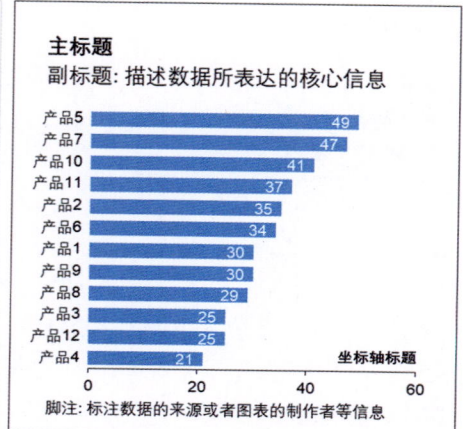

图 9-5　两种不同风格的简单条形图

这里将模板中的数据替换成真实的图表的数据源。下面是具体的 C#的实现代码，其中添加了详细的注释。

```
private static void UpdateOneSeriesBarChart(Excel.Application excelApp,
string templateFilePath, string saveFilePath)
{
    Excel.Workbook wkb=excelApp.Workbooks.Open(templateFilePath);
    Excel.Worksheet sht=wkb.Worksheets[1];
    Excel.Chart cht=sht.ChartObjects(1).Chart;
    Excel.Series ser=cht.SeriesCollection(1);

    //图表的数据源
    var xValues=new string[] { "美国", "英国", "法国", "印度", "马来西亚",
        "菲律宾", "日本", "意大利", "德国", "瑞士", "韩国", "越南",
        "澳大利亚", "伊朗", "加拿大", "巴西" };
    var values=new double[] { 500, 350, 278, 222, 220, 195, 128,
        128, 102, 91, 90, 30, 27, 27, 10, 7 };

    // 用C#中的 linq 对数据进行处理，将数据用 Zip 函数合并，并按 values 的值排序
    var sortedPairs=xValues.Zip(values, (x, v) => (XValue: x, Value: v))
```

```
                    .OrderByDescending(pair => pair.Value)
                    .ToArray();

    // 解构排序后的数组
    var sortedXValues=sortedPairs.Select(pair => pair.XValue).ToArray();
    var sortedValues=sortedPairs.Select(pair => pair.Value).ToArray();

    ser.XValues=sortedXValues;
    ser.Values=sortedValues;
    ser.Name="国家";

    Excel.Axis axesY=cht.Axes(Excel.XlAxisType.xlCategory, Excel.XlAxisGroup.
xlPrimary);
    axesY.AxisTitle.Text="国家";

    Excel.Axis axesX=cht.Axes(Excel.XlAxisType.xlValue, Excel.XlAxisGroup.
xlPrimary);
    axesX.AxisTitle.Text="指标";

    wkb.SaveAs(saveFilePath);
    excelApp.Quit();
}
```

　　上述代码展示了如何用 C# 调用 COM 接口快速更新图表的数据源。先通过指定的数据路径打开工作簿，然后获取相应的工作表和图表对象，最后直接修改数据系列，并在操作完成后保存更改及关闭应用。运行上述代码，生成如图 9-6 所示的图表。

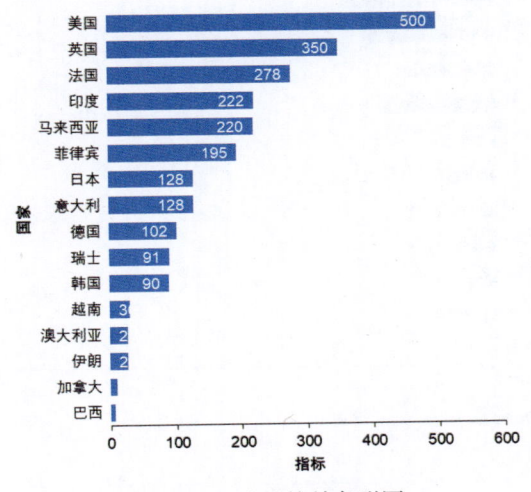

图 9-6　生成的简单条形图

【例2】 差值箭头条形图的绘制

接下来介绍如何用图表模板更新数据源，以实现更复杂的图表的绘制。下面将绘制一个差值箭头条形图，该图表用箭头清晰地表示出两个数据系列的差异。

这里需要使用表示误差线箭头类型的枚举属性，这要求在项目中引用 OFFICE.dll。其操作方法类似于添加 Microsoft.Office.Interop.Excel 的方法：在"添加引用"对话框中选择左侧的"程序集"→"扩展"选项，勾选右侧的"Office"复选框，单击"确定"按钮即可完成。

图 9-7 所示为绘制的差值箭头条形图，其中包含两个数据系列：绿色箭头表示增加，红色箭头表示减少。这些箭头是通过误差线来实现的。此外，该图表还展示了带有正号和负号的百分比差值，使用这些差值可以定位散点图中的数据标签。这些数据标签由文本构成，放在散点图的误差线上，这些误差线在纵轴上正负偏移 0.34 个单位（1 个项目占 1 个单位的长度，一半是 0.5 个单位，较其短一些就比较合适），形成了箭头的起点或终点竖线。

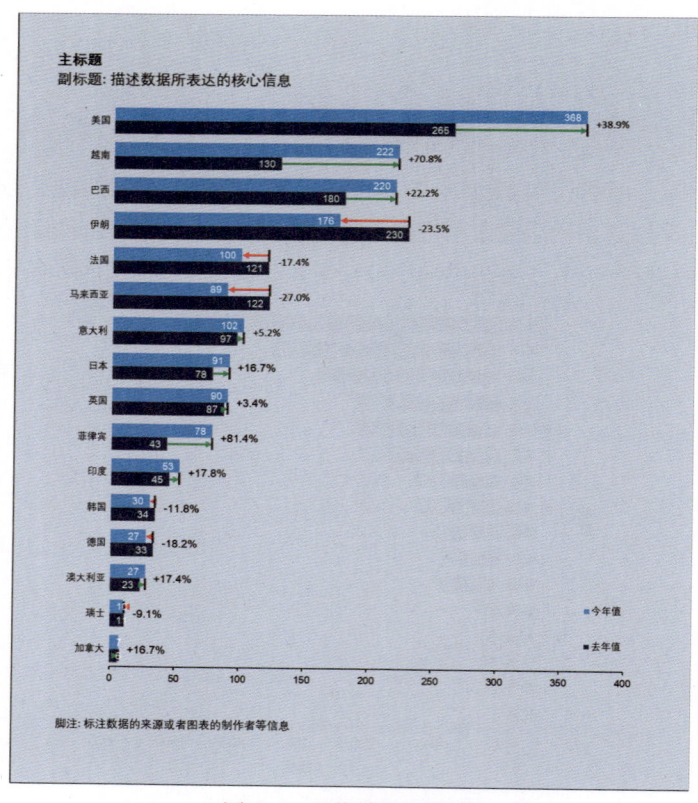

图 9-7 差值箭头条形图

以下是实现图 9-7 的详细代码，需要更新差异数据并添加箭头表示。

```csharp
private static void UpdateDiffBarChartWithArrow(Excel.Application
excelApp, string templateFilePath, string saveFilePath)
{
    // 打开 Excel 模板文件
    Excel.Workbook wkb=excelApp.Workbooks.Open(templateFilePath);
    Excel.Worksheet sht=wkb.Worksheets[1];

    // 获取第 1 个图表对象
    Excel.Chart chart=sht.ChartObjects(1).Chart;

    // 获取系列 1
    Excel.Series series1=chart.SeriesCollection(1);

    // 从数据表中获取数据引用
    var chartRefTable=GetChartTable();

    // 设置系列 1 的名称和数据
    series1.Name=chartRefTable.Columns[1].ColumnName;
    series1.XValues=GetCategorySeriesArrayFromChartRefTable(chartRefTable, 0);
    series1.Values=GetValuesSeriesArrayFromChartRefTable(chartRefTable, 1);

    // 设置系列 1 的数据标签
    var lbStrs1=chartRefTable.AsEnumerable().Select(s => s[1].ToString()).
ToList();
    SettingDataLabelOfSeries(series1, 1, lbStrs1);

    // 计算系列 1 的误差偏移量
    var errorOffset1=chartRefTable.AsEnumerable()
        .Select(s => Convert.ToDouble(s[1]) < Convert.ToDouble(s[2]) ?
Convert.ToDouble(s[2]) - Convert.ToDouble(s[1]) : 0);

    // 设置系列 1 的误差线
    series1.ErrorBars.Delete();
    series1.ErrorBar(Excel.XlErrorBarDirection.xlY,
        Include: Excel.XlErrorBarInclude.xlErrorBarIncludePlusValues,
        Type: Excel.XlErrorBarType.xlErrorBarTypeCustom,
        Amount: $"{{{string.Join(",", errorOffset1)}}}",
        MinusValues: 0);
```

```
// 设置误差线的样式
series1.ErrorBars.EndStyle=Excel.XlEndStyleCap.xlNoCap;
series1.ErrorBars.Format.Line.ForeColor.RGB=
    ColorTranslator.ToOle(Color.FromArgb(255, 0, 0));
series1.ErrorBars.Format.Line.Weight=1.75F;
series1.ErrorBars.Format.Line.BeginArrowheadStyle=
    MsoArrowheadStyle.msoArrowheadTriangle;

// 获取系列 2
Excel.Series series2=chart.SeriesCollection(2);
// 设置系列 2 的名称和数据
series2.Name=chartRefTable.Columns[2].ColumnName;
series2.XValues=GetCategorySeriesArrayFromChartRefTable(chartRefTable, 0);
series2.Values=GetValuesSeriesArrayFromChartRefTable(chartRefTable, 2);

// 设置系列 2 的数据标签
var lbStrs2=chartRefTable.AsEnumerable().Select(s => s[2].ToString()).
ToList();
SettingDataLabelOfSeries(series2, 2, lbStrs2);

// 计算系列 2 的误差偏移量
var errorOffset2=chartRefTable.AsEnumerable()
    .Select(s => Convert.ToDouble(s[1]) > Convert.ToDouble(s[2]) ?
    Convert.ToDouble(s[1]) - Convert.ToDouble(s[2]) : 0);

// 设置系列 2 的误差线
series2.ErrorBars.Delete();
series2.ErrorBar(Excel.XlErrorBarDirection.xlY,
    Include: Excel.XlErrorBarInclude.xlErrorBarIncludePlusValues,
    Type: Excel.XlErrorBarType.xlErrorBarTypeCustom,
    Amount: $"{{{string.Join(",", errorOffset2)}}}",
    MinusValues: 0);
series2.ErrorBars.EndStyle=Excel.XlEndStyleCap.xlNoCap;
series2.ErrorBars.Format.Line.ForeColor.RGB=ColorTranslator.ToOle
    (Color.FromArgb(0, 176, 80));
series2.ErrorBars.Format.Line.Weight=1.75F;
series2.ErrorBars.Format.Line.EndArrowheadStyle=
    MsoArrowheadStyle.msoArrowheadTriangle;
```

```
// 设置系列 3
Excel.Series series3=chart.SeriesCollection(3);
series3.XValues=chartRefTable.AsEnumerable()
    .Select(s => Math.Max(Convert.ToDouble(s[1]), Convert.ToDouble(s[2])))
    .ToArray();
series3.Values=Enumerable.Range(0, chartRefTable.Rows.Count).Select(s
=> s + 0.5).ToArray();

// 设置系列 3 的误差偏移量
var errorOffset3=chartRefTable.AsEnumerable()
    .Select(s => Convert.ToDouble(s[1]) > Convert.ToDouble(s[2]) ?
           0.34 : -0.34);
series3.ErrorBars.Delete();
series3.ErrorBar(Excel.XlErrorBarDirection.xlY,
    Include: Excel.XlErrorBarInclude.xlErrorBarIncludePlusValues,
    Type: Excel.XlErrorBarType.xlErrorBarTypeCustom,
    Amount: $"{{{string.Join(",", errorOffset3)}}}",
    MinusValues: 0);
series3.ErrorBars.EndStyle=Excel.XlEndStyleCap.xlNoCap;
series3.ErrorBars.Format.Line.ForeColor.RGB=ColorTranslator.ToOle
    (Color.FromArgb(63, 63, 63));
series3.ErrorBars.Format.Line.Weight=1.75F;

// 设置系列 3 的数据标签，显示百分比增长或减少
var lbStrs3=chartRefTable.AsEnumerable()
    .Select(s => Convert.ToDouble(s[1]) / Convert.ToDouble(s[2]) - 1)
    .Select(t => t >= 0 ? t.ToString("+0.0%") : t.ToString("0.0%")).ToList();
SettingDataLabelOfSeries(series3, 3, lbStrs3);
Excel.DataLabels dataLabels3=series3.DataLabels();
dataLabels3.Position=Excel.XlDataLabelPosition.xlLabelPositionRight;

// 设置差值箭头条形图的坐标轴
SettingAxisOfArrowBar(chart, chartRefTable);

// 保存工作簿并退出 Excel 应用
wkb.SaveAs(saveFilePath);
excelApp.Quit();
}
```

上述代码不仅更新了两个系列的数据，还通过设置误差线来图形化地表示了它们之间的差异。这种展示使得比较结果一目了然。运行上述代码，生成如图 9-7 所示的图表。

9.2.3　用 EPPlus 库绘制 Excel 图表

EPPlus 库是一款出色的.NET 第三方库，专门用于在非 COM 接口环境下自动化操作 Excel 文件。该库支持 Excel 2016/2019 中新增的多种图表类型，如瀑布图和旭日图等，允许用户进行广泛的自动化操作。

下面创建一个新的控制台项目，并将其命名为"使用 EPPlus 自动化 Excel 图表"。由于 EPPlus 库是第三方库，因此需要将其添加到项目中。右击当前项目中的"引用"选项，在弹出的快捷菜单中选择"管理 NuGet 程序包"命令，如图 9-8 所示。在搜索栏中输入"EPPlus"，找到并安装相应的包。

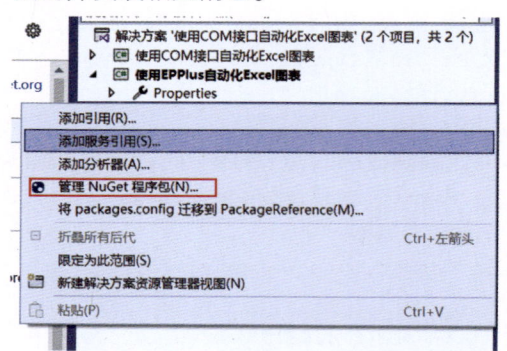

图 9-8　选择"管理 NuGet 程序包"命令

下面结合 3 个示例进行介绍。

【例 1】简单条形图的绘制

前面介绍了如何用 C#调用 COM 接口快速更新图表的数据源，下面介绍 EPPlus 库的应用。虽然当前 EPPlus 库不支持直接通过数组来更新数据，但可以通过单元格引用来实现图表数据的绑定和更新，详细代码如下。

```
private static void UpdateOneSeriesBarChartUsingEPPlus()
{
    ExcelPackage.LicenseContext=LicenseContext.NonCommercial;
    using (ExcelPackage excelPackage=new ExcelPackage(
    "D:\\写书相关\\单系列条形图模板.xlsx"))
    {
```

```
var sht=excelPackage.Workbook.Worksheets[0];

var xValues=new string[] { "美国", "英国", "法国", "印度", "马来西亚",
        "菲律宾", "日本", "意大利", "德国", "瑞士", "韩国", "越南",
        "澳大利亚", "伊朗", "加拿大", "巴西" };
var values=new double[] { 500, 350, 278, 222, 220, 195,
        128, 128, 102, 91, 90, 30, 27, 27, 10, 7 };

var sortedPairs=xValues.Zip(values, (x, v) =>
        new { 国家=x, 指标=v })
        .OrderByDescending(pair => pair.指标)
        .ToArray();

var rngData=sht.Cells["A1"].LoadFromCollection(sortedPairs,
        PrintHeaders: true);

var chart=sht.Drawings[0].As.Chart.Chart;
chart.Title.Text="不同国家 2024 年指标分析";

chart.YAxis.Title.Text="国家";
chart.XAxis.Title.Text="指标";

var ser=chart.Series[0];
ser.Header=sht.Cells["B1"].Address;

ser.XSeries=rngData.SkipRows(1)
        .TakeSingleColumn(0).FullAddressAbsolute;

ser.Series=rngData.SkipRows(1)
        .TakeSingleColumn(1).FullAddressAbsolute;

excelPackage.SaveAs("D:\\Samples\\单系列条形图输出结果 EPPlus.xlsx");
    }
}
```

上述代码展示了如何用 EPPlus 库绘制简单条形图。EPPlus 库的使用简化了编程接口，使得不依赖 COM 接口的 Excel 编程变得简单且直观。用 ExcelRange 对象的 SkipRows、TakeSingleColumn 等扩展方法，可以轻松定位到图表系列需要引用的单元格区域。运行上述代码，生成如图 9-9 所示的图表。

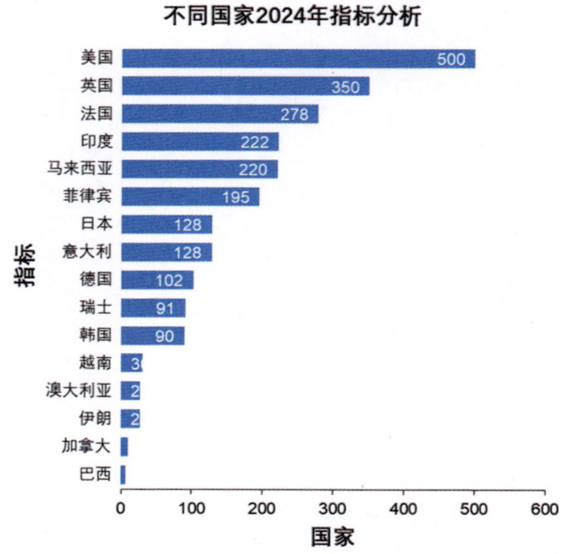

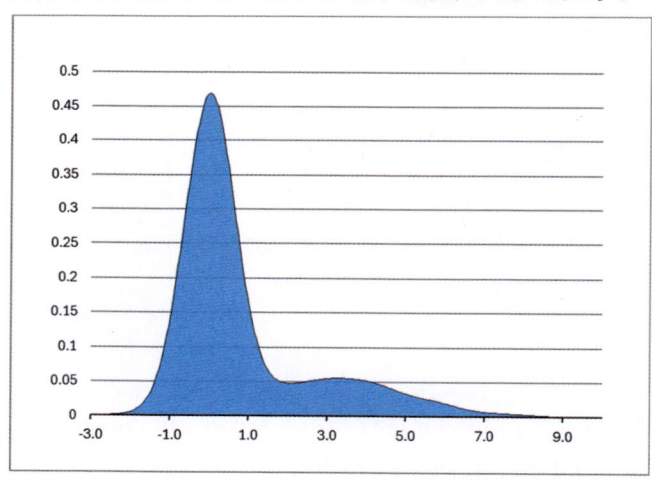

图 9-9　用 EPPlus 库绘制的简单条形图

【例 2】核密度估计曲线图的绘制

核密度估计曲线图使用非参数分析方法，用已有样本估计总体概率密度函数。如图 9-10 所示，从绘图的角度讲，核密度估计曲线图本质上是一种线形图或面积图，其中横坐标表示数据的分布范围，纵坐标表示概率密度，其总面积等于 1。

图 9-10　核密度估计曲线图

在 Excel 中，可以通过使用面积图简单地生成核密度估计曲线图。其关键步骤是

计算概率密度，这一过程可以通过用 C#等现代高级语言轻松完成。本节将用
Math.NET Numerics 库执行这一计算过程。安装该库可以参考之前介绍的 EPPlus 库的
安装步骤。下面简单封装一个名为 CalculateKDE 的方法，用于计算概率密度。

　　输入原始数据，并定义带宽及返回点的数量，从而得到横轴和纵轴的数据。以下
是执行这一过程的具体代码。

```csharp
public static (double[] xValues, double[] densities) CalculateKDE(
double[] data, double bandwidth, int points=100)
{
    double min=Statistics.Minimum(data) - bandwidth;
    double max=Statistics.Maximum(data) + bandwidth;
    double[] xValues=Generate.LinearSpaced(points, min, max);

    double[] densities=new double[points];
    for (int i=0; i < points; i++)
    {
        double sum=0;
        foreach (var value in data)
        {
            sum += Normal.PDF(value, bandwidth, xValues[i]);
        }
        densities[i]=sum / (data.Length * bandwidth);
    }

    return (xValues, densities);
}
```

　　核密度估计曲线图提供了一种估计结果，其形状会根据所选择的带宽而有所变化。
这里将演示如何使用循环语句，通过改变带宽来生成多种核密度估计曲线图，具体代
码如下。

```csharp
    private static void CreateKDEAreaChartsByDifferentBandWidth()
    {
        ExcelPackage.LicenseContext=LicenseContext.NonCommercial;
        using (ExcelPackage excelPackage=new ExcelPackage(
                "D:\\Samples\\核密度图模板.xlsx"))
        {
            var sht=excelPackage.Workbook.Worksheets[0];

            var data=sht.Cells["A:A"].SkipRows(1).Select(s =>
                    s.GetCellValue<double>()).ToArray();
```

```
// 设置为点的 10 倍，最大不超过 500
int points=Math.Min(500, Math.Max(100, data.Length * 10));
var firstCell=sht.Cells["C1"];
var chart=sht.Drawings[0].As.Chart.Chart;
//设置浮动范围为 0.5 ~ 2
for (int i=0; i < 15; i++)
{
    var adjustmentFactor=(i + 5) * 0.1; //调整参数为 0.5~2 比较合适
    double bandwidth=Statistics.StandardDeviation(data) *
        Math.Pow(data.Length, -1.0 / 5.0) * adjustmentFactor;
    var result=CalculateKDE(data, bandwidth, points);
    //设置每隔 14 列自动更新一次引用的数据源和图表
    var colSize=i * 14;
    var bandWidthTitleRange=firstCell.Offset(0, 4 + colSize);
    bandWidthTitleRange.Value="带宽";
    bandWidthTitleRange.Offset(0, 1).Value=bandwidth;

    if (adjustmentFactor == 1)
    {
        bandWidthTitleRange.Offset(0,1).Style.Font.Color.SetColor
            (System.Drawing.Color.Red);
    }

    var dataRange=firstCell.Offset(
            0, 0 + colSize, 1, 2).EntireColumn.Range;
    dataRange.Clear();
    dataRange.TakeRows(1).Value=new object[] { "X轴", "Y轴" };

    dataRange.TakeSingleCell(1, 0).
            LoadFromArrays(result.xValues.Select(s =>
            new object[] { s }));

    dataRange.TakeSingleCell(1, 1).
        LoadFromArrays(result.densities.Select(s => new object[]
{ s }));

    ExcelChartSerie ser;
    ExcelChartAxis xAxis;
    if (i == 0) //第 1 次循环，不用复制
    {
```

```
        ser=chart.Series[0];
        xAxis=chart.XAxis;
    }
    else
    {
        chart.Copy(sht, bandWidthTitleRange.Start.Row + 2,
                    bandWidthTitleRange.Start.Column);
        var newChart=sht.Drawings[sht.Drawings.Count - 1]
                    .As.Chart.Chart;
        newChart.To.Column=chart.To.Column + colSize;
        newChart.To.Row=chart.To.Row;
        ser=newChart.Series[0];
        xAxis=newChart.XAxis;
    }

    ser.XSeries=dataRange.SkipRows(1)
        .Offset(0, 0, result.xValues.Length, 1).FullAddress;

    ser.Series=dataRange.SkipRows(1)
        .Offset(0, 1, result.densities.Length, 1).FullAddress;

    xAxis.Format="0.0";
    }

    excelPackage.SaveAs("D:\\Samples\\核密度图输出结果.xlsx");
    }
}
```

一般来说，根据 Statistics.StandardDeviation(data) * Math.Pow(data.Length, −1.0 / 5.0) 算法使用输入的数据，生成的带宽的效果不错。当效果不佳时，可以使用变量 adjustmentFactor 来控制。在上述代码中，使用循环语句在 0.5 ~ 2 范围内对变量 adjustmentFactor 进行赋值，生成了不同的核密度估计曲线图所需的带宽。

在工作表中，可以设置每隔 14 列自动更新一次引用的数据源和图表。在循环过程中，用 EPPlus 库的 ExcelRange 对象的 Offset 方法可以轻松地定位到特定的单元格中，进行内容的填充。

用 ExcelChart 对象的 Copy 方法可以基于现有图表创建一个副本，并更新这个新图表的数据系列的引用源。这样做可以生成具有不同带宽的核密度估计曲线图，如图 9-11 所示。

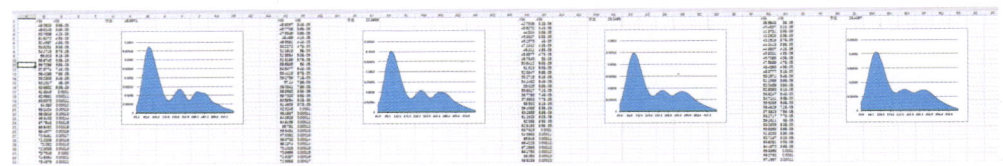

图 9-11　具有不同带宽的核密度估计曲线图

【例 3】差值箭头条形图的绘制

前面介绍了如何用 COM 接口实现差值箭头条形图的绘制，下面介绍 EPPlus 库的应用。这里绘制复合图表，包括有两个系列的条形图和有一个系列的散点图。此外，散点图的数据标签采用自定义方式，直接引用一列文本作为数据标签的内容。

下面用 Excel 公式生成图表所需的原始数据。通常在复杂图表的制作过程中，不仅使用如图 9-12 所示的 A～C 列的原始数据，还需要基于这些原始数据执行一些运算，以生成新数据。这些新数据将被图表中的不同系列引用。例如，可能需要为条形图构建误差线的数据引用，为散点图的差值标签定义不同的数据标签，以及用辅助列生成标签的内容。此外，散点图的黑色竖线，也是通过误差线来实现的，需要构造相应的辅助数据。

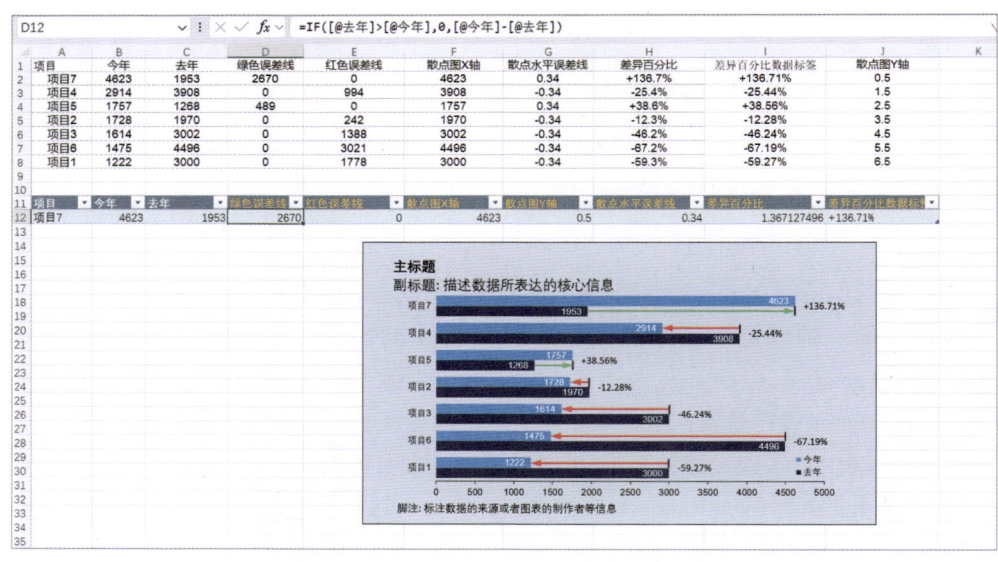

图 9-12　原始数据和差值箭头条形图

图 9-12 使用了引用普通单元格区域和智能表两种方式生成辅助数据。虽然图表模板最初只引用了普通单元格区域，但最终在代码中将其修改为引用智能表。强烈推荐在可能的情况下引用智能表，这是因为智能表可以使图表的数据源自动适应新数据的

行记录数变化，类似于透视表的动态数据源功能。此外，智能表还能增强公式的语义性，使我们无须频繁切换视线即可理解单元格地址的计算逻辑。例如，辅助列中的绿色误差线清楚地展示了第 2 列数据与第 3 列数据的差异：仅当第 2 列数据大于第 3 列数据时，计算出的差值才会被使用，否则将使用 0 填充。

　　在使用 EPPlus 库时，需要注意其对复杂图表的支持程度相对有限，这与在 WPS表格中使用 VBA 或 JSA 接口时遇到的情形类似，一些小众接口的实现效果不佳或存在 Bug。然而，EPPlus 库提供了 ChartXml 对象，这一功能允许直接操作 XML 文件。这样，即使在 EPPlus 库的现有接口不支持复杂图表的情况下，也可以通过修改 XML文件来调整图表的数据引用或属性。

　　采用这种方法，可以突破现有接口的限制，充分发挥操作 XML 文件的能力，进行必要的修改。这正体现了 Office OpenXML 编程的优势，即它不依赖 COM 接口和电子表格客户端，可以为用户带来很高的灵活性，提高控制力。核心代码如下。

```
private static void UpdateDiffBarChartWithArrowUsingEPPlus()
{
    ExcelPackage.LicenseContext=LicenseContext.NonCommercial;
    var dataTable=GetDiffBarChartTable();

    using (ExcelPackage excelPackage=new ExcelPackage(
    "D:\\写书相关\\差值箭头条形图模板.xlsx"))
    {
        var sht=excelPackage.Workbook.Worksheets[0];
        var excelTable=sht.Tables["图表数据源"];
        UpdateExcelTableDataSource(dataTable, excelPackage, excelTable);

        var barChart=sht.Drawings[0].As.Chart.BarChart;

        var serBarChart1=barChart.Series[0];
        var serBarChart2=barChart.Series[1];
        serBarChart1.HeaderAddress=excelTable.Range.TakeSingleCell(0, 1);
        serBarChart1.XSeries=excelTable.Range.SkipRows(1)
                .TakeSingleColumn(0).FullAddressAbsolute;

        serBarChart1.Series=excelTable.Range.SkipRows(1)
                .TakeSingleColumn(1).FullAddressAbsolute;

        serBarChart1.ErrorBars.Plus.ValuesSource=excelTable.Range.SkipRows(1)
                .TakeSingleColumn(4).FullAddressAbsolute;
```

```
serBarChart2.HeaderAddress=excelTable.Range.TakeSingleCell(0, 2);
serBarChart2.XSeries=excelTable.Range.SkipRows(1)
        .TakeSingleColumn(0).FullAddressAbsolute;

serBarChart2.Series=excelTable.Range.SkipRows(1)
        .TakeSingleColumn(2).FullAddressAbsolute;

serBarChart2.ErrorBars.Plus.ValuesSource=excelTable.Range.SkipRows(1)
        .TakeSingleColumn(3).FullAddressAbsolute;

var docBarChart=barChart.ChartXml;

XmlNamespaceManager nsmgr=new XmlNamespaceManager(docBarChart.NameTable);
nsmgr.AddNamespace("c",
        "http://schemas.openxmlformats.org/drawingml/2006/chart");

XmlNode plotAreaNode=docBarChart.SelectSingleNode("//c:plotArea",
        nsmgr);
XmlNode barChartNode=plotAreaNode.SelectSingleNode("c:barChart",
        nsmgr);
XmlNode scatterChartNode=plotAreaNode.SelectSingleNode("c:scatterChart",
        nsmgr);
XmlNode valAxNode=plotAreaNode.SelectSingleNode("c:valAx", nsmgr);

// 移除节点
plotAreaNode.RemoveChild(barChartNode);
plotAreaNode.RemoveChild(scatterChartNode);

// 将节点插入各自的新位置
plotAreaNode.InsertBefore(scatterChartNode, valAxNode);
plotAreaNode.InsertBefore(barChartNode, valAxNode);

excelPackage.SaveAs("D:\\写书相关\\差值箭头条形图输出结果 EPPlus.xlsx");
using (var excelPackageNew=new ExcelPackage(
"D:\\写书相关\\差值箭头条形图输出结果 EPPlus.xlsx"))
{
    sht=excelPackageNew.Workbook.Worksheets[0];
    var scatterChart=sht.Drawings[0].As.Chart.ScatterChart;
```

```
        var serScatter=scatterChart.Series[0];
        serScatter.XSeries=excelTable.Range.SkipRows(1)
            .TakeSingleColumn(5).FullAddressAbsolute;

        serScatter.Series=excelTable.Range.SkipRows(1)
            .TakeSingleColumn(6).FullAddressAbsolute;

        serScatter.ErrorBars.Plus.ValuesSource=excelTable.Range.SkipRows(1)
            .TakeSingleColumn(7).FullAddressAbsolute;

        var docScatterChart=scatterChart.ChartXml;
        XmlNode scatterChartNodeFromScatterChart=
            docScatterChart.SelectSingleNode("//c:scatterChart", nsmgr);

        nsmgr.AddNamespace("c15",
            "http://schemas.microsoft.com/office/drawing/2012/chart");

        XmlNode dataLabelsRangeNode=
            scatterChartNodeFromScatterChart.
            SelectSingleNode("//c15:datalabelsRange", nsmgr);

        if (dataLabelsRangeNode != null)
        {
            XmlNode fNode=dataLabelsRangeNode.SelectSingleNode("c15:f",
                nsmgr);
            if (fNode != null)
            {
                fNode.InnerText=excelTable.Range.SkipRows(1)
                    .TakeSingleColumn(9).FullAddressAbsolute;
            }
        }
        excelPackageNew.Save();
    }
  }
}
```

　　上述代码先通过 **GetDiffBarChartTable** 方法生成图表所需的原始数据，这是一个存储于内存中的 DataTable 对象，然后用 **UpdateExcelTableDataSource** 方法将这些数据写入 Excel 的单元格区域。由于内存表的列标题可能与原有模板的列标题不匹配，因此智能表中的公式不能像通过 COM 接口或直接在界面上操作那样自动更新。值得一提的是，EPPlus 库目前尚未实现根据列名自动更新公式的功能，但未来可能会添加此功能。

这里涉及的图表是复合图表，但目前 EPPlus 库只支持单一图表。例如，通过代码 var barChart=sht.Drawings[0].As.Chart.BarChart;仅能获取 barChart 节点，该节点只包含有两个系列的条形图，与之关联的散点图无法被识别。

为了验证并查看图表文件的结构，可以使用压缩软件解压缩模板文件，在 xl\charts 文件夹中找到 chart1.xml 文件，也可以在 Visual Studio Code 中安装 OOXML VIEWER 插件，这使得查看 XML 文件的结构变得更为便捷。如图 9-13 所示，在 plotArea 节点下，存在 barChart 节点和 scatterChart 节点，但截至目前，EPPlus 库仅能读取第 1 个节点的信息。

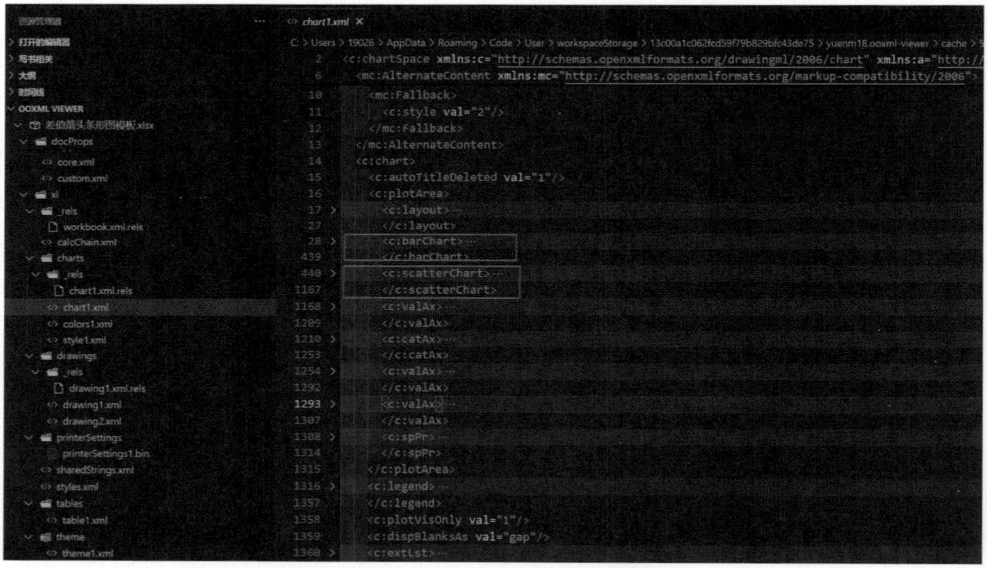

图 9-13　查看图表文件的结构

EPPlus 库中的 ExcelChart 对象包含一个 ChartXml 属性，该属性允许访问 XmlDocument 对象。通过对该对象的操作，可以修改图表中的内容。在前面的代码中采用了一个技巧，即交换 barChart 节点和 scatterChart 节点的位置，之后用 ExcelPackage.SaveAs 方法创建一个新文件，并用 EPPlus 库重新加载该文件。由于 scatterChart 节点现在位于第 1 个位置，可以通过代码 var scatterChart= sht.Drawings[0].As.Chart.ScatterChart 获取散点图，之后就可以用 EPPlus 库提供的接口修改散点图的数据系列引用和误差线引用了。

最新版本的 Excel 和 WPS 支持使用单元格中的值作为数据标签的引用源。这一功能允许更灵活地显示数据标签，如图 9-14 所示。

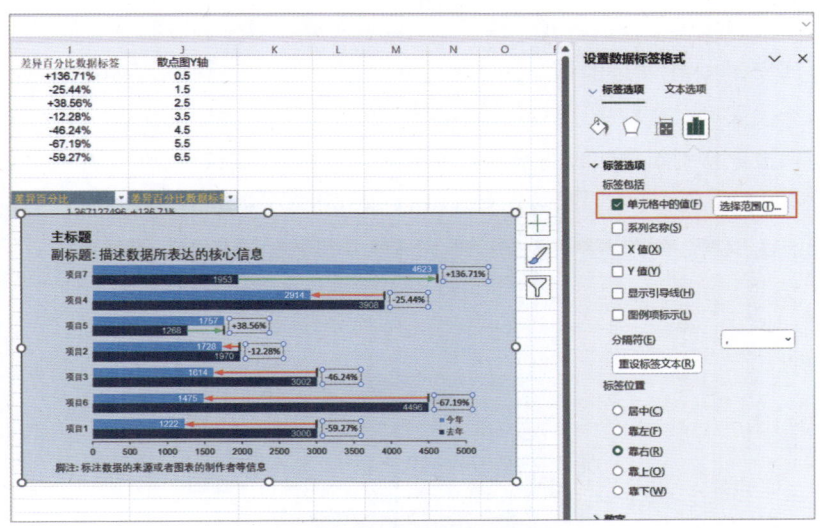

图 9-14　更灵活地显示数据标签

在处理 XML 文件时，以 chart1.xml 文件为例（见图 9-15），其中包含了 ser 节点和 dLbls 节点，此外，还有一个 extLst 节点，用于定义额外的信息，如 datalabelsRange 节点允许定义单元格引用。经过测试，修改该节点的信息并重新打开 Excel 或 WPS 表格，数据标签能够正确渲染。保存文件后，chart1.xml 文件中的 dLbls 节点和 dlblRangeCache 节点的信息将被同步更新。在客户端中，系统会优先使用 datalabelsRange 节点渲染图表，不需要修改其他节点的信息，这是因为在下一次保存文件时，这些信息将被自动更新并生成新内容。

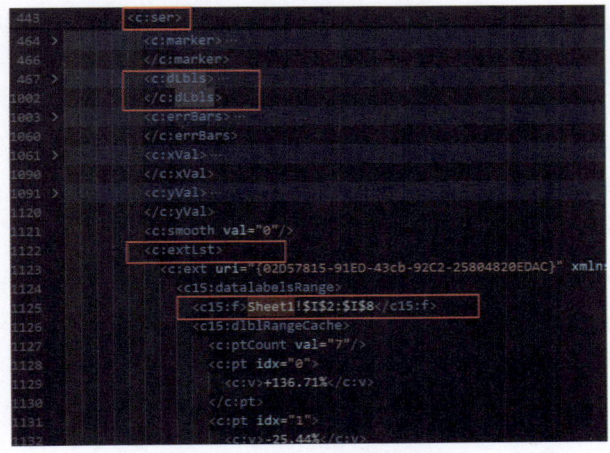

图 9-15　文件中的相关节点

完成了上述逻辑验证后，通过编程实现所需的修改操作将变得相对简单，其关键是妥善处理操作 XML 文件时涉及的命名空间问题。只需定位到 f 节点处，并用 InnerText 属性进行修改即可。在解决了这两个主要难题之后，最终会成功生成图表，图表引用的数据也将被更新到新智能表的数据区域中。成功生成的图表如图 9-16 所示。

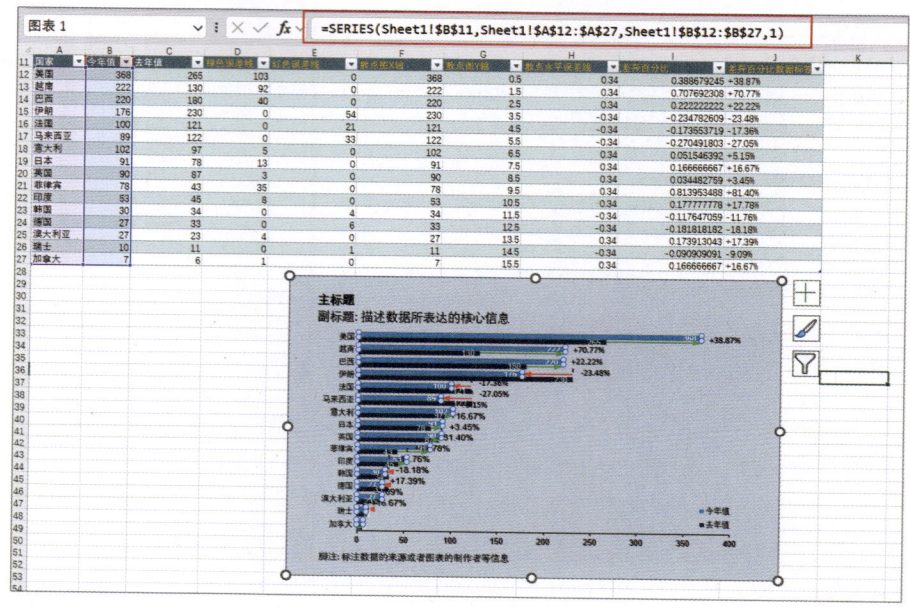

图 9-16　成功生成的图表

本章探讨了如何在 C#中通过 COM 接口和 EPPlus 库来实现复杂图表的绘制。本章内容不仅覆盖了基本图表绘制技术，还深入到了如何用图表模板和编程技巧优化与简化图表的绘制过程。下面是对本章内容的详细总结。

- 用 COM 接口和 EPPlus 库：本章展示了如何用 COM 接口和 EPPlus 库在 C# 中绘制各种复杂的图表。用 COM 接口是一种更传统的方法，COM 接口编程依赖 Office 环境；而 EPPlus 库作为第三方库，提供了更高的灵活性，特别是在不依赖 Office 环境的情况下。

- 图表模板的应用：为了简化图表的创建过程，本章介绍了如何在 Excel 或 WPS 表格客户端中预设模板。通过预设模板，可以将大量复杂的图表设置工作预先在客户端中完成，而在代码中仅需更新图表的数据源即可。这种方法不仅提高了效率，还降低了编程的复杂度。

- 在代码层更新数据源：本章结合示例演示了如何在 C#中直接更新图表的数

据源，这是实现自动化图表绘制的关键步骤。无论是用 COM 接口还是用 EPPlus 库，更新数据源都是实现动态图表更新的核心。

- 深入分析和操作 XML 文件：本章特别强调了在使用 EPPlus 库的过程中，当没有现成接口可用时，如何通过分析和操作图表的 XML 文件结构来实现复杂的图表设置。这种底层的操作提供了极高的自由度，使得几乎所有在 Excel 或 WPS 表格客户端中能实现的图表效果都可以通过编程来实现。
- 实现自由定制：本章讨论了如何通过直接操作 XML 文件来达到与客户端相同的图表效果。这种方法不仅为读者打开了新思路，还向读者展示了如何通过编程来实现自定义图表的绘制，而不受现有接口的限制。

通过本章的学习，读者应能够掌握如何在 C#中用 COM 接口和 EPPlus 库实现从基本图表到复杂图表的绘制，以及如何通过图表模板和直接进行 XML 文件优化与定制图表的绘制过程。